Herbert Bernstein
Elektrotechnik in der Praxis
De Gruyter Studium

Weitere empfehlenswerte Titel

Bauelemente der Elektronik
Herbert Bernstein, 2015
ISBN 978-3-486-72127-0, e-ISBN 978-3-486-85608-8,
e-ISBN (EPUB) 978-3-11-039767-3, Set-ISBN 978-3-486-85609-5

Informations- und Kommunikationselektronik
Herbert Bernstein, 2015
ISBN 978-3-11-036029-5, e-ISBN (PDF) 978-3-11-029076-6,
e-ISBN (EPUB) 978-3-11-039672-0

Analoge, digitale und virtuelle Messtechnik
Herbert Bernstein, 2013
ISBN 978-3-486-70949-0, e-ISBN 978-3-486-72001-3

Grundgebiete der Elektrotechnik 1, 12. Auflage
Ludwig Brabetz, Oliver Haas, Christian Spieker, 2015
ISBN 978-3-11-035087-6, e-ISBN 978-3-11-035152-1,
e-ISBN (EPUB) 978-3-11-039752-9

Grundgebiete der Elektrotechnik 2, 12. Auflage
Ludwig Brabetz, Oliver Haas, Christian Spieker, 2015
ISBN 978-3-11-035199-6, e-ISBN 978-3-11-035201-6,
e-ISBN (EPUB) 978-3-11-039726-6

Herbert Bernstein

Elektrotechnik in der Praxis

—

DE GRUYTER
OLDENBOURG

Autor
Dipl.-Ing. Herbert Bernstein
81379 München
Bernstein-Herbert@t-online.de

ISBN 978-3-11-044098-0
e-ISBN (PDF) 978-3-11-044100-0
e-ISBN (EPUB) 978-3-11-043319-7

Library of Congress Cataloging-in-Publication Data
A CIP catalog record for this book has been applied for at the Library of Congress.

Bibliografische Information der Deutschen Nationalbibliothek
Die Deutsche Nationalbibliothek verzeichnet diese Publikation in der Deutschen
Nationalbibliografie; detaillierte bibliografische Daten sind im Internet über
http://dnb.dnb.de abrufbar.

© 2016 Walter de Gruyter GmbH, Berlin/Boston
Umschlaggestaltung: thiel_andrzej/iStock/Thinkstock
Satz: PTP-Berlin Protago-TEX-Production GmbH, Berlin
Druck und Bindung: CPI books GmbH, Leck
♾ Gedruckt auf säurefreiem Papier
Printed in Germany

www.degruyter.com

Vorwort

Das Buch „Elektrotechnik in der Praxis" soll dem in der Berufsausbildung oder -fortbildung stehenden Techniker die Einarbeitung in die Elektrotechnik – insbesondere im Hinblick auf das darauf aufbauende Gebiet Elektronik – ermöglichen. Daneben ist es auch für alle Berufsgruppen gedacht, die ihre Grundkenntnisse auffrischen und vertiefen wollen.

Um dem Leser ein systematisches Arbeiten und einen schnellen Zugriff zu bestimmten Teilgebieten der Elektrotechnik zu ermöglichen, ist der Lehrstoff nach didaktischen Gesichtspunkten in acht Abschnitte übersichtlich und sinnvoll aufgegliedert worden.

Neben den eigentlichen physikalischen Grundlagen sind Themen wie Elektrotechnik, Transformatoren, Drehstrom und Messtechnik aufgenommen worden. Hier erhält der Leser den notwendigen informativen Überblick, ohne dass er auf andere Literatur zurückgreifen muss.

Für den Praktiker ist es wesentlich, dass er die elektrotechnischen Größen messtechnisch bestimmen und die funktionellen Zusammenhänge einer Schaltung beurteilen kann. Der elektrischen Messtechnik wird deshalb ein besonderer Abschnitt gewidmet. Auf Messungen mit dem Oszilloskop als vielseitiges und für den Bereich der elektronischen Schaltungen unentbehrliches Messinstrument wird hierbei besonders eingegangen.

Der individuelle Entwurf einer Grundlagenschaltung erfordert unterschiedliche Bauteiltypen wie Widerstand, Kondensator, Spule, Transformator, Messgeräte oder Motor. Die große Bauteilbibliothek des Simulationsprogramms von Multisim garantiert ein optimales Ergebnis, das dem realen Verhalten einer Schaltung entspricht. Zur Messung und Analyse der aufgebauten Schaltung, stehen eine Reihe von Messgeräten zur Verfügung, die in ihrem Aussehen und ihrer Funktionalität mit realen Messgeräten in modernen Elektroniklabors vergleichbar sind. Trotz der zahlreichen Möglichkeiten, kann auch der Anfänger das Multisim sehr einfach bedienen, sodass auch Nichtelektroniker den Einstieg in die Elektrotechnik/Elektronik finden. Multisim kann kostenlos unter der URL http://www.mouser.MultiSimBlue heruntergeladen werden. Mit diesem Buch habe ich mir das Ziel gesetzt, mein gesamtes Wissen an den Leser weiterzugeben, das ich mir im Laufe der Zeit in der Industrie und im Unterricht angeeignet habe.

Meiner Frau Brigitte danke ich für die Erstellung der Zeichnungen.

Wenn Fragen auftreten: Bernstein-Herbert@t-online.de

Herbert Bernstein

Inhaltsverzeichnis

1   Elektrotechnische Grundbegriffe

Die Geschichte der Elektrizität reicht etwa 3000 Jahre zurück. Lange Zeit waren die elektrischen Wirkungen geheimnisvollen Deutungen unterworfen. Erst im 19. und 20. Jahrhundert konnten diese Wirkungen durch planmäßiges Experimentieren und exaktes Messen genauer beschrieben werden. Man erkannte, dass die meisten Vorgänge nach bestimmten Gesetzen verlaufen. Die sinnvolle Anwendung dieser Gesetzmäßigkeiten führte zu einer steilen Entwicklung der Elektrotechnik und – seit einigen Jahrzehnten – der Elektronik. Der Mensch stellte die Elektrizität in seinen Dienst. Muskelarbeit, Aufgaben der Sinnesorgane, in vielen Fällen auch Funktionen des Gehirns und des Nervensystems wurden von elektrischen und elektronischen Einrichtungen übernommen.

Die Elektrotechnik umfasst dabei vorwiegend Bereiche, in denen der Energiegehalt der Elektrizität eine Rolle spielt (Elektromotoren, elektrische Heizung usw.), während elektronische Geräte oft zum Messen, Steuern und Regeln dieser Energie eingesetzt werden. Es gibt zahlreiche Anwendungen von Einrichtungen, die aus elektrischen und elektronischen Bauelementen bestehen. Eine scharfe Abgrenzung beider Gebiete gegeneinander ist oft nicht möglich. Tatsächlich verwenden beide gemeinsame Grundlagen.

Zum besseren Verständnis der Zusammenhänge geht man von den Wirkungen der Elektrizität aus und vergleichen diese mit anschaulichen Vorgängen, von denen man feste Vorstellungen hat.

Die gesamte Materie besteht aus winzigen Bausteinen, den Atomen (atomos, griechisch: unteilbar). Ein Kupferwürfel mit einer Kantenlänge von 1 cm enthält etwa 10^{23} Atome, die fest aneinander „gebunden" sind. Nach den Erkenntnissen der Atomphysik setzen sich Atome aus noch kleineren Teilchen zusammen: Elektronen, Protonen und Neutronen. Als Modell für den Atomaufbau dient unser Sonnensystem, bei dem Planeten (Erde, Jupiter, Mars usw.) um einen gemeinsamen Kern, die Sonne, kreisen. Stoffe, die aus gleichartigen Atomen aufgebaut sind, bezeichnet man als Grundstoffe.

Heute weiß man, dass die Elektrizität eine Eigenschaft der Elektronen ist. Diese kleinsten Teilchen umkreisen den Atomkern mit großer Geschwindigkeit. Je nach Grundstoff findet man in dessen Atomen eine unterschiedliche Zahl von Elektronen auf verschiedenen Bahnen, den Elektronenschalen. Ein Elektron trägt die kleinste vorkommende Elektrizitätsmenge und für die Art seiner elektrischen Ladung hat man die Bezeichnung negativ festgelegt.

Nun zu den Kernbausteinen, den Neutronen und Protonen. Letztere tragen die gleiche Elektrizitätsmenge wie die Elektronen. Da sich ihre elektrische Ladung jedoch umkehrt, verhält sie sich wie ein Elektron und ist positiv. Diese positiven Protonen bestimmen, zusammen mit den elektrischen neutralen Neutronen, im Wesentlichen das Gewicht des Atoms.

Da die Elektronen mit großer Geschwindigkeit den Atomkern umkreisen, müssten sie durch die Fliehkraft aus ihrer Bahn geschleudert werden, wenn nicht die beiden entgegengesetzten Ladungen im Atom (Elektronen: negativ, Protonen: positiv) sich gegenseitig anziehen würden. Umgekehrt stoßen sich Körper mit gleichartiger elektrischer Ladung gegenseitig ab. Diese Wirkung der Elektrizität führte schon im Altertum zu dem Begriff Elektron (elektron, griechisch: Bernstein). Die Griechen hatten festgestellt, dass geriebener Bernstein leichte Körper anzieht und anschließend wieder abstößt.

1.1   Grundbegriffe

Grundbaustein der Materie ist das Atom. Es besteht aus einem Atomkern und mehreren Elektronen, die sich auf verschiedenen Bahnen, auch Elektronenschalen genannt, um den Kern bewegen. Abbildung 1.1 zeigt den Atomaufbau.

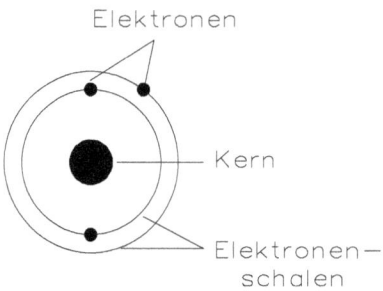

Abb. 1.1: Aufbau eines Atoms

Der Durchmesser eines Atoms beträgt etwa $1 \cdot 10^{-10}$ m. Der Durchmesser des Kerns verhält sich zum Durchmesser des gesamten Atoms wie 1 : 10 000. (Vergleich: Hätte das Atom einen Durchmesser von 10 m, wäre der Atomkern nur so groß wie ein Stecknadelkopf!)

Im Kern eines Atoms befinden sich zwei verschiedene Bausteine, die Protonen und die Neutronen, wie Abb. 1.2 zeigt.

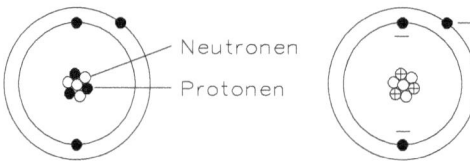

Abb. 1.2: Ladungsträger im Atom

Die Eigenschaften dieser Atombausteine sollen im Folgenden näher untersucht werden. Zwischen Kern und Elektronen herrscht eine elektrische Kraft. Die Ursache für diese elektrische Kraft ist die elektrische Ladung. Die Elektronen sind negativ und die Protonen sind positiv geladen. Die Neutronen sind nicht geladen, d. h., sie sind elektrisch neutral.

Im Normalfall befinden sich in einem Atom genauso viele Elektronen auf den Schalen, wie Protonen im Kern vorhanden sind. Die negativen Ladungen heben sich mit den positiven Ladungen gegenseitig auf, d. h., das Atom ist nach außen elektrisch neutral.

Jedes Atom eines bestimmten chemischen Grundstoffes oder Elementes hat eine bestimmte Anzahl von positiven Ladungen im Kern. Diese Kernladungszahl ermöglicht es, alle bekannten chemischen Elemente der Reihe nach zu ordnen. Die Kernladungszahl wird deshalb auch als Ordnungszahl bezeichnet. Abbildung 1.3 zeigt den Aufbau eines Kupferatoms mit der Ordnungszahl, Kernladungszahl, Anzahl der Protonen und Elektronen.

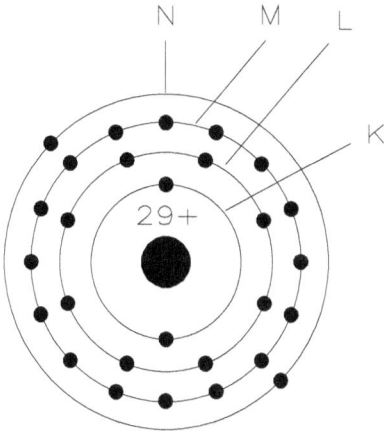

Abb. 1.3: Aufbau eines Kupferatoms

Die Kernbausteinen bestehen aus Neutronen und Protonen. Letztere tragen die gleiche Elektrizitätsmenge wie die Elektronen. Da sich ihre elektrische Ladung jedoch umgekehrt verhält wie die des Elektrons, bezeichnet man sie als positiv. Diese positiven Protonen bestimmen, zusammen mit den elektrischen neutralen Neutronen, im Wesentlichen das Gewicht des Atoms.

Betrachtet man nun wieder das Atommodell. Die Fliehkraft eines Elektrons wird durch die gleichgroße (entgegengerichtete) elektrische Anziehungskraft eines Protons ausgeglichen. Die Zahl positiv geladener Protonen im Atomkern richtet sich nach der Zahl der ihn umkreisenden Elektronen. Enthält ein Atom genauso viele Protonen wie Elektronen und wirkt nach außen elektrisch neutral. Man kennt heute Grundstoffe, deren Atome bis zu 102 Elektronen, verteilt auf sieben Bahnen, besitzen, wobei diese negativen Ladungen durch entsprechend große positive Kernladungen (Protonen) ausgeglichen werden. Die einzelnen Bahnen kennzeichnen lediglich den mittleren Abstand der Elektronen vom Atomkern. Die Ebene einer solchen Bahn ändert sich fortlaufend. Damit ergibt sich das Modell einer Kugelschale, die aus vielen Ringen aufgebaut ist.

Der Kern eines Kupferatoms enthält 34 Neutronen und 29 Protonen. Auf vier Schalen verteilen sich 29 Elektronen, die durch elektrische Anziehungskräfte an den Kern gebunden sind.

1.1.1   Leitungselektron im Kupferdraht

Aus diesem Grund können die Elektronen auf den äußersten Schalen in den Anziehungsbereich benachbarter Atomkerne gelangen und dabei werden sie aus ihrer Bahn gedrängt. Sie befinden sich dann in fortlaufender unregelmäßiger Bewegung von einem Atom zum anderen und sind somit nicht mehr an einen bestimmten Atomkern gebunden, sondern nur noch an den gesamten Atomverband im Kupferdraht (Abb. 1.4).

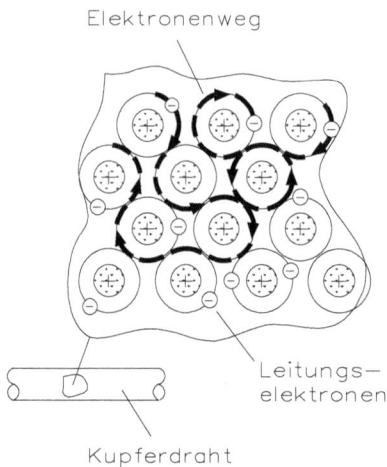

Abb. 1.4: Leitungselektron im Kupferdraht

Durch elektrische Kräfte (Spannung) kann die Bewegung dieser Leitungselektronen in eine bestimmte Richtung gelenkt werden und man erhält einen Elektronenstrom. Durch Zufuhr von Energie (elektrische, thermische, optische usw.) können Elektronen unter bestimmten Voraussetzungen auch aus dem Atomverband eines Stoffes herausgelöst werden.

In Halbleitern (Dioden, Transistoren) wird schließlich eine dritte Art elektrischer Ladungsträger wirksam. Die Stellen im Atomverband mit fehlenden Elektronen (Löcher) wirken als positive Ladungsträger. Im Gegensatz zu den Ionen sind die Atomrümpfe in Halbleiterstoffen (Germanium, Silizium) jedoch nicht frei beweglich. Die Elektronen auf der äußersten Schale der Atome bestimmen neben dem elektrischen auch das chemische Verhalten eines Stoffes, denn sie stellen die Verbindung zu Nachbaratomen anderer oder gleicher Grundstoffe her. Man bezeichnet diese an den Verbindungen beteiligten Elektronen als Valenzelektronen. Da an elektrischen Vorgängen nur Valenzelektronen beteiligt sind, kann man das Atommodell weiter vereinfachen. Es besteht danach aus den elektrisch wirksamen Elektronen der äußersten Schale und einem positiven Atomrumpf, der den Atomkern und die Elektronen der restlichen Schalen enthält. Im Kupferdraht gehört zu jedem Atomrumpf ein Valenzelektron. Kupfer enthält folglich genauso viele gleichsam freie Elektronen wie Atome. Durch besondere Maßnahmen, z. B. durch mechanische oder chemische Einwirkungen, lassen sich bei einem Atom ein oder mehrere Valenzelektronen abspalten oder hinzufügen. Dieses Atom ist dann nicht mehr elektrisch neutral und man bezeichnet sie als Ionen. Atome, denen Elektronen (negative

Ladung) fehlen, sind positive Ionen, solche, die mehr Elektronen als Protonen besitzen, sind negative Ionen.

Leitungselektronen sind elektrische Ladungsträger, d. h. gleichnamige Ladungen stoßen einander ab und ungleichnamige Ladungen ziehen einander an.

Tabelle 1.1 zeigt Beispiele von Elementen und die dazugehörige Ordnungszahl.

Tab. 1.1: Elementen mit entsprechender Ordnungszahl

Element	Ordnungszahl
Helium (He)	$2 \stackrel{\wedge}{=} 2$ Protonen im Kern
Lithium (Li)	$3 \stackrel{\wedge}{=} 3$ Protonen im Kern
Kohlenstoff (C)	$6 \stackrel{\wedge}{=} 6$ Protonen im Kern
Sauerstoff (O)	$8 \stackrel{\wedge}{=} 8$ Protonen im Kern
Kupfer (Cu)	$29 \stackrel{\wedge}{=} 29$ Protonen im Kern
Uran (U)	$92 \stackrel{\wedge}{=} 92$ Protonen im Kern

Die Neutronen im Atomkern weisen zwar keinen Einfluss auf die elektrischen Ladungen des Atoms, aber sie haben entscheidenden Einfluss auf die Atommasse.

Proton und Neutron weisen ungefähr die gleiche Masse auf. Die Masse des Elektrons beträgt nur ca. 1/2000 der Masse eines Protons bzw. eines Neutrons. Die Masse eines Atoms ist fast vollständig im Kern konzentriert. Wegen ihrer geringen Masse können die Elektronen praktisch trägheitslos bewegt werden.

Die verschiedenen Elemente weisen unterschiedlich aufgebaute Atome auf. Die Atome können mehrere Elektronenschalen aufweisen, die mit einer unterschiedlichen Anzahl von Elektronen besetzt sind. Die Elektronenschalen werden von innen nach außen fortschreitend mit den Buchstaben K–L–M–N bezeichnet, wie Abb. 1.3 zeigt.

Jede Elektronenschale hat eine maximale Besetzung (Sättigung) mit Elektronen.

Beispiele:
1. Schale (K-Schale):   2 Elektronen
2. Schale (L-Schale):   8 Elektronen
3. Schale (M-Schale): 18 Elektronen
4. Schale (N-Schale): 32 Elektronen   □

Die äußere Elektronenschale eines Atoms hat jedoch nie mehr als acht Elektronen. Diese Elektronen auf der Außenschale sind von besonderer Bedeutung, denn sie bestimmen das chemische Verhalten des Atoms entscheidend.

Enthält die Außenschale eines Atoms weniger als acht Elektronen, so ist sie entweder bestrebt, „fehlende" Elektronen aufzunehmen (5. bis 8. Elektron), oder aber die Elektronen der Außenschale werden leicht abgegeben (1. bis 4. Elektron). Sie streben damit einen chemisch stabilen Zustand an, wie ihn die Edelgase aufweisen, denn diese gehen praktisch keine Verbindungen mit anderen Elementen ein. Man bezeichnet diesen Zustand mit acht Elektronen auf der Außenschale auch Oktett oder Edelgaskonfiguration.

Die Zahl der abgebbaren oder aufnehmbaren Elektronen einer Außenschale bezeichnet man als Wertigkeit oder Valenz und die entsprechenden Elektronen als Valenzelektronen.

Aufgrund der Valenz können sich Atome desselben Elementes oder verschiedener Elemente verbinden. Sie bilden dadurch, je nach Art der Bindung, Ionengitter oder Moleküle oder Metallgitter.

Die Bindung der Atome kann auf verschiedene Weise erfolgen:

- Ionenbindung: Hierbei treffen ein Metall- und ein Nichtmetallatom zusammen. Das eine Atom gibt seine Valenzelektronen an das andere Atom ab und beide erreichen dadurch einen edelgasähnlichen Zustand. Da beide Atome dadurch aber ihre elektrische Ladung verändern, sind sie jetzt nicht mehr elektrisch neutral. Das eine Atom ist positiv und das andere negativ geladen. Solche geladenen Atome werden als Ionen bezeichnet. Aufgrund ihrer entgegengesetzten Ladung ziehen sich die Ionen an. Dadurch ordnen sich die Ionen in einem regelmäßigen Verband (Ionengitter-Kristall) zu einem festen Stoff an. Abbildung 1.5 zeigt eine Verbindung des Kochsalzes (NaCl).
- Atombindung: Bei dieser Bindungsart bilden Nichtmetalle gemeinsame Elektronenpaare. Es werden also keine Elektronen abgegeben bzw. aufgenommen, sondern bestimmte Elektronenpaare gehören gemeinsam zu beiden Atomen. Der chemisch stabile Zustand wird dadurch erreicht, dass die Atome wechselseitig für kurze Zeit eine aufgefüllte Außenschale aufweisen. Die so entstandenen Moleküle üben auf Nachbarmoleküle meist nur sehr geringe Kräfte aus, so dass gasförmige oder leicht flüchtige Stoffe gebildet werden.
- Metallbindung: Metalle und deren Legierungen kristallisieren in Form von Metallgittern. Dabei sind die Valenzelektronen nicht fest im Gitter gebunden, d. h. man hat ein Gitter mit unvollkommener Elektronenpaarbindung. An den Gitterpunkten befinden sich die positiven Metallionen, die auch als Atomrümpfe bezeichnet werden. Die abgespalteten Valenzelektronen bewegen sich zwischen den Metallionen und werden als „quasi frei beweglich" (auch „Elektronenwolke" oder „Elektronengas") bezeichnet.

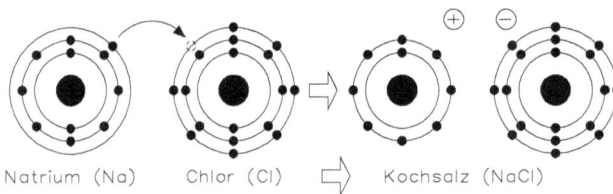

Natrium (Na)   Chlor (Cl)   ⇨   Kochsalz (NaCl)

Abb. 1.5: Verbindung des Kochsalzes (NaCl). Bei den Bindungsarten wurde schon erwähnt, dass das einzelne Atom bei der Abgabe oder Aufnahme von Elektronen nicht mehr elektrisch neutral ist. Dieser Vorgang soll jetzt näher betrachtet werden

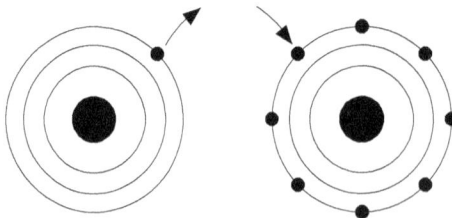

Abb. 1.6: Geladenes Atom, links wird ein Elektron abgegeben und rechts aufgenommen

Elektron wird in Abb. 1.6 (links) abgegeben: Das Atom hat danach weniger negative Ladungen als positive im Kern und das Atom ist jetzt positiv geladen. Ein Elektron wird (rechts) aufgenommen. Das Atom hat danach mehr negative Ladungen als positive im Kern und das Atom ist jetzt negativ geladen.

$$\text{Elektronenmangel} = + \text{ positive Ladung}$$

$$\text{Elektronenüberschuss} = - \text{ negative Ladung}$$

Bei elektrischen Spannungsquellen sind solche unterschiedlichen Ladungen nach außen wirksam. Der eine Pol der Spannungsquelle ist positiv geladen und der andere ist negativ geladen. Zwischen diesen Ladungen besteht das Bestreben, sich auszugleichen. Diesen Zustand bezeichnet man als elektrische Spannung.

Elektrische Ladungen üben aufeinander Kräfte aus, wie Abb. 1.7 zeigt.

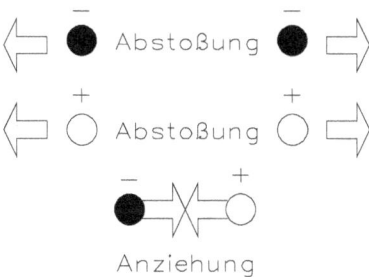

Abb. 1.7: Wirkung elektrischer Ladungen

Gleichnamige Ladungen stoßen sich ab und ungleichnamige Ladungen ziehen sich an.

1.1.2 Elektrizitätsmenge

Ein Elektron trägt die kleinste elektrische Ladung und wird als Elementarladung bezeichnet. An elektrischen und elektronischen Vorgängen sind meist viele Milliarden kleinster Ladungsträger (Elektronen) beteiligt. Es liegt daher nahe, eine große Zahl von Elementarladungen zu einem „handlichen" Maß zusammenzufassen. Man hat festgelegt: $6,3 \cdot 10^{18}$ Elementarladungen = 1 Coulomb. Diese besitzt Mengencharakter und die Elektrizitätsmenge ist also gleichbedeutend mit elektrischer Ladung. Die Maßeinheit für die Elektrizitätsmenge ist das Coulomb.

Man vergleicht nun die Ladung eines Elektrons mit der Einheit der Elektrizitätsmenge (Coulomb). Wird eine elektrische Spannung – also unterschiedliche Ladungen – an einen Stoff gelegt, der viele freie Elektronen besitzt (Metall), bewegen sich diese Elektronen in eine Richtung. Sie werden vom Minuspol abgestoßen (gleichnamige Ladung) und vom Pluspol angezogen (ungleichnamige Ladung). Die gerichtete Bewegung dieser Ladungsträger bezeichnet man als den elektrischen Strom. Wie später noch gezeigt wird, können auch positive Ladungsträger einen Stromfluss bewirken.

In einem geschlossenen Stromkreis (Abb. 1.8) gibt es einen Kreislauf der Elektronen: Stoffe, die frei bewegliche Valenzelektronen besitzen (im Wesentlichen Metalle), lassen diesen Ladungsfluss zu und sie sind der Vorgang im elektrischen Leiter. Verschiedene Leitermaterialien setzen dabei dem Stromfluss einen unterschiedlichen Widerstand entgegen. Der Strom ist deshalb – bei gleicher Spannung – bei verschiedenen Stoffen auch unterschiedlich hoch.

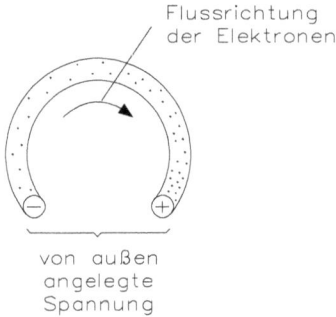

Abb. 1.8: Geschlossener Stromkreis

Beispiele für Leiterwerkstoffe: Silber, Kupfer, Aluminium
Im Leiter bewegen sich die Elektronen des elektrischen Stromes mit relativ geringer Geschwindigkeit und sie beträgt nur wenige mm/s. Die Fortpflanzung der Wirkung („Geschwindigkeit des elektrischen Stromes") geschieht dagegen sehr schnell.

Geschwindigkeit der Elektronen: nur wenige mm/s

Geschwindigkeit des elektrischen Stromes: etwa Lichtgeschwindigkeit 300 000 km/s

Bei manchen Stoffen (im Wesentlichen solchen, deren Struktur mit Ionen- oder Atombindung aufgebaut ist) ist der Widerstand sehr hoch und sie weisen praktisch keine freien Elektronen auf. Unter normalen Umständen leitet dieser Stoff nicht. Es fließt kein Strom. Man bezeichnet diese Stoffe (Abb. 1.9) deshalb als Nichtleiter bzw. Isolatoren.

Beispiele für Isolatorwerkstoffe: Gummi, Porzellan, Kunststoff, Luft

Außerdem gibt es noch Stoffe, die bei normalen Betriebsbedingungen (z. B. bei Zimmertemperatur) wenige freie Elektronen haben. Man bezeichnet sie deshalb als Halbleiter. Die Halbleiterwerkstoffe haben in der Elektronik große Bedeutung.

Beispiele für Halbleiterwerkstoffe: Silizium, Germanium

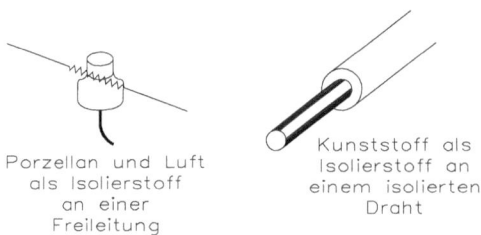

Abb. 1.9: Isolierstoffe

1.1.3 Potential und Spannung

Werden elektrische Ladungen getrennt, so haben sie das Bestreben, sich wieder auszugleichen. Zwischen ihnen herrscht ein Spannungszustand.

Da zur Ladungstrennung Energie aufgewendet werden muss, stellen die getrennten Ladungen einen Zustand potentieller (gespeicherter) Energie dar, vergleichbar der potentiellen Energie (Lageenergie) einer hochgehobenen Masse. Abbildung 1.10 zeigt die verschiedenen Potentiale.

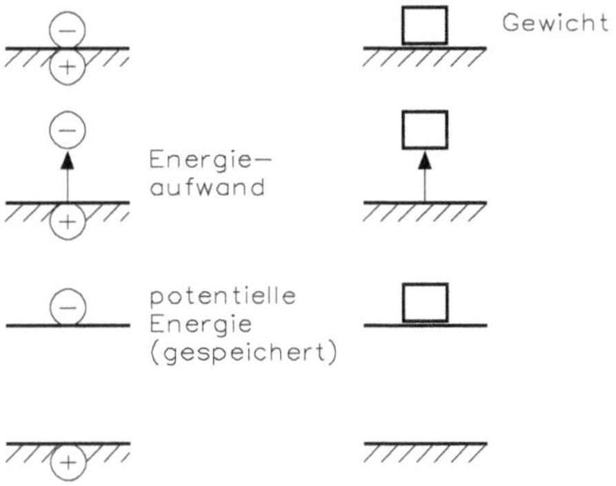

Abb. 1.10: Unterschiedliche Potentiale im Vergleich

Der Ladungszustand gegenüber einem Bezugspunkt (z. B. Erde, Gehäuse, Metallchassis) wird als Potential φ (Phi) bezeichnet. Es wird in Volt (V) gemessen und Tab. 1.2 zeigt die elektrische Grundgröße für Potential und Spannung.

Tab. 1.2: Grundgröße für Potential und Spannung

Größe	Formelzeichen	Einheit	
		Name	Zeichen
Elektrisches Potential	φ	Volt	V

Es wird in Schaltzeichnungen durch ein Vorzeichen und mit einer Spannungsangabe gekennzeichnet.

Beispiel: $-1\,\text{V}, +3\,\text{V}$

Der Bezugspunkt hat dabei das Potential von fast 0 V.

Weisen zwei benachbarte Körper einen unterschiedlichen Ladungszustand auf, so besteht zwischen diesen Körpern eine Potentialdifferenz, d. h. ein Spannungszustand mit dem Bestreben, sich auszugleichen.

Spannung = Potential

$$U = \varphi_2 - \varphi_1$$

Die Spannung wird demnach ebenfalls in Volt (V) gemessen, wie Tab. 1.3 zeigt. ☐

Tab. 1.3: Grundgröße für Potential und Spannung

Größe	Formelzeichen	Einheit	
		Name	Zeichen
Elektrische Spannung	U	Volt	V

Die Spannung wird in grafischen Darstellungen durch einen Pfeil dargestellt, der vom höheren zum niedrigeren Potential zeigt. Abbildung 1.11 zeigt die Definition von zwei Spannungen.

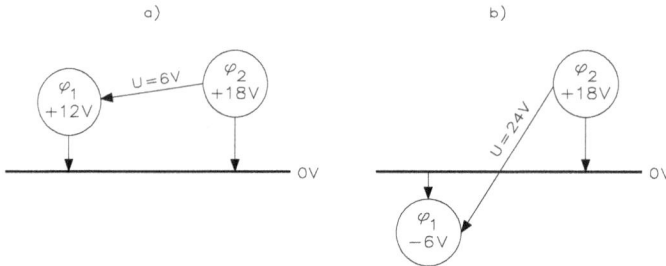

Abb. 1.11: Definition von zwei Spannungen

1.1.4   Spannungserzeugung und Spannungsquellen

Wie später noch ausführlich gezeigt wird, ist zur Erzeugung einer Spannung Energieaufwand erforderlich. Andere Energieformen (Bewegung, Wärme, chemische Energie, Licht etc.) werden mit geeigneten Vorrichtungen (Spannungsquellen wie z. B. Generator, Thermoelement, Trockenzelle, Fotoelement) in elektrische Energie umgewandelt.

Wie gezeigt wurde, ist elektrischer Strom die gerichtete Bewegung von Ladungsträgern (z. B. Elektronenfluss im elektrischen Leiter) und Tab. 1.4 zeigt die elektrische Stromstärke.

Tab. 1.4: Strom und Ladung

Größe	Formelzeichen	Einheit	
		Name	Zeichen
Elektrische Stromstärke	I	Ampere	A

Erste Voraussetzung für das Auftreten ist das Vorhandensein eines Ladungsunterschieds, also einer Spannung und es ist daher eine Spannungsquelle erforderlich. Ein Elektronenfluss kann jedoch nur dann zustande kommen, wenn ein elektrischer Leiter vorhanden ist, der einen Ladungsausgleich zwischen den Polen einer Spannungsquelle ermöglicht.

Zweite Voraussetzung für einen Stromfluss ist also ein elektrischer Leiter, der mit den beiden Polen der Spannungsquelle zu einem geschlossenen Stromkreis zusammengeschaltet ist.

Abb. 1.12: Aufbau eines geschlossenen Stromkreises

In Abb. 1.12 ist das Schaltbild eines geschlossenen Stromkreises mit den Schaltzeichen für Spannungsquelle ist nicht direkt mit einem Leiter zusammen. In diesem Fall würde ein sehr hoher „Kurzschlussstrom" (eigentlich nutzlos) durch den Leiter fließen und diesen sowie die Spannungsquelle eventuell bis zur Zerstörung erwärmen, sondern schaltet einen Verbraucher in den Stromkreis, um eine gewünschte Wirkung (hier Lichtwirkung durch Glühlampe) zu erzielen.

Der Strom I in Ampere ist als elektrische Basisgröße festgelegt. Da der elektrische Strom einen Ladungsfluss darstellt, also eine pro Zeiteinheit fließende Anzahl von Ladungen, kann die elektrische Ladung Q nun aus dem Strom abgeleitet werden.

$$\text{Aus } I = \frac{Q}{t} \text{ (transportierte Ladungsmenge pro Zeit) folgt: } Q = I \cdot t$$

Damit ergibt sich für die Ladung Q die Einheit $A \cdot s = As$ (Amperesekunden), abgekürzt mit dem Namen „Coulomb". Tabelle 1.5 zeigt die elektrische Stromstärke und Elektrizitätsmenge.

Tab. 1.5: Elektrische Stromstärke und Elektrizitätsmenge

Größe	Formelzeichen	Einheit Name	Zeichen
Elektrische Stromstärke, Elektrizitätsmenge	Q	Amperesekunden oder Coulomb	As = C

Abb. 1.13 zeit die Flussrichtung des Elektronenstromes vom Minuspol zum Pluspol, während der technische Strom (technische Flussrichtung) vom Pluspol zum Minuspol fließt.

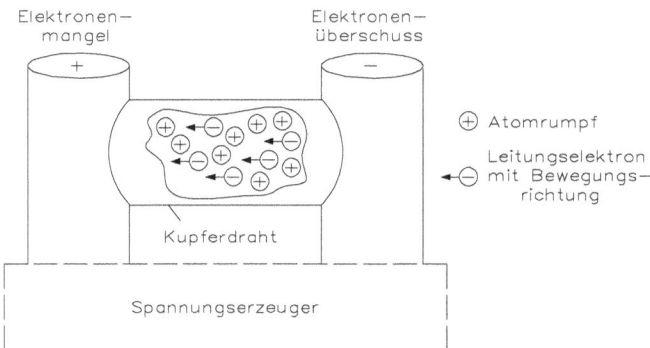

Abb. 1.13: Flussrichtung des Elektronenstromes

1.1.5   Strom und Spannung

Diese Gesetzmäßigkeiten lassen sich kurz in einer Formel zusammenfassen:

$$\text{Stromstärke} = \frac{\text{Elektrizitätsmenge}}{\text{Zeit}}$$

Leuchtet eine elektrische Glühlampe auf, so weiß man, es fließt elektrischer Strom. Bei allen elektrischen Wirkungen handelt es sich um Fortbewegung elektrischer Ladungsträger. Oft sind im gleichen Gerät negative und positive Ladungsträger an Leitungsvorgängen beteiligt. Zur Einführung werden nur die Leitungselektronen in Metallen behandelt.

Wenn sich Elektronen durch einen Draht bewegen, so kann die Stärke des Elektronenstromes verschieden groß sein. Die Stromstärke richtet sich nach der Zahl der Elektronen, die je Sekunde durch den Leiterquerschnitt fließen. Die Maßeinheit ist das Ampere. Man misst die Stromstärke ein Ampere (1 A), wenn je Sekunde $6,3 \cdot 10^{18}$ Elektronen durch den Leiterquerschnitt fließen.

1 Ampere $= 6,3 \cdot 10^{18}$ Elektronen je Sekunde

1 Ampere $= 1$ Coloumb je Sekunde

Die Zusammenhänge zwischen Stromstärke, Elektrizitätsmenge und Zeit sollen an einem praktischen Beispiel erläutert werden:
1. Verdreifacht man in einer Sekunde durch den Leiterquerschnitt fließende Elektrizitätsmenge, so erhält man die dreifache Stromstärke, d. h. die Stromstärke wächst im gleichen Verhältnis mit der Elektrizitätsmenge bei gleichbleibender Zeit.
2. Verdoppelt man die Zeit für den Durchfluss von einem Coloumb, so verringert sich die dazu erforderliche Stromstärke auf die Hälfte des ursprünglichen Wertes, d. h. bei gleichbleibender Elektrizitätsmenge verkleinert sich die Stromstärke im gleichen Verhältnis, wie die Zeit vergrößert wird. Die Stromstärke verhält sich umgekehrt wie die Zeit.

Ein Kupferdraht von einer Länge l = 1 m und einem Querschnitt A = 1 mm^2 hat ein Volumen von 1 cm^3, d. h. er enthält etwa 10^{23} Leitungselektronen. Bei einer Stromstärke von 1,6 A würden je Sekunde etwa 10^{19} Elektronen durchfließen. Das sind etwa 10^{-4} der im Leiter vorhandenen Ladungsträger. Wenn nun am Leiterende in einer Sekunde etwa 10^{19} Elektronen herausfließen, müssen die Elektronen im Leiter in der gleichen Zeit um etwa 10^{-4} der gesamten Drahtlänge (l = 1 m = 1000 mm), also um etwa 0,1 mm weiterrücken (Abb. 1.13). Das ergibt eine Geschwindigkeit von etwa 0,1 mm/s! Ein Elektron braucht bei dieser Geschwindigkeit für die Bewegung durch einen Draht von 1 m Länge 10000 Sekunden und das sind ungefähr drei Stunden! Abbildung 1.14 zeigt die Geschwindigkeit der Elektronenbewegung in einem Kupferleiter.

Aus der Praxis weiß man, dass z. B. eine eingeschaltete Tischlampe augenblicklich leuchtet, wenn man sie mit der Netzsteckdose verbindet. Die Spannung als Ursache des Stromes muss daher den oft einige Meter langen Weg von der Steckdose über das Anschlusskabel zur Lampe mit sehr großer Geschwindigkeit zurücklegen. Da die Elektronen im Leiter sehr zahlreich sind, „stoßen" sie sich beim Anlegen einer Spannung gegenseitig an. Diese Stoßwirkung (Spannungswirkung) bewegt sich mit einer Geschwindigkeit fort, die sich der Lichtgeschwindigkeit ($3 \cdot 10^8$ m/s) nähern kann.

Die elektrische Ladung stellt als Anzahl von Ladungsträgern ein Maß für die Elektrizitätsmenge dar. Da bei einer Stromstärke von 1 Ampere pro Sekunde ca. $6,3 \cdot 10^{18}$ Elektronen

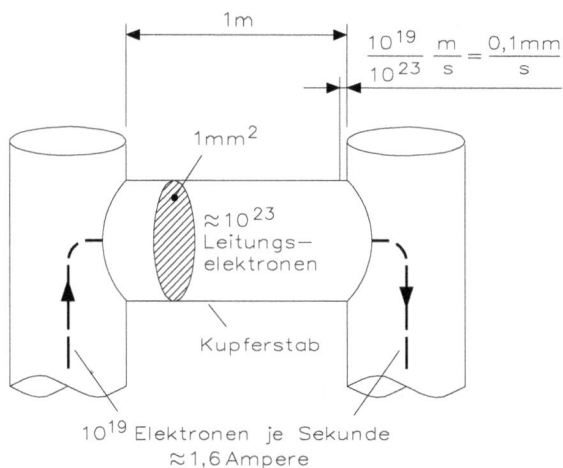

$$\frac{10^{19}}{10^{23}}\,\frac{m}{s} = \frac{0,1\,mm}{s}$$

Abb. 1.14: Geschwindigkeit der Elektronenbewegung

durch einen Leiter fließen, entspricht die Elektrizitätsmenge von 1 Coulomb der Anzahl von $6,3 \cdot 10^{18}$ Elektronen.

$$1\,C = 6,3 \cdot 10^{18} \text{ Elektronen}$$

Umgekehrt besitzt ein Elektron die Ladung von

$$1\frac{C}{6,3 \cdot 10^{18}} \approx 1,6 \cdot 10^{-19}\,C$$

1.1.6   Widerstand

Wie bereits erläutert, setzen unterschiedliche Materialien dem Strom verschiedene Widerstände entgegen. Dieser Widerstand wird mit der Größe R bezeichnet und in Ohm (Ω) angegeben, wobei die abgekürzte Einheit Ohm aufgrund der Zusammenhänge zwischen Spannung, Strom und Widerstand für „Volt durch Ampere" steht:

$$\Omega = \frac{V}{A}$$

Tabelle 1.6 zeigt die Bezeichnungen am ohmschen Widerstand.

Tab. 1.6: Bezeichnungen am ohmschen Widerstand

Größe	Formelzeichen	Einheit Name	Zeichen
Elektrischer Widerstand	R	Ohm	$\Omega = \dfrac{V}{A}$

Der Kehrwert des Widerstandes ist der Leitwert G: $G = \dfrac{1}{R}$ mit der Einheit Siemens S.

Der Widerstand eines Leiters wird in Schaltskizzen oder -plänen als Schaltzeichen dargestellt. Die als Linien dargestellten Verbindungen gelten dabei als widerstandslos (R = 0 Ω). Abbildung 1.15 zeigt die Bauformen von einfachen Widerständen.

Abb. 1.15: Bauformen von Widerständen

Auf Drahtwiderständen ist der Wert aufgedruckt. Schichtwiderstände sind lackiert und zur Kennzeichnung ihres Wertes mit Farbringen (Farbcode) versehen.

Je länger ein Leiter ist (Länge l), umso höher ist sein Widerstand.

$$R \approx l$$

Der Widerstand eines Leiters hängt auch von seiner Querschnittsfläche ab. Je größer seine Querschnittsfläche A ist, umso geringer ist sein Widerstand.

$$R \approx \frac{1}{A}$$

Verschiedene Stoffe setzen dem Strom einen unterschiedlichen Widerstand entgegen. Jeder Werkstoff hat einen bestimmten spezifischen Widerstand ρ (Rho).

$$R \approx \rho$$

Man hat festgelegt, dass der spezifische Widerstand eines Leiters eine Länge l = 1 m und einen Querschnitt A = 1 mm² eine Temperatur von 20 °C hat.

$$\text{z. B. Kupfer } \rho = 0{,}0178 \frac{\Omega \cdot mm^2}{m}$$

Einige Beispiele von Werkstoffen sind in Tab. 1.7 zusammengefasst.

Tab. 1.7: Beispiele von Werkstoffen

Werkstoff	ρ
Porzellan	$\approx 10^{19}$
Kohle	≈ 40
Konstantan	0,48
Eisen	0,13
Aluminium	0,028
Kupfer	0,0178
Silber	0,016

Der Widerstand des Leiters hängt von drei Größen ab. Er ist umso größer
a) je höher der spezifische Widerstand ρ ist
b) je größer die Leiterlänge l ist
c) je kleiner die Querschnittsfläche A ist

Danach ergibt sich folgende Formel für den Widerstand R eines Leiters mit der Länge 1, dem Querschnitt A und dem spezifischen Widerstand ρ:

$$R = \frac{1 \cdot \rho}{A}$$

In dieser Formel muss l in m

$$\rho \text{ in } \frac{\Omega \cdot mm^2}{m}$$

A in mm²eingesetzt werden, damit sich

R in Ω ergibt.

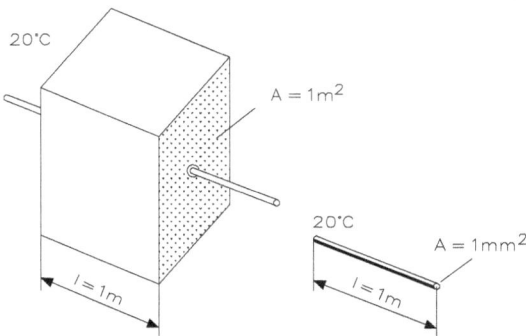

Abb. 1.16: Spezifischer Widerstand eines Isolators (links) und einer Leitung

Abbildung 1.16 zeigt einen spezifischen Widerstand eines Isolators und einer Leitung.

Beispiel: Wie groß ist der Widerstand eines Kupferdrahtes von einer Länge $l = 10\,m$ und einem Querschnitt $A = 2\,mm^2$?

Gegeben: $l = 10\,m$; $A = 2\,mm^2$; ρ von Kupfer $= 0{,}0178 \frac{\Omega \cdot mm^2}{m}$

Gesucht: R

Lösung: $R = \dfrac{1 \cdot \rho}{A} = \dfrac{10\,m \cdot 0{,}0178 \frac{\Omega \cdot mm^2}{m}}{2\,mm^2} = 0{,}089\,\Omega$

Je niedriger der spezifische Widerstand eines Stoffes ist, desto besser leitet er den elektrischen Strom. Der Kehrwert des spezifischen Widerstandes ist die spezifische Leitfähigkeit χ (kappa).

$$\frac{1}{\rho} = \chi \qquad \chi \text{ hat damit die Einheit } \frac{\frac{1}{\Omega \cdot mm^2}}{m} = \frac{m}{\Omega \cdot mm^2} = \frac{Sm}{mm^2} \qquad \square$$

Beispiel: Die spezifische Leitfähigkeit von Kupfer $\rho = 0{,}0178 \cdot \frac{\Omega \cdot mm^2}{m}$ beträgt:

$$\chi = \frac{1}{\rho} = \frac{1}{0{,}0178 \frac{\Omega \cdot mm^2}{m}} = 56{,}2 \frac{m}{\Omega \cdot mm^2} = 56{,}2 \frac{Sm}{mm^2}$$

Die Formel $R = \frac{l \cdot \rho}{A}$ kann, je nach Aufgabenstellung, nach der jeweils gesuchten Größe aufgelöst werden.   □

Beispiel: Welchen Querschnitt A muss ein Widerstandsdraht aus Konstantan $\rho = 0{,}5 \cdot \frac{\Omega \cdot mm^2}{m}$ haben, um bei einer Länge von $l = 4\,m$ einen Widerstand von $R = 8\,\Omega$ zu erreichen?

Gegeben: $R = 8\,\Omega$, $l = 4\,m$, $\rho = 0{,}5 \cdot \frac{\Omega \cdot mm^2}{m}$

Gesucht: $A = ?$

Lösung: $A = \dfrac{l \cdot \rho}{R} = \dfrac{4\,m \cdot 0{,}5 \left(\frac{\Omega \cdot mm^2}{m} \right)}{8\Omega} = 0{,}25\,mm^2$ □

1.1.7 Temperaturerhöhung von Widerständen

Aufgrund ihres physikalischen Verhaltens ändern die Werkstoffe ihren Widerstand, wenn sich die Temperatur ändert.

Beispiele: Tabelle 1.8 zeigt das Verhalten von Werkstoffen bei einer Temperaturerhöhung.

Tab. 1.8: Verhalten von Werkstoffen bei einer Temperaturerhöhung

nimmt der Widerstand zu	nimmt der Widerstand ab
bei fast allen Metallen, z. B. Aluminium	z. B. bei Selen
Kupfer	Kohle
Silber	Germanium
Eisen	Silizium

Ein Maß für die Widerstandszunahme pro Grad Temperaturerhöhung ist der sogenannte Temperaturbeiwert α (Alpha). Der Wert ist eine Materialkonstante und wird in Tabellenbüchern angegeben.

Nimmt der Widerstand eines Stoffes mit steigender Temperatur zu, so ist sein Temperaturbeiwert positiv, nimmt er dagegen mit steigender Temperatur ab, so ist sein Temperaturbeiwert negativ.   □

Beispiele:

$$\text{Kupfer } \alpha = 0{,}004 \frac{1}{K} \qquad \| \alpha \text{ positiv! (Kaltleiter, PTC-Verhalten)}$$

$$\text{Kohle } \alpha = -0{,}00045 \frac{1}{K} \qquad \| \alpha \text{ negativ! (Heißleiter, NTC-Verhalten)}$$

Nach dem SI-Einheitensystem ist die Einheit der Temperatur das Kelvin (K). Es bezieht sich auf die absolute Temperaturskala, die gegenüber der Celsius-Skala um 273 K verschoben ist: $0\,°C \mathrel{\widehat{=}} 273\,K$.

Für Temperaturangaben darf zwar weiterhin die Einheit $°C$ verwendet werden, jedoch erhalten Temperaturdifferenzen stets die Einheit K (Temperaturdifferenzen in $°C$ und in K weisen den gleichen Betrag auf!), z. B. $\Delta T = 60\,°C - 45\,°C = 15\,K$.

Mit der Einheit Kelvin ergibt sich daher für den Temperaturbeiwert α die Einheit $\frac{1}{K}$.

Die Widerstandsänderung ΔR (Δ = Delta $\mathrel{\widehat{=}}$ Differenz) ist umso größer, je größer der Temperaturbeiwert α ist und je höher die Temperaturänderung ΔT ist.

$$\Delta R = R_K \cdot \alpha \cdot \Delta T$$
$$\downarrow$$

Widerstandswert im kalten Zustand (20 °C)

Der Widerstand nach der Temperaturänderung setzt sich zusammen aus dem Widerstand im kalten Zustand und der Widerstandsänderung.

$$R_W = R_K + \Delta R$$
$$R_W = R_K + R_K \cdot \alpha \cdot \Delta T$$
$$\downarrow$$

Widerstandswert im warmen Zustand

Durch rechnerische Umwandlung erhält man:

$$R_W = R_K \cdot (1 + \alpha \cdot \Delta T)$$

Für manche Anwendungszwecke ist die temperaturabhängige Widerstandsänderung unerwünscht (z. B. Messtechnik, Regelungstechnik). Zur Herstellung temperaturunabhängiger Widerstände werden daher Drähte aus besonderen Metalllegierungen verwendet. Solche Legierungen sind z. B. Konstantan, Manganin, Resistan, denn ihr Temperaturbeiwert α ist nahezu Null.   □

Beispiel: An einem Kupferdraht wird bei einer Temperatur von 20 °C ein Widerstand von 26 Ω gemessen. Wie hoch ist der Widerstand, wenn er auf 80 °C erwärmt wird (α von Kupfer = $0{,}0041\,\frac{1}{K}$)?

$$\Delta T = T_2 - T_1 = 80\,°C - 20\,°C = 60\,°C$$
$$R_W = R_K(1 + \alpha \cdot \Delta T) = 26\,\Omega(1 + 0{,}0041/°C \cdot 60\,K = 26\,\Omega \cdot 1{,}24 = 32{,}4\,\Omega \qquad □$$

1.1.8   Stromdichte

Nicht nur durch eine äußere Wärmequelle kann ein elektrischer Leiter (Widerstand) erwärmt werden; jeder stromdurchflossene Leiter wird vom durchfließenden Strom selbst mehr oder weniger stark erwärmt. Die Erwärmung kann – neben der Widerstandsänderung – dazu führen, dass der Leiter seine mechanische Festigkeit verliert und vielleicht zerstört wird.

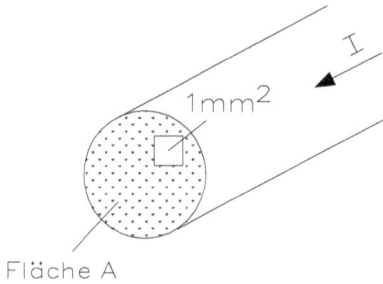

Abb. 1.17: Stromdichte

Tab. 1.9: Leiterquerschnitt

großer Leiterquerschnitt	kleiner Leiterquerschnitt
Strom verteilt sich auf große Fläche geringe Wärme	Strom verteilt sich auf kleine Fläche große Wärme

Für den kritischen Wert dieser Strombelastung spielt der Leiterquerschnitt eine entscheidende Rolle, wie Abb. 1.17 zeigt.

Bei gleichem Strom durch beide Leiter gilt Tab. 1.9.

Um vergleichen zu können, wie „dicht" der Strom über den Leiterquerschnitt verteilt wird, bezieht man den Strom auf eine Fläche von 1 mm². Dieser Wert ist die Stromdichte und wird in $\frac{A}{mm^2}$ gemessen. Tabelle 1.10 zeigt die Stromdichte beim Leiterquerschnitt.

Tab. 1.10: Stromdichte beim Leiterquerschnitt

Größe	Formelzeichen	Einheit	
		Name	Zeichen
Stromdichte	S	–	$\frac{A}{mm^2}$

Die Stromdichte in einem Draht errechnet sich aus

$$S = \frac{I}{A}$$

In den elektrischen Schaltungen oder Geräten darf die höchstzulässige Stromdichte der Leiter nicht überschritten werden.

In Tabellenbüchern ist diese höchstzulässige Stromdichte in der Form der „Strombelastbarkeit", gemessen in A, bezogen auf einen bestimmten Querschnitt, angegeben. Sie ist von verschiedenen Faktoren abhängig, die Einfluss auf die Wärmeabführung des Leiters haben.

Beispiele:

Freileitungen ca.	$10 \dfrac{A}{mm^2}$
isolierte Leitungen ca.	$7 \dfrac{A}{mm^2}$

Wicklungen von Bauteilen kleiner Leistung ca.	$4 \dfrac{A}{mm^2}$
Wicklungen von Bauteilen größerer Leistung ca.	$2 \dfrac{A}{mm^2}$ $\quad\square$

Beispiel: Über einen Leiter soll ein Strom von 16 A fließen. Darf dazu ein Draht mit einem Querschnitt von $4\,mm^2$ verwendet werden, wenn seine Stromdichte $3\frac{A}{mm^2}$ nicht überschritten werden darf?

$$S = \frac{I}{A} = \frac{16\,A}{4\,mm^2} = 4\frac{A}{mm^2}$$

Der Leiter darf nicht verwendet werden, da die tatsächliche Stromdichte zu hoch ist. $\quad\square$

1.2 Erscheinungsformen der Elektrizität

Reibungselektrizität kannten bereits die Griechen. Heutzutage sind beispielsweise Kunststoffe ein nicht zu unterschätzendes Problem, da an ihnen leicht Reibungselektrizität entsteht. Die auftretenden Entladungen (teilweise mit Funkenbildung) können elektrische und elektronische Störungen hervorrufen. Das Kleben von Papieren aneinander, Funkenentladungen an Kunststoff- oder Gummiwalzen in Druckereimaschinen, Entladungen in Labors und Krankenhäusern mit Kunststofffußböden verursachen bei Elektrikern erhebliche Sorgen. Unschädlich lassen sich solche Ladungen machen, einerseits durch Ableitung, andererseits durch Aufbringung entgegengesetzt gepolter Ladungen mittels eigener Ladegeräte.

1.2.1 Berührungselektrizität

Im Jahre 1780 beobachtete der italienische Arzt Galvani, dass Froschschenkel, die mittels Metalldrähten an einem Eisengitter aufgehängt waren, zuckten, dass die Zuckungen jedoch nur auftraten, wenn die Froschschenkel an einer Stelle mit dem Gitter in Berührung kamen. Erst der Physiker Volta konnte die richtige Erklärung dieser Erscheinung geben. Volta fand, dass durch eine Zusammenstellung:

Metall – Flüssigkeit – Metall

ein Element entsteht, das fließenden elektrischen Strom abgeben kann. Wichtig ist also:
- Verwendung zweier verschiedener Metalle,
- Verwendung einer stromleitenden Flüssigkeit (also Säuren, Laugen oder Salzlösungen).

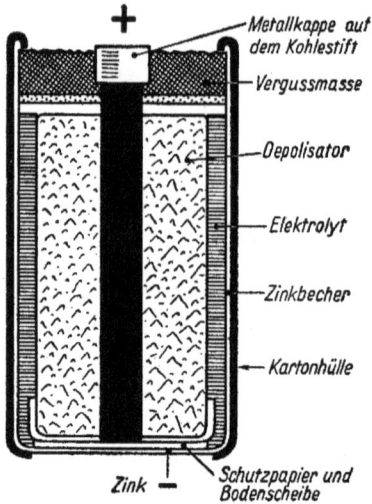

Abb. 1.18: Aufbau eines Trockenelementes

Aus dieser Entdeckung entstanden auf manchen Umwegen die heutigen Trockenelemente (Abb. 1.18) und die nur mehr wenig benützten Beutelelemente (Abb. 1.19). Beide enthalten zwei Abnahme-Elektroden aus Zink und Kohle und einen Elektrolyten, der aus einer wässrigen (Beutelelement) oder eingedickten (Trockenelement) Salmiaklösung (mit Beigabe von Zinkchlorid und Sublimat) besteht. Die Kohleelektrode ist mit weiterem Elektrodenmaterial in einem Leinenbeutel umgeben, das einerseits die Aufgabe der Leitung des Stromes und andererseits der chemischen Bindung der entstehenden Gase hat. Dieser „Depolisator" muss die durch die Gasbildung gegebene Hinderung des Stromflusses (Polarisation) aufheben, und dieser besteht aus Braunstein, Ruß und Graphit.

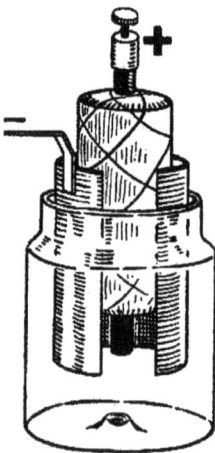

Abb. 1.19: Aufbau einer runden Batterie (Kohle-Zink-Element)

Die Spannung eines solchen Kohle-Zink-Elementes beträgt rund 1,5 V. Dabei wird der Kohle-pol als „positiver Pol", der Anschluss an den Zinkzylinder als „negativer Pol" angesprochen. Bei Anschluss eines Leiters (Glühlampe, Summer, Widerstand) zwischen den beiden Polen fließt ein elektrischer Strom vom Pluspol über den Leiter zum Minuspol und im Inneren des Elementes zurück zum Pluspol. Es bildet sich ein Stromkreis, der so lange erhalten bleibt, bis man ihn abschaltet oder bis die Leistungsfähigkeit des Elementes erschöpft ist. Diese aber, also Stärke und Dauer des entnehmbaren Stromes, hängt allein von der Größe des Elementes ab.

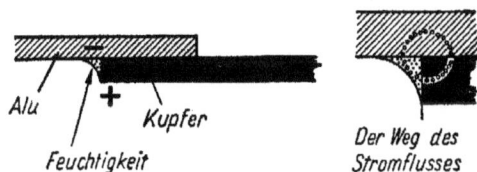

Abb. 1.20: Unerwünschte Elementbildung

Ungewollte Elementbildung mit zerstörenden Folgen tritt auf, wenn in Freileitungen, in feuchten Räumen verschiedene Metalle miteinander verbunden werden. Bei der Verbindung von Kupferleitungen mit Aluminiumleitungen in Freileitungen muss man daher dafür sorgen, dass die der Feuchtigkeit zugänglichen Verbindungsstellen möglichst klein gehalten und durch Lackanstrich geschützt werden. Das edlere Metall (Kupfer) verschwindet und geht in Aluminium über.

1.2.2 Thermoelektrizität

Im Jahre 1821 entdeckte Seebeck, dass bei Erwärmung einer Berührungsstelle zweier verschiedener Metalle ein elektrischer Strom entsteht.

Es wird z. B. ein Konstantandraht (K) und ein Chromnickeldraht (A) an einer Stelle verlötet (Abb. 1.21). Erwärmt man nun mittels einer beliebigen Wärmequelle die Verbindungsstelle, so wird zwischen den kalten Drahtenden ein Spannungsunterschied erzeugt, der imstande ist, einen elektrischen Strom (z. B. im angeschlossenen Messgerät) hervorzurufen. Man bezeichnet diese Eigenschaften als thermoelektrische Ströme.

Die Spannung eines derartigen Thermoelementes beträgt z. B. bei der Verwendung der Metalle Chromnickel und Konstantan bei einem Temperaturunterschied von 500° C etwa 0,033 V. Durch Hintereinanderschaltung mehrerer Thermoelemente in entsprechender Reihenfolge erhält man zwar höhere Spannungen, die praktische Verwendung der Thermoströme beschränkt sich jedoch mit Rücksicht auf den ungünstigen Wirkungsgrad der Anordnung trotzdem lediglich auf das Gebiet der Messtechnik.

Die Heizung der Verschweißungsstelle (Abb. 1.22) kann auch auf elektrischem Wege erfolgen. Der Konstantandraht K und ein Chromnickeldraht A werden bei dem Verbindungspunkt V verschweißt. Schickt man auf der einen Seite (siehe Pfeile) einen Strom (auch Wechselstrom) durch, so werden die beiden Drahthälften und damit auch die Schweißstelle

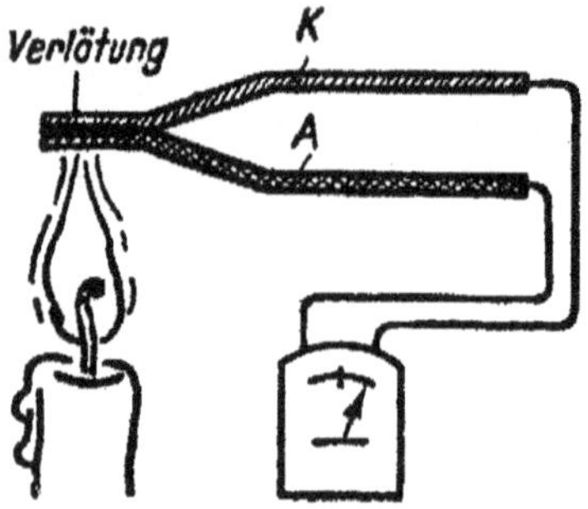

Abb. 1.21: Entstehung der Thermoelektrizität

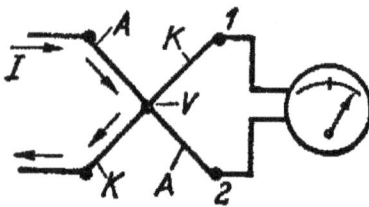

Abb. 1.22: Durch die Verschweißungsstelle V entsteht Thermoelektrizität

erwärmt. Es entsteht eine Spannung zwischen den Punkten 1 und 2. Messgeräte und auch Temperaturregelungen nützen diese Tatsache aus.

1.2.3   Induktionselektrizität

Diese vierte Erscheinungsform der Elektrizität hängt mit den magnetischen Kräften zusammen und ist der wichtigste Stromerzeuger. Die Erzeugung elektrischen Stromes in Maschinen sowie auch die Umwandlung elektrischer Energie in mechanische Kräfte verläuft grundsätzlich über Vorhandensein oder Bildung magnetischer Feldlinien bzw. Kraftfelder.

In der Praxis gibt es natürlichen Magnetismus, bekannt als Dauermagnet. Gewisse Eisenerze weisen die Fähigkeit auf, Eisenteile anzuziehen und festzuhalten. Solche „Magnetsteine" weisen bei drehbarer Aufhängung das Bestreben auf, sich nach der magnetischen Nord-Süd-Richtung der Erde einzustellen (Kompass). Zeigt die Kompassnadel nach Norden und damit zum magnetischen Südpol, der etwa 1000 km auf kanadischen Gebiet liegt, d. h. er ist nicht mit dem geographischen Nordpol identisch. Die Eigenschaft der Anziehung von Eisen lässt sich vom natürlichen Magneten auch auf Eisen und Stahl übertragen (künstlicher Magnet). Es sollen zum besseren Verständnis folgende Versuche durchgeführt werden.

Ein magnetisch gemachter Stahlstab wird auf den Tisch gelegt und darüber eine Glasplatte angeordnet. Nun werden Eisenfeilspäne locker auf die Glasplatte gestreut. Es zeigt sich, dass sich die Eisenspäne in ganz bestimmten Linien um den Magneten einordnen (Abb. 1.23). Diese „magnetischen Feldlinien" bezeichnen sozusagen den Kreislauf der magnetischen Kraft außerhalb des Magneten. Die Feldlinien gehen von einem „Pol" des Magneten durch Luft,

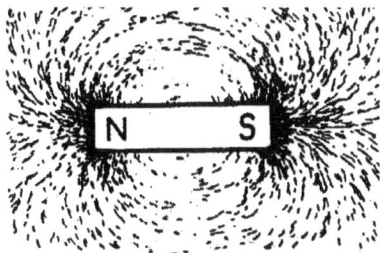

Abb. 1.23: Verlauf von magnetischen Feldlinien

Glas, Holz usw. in kleinerem oder größerem Bogen zum anderen Pol und im Magnetstab selbst zurück zum Ausgangspol. Um die Pole und innerhalb des Magneten häufen sich die magnetischen Feldlinien ganz besonders an, das „Magnetfeld" ist hier besonders stark. Dies kommt auch dadurch zum Ausdruck, dass der Magnet bei den Polen seine größte Anzugskraft aufweist.

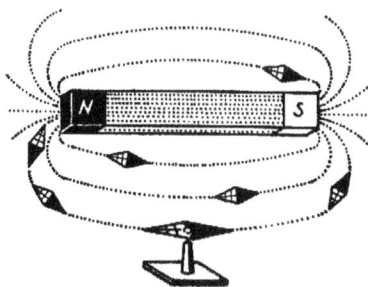

Abb. 1.24: Verlauf von magnetischen Feldlinien bei einem Stabmagnet

Der zweite Versuch, den man mit dem Stabmagneten durchführen kann, beschäftigt sich mit den verschiedenen Verhalten der beiden Pole. Man nähert zu diesem Zweck einem Pol des Stabmagneten einen kleineren beweglich aufgehängten Magneten (Kompassnadel). Es wird nicht gelingen, wechselweise beide Pole der Kompassnadel mit ein und demselben Pol des Stabmagneten anzuziehen. Im Gegenteil, während ein Pol heftig angezogen wird, stößt sich der andere Pol ab. Man bezeichnet den einen Pol als Nordpol und den anderen als Südpol. Stellt man den Versuch noch etwas anders an (Abb. 1.24). Man legt den Stabmagneten auf einen Papierbogen und daneben einen Kompass. Der Kompass wird sich in eine bestimmte Lage einstellen, die man auf dem Papier notiert. Dann verschiebt man die Kompassnadel an verschiedene Stellen und zeichnen jeweils die Lage der Nadel ein. Man findet, dass die Nadel sich immer im Sinne des magnetischen Feldlinienflusses einordnet, und zwar stets unter Berücksichtigung der Polarität (Nordpol schwarz, Südpol weiß gezeichnet).

Biegt man einen Stabmagneten in Hufeisenform, so verkürzt sich der Luftweg der Feldlinien. Gleichzeitig erhält man zwischen den Polen ein verhältnismäßig starkes und gleichmäßiges Magnetfeld (Abb. 1.25a).

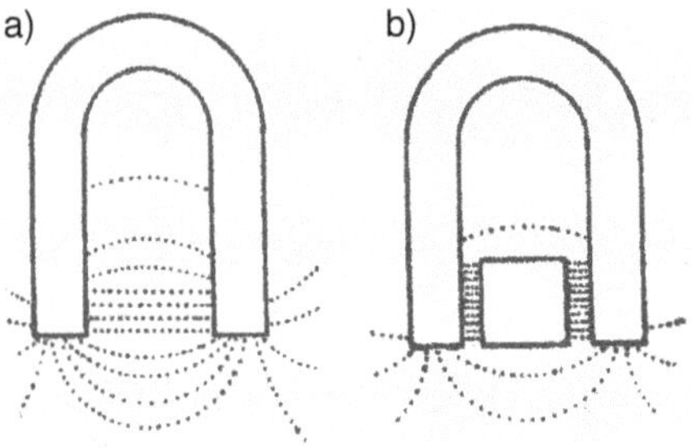

Abb. 1.25: Hufeisenform des Dauermagneten und Verlauf der magnetischen Feldlinien

Dieses Feld lässt sich noch durch Anbringung eines Eisenstückes zwischen den Polen, eines sogenannten Ankers, verstärken (Abb. 1.25b). Diese Tatsache beruht darauf, dass Eisen dem magnetischen Kraftfeld einen geringeren Widerstand entgegensetzt als Luft. Fast alle Magnetfeldlinien suchen deshalb den Weg durch den Anker, und nur ein kleiner Teil (Streufeldlinien) fließt außerhalb des Ankers zum anderen Pol. Magnetische Werkstoffe sind Eisen (Stahl) und Nickel, unmagnetische dagegen Luft, Holz, alle anderen Metalle, Isolierstoffe usw.

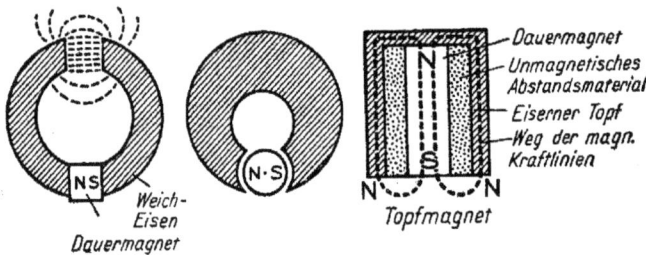

Abb. 1.26: Magnetische Wirkungen des elektrischen Stromes

Bei der modernen Magnettechnik (Herstellung von Dauermagneten) ist der eigentliche Magnet sehr klein und lässt die magnetischen Feldlinien durch einfaches, billiges Eisen leiten, wie Abb. 1.26 zeigt.

1.2.4 Magnetische Wirkungen des elektrischen Stromes

Im Jahre 1819 machte Örsted die Beobachtung, dass durch den in einem Draht fließenden elektrischen Strom eine in der Nähe befindliche Magnetnadel aus ihrer Ruhelage abgelenkt wird (Abb. 1.27a). Dieser Versuch ist in Abb. 1.27b in etwas veränderter Form dargestellt. Schaltet man den Strom durch Schließen des Stromkreises ein, so stellt sich die Kompassnadel nach einigem Schwanken immer so ein, dass sie den Teil eines Kreises um den stromdurchflossenen Leiter bildet.

Der durch einen Leiter fließende Strom erzeugt um den Leiter ein magnetisches Feld, dessen Feldlinien kreisförmig um den Leiter verlaufen.

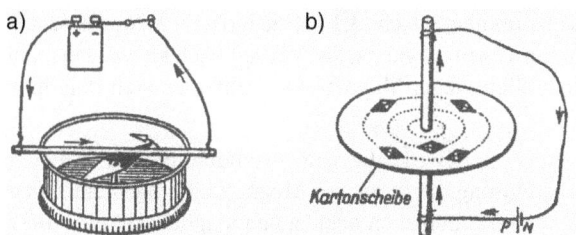

Abb. 1.27: Leiterschleife (a) und kreisförmige Anordnung (b) des Magnetfeldes

Biegt man den Leiter von Abb. 1.27a herum, so entsteht bereits eine „Windung", wie Abb. 1.28a zeigt. Man beachte die Lage der die Feld- oder Kraftlinien kennzeichnenden Kompassmagnet. Eine weitere Verstärkung gibt die Vermehrung der Windungen zu einer „Spule" (Abb. 1.28b), wobei sich ein ausgeprägter „Nordpol" und „Südpol" dieses „Elektromagneten" ausbildet.

Abb. 1.28: Aufbau einer Spule mit den magnetischen Feldlinien

Da Eisen ein magnetisch guter Leiter ist, setzt er dem Fluss der magnetischen Feld- oder Kraftlinien geringen Widerstand entgegen (eine Parallele zum elektrischen Widerstand und Strom). Eine Spule mit „Eisenkern" hat also eine stärkere magnetische Wirkung als ohne Kern (Abb. 1.29).

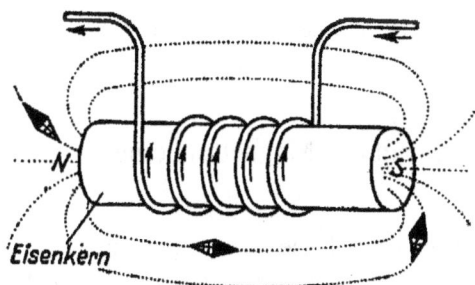

Abb. 1.29: Spule mit Eisenkern verstärkt die magnetische Wirkung

Anders betrachtet: Das Eisen ist zunächst unmagnetisch, d. h. seine einzelnen Atome setzen sich zu kleinen Magnetfamilien zusammen, deren magnetischer Verlauf nach außen also nicht wirksam werden kann. Die kleinen unendlich vielen Magnetfelder schließen sich innerhalb des Eisenkernes.

Wird durch die Spule ein Strom geschickt, so bewirkt die vom stromdurchflossenen Leiter ausgehende magnetische Kraft eine Ausrichtung der atomaren Magnetkräfte nach einer magnetischen Nord-Süd-Richtung. Der Kern wirkt nun auch nach außen magnetisch, d. h. diese magnetische Induktion verstärkt die gesamte magnetische Wirkung.

Abb. 1.30: Atome in einem Eisenkern

In Abb. 1.30 ist ein Eisenkern durch die Ansammlung einzelner Eisenatome veranschaulicht, wobei das einzelne Atom in primitiver Weise durch eine Kugel dargestellt ist. Links sind noch die kleinen Magnetfamilien gezeichnet (man beachte, wie sich die Pole der Atome „Nord zu Süd" zusammenfinden!), während rechts alle Teilmagnete durch magnetische Induktion „gleichgerichtet" sind und daher nach außen als „Magnet" wirken können.

Korkenzieherregel (Schraubenregel): Fließt der Strom in den Windungen so, wie es die Rechtsdrehung beim Einschrauben angibt, so zeigt die Korkenzieherspitze den Nordpol an. Dies ist bereits in Abb. 1.28 und Abb. 1.29 angegeben.

Die Anziehung eines Eisenstückes durch einen Elektromagneten wie auch die Ablenkung einer Magnetnadel durch einen stromdurchflossenen Leiter stellt eine Umformung elektrischer Energie in mechanische Energie (Kraftwirkungen) dar. Durch diese Versuche sind bereits die Anfänge zum Elektromotor gegeben, wie sich aus den folgenden Entwicklungen ergeben wird.

1.2.5 Wirkung des elektrischen Stromes auf das Magnetfeld eines Dauermagneten

Tauscht man in dem Versuch Abb. 1.27 die bewegliche Magnetnadel gegen einen Dauermagneten in Hufeisenform aus und ist das magnetische Feld zwischen den beiden Polen des stromdurchflossenen Leiters beweglich aufgehängt, so hat sich das Wesentliche in dem Versuch nicht geändert. Beim Einschalten des Stromes wird sich aber an Stelle des Magneten der Leiter bewegen (Abb. 1.31a). Vermehrung der Windungszahl verstärkt die Wirkung (Abb. 1.31b).

Abb. 1.31: Entstehung einer elektrischen Spannung durch Bewegung der Leiterschleife

Mit dem so aufgebauten Versuch kann man auch feststellen, dass es nicht gleichgültig ist, in welcher Richtung der elektrische Strom durch den Leiter fließt. Schließt man den Pluspol eines Elementes einmal an die rechte Seite des Leiterbündels und dann an die linke Seite der Anordnung, dann erhält man im zweiten Fall eine andere Bewegungsrichtung als im ersten.

Die weitere Entwicklung zum Elektromotor ist aus Abb. 1.31 bis Abb. 1.34 ersichtlich.

Abb. 1.32: Stromrichtung im Leiter

Der stromdurchflossene Leiter in Abb. 1.32 bewegt sich unter dem Einfluss des Magnetfeldes nach links. Der Leiter wird um eine Achse drehbar befestigt und gleichzeitig diesem gegenüber ein zweiter Leiter angebracht. Die Bewegungsrichtung des zweiten Leiters soll im gleichen Drehsinn um die Achse sein. Die Stromrichtung in diesem Leiter muss deshalb anders sein als im ersten Leiter.

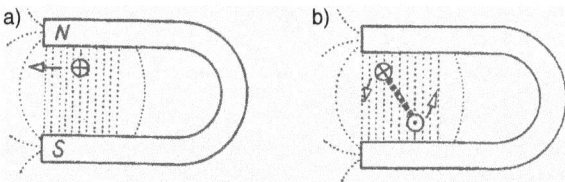

Abb. 1.33: Lineare Bewegung und Rotation

Weiter als bis zu dieser Stellung kann sich der Leiter in Abb. 1.33a nicht bewegen, da die Leiter an den äußersten Punkten angekommen sind. Um die weitere Drehung des sogenannten Ankers (Läufers) zu ermöglichen, schaltet man in dieser Lage die Stromrichtung in beiden Leitern um, wie Abb. 1.33b zeigt. Der Erfolg wird sein, dass sich das Leiterpaar in der erstmaligen Drehrichtung weiterbewegt.

Abb. 1.34: Rotation des Ankers im Magnetfeld

Die Umschaltung im Moment von Abb. 1.34 der äußersten Lage der Leiter (in der sogenannten neutralen Zone) erfolgt mittels eines mechanischen Stromwenders, den man als Kommutator bezeichnet. Die Zuführung des Stromes zu den „Lamellen" des Kommutators erfolgt durch Schleifbürsten (Kohlen).

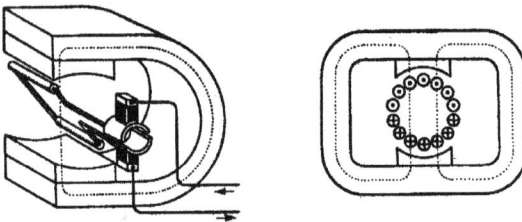

Abb. 1.35: Prinzip des mechanischen Stromwenders

Um die Wirkung zu verstärken, werden in Abb. 1.35 statt zwei Leitern mehrere Leiter verwendet. Als Haltestück für diese Leiter und gleichzeitig als Mittel zur Verstärkung der magnetischen Wirkungen werden die Leiter in einen eisernen Anker (Eisenbleche!) eingelegt. Die Zahl der Kommutatorlamellen vermehrt sich in praktischen Ausführungen ebenfalls.

Der Versuch mit einem Dauermagneten und einem Strom durchflossenen Leiter lässt sich dadurch weiter verändern, da man den Dauermagneten durch einen zweiten stromdurchflossenen Leiter ersetzen kann. Man erzeugt also das Magnetfeld nicht mehr durch einen Dauermagneten, sondern durch einen „Elektromagneten". Man erhält dadurch eine Zusammenstellung von zwei stromdurchflossenen Leitern, die beide um sich herum je ein magnetisches Feld erzeugen. Die beiden Felder wirken je nach der Stromrichtung in den Leitern so aufeinander, dass sich die Leiter gegenseitig abstoßen oder anziehen (Abb. 1.36).

Die beiden Leiter ziehen sich an, wenn die Stromrichtung in den Leitern gleich ist und sie stoßen sich ab, wenn die Stromrichtung verschieden ist.

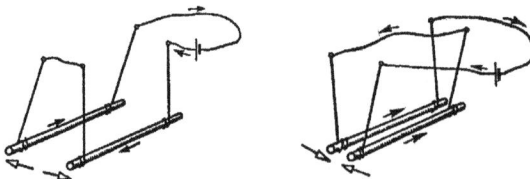

Abb. 1.36: Stromfluss in zwei Leitern mit Abstoßung und Anziehung

1.2.6   Induktionselektrizität

Man kann unter Aufwendung mechanischer Kraft durch magnetelektrische Induktion elektrische Energie (Induktionselektrizität) erzeugen. Die magnetelektrische Induktion entdeckte 1831 der Engländer Faraday. Um den Vorgang kurz zu erläutern, bedient man sich der Versuchseinrichtung von Abb. 1.37, wobei an die Stelle der Stromquelle ein Messgerät tritt. Man verändert durch die Bewegung des Leiters das magnetische Feld des Dauermagneten.

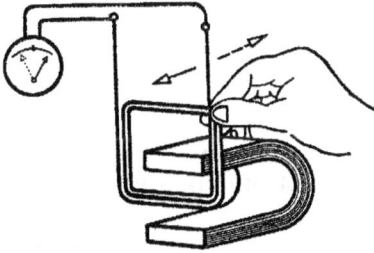

Abb. 1.37: Bewegung des Leiters im magnetischen Feld

Beim Durchschwingen der Leiter durch das Magnetfeld beobachtet man, dass der Zeiger des Messgerätes im gleichen Takt der Bewegung nach links oder rechts ausschlägt, dass also die Stromrichtung je nach der Bewegungsrichtung der Leiter wechselt. Bewegt man die Schwingung langsam, so ist der Ausschlag des Zeigers klein; bei schneller, ruckweiser Bewegung nach einer Richtung werden die Feldlinien schneller geschnitten, die induzierte Spannung wird größer und damit wird der Zeigerausschlag größer.

Das Ergebnis dieses Versuches lässt sich wie folgt zusammenfassen: Wird ein Leiter in einem magnetischen Feld so bewegt, dass die magnetischen Feldlinien geschnitten werden, so wird in dem Leiter elektrische Spannung induziert (erzeugt). Da die Bewegungsrichtung aber nie dauernd die gleiche sein kann, erhält man infolge der wechselnden Bewegungsrichtung auch immer wechselnde elektrische Impulse, also Wechselspannung. Legt man die zwischen den Enden des Leiters (bzw. der Windungen) entstehende Wechselspannung an einen Stromleiter an, so ist der Kreis geschlossen und die treibende Kraft, die elektrische Spannung, kann einen elektrischen Strom (Wechselstrom) im Kreis hervorrufen. Diesen elektrischen Strom stellt man sich als Fluss freier Elektronen im Leitermaterial vor.

Wechselstrom ist ein abwechslungsweise in zwei Richtungen pulsierender elektrischer Strom. Der Strom fließt einmal in der einen und dann in der anderen Richtung. Bei der Umkehrung muss selbstverständlich jeweils ein Moment eintreten, in welchem der Strom gleich Null ist. Dies ist zeichnerisch in Abb. 1.38 dargestellt. Die über der „Nulllinie" (Zeitlinie) aufgetragenen Werte des Stromes bezeichnen den Strom in der einen Richtung, die unter der Nulllinie den in der anderen Richtung fließenden Strom.

Die Änderungen der Stromwerte erfolgen nicht ruckweise, das „Strombild" darf keine Ecken besitzen. Die den Stromlauf kennzeichnende Kurve a – b – c – d – e – f – g bezeichnet man als Sinuslinie.

Abb. 1.38: Funktionen einer Sinuskurve

1.2.7   Übertragung elektrischer Energie durch Elektroinduktion

Nochmals: Bei der Induktion elektrischer Spannungen kommt es darauf an, dass ein Leiter magnetische Kraftlinien schneidet oder umgekehrt!

Einen Kurvenberg und ein Kurvental, wie Abb. 1.38 zeigt, also die Linie a–b–c–d–e, bezeichnet man als eine Periode. Diese besteht aus zwei „Wechseln" von Plus nach Minus und danach von Minus nach Plus usw. Wechselt der Strom z. B. in der Sekunde 100 mal seine Richtung, so spricht man von Wechselstrom mit 50 Perioden oder von Wechselstrom mit Frequenz 50 Hz (Hertz, deutscher Physiker, 1857–1894).

Hier bewegt man beispielsweise den Elektromagneten hin und her, um in den Windungen elektrische Spannungen und als Folge davon einen Strom zu erhalten (Abb. 1.38). Man kann auch alle Teile der Versuchsanordnung ruhen lassen, dafür aber das Entstehen und Verschwinden, also die Bewegung der Kraftlinien, des magnetischen Kraftfeldes gegenüber dem Leiter dadurch erzielen, dass man den Strom abwechselnd ein- und ausschaltet. Wenn man das im geeigneten Tempo ausführt, wird das Messgerät ebenfalls einen Wechselstrom anzeigen (Abb. 1.39).

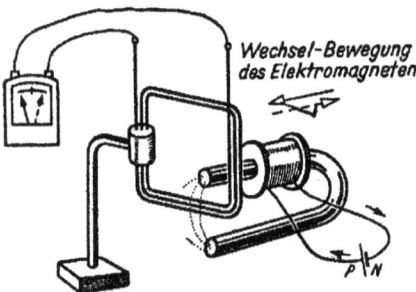

Abb. 1.39: Wechselbewegung eines Elektromagneten

Es gilt: Weder im eingeschalteten noch im ausgeschalteten Zustand ergibt sich eine Induktion im Leiter, sondern nur im Moment des Ausschaltens bzw. Einschaltens.

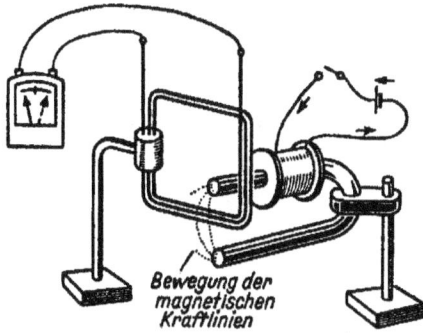

Abb. 1.40: Bewegung der magnetischen Feld- bzw. Kraftlinien

Dieser Versuch nach Abb. 1.40 stellt bereits die Übertragung elektrischer Energie durch Elektroinduktion dar. Der Elektromagnet mit der das Magnetfeld erzeugenden Wicklung (Eingangswicklung, Primärwicklung) sowie der zweiten Wicklung (Ausgangswicklung, Sekundärwicklung), in der Spannung erzeugt wird, stellt bereits einen Transformator einfachster Art dar.

Abb. 1.41: Stromerzeugung und Übertragung

Fehlt also nur, dass man diesen Transformator (der auch als Übertrager oder Wandler genannt wird) verbessern kann:

a) dadurch, dass wir die Ausgangswicklung auch als richtige Spule auf den Eisenkern schieben (Abb. 1.41);

b) dadurch, dass man an die Stelle der Schaltung des Gleichstromes in der Eingangswicklung einen Wechselstrom setzt, der ja ständig Richtung und Wert ändert, und damit eine dauernde Änderung des Magnetfeldes herbeiführt und

c) dadurch, dass man die magnetischen Feldlinien bzw. den Kraftfluss durch Schließen des Eisenweges verbessert

Man kommt so zu einer Ausführung, die dem technischen „Transformator" entspricht (Abb. 1.42). Ein Eisenkern aus einzelnen voneinander isolierten Blechen (der Wirbelströme wegen) und zwei Wicklungen (Spulen), die wahlweise als Eingangs- oder Ausgangswicklung dienen können.

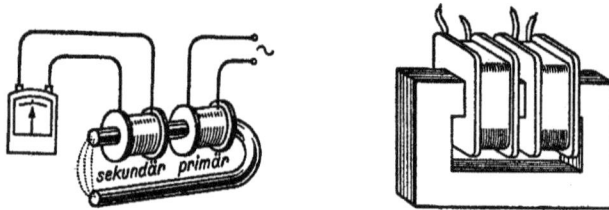

Abb. 1.42: Aufbau eines Transformators

1.2.8   Selbstinduktion

Induktion elektrischer Spannungen durch die Bewegung magnetischer Feldlinien tritt als
Nebenerscheinung auch in Fällen auf, in denen sie sehr unerwünscht ist und wo sie sich für
die Wirtschaftlichkeit des Energieaustausches in ungünstiger Weise auswirkt.

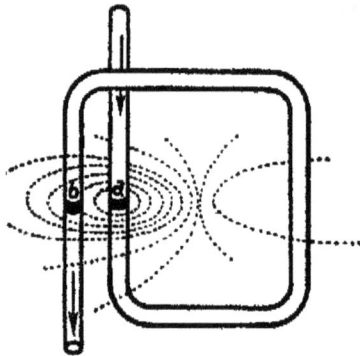

Abb. 1.43: Entstehung einer Selbstinduktion

Hierzu folgende Überlegung: Schickt man durch eine aus einer Windung bestehende Spule,
wie Abb. 1.43 zeigt, einen Strom, so entstehen, wie schon früher gezeigt wurde, um den Leiter
magnetische Feldlinien mit kreisförmigem Verlauf. Die um den Leiterteil a im Moment des
Ein- oder Ausschaltens entstehenden bzw. verschwindenden Feldlinien werden den Leiterteil b schneiden und (so wie in Abb. 1.37) darin elektrische Spannungen induzieren. Man
bezeichnet diese im gleichen Leiter erregten Spannungen als Selbstinduktionsspannungen.

Es ist verständlich, dass solche Selbstinduktionsspannungen auch auftreten, wenn man einen
Wechselstrom durch die Windungen schickt. Je größer die Zahl der Windungen ist, desto
höher werden die Selbstinduktionsspannungen. Der Wechselstrom im Leiterteil a erzeugt ein
Wechselmagnetfeld, das die Windungen b, c, d, e usw. schneidet. Abbildung 1.44 zeigt den
Aufbau einer Drosselspule.

Je stärker das Magnetfeld, desto größer wird auch die Selbstinduktionsspannung ausfallen.
Ein Eisenkern verstärkt das Feld und damit auch die Selbstinduktionswirkungen.

Aber auch die Frequenz des Wechselstromes erhöht die Selbstinduktionsspannungen. Je
höher die Frequenz, desto größer die Änderungsgeschwindigkeit des Magnetfeldes, desto

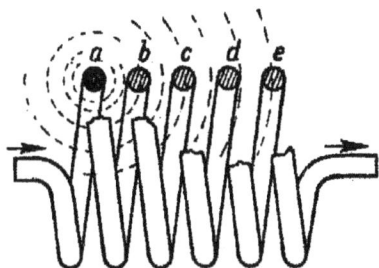

Abb. 1.44: Aufbau einer Drosselspule

größer aber auch die Induktionswirkungen. Da die Selbstinduktionsspannungen der jeweiligen treibenden Spannung entgegengerichtet sind, kann eine hohe Windungszahl und eine hohe Frequenz bei einer Spule mit Eisenkern (starkes Magnetfeld) dazu führen, dass die Gegenwirkung der Selbstinduktion fast keinen Stromfluss mehr aufkommen lässt. Die Spule ist zur Drossel in Abb. 1.45 geworden. Solche Drosselspulen werden in der Starkstrom- und in der Kommunikationstechnik häufig gebraucht. Die Wirkung der Selbstinduktion lässt sich auch anders ausdrücken.

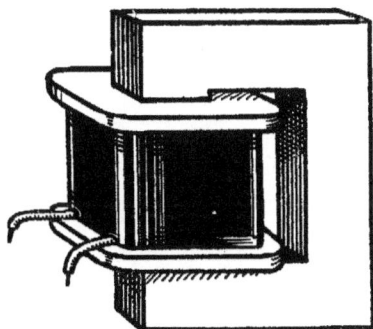

Abb. 1.45: Ansicht einer Drossel

Die Änderung des elektromagnetischen Feldes im Kern (bzw. innerhalb der Spule, wenn kein Eisenkern vorhanden ist) erzeugt in den Windungen der Spule elektromotorische Kräfte, also elektrische Spannungen, die der angelegten Spannung entgegenwirken. Für den Stromfluss ist außer dem ohmschen Widerstand der Spule also nicht die angelegte Spannung wirksam, sondern eine durch die Gegenspannung (Selbstinduktionsspannung) irgendwie verminderte Spannung. Der Strom wird also nicht mehr so groß, als er ohne diese Gegenwirkung werden könnte. Man kann daher auch sagen: In dieser Spule ist der Widerstand größer geworden.

2 Einfacher Stromkreis

Die in den folgenden Abschnitten dargestellten Zusammenhänge und Gesetzmäßigkeiten gelten grundsätzlich unabhängig von der Art der Spannungsquelle und der Form des Stromes, gleichermaßen für Gleich- und Wechselstrom. Auf spezielle Effekte bei Gleich- und Wechselstrom wird in den entsprechenden Abschnitten noch eingegangen.

Einer einheitlichen und übersichtlichen Darstellung wegen sind jedoch alle Beispiele am Gleichstromkreis erläutert.

2.1 Zählrichtung für Ströme und Spannungen

In einem geschlossenen Stromkreis bewegen sich die Elektronen als negative Ladungsträger vom negativen Pol (Abstoßung) zum positiven Pol (Anziehung). Die tatsächliche oder physikalische Stromrichtung verläuft also, dem Elektronenfluss entsprechend von − nach +.

Zu einer Zeit als die Natur des elektrischen Stromes als Elektronenfluss noch unbekannt war, wurde jedoch die rechnerische oder technische Stromrichtung rein willkürlich von + nach − festgelegt.

Entsprechend der damit eingeführten Zählrichtung für Ströme wurde für Spannungen die positive Zählrichtung vom höheren zum tieferen Potential definiert.

In den Schaltbildern werden diese Zählrichtungen als Zählpfeile dargestellt, wie Abb. 2.1 zeigt.

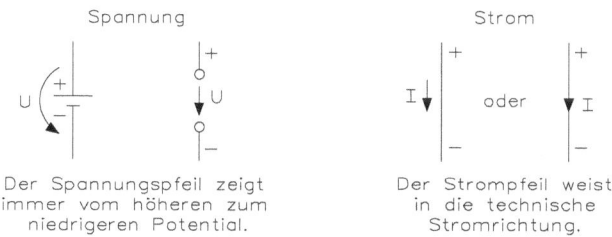

Der Spannungspfeil zeigt immer vom höheren zum niedrigeren Potential.

Der Strompfeil weist in die technische Stromrichtung.

Abb. 2.1: Zählpfeilsystem für Spannung und Strom

Zur Nutzung von elektrischer Energie wird ein Verbraucher über Zuleitungen an eine Spannungsquelle angeschlossen. Die in der Spannungsquelle vorhandenen getrennten elektrischen Ladungen können sich über die Zuleitungen und den Verbraucher ausgleichen. Dabei fließt dann ein elektrischer Strom. Abbildung 2.2 zeigt den Aufbau von einfachen Stromkreisen in der Darstellungsform von Schaltplänen.

Abb. 2.2: Einfache Stromkreise mit a) im Gleichstromkreis b) im Wechsel- und Gleichstromkreis

In Abb. 2.2 ist ein Stromkreis in allgemeiner Form dargestellt. Die Quelle liefert eine elektrische Spannung, die einen beliebigen Verlauf aufweisen kann. Der Verbraucher, der in der Elektronik meist als Widerstand bezeichnet wird, ist über Zuleitungen an die Spannungsquelle angeschlossen. Damit der Ladungstransport in den Zuleitungen mit möglichst geringen Verlusten erfolgt, werden als Zuleitungen stets gute elektrische Leiter aus Kupfer, Aluminium, Silber oder bestimmten Metalllegierungen verwendet. Im Verbraucher wird dann die von der Spannungsquelle gelieferte elektrische Energie in die gewünschte andere Energieform umgesetzt. In Abb. 2.2b ist als Spannungsquelle ein Generator vorhanden und in Abb. 2.2a eine Batterie als Gleichspannungsquelle, an die ein Sensor als Verbraucher angeschlossen ist.

Für die elektrische Spannung werden die Formelzeichen U (Gleichspannung) oder u (Wechselspannung) verwendet. Der Großbuchstabe wird benutzt für Spannungen, die sich zeitlich nicht ändern, also für Gleichspannungen. Treten zeitliche Änderungen der Spannung auf, wird der Kleinbuchstabe u gewählt. Sind in einem Stromkreis mehrere Spannungen zu bezeichnen, erfolgt deren Zuordnung durch Indizes wie z. B. U_R, U_b oder U_G.

Elektrische Ströme werden mit I (Gleichstrom) und i (Wechselstrom) gekennzeichnet, wobei die gleiche Zuordnung von Groß- und Kleinbuchstaben wie bei den Spannungen besteht.

2.1.1 Kennzeichnung von Spannungen und Strömen im Gleich- und im Wechselstromkreis

In Schaltplänen lassen sich Spannungen und Ströme durch Zählpfeile darstellen. Mit diesen Zählpfeilen wird primär die Zuordnung und Richtung gekennzeichnet, nicht aber die Größe der Spannung. Abbildung 2.3 zeigt die Zusammenhänge für Gleich- und Wechselstromkreise.

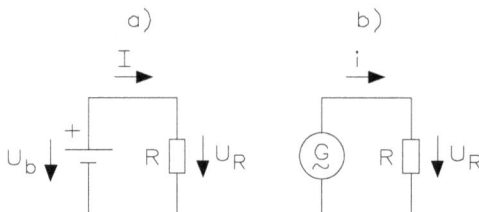

Abb. 2.3: Kennzeichnung von Spannungen und Strömen mit a) im Gleichstromkreis b) im Wechselstromkreis

Im Gleichstromkreis nach Abb. 2.3a ist die Richtung der Zählpfeile für die technische Stromrichtung angegeben. Für die technische Stromrichtung ist ein Stromfluss vom Pluspol zum

Minuspol der Spannungsquelle definiert. Entsprechend weist auch der Spannungspfeil vom positiven zum negativen Pol der Spannungsquelle.

In einem Wechselstromkreis entsprechend Abb. 2.3b ändern sich Größe und Richtung der Spannung aber in Abhängigkeit von der Zeit. Mit den Zählpfeilen kann daher in einem Wechselstromkreis immer nur ein Augenblickswert richtig angegeben werden. Für die allgemeine Darstellung sind die Zählpfeile hier also wenig aussagekräftig. Trotzdem werden aber auch für Wechsel- und Mischgrößen Zählpfeile verwendet, weil dies z. B. bei der messtechnischen Untersuchung von elektrischen Größen von Vorteil sein kann.

Größe und Richtung von Spannungen und Strömen lassen sich mit Hilfe von elektrischen Messinstrumenten ermitteln. Abbildung 2.4 zeigt den Anschluss von Spannungs- und Strommessern in einem Gleichstromkreis. Die Erstellung der Schaltung wurde mit einem Simulationsprogramm erstellt. Die Gleichspannungsquelle hat das Schaltsymbol einer Batterie. Klickt man direkt auf das Symbol, lässt sich die Spannungsquelle auf die gewünschte Gleichspannung einstellen. Das andere Bauelement ist ein Widerstand. Auch dieser Widerstand lässt sich auf beliebige Werte im ohmschen Wert und der Leistung einstellen. Um die Schaltung zu simulieren ist ein Masseanschluss erforderlich. Fehlt der Masseanschluss, gibt der PC eine Fehlermeldung aus. Die Ein- und Ausgangsspannung wird mit zwei Digitalvoltmetern gemessen. Damit die Schaltung funktioniert, sind die Einstellungen auf V und Gleichspannung einzustellen. Der Strom wird mit einem Digitalamperemeter gemessen. Die Einstellung ist auf A und auf Gleichstrom zu stellen.

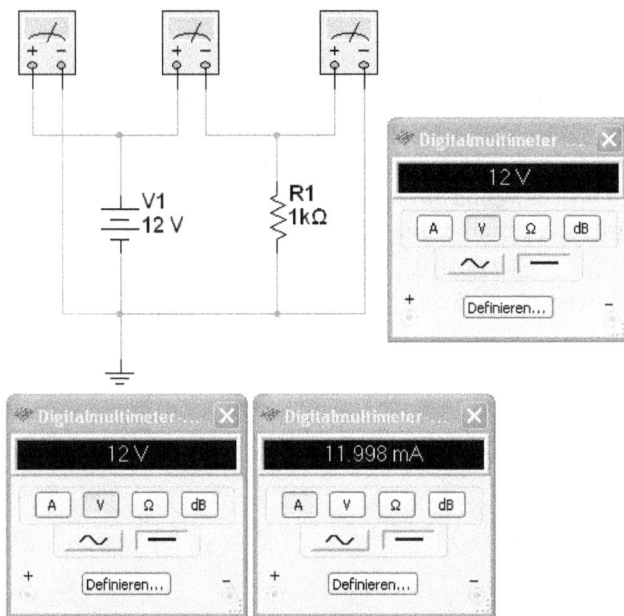

Abb. 2.4: Messung von Spannungen und Strömen

Spannungsmesser (Voltmeter) werden stets parallel zur Spannungsquelle angeschlossen, also an den Punkten, zwischen denen die Spannung auftritt. Gleichspannungsmesser arbeiten

richtungsabhängig und verwenden daher eine Plus- und eine Minusklemme. Mit einem
Gleichspannungsmessgerät kann somit auch die Spannungsrichtung bestimmt werden. Ein
Zeigerausschlag in die richtige Richtung erfolgt, wenn der Pluspol des Spannungsmessers
mit dem positiven Spannungspunkt verbunden ist. Bei falscher Polung des Messinstrumentes
erfolgt ein Zeigerausschlag in entgegengesetzter Richtung. Hierbei kann es leicht zu einer
Beschädigung oder Zerstörung des Messwerkes kommen, da die Nullstellung des Zeigers
meistens nicht in der Mitte der Skala, sondern links einseitig festgelegt ist. Bei elektronischen
Vielfachmessgeräten ist eine Beachtung der Polarität beim Anschluss oft nicht mehr erforderlich, weil die Polarität der gemessenen Spannung dann durch einen Indikator angezeigt
wird. Für die Messung von Wechselspannungen werden Wechselspannungsmessinstrumente
eingesetzt. Der Zeigerausschlag erfolgt bei Wechselspannungsmessgeräten unabhängig von
der Polarität stets in eine Richtung.

Strommesser (Amperemeter) werden grundsätzlich in den Stromfluss geschaltet, also in Reihe
mit dem Verbraucher. Bei einem Gleichstrommesser kennzeichnen die Anschlussklemmen
von Plus und Minus die Richtung des durchfließenden Stromes. Für die Messung von Wechselströmen gelten sinngemäß die gleichen Aussagen wie für die Messung von Wechselspannungen.

In der Praxis werden heute meistens Vielfachmessinstrumente verwendet. Durch entsprechende Umschaltungen lassen sich mit ihnen Gleich- und Wechselspannungen sowie Gleich-
und Wechselströme in jeweils mehreren Messbereichen messen.

2.1.2   Zählpfeilsystem

Für Stromkreise ist häufig die messtechnische oder rechnerische Bestimmung von Spannungen und Strömen erforderlich. Dabei sind sowohl der Wert als auch die Richtung der
elektrischen Größen zu ermitteln. Hierbei erweist es sich als vorteilhaft oder auch als notwendig, neben den Zählpfeilen für Spannung und Strom auch einen eindeutigen Bezugspunkt
festzulegen. Der Bezugspunkt wird meistens als Masse bezeichnet.

In Gleichstromkreisen wird in der Regel als Masse der Minuspol der Gleichspannungsquelle
gewählt. Abbildung 2.5 zeigt zwei Beispiele der Schaltungsdarstellung mit Angabe der Masse
als Bezugspunkt.

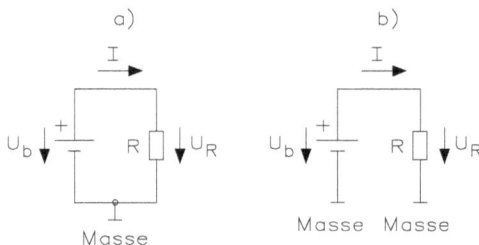

Abb. 2.5: Festlegung des Bezugspunktes durch Masse-Symbol

In Abb. 2.5a ist der Bezugspunkt durch Angabe der Masse am Minuspol der Batterie festgelegt. Abbildung 2.5b zeigt eine weitere, in der Elektronik ebenfalls übliche Darstellungsform.

Hierbei sind sowohl der Minuspol der Batterie als auch der Minuspol des Verbrauchers getrennt an Masse angeschlossen, d. h, dass eine leitende Verbindung zwischen den beiden Punkten besteht, auch wenn sie bei dieser Schaltungsdarstellung nicht eingezeichnet ist.

Es ist aber keineswegs zwingend erforderlich, stets den Minuspol einer Spannungsquelle als Bezugspunkt, also als Masse, festzulegen. Gerade in elektronischen Schaltungen ist es für messtechnische Untersuchungen oft zweckmäßig, andere Schaltungspunkte als Bezugspunkt zu wählen.

Eine elektrische Spannung ist die Potentialdifferenz zwischen zwei Punkten. Die Kennzeichnung einer Spannung erfolgt deshalb nicht nur durch einen Zählpfeil, sondern auch durch den Formelbuchstaben U mit Indizes. Mit diesen Indizes wird angegeben, zwischen welchen Punkten die Spannung auftritt. In Abb. 2.6 sind mehrere Beispiele einer derartigen Kennzeichnung dargestellt.

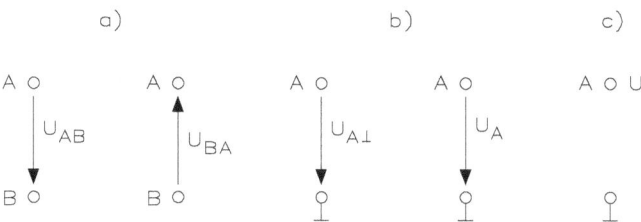

Abb. 2.6: Kennzeichnung von Spannungen durch Zählpfeile und Indizes

In Abb. 2.6a erfolgt die Bezeichnung der Spannung entsprechend der Richtung der Zählpfeile. Aber auch aus der Reihenfolge der als Indizes angegebenen Buchstaben bei der Spannung U kann die Spannungsrichtung abgelesen werden. Es gilt die Vereinbarung, dass der Bezugspunkt stets als zweiter Buchstabe angegeben wird. Ist in einer Schaltung eine eindeutige Masse gekennzeichnet und dieser gemeinsame Bezugspunkt für alle vorhandenen Spannungen, so wird im Index der Bezugspunkt der Spannung meistens nicht mehr mit angeführt. Abbildung 2.6b zeigt eine solche Darstellung. In umfangreichen elektronischen Schaltplänen würde das Einzeichnen von Spannungspfeilen nur zu einer Unübersichtlichkeit führen. Daher werden in größeren Schaltungszeichnungen keine Spannungspfeile mehr eingezeichnet und bei der Spannungsbezeichnung auch die Indizes weggelassen, sofern die Masse Bezugspunkt ist. Diese vereinfachte Kennzeichnung einer Spannung ist in Abb. 2.6c zu finden.

Durch die Kennzeichnung von Spannungen mit Zählpfeilen sowie Formelzeichen mit Indizes ist zwar die Richtung der Spannung, nicht aber ihre Größe angegeben. Die Angabe der Größe erfolgt daher durch zusätzliche Zahlenwerte, die sowohl positive als auch negative Vorzeichen haben können. In Abb. 2.7 werden einige Beispiele gebracht.

In Abb. 2.7a ist der Punkt A positiver als der Punkt B. Der Zählpfeil gibt die Spannungsrichtung vom positiveren zum negativeren Punkt richtig an. Der zugehörige Spannungswert ist positiv, also $U_{AB} = +6\,\mathrm{V}$. Dieses ist vereinbarungsgemäß die Basis für die Bezeichnung von Spannungen. Alle anderen Bezeichnungsmöglichkeiten von Spannungen lassen sich hierauf zurückführen.

Obwohl in Abb. 2.7b der völlig gleiche elektrische Zusammenhang wie in Abb. 2.7a besteht, muss der Spannungswert mit einem negativen Vorzeichen versehen werden. Dieses

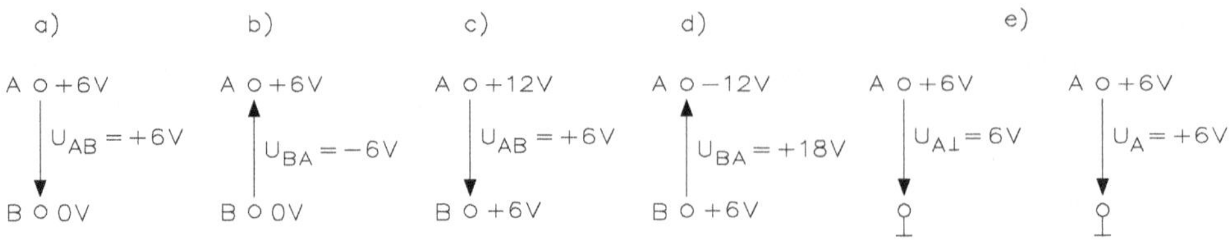

a)   b)   c)   d)   e)

A O +6V   A O +6V   A O +12V   A O −12V   A O +6V   A O +6V

$\uparrow$ $U_{AB} = +6\,V$ $\uparrow$ $U_{BA} = -6\,V$ $\downarrow$ $U_{AB} = +6\,V$ $\uparrow$ $U_{BA} = +18\,V$ $\downarrow$ $U_{A\perp} = 6\,V$ $\downarrow$ $U_A = +6\,V$

B O 0V   B O 0V   B O +6V   B O +6V

Abb. 2.7: Bezeichnung von Spannungswerten

negative Vorzeichen definiert hier, dass die gewählte Richtung des Zählpfeiles nicht mit der Vereinbarung – Richtung des Zählpfeiles vom positiven zum negativen Pol – übereinstimmt. Mathematisch lässt sich daraus folgende Beziehung ableiten:

$$U_{AB} = +6\,V; \; U_{BA} = -6\,V; \; -U_{BA} = +6\,V$$

Da beide Spannungen U_{AB} und $-U_{BA}$ gleich 6 V betragen, gilt:

$$U_{AB} = -U_{BA}$$

Die Abb. 2.7c und Abb. 2.7d zeigen weitere Beispiele für die Kennzeichnung von Spannungen, wobei keiner der Punkte, zwischen denen die Spannung gemessen wird, auf Null- oder Massepotential liegt. In Abb. 2.7e folgen noch zwei Darstellungen mit eindeutiger Masse.

Elektrische Spannungen treten sowohl an Spannungsquellen als auch an Verbrauchern auf und sind dann an deren Anschlüssen messbar. Daraus ergibt sich die Notwendigkeit, sie auch dort zu kennzeichnen. Dies erfolgt nach dem vorgenannten Bezeichnungsschema, wobei noch einige Besonderheiten entsprechend Abb. 2.8 zu beachten sind.

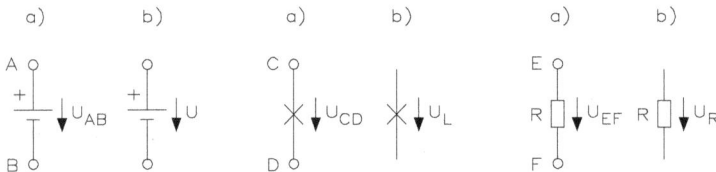

a)   b)   a)   b)   a)   b)

A O   O   C O   E O

+ $\downarrow U_{AB}$ + $\downarrow U$ $\downarrow U_{CD}$ $\downarrow U_L$ R $\downarrow U_{EF}$ R $\downarrow U_R$

B O   O   D O   F O

Abb. 2.8: Bezeichnung der Spannungen an Spannungsquellen und Verbrauchern

Sofern die Punkte, zwischen denen die Spannung ermittelt wird, besonders bezeichnet sind, kann die Spannungsangabe mit den jeweiligen Indizes wie U_{AB}, U_{CD} oder U_{EF} erfolgen. Bei Eindeutigkeit wird aber meistens auf diese genaue Kennzeichnung verzichtet, die Spannung nur durch einen Zählpfeil parallel zum Bauelement gekennzeichnet und deren Formelzeichen U (Gleichspannung) bzw. u (Wechselspannung) nur ein sinnvoller Index angehängt, z. B. U_L, U_R usw.

Die Kennzeichnung und Bezeichnung von Strömen ist einfacher als die von Spannungen. Stimmen Stromrichtung und die gewählte Richtung des Zählpfeiles überein, so wird der Strom mit einem positiven Wert angegeben. Sind dagegen Stromrichtung und Pfeilrichtung entgegengesetzt, so erhält der Strom ein negatives Vorzeichen. In Abb. 2.9 sind die verschiedenen Möglichkeiten der Kennzeichnung von Strömen dargestellt.

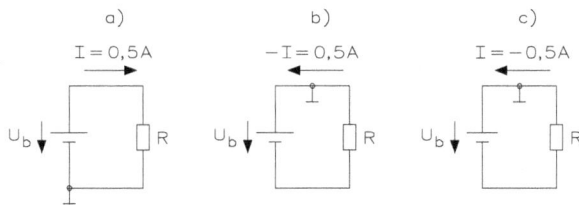

Abb. 2.9: Kennzeichnung von Strömen durch Zählpfeile

In Abb. 2.9a entspricht die Richtung des Zählpfeiles der technischen Stromrichtung. In Abb. 2.9b wurde die Richtung des Zählpfeiles umgekehrt. Daher ist der Strom mit einem negativen Vorzeichen angegeben. Abbildung 2.9c zeigt den gleichen Sachverhalt. Das negative Vorzeichen ist hier aber nicht der physikalischen Größe, sondern ihrem Wert zugefügt.

Die zusätzliche Bezeichnung von Strömen mit Indizes wie I_R, I_{ges}, i_L usw. ist üblich. Es werden hier aber keine Klemmenpunkte angegeben, da es sich bei den Strömen im Gegensatz zu den Spannungen nicht um Differenzen zwischen zwei Punkten handelt.

2.1.3   Ohmsches Gesetz

In der Schaltung von Abb. 2.4 sind drei wichtige elektrische Größen vorhanden: Stromstärke I, Spannung U und Widerstand R. Im elektrischen Stromkreis wirken diese Größen zusammen:

- Erhöht man die Spannung U, steigt bei gleichem Widerstand die Stromstärke I an.
- Erhöht man dagegen den Widerstand R, verringert sich die Stromstärke I durch den Widerstand.

Die Gesetzmäßigkeiten dieser Zusammenhänge lassen sich durch zwei Messreihen aufzeigen. Die Messschaltung ist in einem Schaltplan festgelegt. Man weiß, dass der Spannungsmesser mit großem Eigenwiderstand und der Strommesser mit kleinem Eigenwiderstand den Stromkreis nicht nennenswert verändern dürfen. Der Spannungserzeuger liefert verschiedene Spannungen (Messreihe 1). In der 2. Messreihe werden verschiedene Widerstände bei gleicher Spannung eingefügt. Die Messergebnisse sind in den folgenden Aufstellungen zusammengefasst:

1. Messreihe: R = 1 kΩ, konstant (gleichbleibend):				
U in V 1	2	3	4	5
I in mA 1	2	3	4	5

2. Messreihe: U = 1 V, konstant:				
R in Ω 100	200	300	400	500
I in mA 10	20	30	40	50

Klickt man auf ein Symbol, öffnet sich ein Fenster und man kann die Werte beliebig einstellen.

Aus den Messergebnissen ersieht man:

• Die Stromstärke I steigt bei konstantem Widerstand R im gleichen Verhältnis wie die Spannung U: Der Strom ist der Spannung U proportional (verhältnisgleich), solange der Widerstand R konstant ist.

Die grafische Darstellung der Messreihe I in einem Liniendiagramm bestätigt diese Erkenntnis (Abb. 2.10). Strom- und Spannungswerte sind als Strecken eingezeichnet. Verbindet man die Schnittpunkte zusammengehörender Strom- und Spannungswerte, so erhält man eine Gerade.

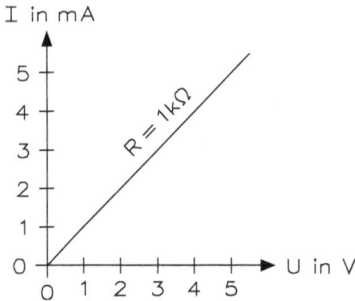

Abb. 2.10: Stromstärke in Abhängigkeit von der Spannung bei konstantem Widerstand

• Die Stromstärke I verringert sich bei konstanter Spannung U im gleichen Verhältnis, wie der Widerstand R vergrößert wird: Die Stromstärke I ist dann dem Widerstand R umgekehrt proportional, solange die Spannung U konstant ist.

Als Verbindungslinie der Schnittpunkte zusammengehörender Strom- und Widerstandswerte ergibt sich eine Hyperbel (Abb. 2.11).

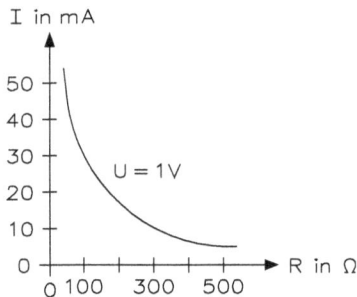

Abb. 2.11: Stromstärke in Abhängigkeit vom Widerstand bei konstanter Spannung

Diese Gesetzmäßigkeiten wurden von dem deutschen Physiker Georg Simon Ohm entdeckt und im Jahre 1826 veröffentlicht. Das Ohmsche Gesetz lautet:

$$I = \frac{U}{R} \qquad \text{Stromstärke} = \frac{\text{Spannung}}{\text{Widerstand}}$$

Umformungen: $U = I \cdot R \qquad R = \frac{U}{I}$

Betrachtet man in einem geschlossenen Stromkreis den Strom I in Abhängigkeit von der Spannung U und dem Widerstand R, so lassen sich folgende Zusammenhänge feststellen.

- Bei gleichem Widerstand R verursacht eine höhere Spannung U einen größeren Strom I.

$$I \sim U, \qquad \text{d. h. der Strom ist proportional der Spannung.}$$

- Bei gleicher Spannung U fließt durch den größeren Widerstand R ein kleinerer Strom I.

$$I \sim \frac{1}{R}, \qquad \text{d. h. der Strom ist umgekehrt proportional dem Widerstand.}$$

Beispiele: Ein Widerstand von $R = 6\,\Omega$ liegt an einer Spannung von $U = 12\,\text{V}$. Wie groß ist die Stromstärke I im Widerstand R?

$$I = \frac{U}{R} = \frac{12\,\text{V}}{6\,\Omega} = 2\,\text{A}$$

Durch einen Widerstand von $R = 4\,\Omega$ fließt ein Strom von $I = 3\,\text{A}$. Wie groß muss die Spannung U sein?

$$U = I \cdot R = 3\,\text{A} \cdot 4\,\Omega = 12\,\text{V}$$

In einem Stromkreis fließt bei einer Spannung von $U = 24\,\text{V}$ ein Strom von $I = 0{,}5\,\text{A}$. Wie groß ist der Widerstand R?

$$R = \frac{U}{I} = \frac{24\,\text{V}}{0{,}5\,\text{A}} = 48\,\Omega \qquad \qquad \square$$

2.1.4   Elektrische Leistung

Da die elektrische Leistung das Produkt aus Spannung und Strom ist, lässt sich die in einem Verbraucher umgesetzte Leistung durch eine Strom- und Spannungsmessung entsprechend ermitteln. Mit dem Spannungsmesser wird die an dem Lastwiderstand R_L liegende Spannung U und mit dem Strommesser der durch den Lastwiderstand fließende Strom I gemessen. Durch Multiplikation der beiden Messwerte ergibt sich die im Verbraucher umgesetzte Leistung.

$$P = U \cdot I$$

Aus der Messung ergibt sich

$$P = U \cdot I = 12\,\text{V} \cdot 12\,\text{mA} = 0{,}144\,\text{W} = 144\,\text{mW}$$

Die Simulation beinhaltet für die Schaltung ein Wattmeter, wie Abb. 2.12 zeigt.

Ein Wattmeter beinhaltet ein separates Voltmeter und ein Amperemeter. Die Funktionsweise eines Wattmeters wird später noch gezeigt.

Insbesondere in der Starkstromtechnik wird die Leistung aber mit speziellen Leistungsmessern gemessen. Sie zeigen die Leistung dann direkt in Watt oder Kilowatt an.

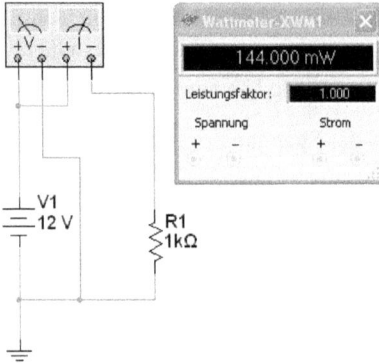

Abb. 2.12: Anschluss eines Wattmeters

2.1.5   Messung elektrischer Arbeit

Da die elektrische Arbeit das Produkt aus Leistung und Zeit ist, kann die Schaltung zur
Leistungsmessung entsprechend Abb. 2.4 und Abb. 2.12 verwendet werden. Erforderlich ist
zusätzlich lediglich noch eine Uhr, auf der sich die abgelaufene Zeit stoppen lässt.

Das Wattmeter zeigt in Abb. 2.12 eine Leistung von 144 mW. Die elektrische Arbeit errechnet
sich aus

$$W = U \cdot I \cdot t \qquad oder \qquad W = P \cdot t$$

Die elektrische Arbeit wird in Ws gemessen, d. h. es ergibt sich ein Wert bei $t = 1\,s$ von

$$W = P \cdot t = 144\,mW \cdot 1\,s = 144\,mWs$$

Angaben in Wattstunden (1 Wh = 3600 Ws) sind üblich, wenn die Zeit in Stunden eingesetzt
wird, bzw. Kilowattstunden (1 kWh = 1000 Wh) angegeben wird. Die elektrische Arbeit
kann durch einen Zähler gemessen werden, wie Abb. 2.13 zeigt.

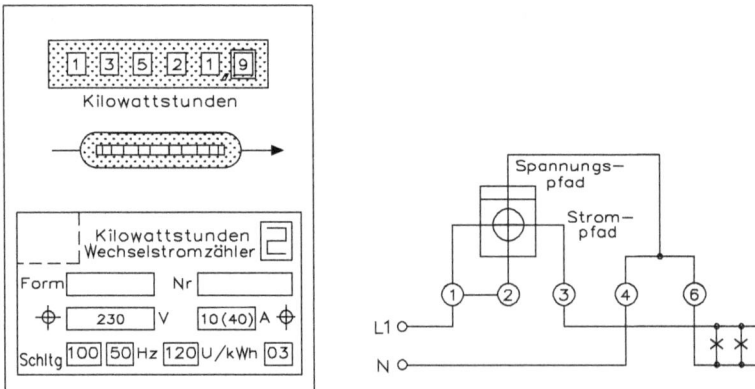

Abb. 2.13: Anschluss eines Zählers zur Erfassung der elektrischen Arbeit

Beispiel: Es soll festgestellt werden, wie groß der Anschlusswert eines elektrischen Gerätes (Heizgebläse) ist. Man schaltet das Gerät ein (sonst darf natürlich nichts eingeschaltet sein!) und zählt, wie viele Umdrehungen die Scheibe des Zählers in einer Minute ausführt. Angenommen bei einem bestimmten Zähler entsprechen 3200 Umdrehungen 1 kWh. Bei Anschluss des Gerätes führt die Scheibe in der Minute 80 Umdrehungen aus. Daraus folgt:

In einer Minute $\quad = \quad$ 80 Umdrehungen

In einer Stunde $80 \cdot 60 = 4800$ Umdrehungen

3200 Umdrehungen $\quad = 1 \, \text{kWh}$

Umdrehung $\quad\quad = \dfrac{4800}{3200} = 1,5 \, \text{kWh}$

Wenn also der Zähler in einer Stunde 1,5 kWh anzeigen würde, dann entspräche dies einem Anschlusswert des Gerätes von 1,5 kW.

Durch die magnetische Wirkung einer vom Verbraucherstrom durchflossenen Spule sowie einer an der Netzspannung liegenden Spule wird eine Zählerscheibe in Drehung versetzt. Die Umdrehungen werden von einem Zählwerk angezeigt. $\qquad\qquad\qquad\qquad\quad$ □

2.2 Erweiterter Stromkreis

Zum erweiterten Stromkreis zählt man die Reihen- und Parallelschaltung von Widerständen.

2.2.1 Reihenschaltung von Widerständen

„Elektrische Kerzen" zieren alljährlich unzählige Weihnachtsbäume. Hierbei ergeben sich interessante Probleme:

• Mehrere gleichartige Lämpchen für kleine Spannung (z. B. 12 V) werden zusammengeschalten und an 230 V (Netzspannung) angeschlossen.

• Dreht man ein Lämpchen heraus, so erlischt die ganze Beleuchtung.

Betrachtet man zunächst die Schaltung. Die Lämpchen sind in einer Reihe (hintereinander) so zusammengefügt, dass der gleiche Strom alle Bauelemente durchfließt. Die Fachsprache bezeichnet diese Schaltungsart als Reihenschaltung oder als Hintereinanderschaltung. Messungen an verschiedenen Stellen der Reihenschaltung bestätigen: Die Stromstärke ist überall gleich. Allgemein gilt die Reihenschaltung von Abb. 2.14.

Bei Spannungsmessungen muss man den Stromkreis im Gegensatz zu den Strommessungen nicht auftrennen. Aus diesem Grund bevorzugt man bei der Fehlersuche oder zu Prüfarbeiten (z. B. in elektrischen bzw. elektronischen Geräten und Anlagen) nach Möglichkeit die Spannungsmessung. In unserem Beispiel misst man an jedem Glühlämpchen eine bestimmte Teilspannung (U_1, U_2 und U_3). Die Summe dieser Teilspannungen ist genauso groß wie die Gesamtspannung U am Eingang der Schaltung. Allgemein gilt:

$\qquad U = U_1 + U_2 + U_3 + \ldots \qquad$ alle Spannungen in V

Jedes Lämpchen hat einen bestimmten Widerstand, der sich nach dem Ohmschen Gesetz aus der jeweiligen Teilspannung und der gemeinsamen Stromstärke errechnen lässt. Die

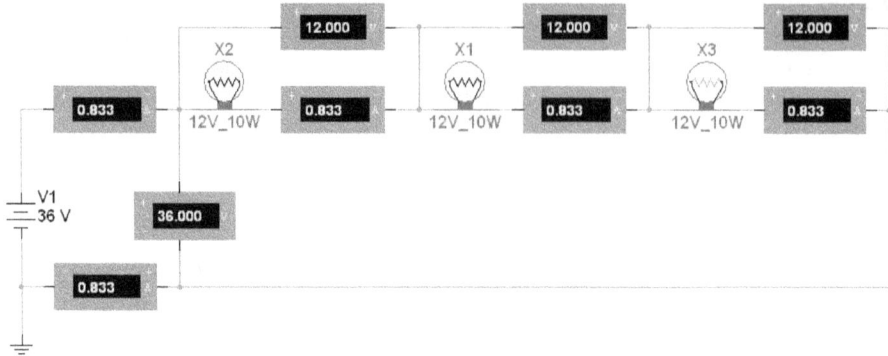

Abb. 2.14: Spannungs- und Strommessungen an einer Reihenschaltung

Gesamtspannung U ist gleich der Summe der Teilspannungen. Der Gesamtwiderstand wird aus den Teilspannungen berechnet: Der Gesamtwiderstand R dieser Schaltung ergibt sich, ebenfalls nach dem Ohmschen Gesetz, aus der Gesamtspannung U und der Stromstärke I.

$$I = I_1 = I_2 = I_3 \qquad \text{alle Ströme in A}$$

Daraus geht hervor: Der Gesamtwiderstand R einer Reihenschaltung ist gleich der Summe der Einzelwiderstände:

$$R = \frac{U}{I}, R_1 = \frac{U_1}{I}, R_2 = \frac{U_2}{I}, R_3 = \frac{U_3}{I}$$

Die Gesamtspannung U ist gleich der Summe der Teilspannung. Der Gesamtwiderstand lässt sich aus den Teilspannungen berechnen:

$$R = \frac{U}{I} = \frac{U_1 + U_2 + U_3}{I} = \frac{U_1}{I} + \frac{U_2}{I} + \frac{U_3}{I}$$

Daraus geht hervor: Der Gesamtwiderstand einer Reihenschaltung ist gleich der Summe der Einzelwiderstände:

$$R = R_1 + R_2 + R_3 + \ldots + R_n \qquad \text{alle Widerstände in } \Omega$$

Eine einfache Überlegung führt zum gleichen Ergebnis. Schaltet man zwei Drähte in Reihe, so verbindet man dazu das Ende eines Drahtstückes mit dem Anfang des nächsten. Bei gleichem Material und gleichem Querschnitt bestimmt nur die Länge den Widerstand. Die Gesamtlänge errechnet sich aus der Summe der beiden Einzellängen. Die Einzelwiderstände addieren sich zum Gesamtwiderstand. Der Gesamtwiderstand bestimmt zusammen mit der Gesamtspannung die Stromstärke $I = U/R$ in einer Reihenschaltung.

An jedem Widerstand einer Reihenschaltung liegt ein bestimmter Teil der Gesamtspannung. Dieser Spannungsanteil ist umso größer, je größer der entsprechende Einzelwiderstand ist. In einer Reihenschaltung verhalten sich die Teilspannungen wie die entsprechenden Widerstände. Am größten Widerstand liegt die höchste Teilspannung.

Beispiel: Die Widerstände $R_1 = 20\,\Omega$, $R_2 = 40\,\Omega$ und $R_3 = 140\,\Omega$ werden in Reihe geschaltet. Die Gesamtspannung U beträgt 100 V. Berechne die Teilspannungen U_1, U_2

und U$_3$.

$$R = R_1 + R_2 + R_3 = 20\,\Omega + 40\,\Omega + 140\,\Omega = 200\,\Omega$$

$$I = \frac{U}{R} = \frac{100\,V}{200\,\Omega} = 0{,}5\,A$$

$$U_1 = I \cdot R_1 = 0{,}5\,A \cdot 20\,\Omega = 10\,V$$

$$U_2 = I \cdot R_2 = 0{,}5\,A \cdot 40\,\Omega = 20\,V$$

$$U_3 = I \cdot R_3 = 0{,}5\,A \cdot 140\,\Omega = 70\,V$$

$$U = U_1 + U_2 + U_3 = 10\,V + 20\,V + 70\,V = 100\,V$$

Die Spannungsteilung ist in manchen Fällen unerwünscht. Die zur Übertragung elektrischer Energie benötigten Leitungen (Freileitungen, Kabel) weisen einen kleinen, jedoch merkbaren Widerstand auf. Je nach Stromstärke entsteht ein Spannungsfall, der die Spannung am Ende der Leitung (z. B. Steckdose) vermindert.

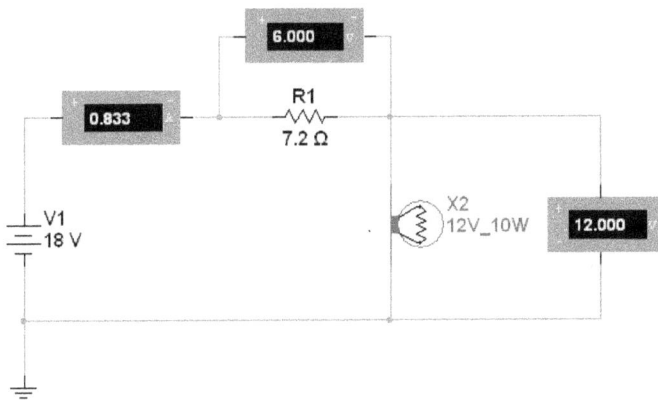

Abb. 2.15: Lampe mit Vorwiderstand

Die Schaltung von Abb. 2.15 zeigt eine Lampe mit Vorwiderstand. Die Lampe hat einen Wert von U = 12 V und eine Leistung von P = 10 W. Der Strom der durch die Lampe fließt beträgt I = 0,833 A. Der Vorwiderstand berechnet sich aus

$$R_1 = \frac{U_e - U_L}{I} = \frac{18\,V - 12\,V}{0{,}833\,A} = 7{,}2\,\Omega$$

Das Problem bei dem Widerstand ist die Leistung:

$$P = U \cdot I = 6\,V \cdot 0{,}833\,A = 5\,W$$

Da bei der Simulation die Grundeinstellung für die Widerstände P = 0,25 W ist und der Widerstand nicht erhöht wird, erfolgt die Zerstörung, d. h. der Widerstand ist unterbrochen. Wenn man die Simulation startet, ist der Widerstand sofort wieder funktionsfähig, wird aber wieder zerstört.

Klickt man auf den Widerstand, öffnet sich ein Fenster und man kann für diesen Fall P = 5 W einstellen. In der Praxis verwendet man aber mindestens P = 7,5 W, besser ist P = 10 W. □

2.2.2   Parallelschaltung von Widerständen (Stromteilung)

Drei Lampen mit U = 12 V und P = 10 W werden parallel geschaltet (Abb. 2.16). Die Anschlussklemmen jeweils einer Seite sind hier leitend miteinander verbunden. An allen Bauelementen liegt dieselbe Spannung. Wenn man weitere Lampen parallel schaltet und die ursprüngliche Spannung beibehält, wird die Stromstärke I größer. Nach dem Ohmschen Gesetz muss sich deshalb der Gesamtwiderstand R verringern.

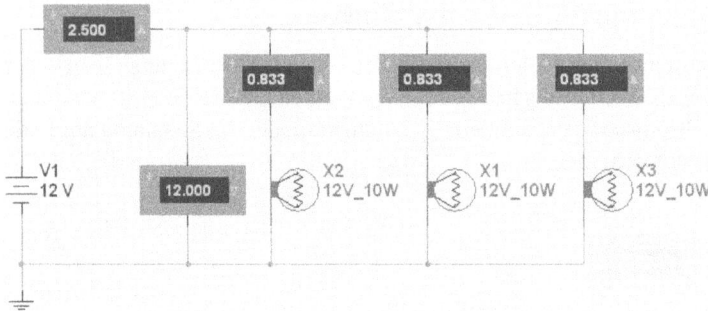

Abb. 2.16: Parallelschaltung von Glühlampen

Jede Glühlampe hat einen Widerstand von

$$R_1 = \frac{U_L}{I} = \frac{12\,V}{0,833\,A} = 14,4\,\Omega$$

Jede Glühlampe hat einen Leitwert von

$$S_1 = \frac{I_1}{U_1} = \frac{0,833\,A}{12\,V} = 0,07\,S \qquad \text{(Siemens)}$$

Der Gesamtwiderstand errechnet sich aus

$$R = \frac{U}{I} = \frac{12\,V}{2,5\,A} = 4,8\,\Omega$$

Der Leitwert ist

$$S = \frac{1}{R} = \frac{1}{4,8\,\Omega} = 0,208\,S \qquad \text{alle Werte in Siemens}$$

Der Gesamtwiderstand R kann auch errechnet werden nach

$$\frac{1}{R} = \frac{1}{R_1} + \frac{1}{R_2} + \frac{1}{R_3} = \frac{1}{14,4\,\Omega} + \frac{1}{14,4\,\Omega} + \frac{1}{14,4\,\Omega} = \frac{3}{14,4\,\Omega} \approx \frac{1}{0,208\,\Omega} \approx 4,8\,\Omega$$

oder in Leitwerten:

$$S = S_1 + S_2 + S_3 = 0,07\,S + 0,07\,S + 0,07\,S = 0,21\,S$$

Mit diesen Größen lassen sich die einzelnen Widerstände und Leitwerte berechnen.

Beim Vergleich der Einzelleitwerte mit dem Gesamtleitwert stellt man folgendes fest: In einer Parallelschaltung addieren sich die Leitwerte. Allgemein gilt:

$$G = G_1 + G_2 + G_3 + \ldots \qquad \text{alle Leitwerte in S}$$

In der Praxis werden oft nur zwei Widerstände parallel geschaltet. Der Gesamtwiderstand (Ersatzwiderstand) ist:

$$\frac{1}{R} = \frac{R_1 + R_2}{R_1 \cdot R_2} \qquad \text{oder} \qquad R = \frac{R_1 \cdot R_2}{R_1 + R_2}$$

Beispiel: Ein Widerstand mit $R_1 = 100\,\Omega$ und einer mit $R_2 = 220\,\Omega$ werden parallel geschaltet. Welcher Wert ergibt sich für den Widerstand?

$$R = \frac{R_1 \cdot R_2}{R_1 + R_2} = \frac{100\,\Omega \cdot 220\,\Omega}{100\,\Omega + 220\,\Omega} = 68{,}75\,\Omega$$

An jedem Einzelwiderstand einer Parallelschaltung ist die gleiche Spannung wirksam. Wenn verschiedene Widerstände parallel geschaltet sind, ergeben sich auch verschiedene Einzelströme. Nach dem Ohmschen Gesetz ist die Stromstärke im kleinsten Widerstand am größten. Im größten Widerstand fließt dagegen der kleinste Strom. Die Ströme sind den Widerständen umgekehrt proportional.   □

Beispiel: Vier Widerstände mit $R_1 = 10\,\Omega$, $R_2 = 20\,\Omega$, $R_3 = 40\,\Omega$ und $R_4 = 60\,\Omega$ sind parallel geschaltet und liegen an 12 V. Wie groß ist R und die einzelnen Ströme?

$$\frac{1}{R} = \frac{1}{R_1} + \frac{1}{R_2} + \frac{1}{R_3} + \frac{1}{R_4} = \frac{1}{10\,\Omega} + \frac{1}{20\,\Omega} + \frac{1}{40\,\Omega} + \frac{1}{60\,\Omega}$$

$$\approx \frac{12 + 6 + 3 + 2}{120\,\Omega} = \frac{23}{120\,\Omega} = 5{,}2\,\Omega$$

$$I_1 = \frac{U}{R_1} = \frac{12\,V}{10\,\Omega} = 1{,}2\,A \qquad I_2 = \frac{U}{R_2} = \frac{12\,V}{20\,\Omega} = 0{,}6\,A$$

$$I_3 = \frac{U}{R_3} = \frac{12\,V}{40\,\Omega} = 0{,}3\,A \qquad I_4 = \frac{U}{R_4} = \frac{12\,V}{60\,\Omega} = 0{,}2\,A$$

$$I = I_1 + I_2 + I_3 + I_4 = 1{,}2\,A + 0{,}6\,A + 0{,}3\,A + 0{,}2\,A = 2{,}3\,A$$

$$R = \frac{U}{I} = \frac{12\,V}{2{,}3\,A} = 5{,}2\,\Omega \qquad\qquad\qquad\qquad\qquad\qquad □$$

2.2.3 Gemischte Schaltungen von ohmschen Widerständen

Schaltungen, die sowohl Reihen- als auch Parallelschaltungen enthalten, bezeichnet man als gemischte Schaltungen oder Gruppenschaltungen.

Die Berechnung erfolgt schrittweise von innen nach außen, d. h., es muss für die einzelnen reinen Reihen- bzw. reinen Parallelschaltungen zuerst ein Ersatzwiderstand berechnet werden, der dann mit den anderen (Ersatz-) Widerständen wiederum in Reihe oder parallel geschaltet ist. Abbildung 2.17 zeigt zwei gemischte Schaltungen von Widerständen.

Abb. 2.17: Berechnungsablauf von zwei gemischten Schaltungen von Widerständen

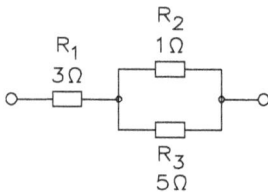

Abb. 2.18: Gemischte Schaltung von Widerständen

Beispiel: Die Schaltung von Abb. 2.18 zeigt ein Beispiel für eine Berechnung. Wie groß ist der Gesamtwiderstand?

$$R_{2,3} = \frac{R_2 \cdot R_3}{R_2 + R_3} = \frac{1\,\Omega \cdot 5\,\Omega}{1\,\Omega + 5\,\Omega} = 0{,}83\,\Omega$$

$$R = R_1 + R_{2,3} = 3\,\Omega + 0{,}83\,\Omega = 3{,}83\,\Omega \qquad \square$$

Beispiel: Die Schaltung von Abb. 2.19 zeigt ein Beispiel für eine Berechnung. Wie groß ist der Gesamtwiderstand?

$$R_{1,2} = R_1 + R_2 = 30\,\Omega + 20\,\Omega = 50\,\Omega$$

$$R = \frac{R_{1,2} \cdot R_3}{R_{1,2} + R_3} = \frac{50\,\Omega \cdot 4\,\Omega}{50\,\Omega + 4\,\Omega} = 3{,}7\,\Omega \qquad \square$$

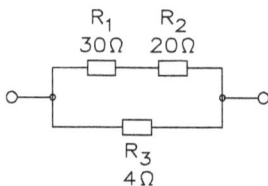

Abb. 2.19: Gemischte Schaltung von Widerständen

2.2.4   Kirchhoffsche Regeln

In der Praxis kennt man zwei Kirchhoffsche Regeln und zwar für die Reihenschaltung bzw. Parallelschaltung.

In einer Reihenschaltung von Widerständen liegt die Gesamtspannung U zwischen den Punkten A und D. Entsprechend fallen an den drei Widerständen jeweils Einzelspannungen (Spannungsfälle und Teilspannungen) ab, wie Abb. 2.20 zeigt.

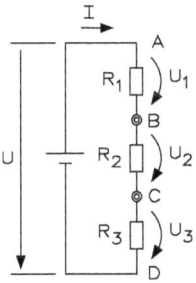

Abb. 2.20: Reihenschaltung mit drei Widerständen

Der Strom fließt von Plus nach Minus durch alle drei Widerstände. Es stellt sich ein Gesamtstrom ein, der überall gleich groß ist.

$$I = I_1 = I_2 = I_3$$

In einer Reihenschaltung werden alle Widerstände vom gleichen Strom durchflossen.

An den drei Widerständen stellen sich Spannungsfälle ein, die sich nach dem Ohmschen Gesetz berechnen lassen:

$$U = I \cdot R, \qquad U_1 = I \cdot R_1, \qquad U_2 = I \cdot R_2, \qquad U_3 = I \cdot R_3$$

Da der Strom für alle Widerstände gleich ist und sich die einzelnen Widerstände zum Gesamtwiderstand addieren, müssen sich auch die Teilspannungen addieren lassen:

$$U = U_1 + U_2 + U_3$$

- **2. Kirchhoffsche Regel:** In einer Reihenschaltung ist die Gesamtspannung gleich der Summe der Teilspannungen.

Da in jedem Teilwiderstand der gleiche Strom wie in den übrigen Widerständen fließt, liegt an hohen Widerständen eine hohe Spannung und an niedrigen Widerständen eine niedrige Spannung.

$$U_1 = I \cdot R_1, U = I \cdot R \quad \bigg| \quad U_1 = I \cdot R_1, U_2 = I \cdot R_2$$

$$\frac{U_1}{U} = \frac{I \cdot R_1}{I + R} \quad \bigg| \quad \frac{U_1}{U_2} = \frac{I \cdot R_1}{I \cdot R_2}$$

$$\frac{U_1}{U} = \frac{R_1}{R} \quad \bigg| \quad \frac{U_1}{U_2} = \frac{R_1}{R_2}$$

In einer Reihenschaltung verhalten sich die Spannungen zueinander wie die entsprechenden Widerstände.

Beispiel: Drei Widerstände von $R_1 = 20\,\Omega$, $R_2 = 6\,\Omega$ und $R_3 = 14\,\Omega$ werden in Reihenschaltung an eine Spannung von 60 V gelegt. Welcher Gesamtstrom fließt in der Schaltung (Abb. 2.21) und welche Teilspannung in der Schaltung liegt an jedem der drei Widerstände?

$$R = R_1 + R_2 + R_3 = 20\,\Omega + 6\,\Omega + 14\,\Omega = 40\,\Omega$$

$$I = \frac{U}{R} = \frac{60\,V}{40\,\Omega} = 1{,}5\,A$$

$$U_1 = I \cdot R_1 = 1{,}5\,A \cdot 20\,\Omega = 30\,V$$

$$U_2 = I \cdot R_2 = 1{,}5\,A \cdot 6\,\Omega = 9\,V$$

$$U_3 = I \cdot R_3 = 1{,}5\,A \cdot 14\,\Omega = 21\,V$$

Bei einer Parallelschaltung teilt sich der Gesamtstrom in Zweige auf, wie Abb. 2.22 zeigt.

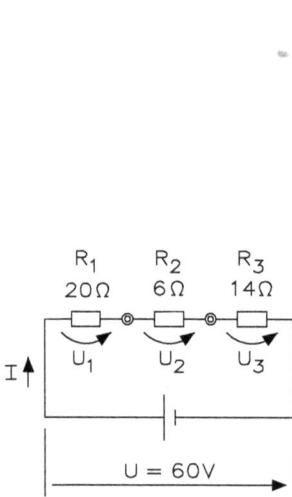

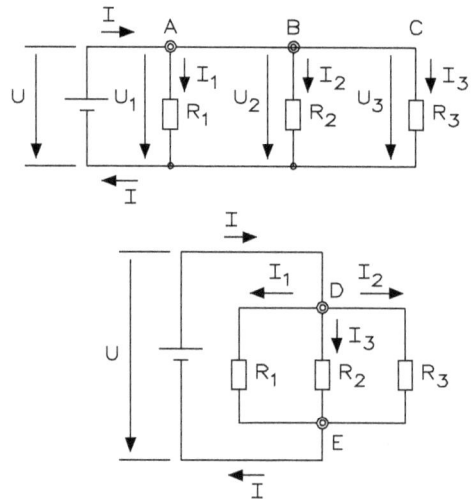

Abb. 2.21: Reihenschaltung
von drei Widerständen

Abb. 2.22: Stromfluss in einer Parallelschaltung

Der gesamte Stromfluss teilt sich an den Punkten A, B und C in die Teilströme I_1, I_2 und I_3 auf und vereinigt sich anschließend wieder zum Gesamtstromfluss.

Die Punkte A, B und C sind – elektrisch gesehen – Verzweigungspunkte, die zusammengefasst werden können. Hier teilt sich der Strom I in dem Punkt D in die Teilströme auf. In Punkt E vereinigen sie sich wieder zum Gesamtstrom I.

Man spricht hier auch von einer Stromverzweigung.

In der Parallelschaltung liegen die Widerstände mit ihren Anschlüssen am gemeinsamen Verzweigungspunkt. Deshalb liegen sie auch an der gemeinsamen Spannung U.

$$U = U_1 = U_2 = U_3$$

In einer Parallelschaltung liegen alle Widerstände an der gleichen Spannung.

Der Gesamtstrom teilt sich an den Verzweigungspunkten – auch Knotenpunkte genannt – in die Teilströme auf.

$$I = I_1 + I_2 + I_3$$

In einer Parallelschaltung ist der Gesamtstrom gleich der Summe der Teilströme.

In Bezug auf die Verzweigungspunkte lässt sich auch folgendes feststellen:

In jedem Verzweigungspunkt ist die Summe der zufließenden Ströme gleich der Summe der abfließenden Ströme. Dies ist die **1. Kirchhoffsche Regel**.

Da – an gleicher Spannung – durch Leiter mit großem Widerstand geringe Ströme, durch Leiter mit kleinem Widerstand hohe Ströme fließen, kann folgender Zusammenhang festgestellt werden:

$$I_1 = \frac{U}{R_1}, \qquad I = \frac{U}{R} \quad \bigg| \quad I_1 = \frac{U}{R_1}, \qquad I_2 = \frac{U}{R_2}$$

$$\frac{I_1}{I} = \frac{U}{R_1} \cdot \frac{R}{U} \quad \bigg| \quad \frac{I_1}{I_2} = \frac{U}{R_1} \cdot \frac{R_2}{U}$$

$$\frac{I_1}{I} = \frac{R}{R_1} \quad \bigg| \quad \frac{I_1}{I_2} = \frac{R_2}{R_1}$$

In einer Parallelschaltung verhalten sich die Ströme umgekehrt wie die zugehörigen Widerstände. Abbildung 2.23 zeigt die Parallelschaltung

An einem Verzweigungspunkt können auch mehrere Ströme zu- oder abfließen. □

Beispiel: Drei Widerstände zu $R_1 = 10\,\Omega$, $R_2 = 20\,\Omega$, $R_3 = 50\,\Omega$ liegen parallel (Abb. 2.24) an einer Spannung von $U = 60\,V$. Wie groß ist der Gesamtstrom und die Teilströme?

$$\frac{1}{R} = \frac{1}{R_1} + \frac{1}{R_2} + \frac{1}{R_3} = \frac{1}{10\,\Omega} + \frac{1}{20\,\Omega} + \frac{1}{50\,\Omega} = \frac{10 + 5 + 2}{100\,\Omega} = \frac{17}{100\,\Omega} = 5{,}88\,\Omega$$

$$I = \frac{U}{R} = \frac{60\,V}{5{,}88\,\Omega} = 10{,}2\,A \qquad I_1 = \frac{U}{R_1} = \frac{60\,V}{10\,\Omega} = 6\,A$$

$$I_2 = \frac{U}{R_2} = \frac{60\,V}{20\,\Omega} = 3\,A \qquad I_3 = \frac{U}{R_3} = \frac{60\,V}{50\,\Omega} = 1{,}2\,A \qquad \qquad □$$

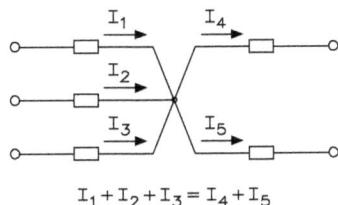

$$I_1 + I_2 + I_3 = I_4 + I_5$$

Abb. 2.23: Strom-Verzweigungspunkt

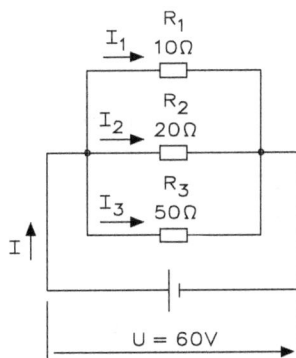

Abb. 2.24: Parallelschaltung

2.2.5   Gemischte Schaltung

Die Berechnung von Abb. 2.25 erfolgt schrittweise, indem mehrere Einzelwiderstände zu Gesamtwiderständen zusammengefasst werden. Im Übrigen gelten die Regeln der Reihen- und Parallelschaltung.

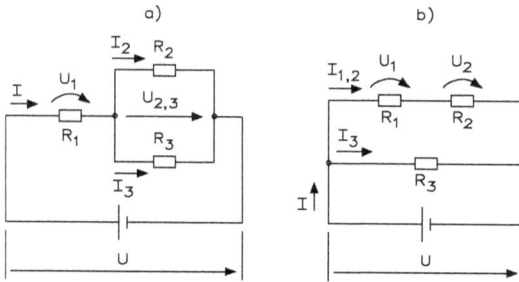

Abb. 2.25: Gemischte Schaltung

Folgende Stufen der Berechnung können in Abb. 2.26 durchgeführt werden:

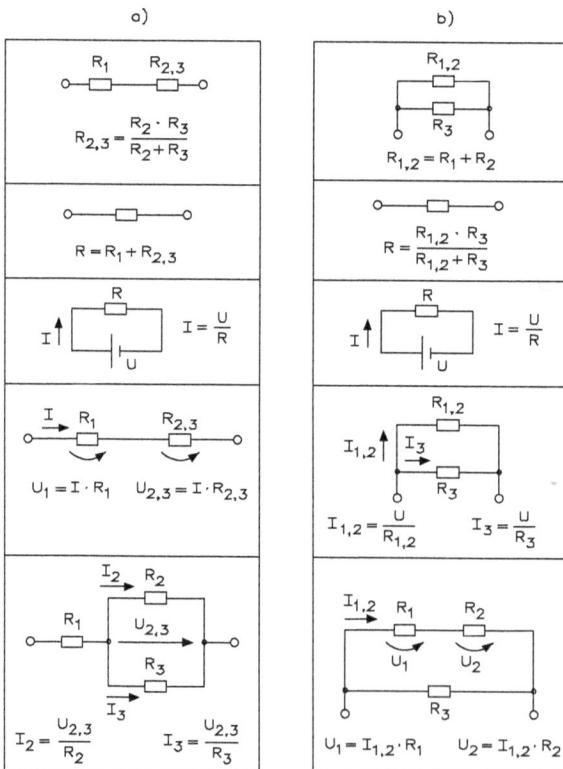

Abb. 2.26: Berechnungsstufen bei gemischter Schaltung

Abb. 2.27: Gemischte Schaltung

Beispiel: Zu zwei parallel geschalteten Widerständen von $R_2 = 60\,\Omega$ und $R_3 = 90\,\Omega$ ist ein Vorwiderstand von $R_1 = 4\,\Omega$ in Reihe geschaltet. Die Schaltung von Abb. 2.27 liegt an einer Spannung von $U = 12\,V$. Wie hoch sind Gesamtstrom, Teilspannungen und Teilströme?

$$R_{2,3} = \frac{R_2 \cdot R_3}{R_2 + R_3} = \frac{60\,\Omega \cdot 90\,\Omega}{60\,\Omega + 90\,\Omega} = 36\,\Omega$$

$$R = R_1 + R_{2,3} = 4\,\Omega + 36\,\Omega = 40\,\Omega$$

$$I = \frac{U}{R} = \frac{12\,V}{40\,\Omega} = 0,3\,A$$

$$U_1 = I \cdot R_1 = 0,3\,A \cdot 4\,\Omega = 1,2\,V$$

$$U_{2,3} = I \cdot R_{2,3} = 0,3\,A \cdot 36\,\Omega = 10,8\,V$$

$$I_2 = \frac{U_{2,3}}{R_2} = \frac{10,8\,V}{60\,\Omega} = 0,18\,A \qquad I_3 = \frac{U_{2,3}}{R_3} = \frac{10,8\,V}{90\,\Omega} = 0,12\,A \qquad \square$$

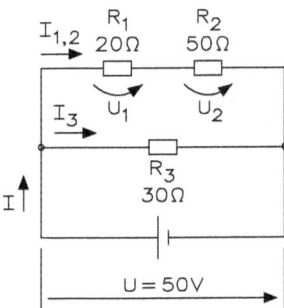

Abb. 2.28: Gemischte Schaltung

Beispiel: Zu zwei in Reihe geschalteten Widerständen von $R_1 = 20\,\Omega$ und $R_2 = 50\,\Omega$ ist ein dritter Widerstand von $R_3 = 30\,\Omega$ parallel geschaltet. Die Schaltung von Abb. 2.28 liegt an einer Spannung von U = 12 V. Wie hoch sind Gesamtstrom, Teilspannungen und Teilströme?

$$R_{1,2} = R_1 + R_2 = 20\,\Omega + 50\,\Omega = 70\,\Omega$$

$$R = \frac{R_{1,2} \cdot R_3}{R_{1,2} + R_3} = \frac{70\,\Omega \cdot 30\,\Omega}{70\,\Omega + 30\,\Omega} = 21\Omega$$

$$I_{1,2} = \frac{U}{R_{1,2}} = \frac{60\,V}{70\,\Omega} = 0{,}857\,A \qquad I = \frac{U}{R} = \frac{60\,V}{21\,\Omega} = 2{,}857\,A$$

$$I_3 = \frac{U}{R_3} = \frac{60\,V}{30\,\Omega} = 2\,A$$

$$U_1 = I_{1,2} \cdot R_1 = 0{,}857\,A \cdot 20\,\Omega = 17{,}1\,V$$

$$U_2 = I_{1,2} \cdot R_2 = 0{,}857\,A \cdot 50\,\Omega = 42{,}9\,V$$

2.2.6 Widerstandskennlinien in einer Reihenschaltung

Mit einer grafischen Darstellung lassen sich auch Strom und Teilspannungen zwei in Reihe geschalteter Widerstände ermitteln. Dabei werden die beiden Strom-Spannungs-Diagramme „gegeneinander" gezeichnet wie Abb. 2.29 zeigt.

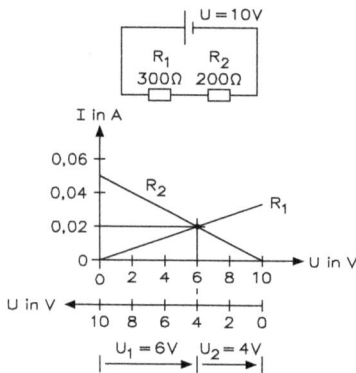

Abb. 2.29: Widerstandskennlinien einer Reihenschaltung

Beispiel: Gegeben ist eine Reihenschaltung von $R_1 = 300\,\Omega$ und $R_2 = 200\,\Omega$ an einer Spannung von U = 10 V. Wie hoch sind Gesamtspannung und Teilspannungen an den Widerständen?

Die Kennlinie für R_1 beginnt bei 0 A und 0 V des linken Achsenkreuzes. Die Kennlinie für R_2 beginnt bei 0 A und 0 V des rechten Achsenkreuzes.

Für beide Kennlinien werden nun der höchste Strom bei einer Spannung von je 10 V ermittelt und die Kennlinien gezeichnet.

$$I_1 = \frac{U}{R_1} = \frac{10\,V}{300\,\Omega} = 0{,}033\,A \qquad I_2 = \frac{U}{R_2} = \frac{10\,V}{200\,\Omega} = 0{,}05\,A$$

Der Schnittpunkt der beiden Kennlinien gibt den Gesamtstrom I = 0,02 A und die Teilspannungen $U_1 = 6\,V$ und $U_2 = 4\,V$ an. Man bezeichnet diesen Punkt auch als Arbeitspunkt der Schaltung.

2.2.7 Spannungsteiler

Liegt eine Spannung an einer Reihenschaltung aus zwei Widerständen, teilt sie sich entsprechend den Widerstandswerten auf. Die Teilspannung U_2 kann an einem Widerstand R_2 abgegriffen werden.

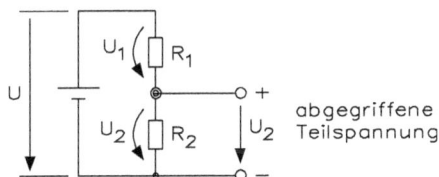

Abb. 2.30: Unbelasteter Spannungsteiler mit festen Widerstandsverhältnissen

Die Ausgangsspannung U_2 errechnet sich aus

$$U_2 = U_1 \cdot \frac{R_2}{R_1 + R_2}$$

Beispiel: Ein unbelasteter Spannungsteiler mit den Widerständen $R_1 = 1\,\text{k}\Omega$ und $R_2 = 500\,\Omega$ liegt an einer Eingangsspannung von $U_1 = 12\,\text{V}$. Wie groß ist die Ausgangsspannung U_2?

$$U_2 = U_1 \cdot \frac{R_2}{R_1 + R_2} = 12\,\text{V} \cdot \frac{500\,\Omega}{1\,\text{k}\Omega + 500\,\Omega} = 12\,\text{V} \cdot \frac{500\,\Omega}{1{,}5\,\text{k}\Omega} = 4\,\text{V}$$

Der Abgriff kann auch als veränderlicher Abgriff (z. B. als Schieber) auf einem einzigen Widerstand vorhanden sein. Abbildung 2.31 zeigt einen unbelasteten Spannungsteiler mit einstellbaren Widerstandsverhältnissen. □

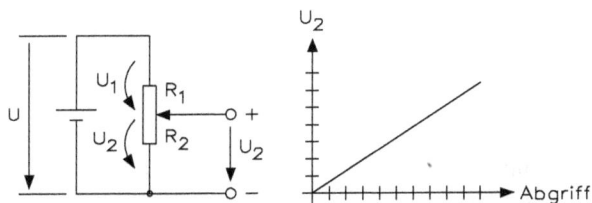

Abb. 2.31: Unbelasteter Spannungsteiler mit einstellbaren Widerstandsverhältnissen

Durch Verändern des Schiebers kann man jede Spannung zwischen 0 V und U_1 als Teilspannung U_2 abgreifen. Einen stetig veränderbaren Widerstand in einer Spannungsteilerschaltung bezeichnet man als Potentiometer oder Einsteller.

Wird an die Teilspannung ein Lastwiderstand angeschlossen, so ist dieser Spannungsteiler belastet. Aus der Reihenschaltung ist nun eine Gruppenschaltung geworden, wie Abb. 2.32 zeigt.

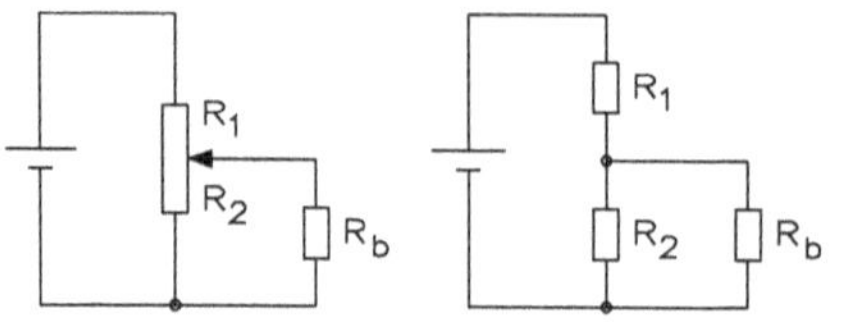

Abb. 2.32: Belasteter Spannungsteiler

Durch das Parallelschalten des Lastwiderstandes sinkt der Gesamtwiderstand der Schaltung, steigt der Gesamtstrom, steigt die Teilspannung an R_1, fällt die Teilspannung an R_2 (gegenüber dem unbelasteten Zustand).

Beim Anschließen eines Lastwiderstandes wird die abgegriffene Spannung am Spannungsteiler kleiner als im unbelasteten Zustand.

Durch Rechnung lässt sich nachweisen, dass sich der Spannungsfall nur wenig ändert, wenn der Widerstand des Verbrauchers wesentlich größer als der des Spannungsteilers ist. Als durchaus brauchbar kann eine Potentiometerschaltung angesehen werden, bei der der Lastwiderstand R_b gleich dem Gesamtwiderstand $(R_1 + R_2)$ des Spannungsteilers ist.

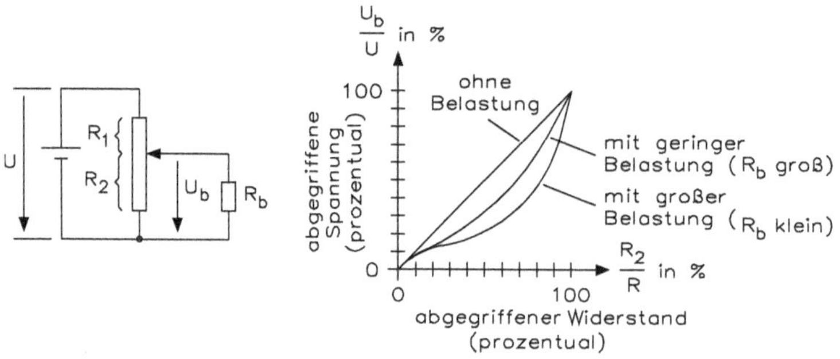

Abb. 2.33: Kennlinie eines belasteten Spannungteilers

Die Kennlinie des belasteten Spannungsteilers ist in Abb. 2.33 gezeigt, wie sich die abgegriffene Spannung des belasteten Spannungsteilers im Vergleich zum unbelasteten Spannungsteiler bei gleichem Abgriff unterscheidet.

Beispiel: Ein belasteter Spannungsteiler mit den Widerständen $R_1 = 1\,k\Omega$ und $R_2 = 500\,\Omega$ liegt an einer Eingangsspannung von $U_1 = 12\,V$. Es wird ein Lastwiderstand von $R_b = 5\,k\Omega$ parallel geschaltet. Wie ändert sich die Ausgangsspannung U_2?

$$U_2 = U_1 \cdot \frac{R_2}{R_1 + R_2} = 12\,V \cdot \frac{500\,\Omega}{1\,k\Omega + 500\,\Omega} = 12\,V \cdot \frac{500\,\Omega}{1,5\,k\Omega} = 4\,V \text{ (unbelastet)}$$

$$R_{2,b} = \frac{R_2 \cdot R_b}{R_2 + R_b} = \frac{500\,\Omega \cdot 5\,k\Omega}{500\,\Omega + 5\,k\Omega} = 454\,\Omega$$

$$U_2 = U_1 \cdot \frac{R_{2,b}}{R_1 + R_{2,b}} = 12\,V \cdot \frac{454\,\Omega}{1\,k\Omega + 454\,\Omega} = 12\,V \cdot \frac{454\,\Omega}{1,454\,k\Omega} = 3,75\,V \text{ (belastet)}$$

Die Ausgangsspannung sinkt von 4 V auf 3,75 V.   □

2.2.8 Brückenschaltung

Eine Gruppenschaltung besonderer Art ist die Brückenschaltung (Wheatstonesche Brücke).
Sie besteht praktisch aus zwei zusammen geschalteten Spannungsteilern, wie Abb. 2.34 zeigt.

Abb. 2.34: Brückenschaltung

Teilt der Spannungsteiler R_1 und R_2 die angelegte Spannung U im gleichen Verhältnis wie
der Spannungsteiler R_3 und R_4, dann ist zwischen den Punkten A und B keine Spannung
vorhanden.

Man sagt, die Brücke ist in diesem Fall abgeglichen. Der Abgleich kann mit einem Messinstrument abgelesen werden (Anzeige: 0 V).

Im abgeglichenen Zustand sind folgende Teilspannungen gleich:

$$U_1 = U_3 \qquad \text{und} \qquad U_2 = U_4$$

$$I_{1,2} \cdot R_1 = I_{3,4} \cdot R_3; \qquad I_{1,2} \cdot R_2 = I_{3,4} \cdot R_4$$

Die Spannungsteilerverhältnisse sind gleich:

$$\frac{U_1}{U_2} = \frac{U_3}{U_4}, \quad \frac{I_{1,2} \cdot R_1}{I_{1,2} \cdot R_2} = \frac{I_{3,4} \cdot R_3}{I_{3,4} \cdot R_4}$$

$$\frac{R_1}{R_2} = \frac{R_3}{R_4} \qquad \text{oder} \qquad R_1 \cdot R_4 = R_2 \cdot R_3$$

Bei einer abgeglichenen Brückenschaltung sind die Widerstandsverhältnisse der in Reihe
geschalteten Widerstände gleich.

Beispiel: In Abb. 2.35 ist eine Brückenschaltung gezeigt. Welchen Wert hat R_1?

$$\frac{R_1}{R_2} = \frac{R_3}{R_4} \Rightarrow R_1 = R_2 \cdot \frac{R_3}{R_4} = 30\,\Omega \cdot \frac{80\,\Omega}{20\,\Omega} = 120\,\Omega \qquad \Box$$

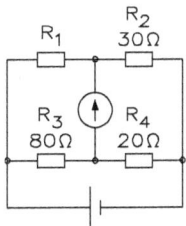

Abb. 2.35: Brückenschaltung

2.2.9   Spannungsteiler mit veränderbaren Widerständen

In der Praxis ist es nicht unbedingt nötig, eine Ausgangsspannung im gesamten Bereich der Ausgangsspannung zu ändern. Es gibt drei Möglichkeiten, die Ausgangsspannung zu ändern und Abb. 2.36 zeigt die Schaltung.

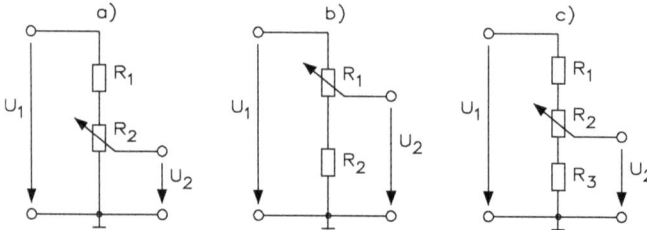

Abb. 2.36: Schaltungsmöglichkeiten für Spannungsteiler mit veränderbaren Widerständen

Beispiel für Abb. 2.36a: Ein Spannungsteiler mit dem Widerstand $R_1 = 1\,k\Omega$ und dem Potentiometer $R_2 = 500\,\Omega$ liegt an einer Eingangsspannung von $U_1 = 12\,V$. In welchem Bereich kann man die Ausgangsspannung ändern?

$$U_2 = U_1 \cdot \frac{R_2}{R_1 + R_2} = 12\,V \cdot \frac{500\,\Omega}{1\,k\Omega + 500\,\Omega} = 12\,V \cdot \frac{500\,\Omega}{1,5\,k\Omega} = 4\,V,$$

wenn sich der Schleifer oben befindet.

Befindet sich der Schleifer unten, ist der Schleifer direkt mit Masse verbunden und die Ausgangsspannung beträgt $U_2 = 0\,V$. Die Ausgangsspannung lässt sich zwischen 4 V und 0 V stufenlos einstellen.

Beispiel für Abb. 2.36b: Ein Spannungsteiler mit einem Potentiometer $R_1 = 1\,k\Omega$ und einem Widerstand $R_2 = 2\,k\Omega$ liegt an einer Eingangsspannung von $U_1 = 12\,V$. In welchem Bereich kann man die Ausgangsspannung ändern?

Befindet sich der Schleifer oben, ergibt sich eine Ausgangsspannung von $U_2 = 12\,V$.

$$U_2 = U_1 \cdot \frac{R_2}{R_1 + R_2} = 12\,V \cdot \frac{2\,k\Omega}{1\,k\Omega + 2\,k\Omega} = 12\,V \cdot \frac{2\,k\Omega}{3\,k\Omega} = 8\,V$$

Befindet sich der Schleifer unten beträgt die Ausgangsspannung $U_2 = 8\,V$. Die Ausgangsspannung lässt sich zwischen 8 V und 12 V stufenlos einstellen.

Beispiel für Abb. 2.36c: Ein Spannungsteiler mit einem Widerstand $R_1 = 1\,k\Omega$, einem Potentiometer $R_2 = 5\,k\Omega$ und einem Widerstand $R_3 = 2\,k\Omega$ liegt an einer Eingangsspannung von $U_1 = 12\,V$. In welchem Bereich kann man die Ausgangsspannung ändern?

$$R = R_1 + R_2 + R_3 = 1\,k\Omega + 5\,k\Omega + 2\,k\Omega = 8\,k\Omega$$

$$I = \frac{U}{R} = \frac{12\,V}{8\,k\Omega} = 1,5\,mA$$

$$U_1 = I \cdot R_1 = 1,5\,mA \cdot 1\,k\Omega = 1,5\,V$$

$$U_2 = I \cdot R_2 = 1,5\,mA \cdot 5\,k\Omega = 7,5\,V$$

$$U_3 = I \cdot R_3 = 1,5\,mA \cdot 2\,k\Omega = 3\,V$$

Befindet sich der Schleifer oben beträgt die Ausgangsspannung $U_2 = 10,5\,V$ und unten $U_2 = 4,5\,V$. Die Ausgangsspannung lässt sich zwischen 4,5 V und 10,5 V stufenlos einstellen.   □

2.2.10 Leistung im erweiterten Stromkreis

Die elektrische Leistung errechnet sich aus Spannung und Strom:

$$P = U \cdot I$$

Die in einem gegebenen Widerstand R umgesetzte Leistung kann bei bekannter Spannung U oder bekanntem Strom I über das Ohmsche Gesetz bestimmt werden.

Bei bekannter Spannung: Mit $I = \dfrac{U}{R}$ folgt $P = U \cdot \dfrac{U}{R} : P = \dfrac{U^2}{R}$

Bei bekanntem Strom: Mit $U = I \cdot R$ folgt $P = I \cdot R \cdot I : P = I^2 \cdot R$

Beispiel: Ein Widerstand von 100 Ω liegt an einer Spannung von 100 V. Wie groß ist seine Leistung?

$$P = \frac{U^2}{R} = \frac{(100\,V)^2}{100\,\Omega} = 100\,W$$ □

Beispiel: Ein Widerstand von 200 Ω nimmt einen Strom von 0,15 A auf. Wie groß ist seine Leistung?

$$P = I^2 \cdot R = (0,15\,A)^2 \cdot 200\Omega = 4,5\,W$$

In einem erweiterten Stromkreis teilt sich die Gesamtleistung auf die einzelnen Widerstände auf. Die Teilleistungen lassen sich aus den Teilspannungen und Teilströmen der betreffenden Widerstände berechnen.

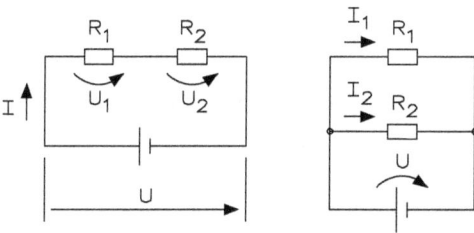

Abb. 2.37: Reihen- und Parallelschaltung

Abb. 2.37 zeigt die Möglichkeiten für die Berechnung der Reihen- und Parallelschaltung

$P = P_1 + P_2$ $\qquad\qquad\qquad$ $P = P_1 + P_2$

$P = U \cdot I, P_1 = U_1 \cdot I, P_2 = U_2 \cdot I$ $\quad$ $P = U \cdot I, P_1 = U \cdot I_1, P_2 = U \cdot I_2$

Zweckmäßig ist die Berechnung über den gemeinsamen Strom oder die gemeinsame Spannung.

$$P = I^2 \cdot R, \; P_1 = I^2 \cdot R_1, \; P_2 = I^2 \cdot R_2 \; \left| \; P = \frac{U^2}{R}, \; P_1 = \frac{U^2}{R_1}, \; P_2 = \frac{U^2}{R_2} \right.$$

Wenn eine Leistung bekannt ist, können die übrigen Leistungen auch über Proportionen berechnet werden.

$$P_2 = I^2 \cdot R_2; \; P_1 = I^2 \cdot R_1 \qquad \left| \qquad P_2 = \frac{U^2}{R_2}, \; P_1 = \frac{U^2}{R_1} \right.$$

$$\frac{P_2}{P_1} = \frac{I^2 \cdot R_2}{I^2 \cdot R_1} = \frac{R_2}{R_1} \qquad \left| \qquad \frac{P_2}{P_1} = \frac{\frac{U^2}{R_2}}{\frac{U^2}{R_1}} = \frac{U^2 \cdot R_1}{U^2 \cdot R_2} = \frac{R_1}{R_2} \right.$$

$$P_2 = P_1 \cdot \frac{R_2}{R_1} \qquad\qquad \left| \qquad P_2 = P_1 \cdot \frac{R_1}{R_2} \right. \qquad \Box$$

Beispiel: Abb. 2.38 zeigt eine Reihen- und Parallelschaltung mit Werten. Wie groß ist die Gesamtleistung der einzelnen Widerstände?

$$R = R_1 + R_2 = 30\,\Omega + 60\,\Omega = 90\,\Omega \quad \left| \quad R = \frac{R_1 \cdot R_2}{R_1 + R_2} = \frac{30\,\Omega \cdot 60\,\Omega}{30\,\Omega + 60\,\Omega} = 20\,\Omega \right.$$

$$I = \frac{U}{R} = \frac{12\,V}{90\,\Omega} = 0{,}133\,A \qquad \left| \quad I = \frac{U}{R} = \frac{12\,V}{20\,\Omega} = 0{,}6\,A \right.$$

$$P = U \cdot I = 12\,V \cdot 0{,}133\,A = 1{,}6\,W \quad \left| \quad P = U \cdot I = 12\,V \cdot 0{,}6\,A = 7{,}2\,W \right.$$

$$P_1 = I^2 \cdot R_1 = (0{,}133\,A)^2 \cdot 30\,\Omega = 0{,}53\,W \quad \left| \quad P_1 = \frac{U^2}{R_1} = \frac{(12\,V)^2}{30\,\Omega} = 4{,}8\,W \right.$$

$$P_2 = I^2 \cdot R_2 = (0{,}133\,A)^2 \cdot 60\,\Omega = 1{,}06\,W \quad \left| \quad P_2 = \frac{U^2}{R_2} = \frac{(12\,V)^2}{60\,\Omega} = 2{,}4\,W \right.$$

oder   oder

$$P_2 = P_1 \cdot \frac{R_2}{R_1} = 0{,}53\,W \cdot \frac{60\,\Omega}{30\,\Omega} = 1{,}06\,W \quad \left| \quad P_2 = P_1 \cdot \frac{R_1}{R_2} = 4{,}8\,W \cdot \frac{30\,\Omega}{60\,\Omega} = 2{,}4\,W \right.$$

$$P = P_1 + P_2 = 0{,}53\,W + 1{,}06\,W = 1{,}59\,W \quad \left| \quad P = P_1 + P_2 = 4{,}8\,W + 2{,}4\,W = 7{,}2\,W \quad \Box \right.$$

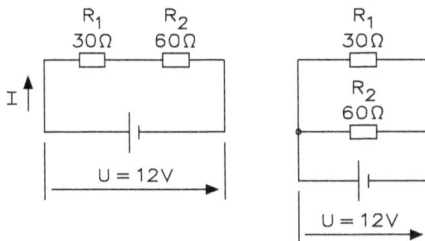

Abb. 2.38: Reihen- und Parallelschaltung

2.3 Gleichspannungs- und Gleichstromquellen

Die Erzeugung von Spannung und Strom wurde bereits kurz besprochen. Tabelle 2.1 zeigt Möglichkeiten zur Erzeugung von Quellenspannungen.

Tab. 2.1: Physikalische Erzeugung von Quellenspannungen

Physikalische Ursache	Vorgang	Anwendung
Elektronenaustausch bei chemischen Reaktionen	chemische Veränderungen der Elektroden	Batterien, Akkumulatoren
Induktionsvorgänge in festen Leitern	Bewegung von Leitern im Magnetfeld	Dynamomaschine
Induktionsvorgänge in Plasmen	Erwärmung der Kontaktstellen zwischen verschiedenen Metallen	Magnetohydrodynamischer (MHD-) Generator
Thermoelektrischer Seebeck Effekt	Erwärmung der Kontaktstellen zwischen verschiedenen Metallen	Thermoelement
Piezoelektrischer Effekt	mechanischer Druck auf polare Kristalle	Dicken- und Dehnungsschwinger
Innerer Fotoeffekt	Lichteinstrahlung in Halbleiterkombinationen	Solarzelle

2.3.1 Potentialbildung

Aus den Grundlagen der Chemie ist bekannt, dass ein sogenanntes „galvanisches Element" entsteht, wenn Elektroden eines geeigneten Materials in einen Elektrolyten getaucht werden. Hierbei entsteht an einer Elektrode ein Elektronenüberschuss (Minuspol bzw. Katode) an der anderen ein Elektronenmangel (Pluspol bzw. Anode). Zwischen beiden Elektroden entsteht eine elektrische Spannung.

Verbindet man die beiden Elektroden über einen Widerstand, so findet ein Elektronenfluss von einer Elektrode zur anderen statt, d. h. es fließt Strom. Gleichzeitig beginnt im Zusammenwirken zwischen Elektroden und Elektrolyt ein chemischer Prozess. Dieses galvanische Element bezeichnet man als Primärelement und findet in jeder Batterie ihren Einsatz.

Unter bestimmten Voraussetzungen lässt sich dieser Prozess auch umkehren, d. h. es wird nicht nur elektrische Energie entnommen, sondern durch Anlegen einer fremden Spannungsquelle wird durch einen Vorgang, ähnlich dem der Elektrolyse, der chemische Prozess in der entgegengesetzten Richtung betrieben. Das Element wird geladen. Ein solches wiederaufladbares Element bezeichnet man als Sekundärelement oder Akkumulator.

In einem Glasgefäß wird Kupfersulfat in Wasser gelöst, wie Abb. 2.39a zeigt. Taucht man einen Zinkstab in die Lösung, erkennt man nach kurzer Zeit am eingetauchten Bereich eine dünne Kupferschicht. Dieser Vorgang hat chemische Ursachen: Kupfersulfat dissoziiert in Wasser (es wird in Ionen aufgespalten) in positive Kupferionen und negative Sulfationen. Die

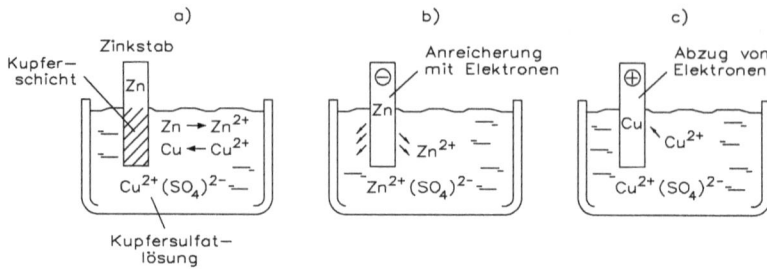

Abb. 2.39: Potentialbildung bei Primär- und Sekundärelementen

chemische Gleichung lautet:

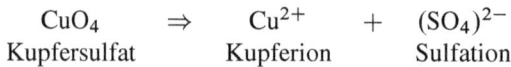

$$CuO_4 \quad \Rightarrow \quad Cu^{2+} \quad + \quad (SO_4)^{2-}$$

Kupfersulfat   Kupferion   Sulfation

Bringt man jetzt einen Zinkstab in diese Lösung, beobachtet man, dass sich am eingetauchten Bereich des Zinkstabes ein Kupferbelag bildet. Entfernt man mechanisch diesen Belag, stellt man fest, dass der Zinkstab dünner geworden ist. Dies kann nur dadurch erklärt werden, dass Zink in Lösung gegangen ist und Kupfer aus der Kupfersulfatlösung abgeschieden wurde. Das Zinkatom gibt also zwei Elektronen an das Kupferion ab und geht in Lösung, während das Kupferion diese beiden Elektronen aufnimmt und sich als Kupfer abscheidet. Zink verdrängt Kupfer aus der Lösung, denn es hat ein größeres Bestreben, seine Elektronen als Kupfer abzugeben. Das Bestreben eines Stoffes in Lösung zu gehen, bezeichnet man als „Lösungsdruck".

Führt man den gleichen Versuch (Abb. 2.39b) mit einem Zinkstab und einer Zinksulfatlösung durch, stellt man fest, dass der Zinkstab negatives Potential gegenüber der Lösung annimmt. Ursache hierfür ist, dass Zinkatome bestrebt sind, in Lösung zu gehen. Jedes Zinkatom gibt hierbei zwei Elektronen ab, die als negative Ladung am Zinkstab zurückbleiben und an diesem ein negatives Potential gegenüber der Lösung erzeugen. Zink geht hierbei als positiv geladenes Zinkion in Lösung. Der große Lösungsdruck des Zinks führt also zur Bildung eines negativen Potentials am Zinkstab.

Verwendet man beim gleichen Versuch eine Kupfersulfatlösung (Abb. 2.39c) und taucht eine Kupferelektrode ein, stellt man am Kupferstab positives Potential gegenüber der Lösung fest. Die positiven Kupferionen entziehen dem Kupferstab Elektronen. Sie werden dadurch zu atomarem Kupfer und lagern sich am Kupferstab ab. Die Kupferionen sind also bestrebt, sich aus der Lösung abzuscheiden und entziehen hierbei dem Kupferstab Elektronen, wodurch das positive Potential durch den Elektronenmangel entsteht. Kupfer hat einen großen Abscheidungsdruck.

Die Höhe des elektrischen Potentials ist vom Material des verwendeten Metallstabs sowie von der Art und Konzentration der verwendeten Salzlösung abhängig.

Ein Beispiel für die Bildung eines unerwünschten Elements ist die direkte Verbindung von Aluminium mit einem Potential von $-1,30$ V und Kupfer mit $+0,51$ V. Durch Feuchtigkeit entsteht eine leitende Verbindung und es bildet sich ein Element mit einer Spannung von $U = 1,81$ V. Bei der Berührung zweier Metalle in Verbindung mit einem Elektrolyten findet eine Zersetzung des Metalls statt, welches in der elektrochemischen Spannungsreihe einen niedrigeren Platz hat, in diesem Fall also Aluminium. Um das zu verhindern, muss Blei mit $-0,13$ V zwischen diesen beiden Metallen eingefügt werden.

Taucht man ein Metall in eine wässrige Lösung, die dieses Metall als Ion enthält, bildet sich am Metall ein elektrisches Potential gegenüber der Lösung. Um bei verschiedenen Stoffen die Höhe des erzeugten Potentials bewerten zu können, führt man eine Spannungsmessung gegen eine so genannte Wasserstoff-Normalelektrode, die ebenfalls in die Lösung eingetaucht wird, durch. Tabelle 2.2 zeigt die elektrochemische Spannungsreihe.

Tab. 2.2: Elektrochemische Spannungsreihe

Normalpotentiale gegenüber der Wasserstoff-Normalelektrode		
Element	Übergang	Potential in V
Fluor	$2F^- \rightarrow F_{2\,(Gas)}$	$+2,85$
Gold	$Au \rightarrow Au$	$+1,50$
Gold	$Au \rightarrow Au^{+++}$	$+1,38$
Chlor	$2Cl^- \rightarrow Cl_{2\,(Gas)}$	$+1,36$
Brom	$2B^- \rightarrow Br_{2\,(Gas)}$	$+1,08$
Platin	$Pt \rightarrow Pt^{++++}$	$+0,87$
Quecksilber	$Hg \rightarrow Hg^{++}$	$+0,86$
Silber	$Ag \rightarrow Ag^+$	$+0,80$
Kohlenstoff	$C \rightarrow C^{++}$	$+0,75$
Kupfer	$Cu \rightarrow Cu^+$	$+0,51$
Kupfer	$Cu \rightarrow Cu^{++}$	$+0,35$
Arsen	$As \rightarrow As^{+++}$	$+0,30$
Bismut	$Bi \rightarrow Bi^{+++}$	$+0,23$
Antimon	$Sb \rightarrow Sb^{+++}$	$+0,20$
Wasserstoff	$H_2 \rightarrow 2H^+$	$+0,00$
Blei	$Pb \rightarrow Pb^{++}$	$-0,13$
Zinn	$Sn \rightarrow Sn^{++}$	$-0,14$
Nickel	$Ni \rightarrow Ni^{++}$	$-0,25$
Cobalt	$Co \rightarrow Co^{++}$	$-0,26$
Cadmium	$Cd \rightarrow Cd^{++}$	$-0,40$
Eisen	$Fe \rightarrow Fe^{++}$	$-0,44$
Chrom	$Cr \rightarrow Cr^{++}$	$-0,56$
Zink	$Zn \rightarrow Zn^{++}$	$-0,76$
Mangan	$Mn \rightarrow Mn^{++}$	$-1,05$
Aluminium	$Al \rightarrow Al^{+++}$	$-1,30$
Magnesium	$Mg \rightarrow Mg^{++}$	$-2,38$
Natrium	$Na \rightarrow Na^{++}$	$-2,71$
Calcium	$Ca \rightarrow Ca^{++}$	$-2,87$
Kalium	$K \rightarrow K^+$	$-2,92$
Lithium	$Li \rightarrow Li^+$	$-3,02$

Bei Berührung zweier Metalle in Verbindung mit einem Elektrolyten findet eine Zersetzung dieses Metalls statt, welches in der elektrochemischen Spannungsreihe einen niedrigeren Platz einnimmt.

Metalle mit einem positiven Vorzeichen sind edle Metalle, mit einem negativen dagegen unedle. Wasserstoff mit $\pm 0,00$ V dient als Bezugspotential. In der Spannungsreihe nimmt das Bestreben, Elektronen abzugeben, von unten nach oben ab. Ein Element kann alle in der Spannungsreihe oben vor ihm stehenden Elektronen aus der jeweiligen Lösung verdrängen. Es wird selbst von allen unten vor ihm stehenden Elementen verdrängt.

2.3.2   Elektrolyt und Elektrolyse

Durch den Versuch von Abb. 2.40 kann man überprüfen, ob und unter welchen Voraussetzungen Flüssigkeiten elektrischen Strom leiten.

Abb. 2.40: Versuchsanordnung zur Messung des elektrischen Stromes in einer Flüssigkeit

Ein Glasgefäß wird mit destilliertem Wasser gefüllt. Man taucht zwei Elektroden (Metallstäbe) ein und schließt eine Gleichspannungsquelle an. Fließt Strom zwischen den beiden Elektroden, wird dieser durch das Amperemeter angezeigt. Solange die Elektronen in reines Wasser eingetaucht sind, fließt praktisch kein Strom. Gießt man jetzt eine geringe Menge Schwefelsäure H_2SO_4 zu, kommt es zu einem Stromfluss. Wie aus der Chemie bekannt, dissoziiert Schwefelsäure in Wasser, wird also in Ionen aufgespalten. Durch Anlegen der Gleichspannung entsteht ein elektrisches Feld zwischen den Elektroden und in diesem werden die elektrisch geladenen Ionen bewegt.

Die positiv geladenen Wasserstoffionen wandern zum negativen Pol (der negative Pol wird als Katode bezeichnet), nehmen dort Elektronen auf und werden zu neutralen Wasserstoffatomen. Gasförmiger Wasserstoff steigt auf. Die positiven H-Ionen werden deshalb auch als Kationen bezeichnet, da sie zur Katode wandern.

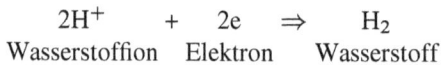

$$2H^+ \quad + \quad 2e \quad \Rightarrow \quad H_2$$
Wasserstoffion   Elektron   Wasserstoff

Die negativen Sulfationen wandern zur positiven Elektrode (Anode) und heißen deshalb auch Anionen. Sie geben ihre beiden Elektronen ab und werden zum Sulfat. Das Sulfat reagiert sofort mit Wasser und es wird atomarer Sauerstoff frei:

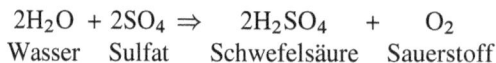

$$2H_2O + 2SO_4 \Rightarrow \quad 2H_2SO_4 \quad + \quad O_2$$
Wasser   Sulfat   Schwefelsäure   Sauerstoff

Der Stromfluss in der Flüssigkeit hat also seine Ursache in der Ionenbewegung zur jeweils entgegengesetzt geladenen Elektrode und dabei findet aber eine chemische Veränderung der Flüssigkeit statt.

Eine stromleitende Flüssigkeit wird als Elektrolyt bezeichnet. Diese ist eine wässrige Lösung von Säuren, Basen oder Salzen. Man bezeichnet sie als Leiter 2. Klasse. Der Vorgang der Stromleitung eines Elektrolyten in Verbindung mit der dabei ablaufenden chemischen Reaktion definiert man als Elektrolyse.

2.3.3 Galvanisches Element (Primärelemente)

Taucht man in einen Elektrolyten mit geeigneter Konzentration zwei Metallelektroden aus geeigneten unterschiedlichen Werkstoffen, so bilden sich durch Lösungs- bzw. Abscheidungsdruck zwei verschiedene Potentiale aus. Diese Werte kann man aus der elektrochemischen Spannungsreihe entnehmen und diese Anordnung wird als galvanisches Element bezeichnet.

Zwischen beiden Elektroden steht eine bestimmte Spannung an, die sich mit einem Voltmeter messen lässt. Abbildung 2.41 zeigt den Aufbau eines galvanischen Elementes.

Abb. 2.41: Aufbau eines galvanischen Elementes (Volta-Element)

Wenn man das galvanische Element (Volta-Element) an den Anschlussklemmen misst, ergibt sich eine Spannung von $U = 1,1$ V. Außerdem lässt die Kupferelektrode Gas entweichen.

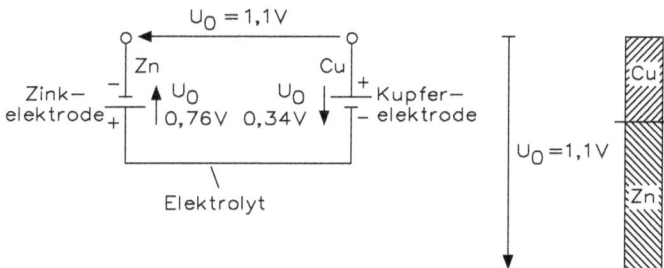

Abb. 2.42: Ersatzschaltbild für die Spannungsbildung im galvanischen Element mit einer Kupfer- und einer Zink-Elektrode

Abbildung 2.42 zeigt das Ersatzschaltbild für den Aufbau eines Kupfer-Zink-Elementes, an dem sich das Verhalten eines Volta-Elementes erklären lässt. Aus der elektrochemischen Spannungsreihe erhält man für Zink den Wert von $-0{,}76$ V und für Kupfer von $+0{,}34$ V. Die durch beide Elektroden erzeugten Spannungswerte sind durch den Elektrolyten in Reihe geschaltet. Unter Beachtung des Vorzeichens ergibt sich deshalb als Klemmenspannung U_0 bzw. U für dieses Element im unbelasteten Zustand:

$$2H_2O + 2SO_4 \Rightarrow 2H_2SO_4 + O_2 = 0{,}76\,V + 0{,}34\,V = 1{,}1\,V$$

Aus diesem Beispiel lässt sich erkennen, dass die Ur- bzw. Leerlaufspannung eines galvanischen Elementes vom Material der verwendeten Elektroden abhängig ist. Je weiter die Normalpotentiale der verwendeten Materialien auseinander liegen, umso größer ist die Spannung des Elementes. An der Zink-Elektrode bildet sich der Minuspol und an der Kupfer-Elektrode der Pluspol dieses Elementes aus.

Die einzelnen chemischen Reaktionen lassen sich in Kurzform durch ihre chemischen Gleichungen darstellen:

- Dissoziation der Säure:

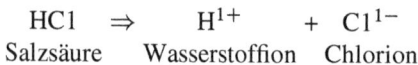

$$HCl \quad \Rightarrow \quad H^{1+} \quad + \quad Cl^{1-}$$
    Salzsäure   Wasserstoffion   Chlorion

- Reaktion an der Zinkelektrode:

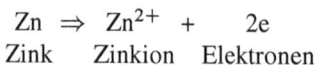

$$Zn \Rightarrow Zn^{2+} + \quad 2e$$
    Zink   Zinkion   Elektronen

- Zink gibt zwei Elektronen ab und geht als Ion in Lösung:

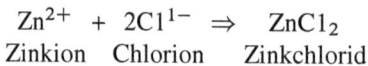

$$Zn^{2+} + 2Cl^{1-} \Rightarrow ZnCl_2$$
    Zinkion   Chlorion   Zinkchlorid

Zink- und Chlorionen verbinden sich zu Zinkchlorid und verdrängen die H^{1+}-Ionen von der Zinkelektrode.

- Reaktion an der Kupferelektrode:

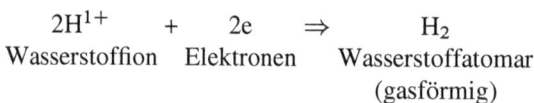

$$2H^{1+} \quad + \quad 2e \quad \Rightarrow \quad H_2$$
    Wasserstoffion   Elektronen   Wasserstoffatomar
                                    (gasförmig)

Im Elektrolyten bleibt Zinkchlorid zurück, wobei die Konzentration bei längerem Stromfluss zunimmt und den Elektrolyten nach einiger Zeit unbrauchbar macht. Die gezeigte Ausführung eines galvanischen Elementes bezeichnet man auch als Nasselement, da der Elektrolyt in flüssiger Form vorhanden ist. Diese Elemente werden bei der praktischen Anwendung von Primärelementen nicht mehr eingesetzt. In einigen Elementen ist der Elektrolyt in eingedicktem oder gebundenem Zustand vorhanden. Daher bezeichnet man es auch als Trockenelement.

2.3.4   Leclanche-Element

Ein sehr häufig eingesetztes Primärelement in der Messtechnik und in der Medizinelektronik ist das Leclanche-Element, wobei man Elektroden aus Zink und Kohle verwendet. Als Elektrolyt dient Ammoniumchlorid NH_4Cl (Salmiaksalzlösung). An diesem Nasselement kann

man den Entladevorgang betrachten. Abbildung 2.43 zeigt den Aufbau und die Wirkungsweise des Leclanche-Elementes.

Abb. 2.43: Aufbau und Wirkungsweise des Leclanche-Elementes mit a) chemischer Entladevorgang,
b) Polarisation und c) Spannungsrichtungen

Die Werte für die beiden Elektroden sind aus der elektrochemischen Spannungsreihe für die
Potentiale der verwendeten Elektrodenwerkstoffe zu entnehmen. Es ergibt sich im unbelasteten Zustand eine Spannung von $U_0 = 1,51$ V. Legt man einen Widerstand (Verbraucher) an
die Elektroden, laufen folgende chemische Vorgänge im Element ab:

- Reaktion an der Zinkelektrode:

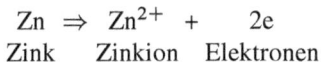

$$Zn \Rightarrow Zn^{2+} + 2e$$
Zink   Zinkion   Elektronen

Zink gibt zwei Elektronen an die Elektrode ab und geht als Ion in Lösung. Die Zinkelektrode
enthält eine negative Ladung:

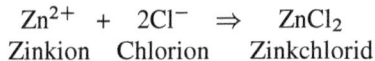

$$Zn^{2+} + 2Cl^- \Rightarrow ZnCl_2$$
Zinkion   Chlorion   Zinkchlorid

Zinkion und Chlorion verbinden sich in der Umgebung der Zn-Elektrode zu Zinkchlorid und
verdrängen die positiv geladenen NH_4-Ionen.

Kohle als Werkstoff hat einen Edelmetallcharakter, wie die elektrochemische Spannungsreihe
zeigt:

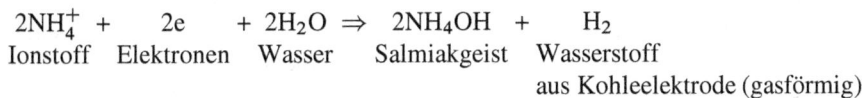

$$2NH_4^+ + 2e + 2H_2O \Rightarrow 2NH_4OH + H_2$$
Ionstoff   Elektronen   Wasser   Salmiakgeist   Wasserstoff

aus Kohleelektrode (gasförmig)

Das NH_4-Ion nimmt an der Kohleelektrode ein Elektron auf, und die Elektrode wird positiv
geladen. NH_4 reagiert sofort mit Wasser unter Bildung von Salmiakgeist, der im Elektrolyten

verbleibt. Gleichzeitig entsteht gasförmiger Wasserstoff, der sich an der Kohleelektrode anlagert.

Dieser Vorgang hat zwei Auswirkungen. Zum einen wird durch die Anlagerung von Wasserstoff an der Kohleelektrode gegenüber dem Elektrolyten eine Wasserstoffelektrode. Wasserstoff steht weiter oben in der Spannungsreihe. Die Spannung des Elementes sinkt dadurch ab. Zum anderen ist atomarer Wasserstoff ein schlechter elektrischer Leiter, der Innenwiderstand des Elementes wird deshalb erhöht, und die Spannung sinkt bei Stromentnahme stark ab, d. h. das Element wird unbrauchbar. Der Vorgang der Wasserstoffanlagerung bezeichnet man auch als „Polarisation".

Um die volle Wirksamkeit des galvanischen Elementes zu erhalten, muss man die Bildung von gasförmigem Wasserstoff an der Kohleelektrode verhindern. Dies erfolgt mit einem „Depolarisator", mit dem der freie Wasserstoff gebunden wird. Am häufigsten wird hierzu Mangandioxid MnO_2 (Braunstein) verwendet. Andere Stoffe, die auch als Depolarisator eingesetzt werden, sind Quecksilberoxid HgO oder Luftsauerstoff in Verbindung mit Aktivkohle.

2.3.5   Kohle-Zink-Trockenelemente

Bei den bisher behandelten Elementen war der Elektrolyt in flüssiger Form vorhanden. Für die praktische Anwendung ergeben sich dadurch einige Probleme, z. B. mit der Abdichtung und Beschädigung. Daher wurden bereits sehr früh die Elektrolyten mit anderen Stoffen eingedickt. Hierfür wird meistens Stärkemehlkleister verwendet und der Elektrolyt liegt danach in Form einer Paste vor.

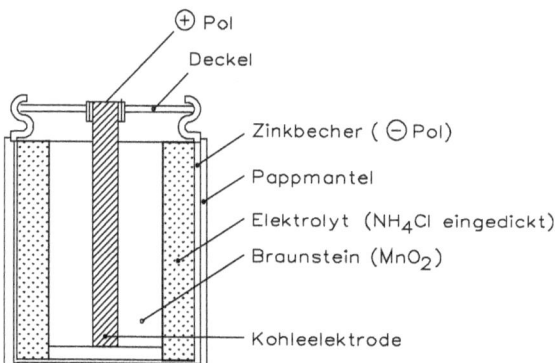

Abb. 2.44: Aufbau eines Kohle-Zink-Trockenelementes (Schnitt durch eine Rundzelle)

Das in der Praxis am häufigsten eingesetzte Trockenelement ist das Kohle-Zink-Element und es wird in verschiedenen Bauformen hergestellt. In der Praxis findet man meistens die „Rundzelle", wie Abb. 2.44 zeigt. Den Minuspol bildet ein Zinkbecher und er beinhaltet als Elektrolyten eine eingedickte Salmiak-Salzlösung und eine zentrisch angeordnete Kohleelektrode. Als Depolarisator ist die Kohleelektrode mit einem Braunstoffmantel umgeben. Der Zinkbecher ist als Schutz gegen Austritt von Elektrolytmasse in der einfachsten Ausführung mit einem Pappmantel umgeben. Aufwendigere Zellen verwenden einen Stahlmantel.

Je nach Stärke der Stromentnahme können eine Reihe verschiedener chemischer Verbindungen auftreten. Wie bekannt, treten an der positiven Elektrode H^+-Ionen auf, die zur Polarisation führen und an dieser Stelle soll nur die Reaktion im Depolarisator behandelt werden. Diese werden wie folgt gebunden:

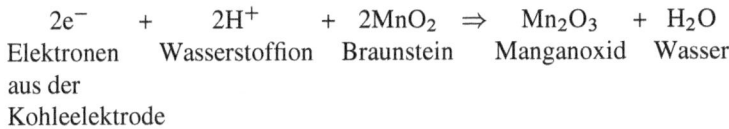

$$2e^- \quad + \quad 2H^+ \quad + \ 2MnO_2 \ \Rightarrow \ Mn_2O_3 \ + \ H_2O$$

Elektronen   Wasserstoffion   Braunstein   Manganoxid   Wasser
aus der
Kohleelektrode

Durch die Depolarisation wird also die Bildung eines Wasserstoffbelages (Polarisation) verhindert. Die Zelle behält ihre volle Spannung.

Bei Belastung geht das Zink des Bechers in Lösung, wodurch die Wandstärke des Bechers verringert oder auch durchlöchert (Billigprodukte) wird. Zur Vermeidung von Schäden durch auslaufende Elektrolytmasse sollen deshalb entladene Batterien immer aus den Geräten entfernt werden.

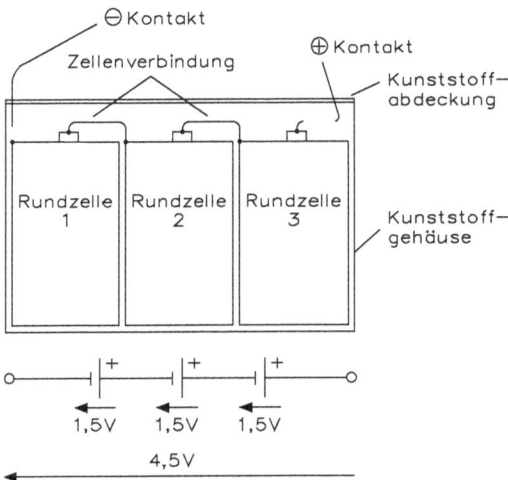

Abb. 2.45: Aufbau und Schaltung von Flachzellen

Benötigt man eine höhere Spannung, schaltet man mehrere Rundzellen hintereinander, d. h. in Reihe. Als Gesamtspannung ergibt sich die Summe der Einzelspannungen:

$$U = U_1 + U_2 + U_3 + \ldots + U_n$$

Als Klemmenspannung steht bei der Flachzelle von Abb. 2.45 ein Wert von $U = 4{,}5\,V$ zur Verfügung. Der lange Kontaktstreifen stellt den Minuspol dar.

Im neuwertigen Zustand misst man eine Spannung von $U = 1{,}5\,V$ pro Kohle-Zink-Element, wenn keine Belastung an den Klemmen vorhanden ist. Mit einem Voltmeter misst man die Leerlaufspannung. Von diesem Spannungswert können geringfügige Abweichungen auftreten, je nachdem, welche Rohstoffzusammensetzung und Bauform vom Hersteller eingesetzt wird.

2.3.6   Alkali-Mangan-Zelle

Die Elektroden einer Alkali-Mangan-Zelle bestehen prinzipiell aus den gleichen Materialien wie bei einer Kohle-Zink-Trockenzelle. Es wird jedoch anstelle des Säureelektrolyten Kalilauge (= Kaliumhydroxid, KOH) verwendet. Im Gegensatz zum Leclanche-Element ist hier die positive Elektrode mit dem Gehäuse verbunden. Die Bauformen und Spannungen entsprechen denen des Braunsteinelementes. Bezüglich der Eigenschaften ist zunächst festzustellen, dass Alkali-Mangan-Zellen gegenüber den Kohle-Zink-Trockenzellen ein größeres Energie-Volumen-Verhältnis aufweisen (höhere Energiedichte, ca. Faktor 2 bis 3). Als weiterer Vorteil ist der kleinere Innenwiderstand und die damit verbundene höhere und auch konstantere Spannung, bei gleicher Belastung, zwischen den Polen zu nennen. Des weiteren sind die längere Lager- bzw. Lebensdauer (ca. zweimal länger) als bei herkömmlichen Kohle-Zink-Trockenbatterien, sowie ein größerer Betriebstemperaturbereich positiv hervorzuheben. So können Alkali-Mangan-Zellen auch bei −40 °C noch eingesetzt werden, während die Entladedauer von Kohle-Zink-Zellen bereits ab 0 °C stark verringert ist. Schließlich ist noch zu erwähnen, dass durch die Verwendung von doppelwandigen Stahlummantelungen sowie Spezialdichtungen die Zellen sehr gut gegen ein Auslaufen von Elektrolytmasse geschützt sind. Als Nachteil gegenüber den Kohle-Zink-Trockenbatterien muss der höhere Preis angegeben werden. Alkali-Mangan-Batterien können überall dort Anwendung finden, wo auch Kohle-Zink-Trockenbatterien eingesetzt werden. Sie eignen sich aber besonders, wenn höhere Ströme, konstantere Spannungen oder ein größerer Temperatureinsatzbereich erforderlich sind. Abschließend ist noch positiv zu erwähnen, dass auch bei diesen Batterietypen umweltfreundlichere Materialien eingesetzt werden. So liegt z. B. der Quecksilbergehalt der Alkali-Mangan-Trockenbatterien weit unter den gesetzlich zugelassenen Grenzwerten.

2.3.7   Quecksilberoxid-Zink-Trockenelement

Quecksilberoxid-Zink-Trockenelemente werden heute üblicherweise in der Bauform von Knopfzellen hergestellt und Abb. 2.46 zeigt den Aufbau.

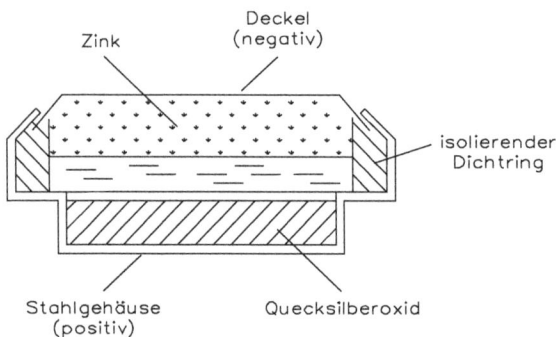

Abb. 2.46: Schematischer Aufbau der Quecksilberoxid-Zink-Knopfzelle

Die negative Elektrode wird durch das, meist in pulverisierter Form vorliegende Zink, gebildet. Die positive Elektrode besteht aus Quecksilberoxid (HgO), wobei diesem etwas Graphit bzw. Kohlepulver beigemengt ist. Dadurch wird die Leitfähigkeit verbessert, d. h. der Innenwiderstand verringert. Als Elektrolyt wird, wie bereits bei der Alkali-Mangan-Zelle, Kalilauge (Kaliumhydroxid) verwendet. Die Leerlaufspannung der Quecksilberoxid-Zink-Zelle beträgt ca. 1,35 V. Die Klemmenspannung liegt bei normalen Betriebsbedingungen etwa bei 1,25 V. Als wichtigste Eigenschaften wären der niedrige Innenwiderstand, eine hohe Spannungskonstanz, eine lange Lebensdauer (wesentlich geringere interne Reaktionen, ca. viermal länger als eine Kohle-Zink-Zelle), eine hohe Energiedichte (ca. dreimal größer als beim Leclanche-Element) und die geringere Temperaturabhängigkeit zu nennen. Diesen Vorteilen steht als wesentlicher Nachteil die potentielle Umweltbelastung durch verbrauchte (entladene) Zellen dar. Bei der Entladung entsteht nämlich umweltschädliches, reines Quecksilber. Quecksilberoxid-Zink-Batterien müssen deshalb besonders sorgfältig entsorgt werden (z. B. in Sonderbehälter von Sammelstellen werfen oder dem Hersteller bzw. Händler zurückgeben, keinesfalls in den täglichen Hausmüll!). Sie sind teurer als Kohle-Zink-Trockenzellen.

Aufgrund der genannten Eigenschaften werden Quecksilberoxid-Zink-Zellen hauptsächlich in elektronischen Kleingeräten wie z. B. in Uhren und im Bereich der Fototechnik eingesetzt.

2.3.8   Silberoxid-Zink-Zelle

Diese Zellen werden ebenfalls in der Bauform als Knopfzellen hergestellt. Ihr Aufbau ähnelt stark demjenigen der Quecksilberoxid-Zink-Zelle. Die Katode besteht aus Silberoxid und die Anode aus Zink, während der Elektrolyt stark alkalisch ist. Ihre Klemmenspannung beträgt 1,5 V und sowohl die Energiedichte als auch die Lebensdauer liegen zwischen den Werten einer Kohle-Zink-Trockenzelle und den Daten einer Alkali-Mangan-Zelle. Silberoxid-Zink-Elemente zeichnen sich durch eine gleichmäßige Entladecharakteristik aus. Sie werden deshalb dort eingesetzt, wo diese Eigenschaften besonders wichtig sind. Dies ist beispielsweise in der Medizintechnik (z. B. Spannungsversorgung für Herzschrittmacher) und Taschenrechnern der Fall.

2.3.9   Lithium-Zelle

Lithium-Zellen werden als Batterien sowohl in Form von Rund- als auch Knopfzellen hergestellt. Es sind z. B. auch gekapselte Knopfzellen für Anwendungen bei Temperaturen bis zu 100 °C erhältlich. Es gibt eine Reihe von verschiedenen Elektrodenkombinationen, wobei immer Lithium als Werkstoff für eine Elektrode dient. So z. B. Mangandioxid-Lithium bei den Knopfzellen oder Lithium-Thionylchlorid (ebenfalls häufig bei Rundzellen. Die verschiedenen Kombinationen führen zu unterschiedlichen Klemmenspannungen der Zelle.

Die unterschiedliche Klemmenspannung beträgt z. B. bei Mangandioxid-Lithium $U_0 = 3\,V$ und bei Lithium-Thionylchlorid $U_0 = 3,6\,V$. Wie man aus der elektrolytischen Spannungsreihe entnehmen kann, ist Lithium das Material mit der betragsmäßig größten Normalspannung, d. h. es besitzt den höchsten chemischen Lösungsdruck und reagiert deshalb sehr intensiv mit Wasser. Aus diesem Grund werden verschiedene organische (nicht wässrige) Elektrolyten verwendet. Abbildung 2.47 zeigt den schematischen Aufbau einer Lithium-Mangandioxid-Knopfzelle. Die positive Elektrode besteht aus Mangandioxid (Braunstein) und die negative Elektrode aus Lithium. Der Separator (dient zur elektrischen Isolation) und der organische Elektrolyt befinden sich zwischen Anode und Katode. Um eine hohe Dichtigkeit der Zelle zu erreichen, wird das Stahlgefäß (Becher und Deckel) durch eine Dichtung mit hohem Kraftschluss verschlossen.

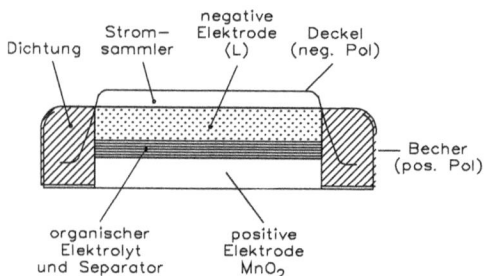

Abb. 2.47: Schematischer Aufbau einer Lithium-Mangandioxid-Knopfzelle

Lithium-Batterien zeichnen sich durch eine sehr geringe Selbstentladung (nach einer Lagerung über ein Jahr bei Raumtemperatur tritt nahezu kein Kapazitätsverlust auf!), d. h. lange Lager- bzw. Lebensdauer (über 10 Jahre!) aus. Aufgrund des nicht wässrigen Elektrolyten ist dessen Leitfähigkeit auch bei tiefen Temperaturen besser als bei den bisher behandelten Zellen. Dies bedeutet, dass Lithium-Batterien bei tieferen Temperaturen eine deutlich höhere Kapazität aufweisen. So liegt z. B. der Einsatztemperaturbereich von Lithium-Mangandioxid-Rundzellen bei $-30\,°C$ bis $+75\,°C$. Als weitere Vorteile wären noch die hohe Energiedichte (bis zum 4-fachen einer Quecksilberoxid-Zink-Zelle) und die allgemein hohe Zuverlässigkeit zu nennen. Als Nachteil ist zu erwähnen, dass Lithium-Zellen wegen der Reaktionsfreudigkeit mit Wasser sehr gut versiegelt werden müssen und außerdem Sicherheitsventile erforderlich sind, um bei Kurzschluss die entstehenden Gase entweichen zu lassen. Anwendung finden Lithium-Batterien aufgrund ihrer hohen Energiedichte z. B. in Videokameras oder Kameras mit Motor und integriertem Blitzgerät. Wegen des weiten Temperatureinsatzbereiches und der hohen Zuverlässigkeit werden sie aber auch in der Weltraumtechnik eingesetzt. Speziell die Lithium-Rundzellen eignen sich infolge ihrer Leistungsstärke, langen Lebensdauer und hohen Zuverlässigkeit für die Verwendung in der modernen Mikroelektronik (z. B. Spannungsversorgung für Computersysteme oder in Taschenrechnern).

2.3.10 Weitere Primärelemente

Neben den bisher etwas ausführlicher besprochenen Zellen gibt es noch eine Reihe weiterer Primärelemente, von denen einige noch kurz erwähnt werden.

In der Praxis kennt man folgende Primärelemente:

- Quecksilberoxid-Zink-Element $U_0 \approx 1{,}35\,V$
- Silber-Zink-Element $U_0 \approx 1{,}57\,V$
- Zink-Chlorid-Element $U_0 \approx 1{,}5\,V$
- Zink-Sauerstoff-Element $U_0 \approx 1{,}45\,V$
- Alkali-Braunstein-Element $U_0 \approx 1{,}4\,V$

Zink-Luft-Elemente verwenden als Anodenmaterial Zink und für die Katode den Luftsauerstoff. Der Platzbedarf für die Elektroden ist damit sehr gering, so dass sich hohe Energiedichten erreichen lassen. Die Zelle ist zunächst luftdicht verpackt (Schutzfolie) und somit inaktiv. Dadurch lassen sich lange Lagerzeiten verwirklichen. Nach dem Entfernen der Schutzfolie stellt die Zelle ihre Spannung von 1,4 V bzw. ihre Kapazität erst nach ca. 15 min zur Verfügung. Die zulässigen Entladeströme sind höher als bei Alkali- oder Quecksilberoxid-Zink-Zellen. Ein wesentlicher Pluspunkt der Zink-Luft-Zelle ist ihre Umweltfreundlichkeit! Des weiteren zeichnet sich diese Zelle durch eine sehr lange Lebensdauer aus. Nachteilig ist, dass das Verhalten der Zelle durch die Luftfeuchtigkeit der Umgebung beeinflusst wird. Dies kann bei extremen Verhältnissen zum völligen Ausfall des Elementes führen. In Form von Knopfzellen werden diese Elemente z. B. in Hörgeräten eingesetzt.

Beim sogenannten Füllelement liegt der Elektrolyt zunächst in pulverisierter Form vor, wobei die Zelle inaktiv ist, d. h. keine Spannung liefert. In diesem Zustand kann somit auch keine Selbstentladung stattfinden, so dass eine praktisch unbegrenzte Lagerzeit möglich ist. Durch Zugabe von destilliertem Wasser wird das Element aktiviert. Füllelemente werden überwiegend für militärische Zwecke eingesetzt.

Die Normalelemente finden in der Messtechnik als Spannungsnormale ihre Anwendung, wobei heute vor allem das international anerkannte Cadmium-Normalelement von Bedeutung ist. Seine Spannung beträgt bei 20 °C exakt 1,01865 V.

2.3.11 Entladekurven unterschiedlicher Primärelemente

Als Gegenüberstellung dient Abb. 2.48 noch für die prinzipiellen Entladekurven verschiedener Primärelemente. Um die Kurven untereinander vergleichen zu können wird pro Zellenvolumen jeweils die gleiche Energie entnommen.

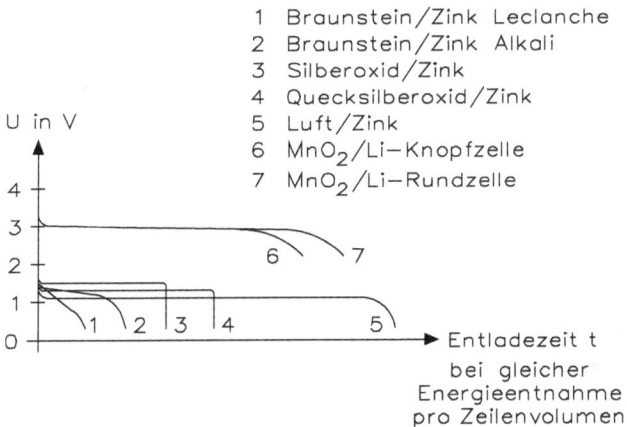

Abb. 2.48: Entladekurven verschiedener Primärelemente

2.4   Sekundäre Elemente

Primärelemente lassen sich durch ihren Aufbau und den chemischen Bedingungen nicht laden und sind daher nur zum einmaligen Gebrauch bestimmt, denn der chemische Prozess lässt sich nicht umkehren. Akkumulatoren sind Sekundärelemente und der chemische Prozess kann umgekehrt werden, d. h. durch Anlegen einer äußeren Spannungsquelle ist eine Aufladung möglich. Beim Entladevorgang wird gespeicherte chemische Energie in elektrische Energie umgesetzt, beim Laden nimmt der Akkumulator elektrische Energie auf und speichert diese in Form chemischer Energie. Daher die Bezeichnung Sekundärelement oder „Sammler".

2.4.1   Bleiakkumulator

Eine der wichtigsten Bauformen von Sekundärelementen ist der Bleiakkumulator, welcher auch als Bleisammler bezeichnet wird und in Form von konventionellen, wartungsfreien Blei-batterien eine breite Anwendung findet. Hierzu gehört der Einsatz als: Spannungsversorgung bzw. Starterbatterien in z. B. Kraftfahrzeugen, Schiffen, Bahnen, Flugzeugen, elektrischen Steuerungen, Notstromversorgungen, Signal-, Überwachungs-, Meldeanlagen usw.

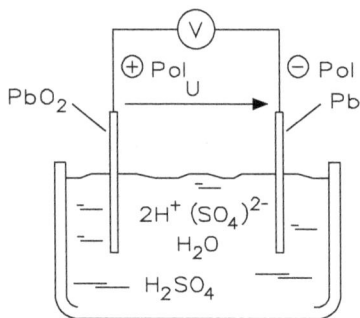

Abb. 2.49: Chemischer Zustand eines geladenen Bleiakkumulators

Wie Abb. 2.49 zeigt, entspricht der prinzipielle Aufbau dem eines galvanischen Elementes. Als Elektrolyt wird verdünnte Schwefelsäure H_2SO_4 eingesetzt. Positive und negative Elektronen bestehen aus einem Bleigitter als tragendes Element. Als Speicher für die elektrische Energie dienen die unterschiedlichen Füllungen der Platten und sie werden deshalb auch als „aktive Masse" bezeichnet. Bei der positiven Platte besteht die Füllung aus Bleioxid PbO_2, bei der negativen Platte aus feinverteiltem Blei Pb (Bleischwamm).

Im Mittel erzeugt eine Zelle eines Bleisammlers eine Spannung von 2 V. Für die praktische Anwendung reicht diese meistens nicht aus. Zur Spannungserhöhung werden wie bei Primärelementen mehrere Elemente in Reihe geschaltet. Soll die Kapazität vergrößert werden, schaltet man die Elemente parallel. Abb. 2.50 zeigt die prinzipielle Anordnung der Platten innerhalb eines Bleiakkumulators.

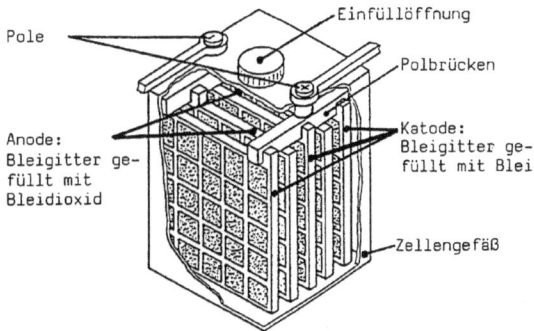

Abb. 2.50: Prinzipielle Anordnung der Platten innerhalb eines Bleiakkumulators

Die erreichbare Kapazität eines Bleiakkumulators ist von der Größe der eingesetzten Platten abhängig. Platten gleicher Polarität werden zur Parallelschaltung mit sogenannten Polbrücken zu Plattenblöcken verbunden. Eine positive Platte liegt immer zwischen zwei negativen.

Als Zellengefäß verwendet man Glas, Kunststoff oder Hartgummi. Zwischen der Unterkante der Platten und dem Gefäßboden befindet sich ein Zwischenraum für die Schlammablagerung. Dieser kann so groß bemessen sein, dass die während der Lebensdauer durch Laden und Entladen auftretende Schlammmenge aufgenommen werden kann. Zwischen den Platten sind Scheider angeordnet, die einen gleichmäßigen Plattenabstand sicherstellen und Kurzschlüsse verhindern. Die Zellengefäße sind mit Isolierstoffdeckeln nach oben abgeschlossen. Durch entsprechende Bohrungen sind die Zellenpole herausgeführt. Eine weitere Bohrung dient der Befüllung mit destilliertem Wasser. Mit den Schraubverbindern werden mehrere Zellen in Reihe geschaltet, z. B. sechs in Reihe geschaltete Zellen ergeben eine Spannung von $U = 12$ V (Autobatterie).

2.4.2 Nickel-Cadmium-Akkumulator

In der Praxis findet man den Nickel-Cadmium-Alkumulator, dessen prinzipieller Aufbau in Abb. 2.51 gezeigt ist. Der Aufbau entspricht im Wesentlichen dem des Bleiakkumulators. Es wurden jedoch für die Elektroden und den Elektrolyten andere Werkstoffe verwendet. Die Ni-Cd-Zelle wird heute auch bei großen Leistungen für ortsgebundene Anlagen eingesetzt. In gasdichter Ausführung als Rundzelle findet sie zahlreiche Anwendungsfälle.

Im entladenen Zustand besteht der positive Pol aus Nickelhydroxid Ni $(OH)_2$ und die negative Platte aus Cadmiumhydroxid Cd $(OH)_2$. Die wichtigsten technischen Daten sind:

- Nennspannung $\approx 1{,}2$ V/Zelle
- Ladeschlussspannung $\approx 1{,}65$ V/Zelle
- Entladeschlussspannung ≈ 1 V/Zelle
- Ladefaktor $\approx 1{,}4$
- Elektrolytdichte (je nach Bauform) $1{,}17 \dots 1{,}28$ kg/dm^3

Im Vergleich zum Bleisammler sind Zellenspannung und Wirkungsgrad also geringer. Die Konzentration des Elektrolyten bleibt aber während des Lade- und Entladevorganges gleich. (OH)-Ionen werden zwischen den Platten über den Elektrolyten ausgetauscht.

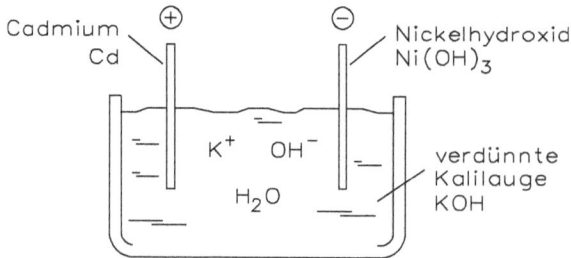

Abb. 2.51: Prinzipieller Aufbau eines Nickel-Cadmium-Akkumulators im geladenen Zustand

2.4.3   Nickel-Eisen-Akkumulator

Der Nickel-Eisen-Akkumulator stimmt in seinem Aufbau mit dem Nickel-Cadmium-Akku-
mulator bis auf die negative Elektrode überein. Diese besteht in diesem Fall aus Eisen.
Abb. 2.52 zeigt den prinzipiellen Aufbau eines Nickel-Eisen-Akkumulators im geladenen
Zustand.

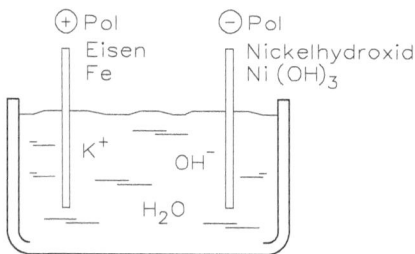

Abb. 2.52: Prinzipieller Aufbau eines Nickel-Eisen-Akkumulators im geladenen Zustand

Beim Laden und Entladen findet auch hier ein (OH)-Ionenaustausch zwischen positivem und
negativem Pol über den Elektrolyten statt. Die Dichte des Elektrolyten verändert sich dabei
nicht. Im entladenen Zustand besteht der negative Pol aus $Fe(OH)_3$ und der positive aus
$Ni(OH)_3$.

Der Vorteil des Stahlsammlers (Nickel-Eisen-Akkumulator) liegt in seiner Unempfindlichkeit
gegen mechanische Beanspruchung, in seiner geringeren Empfindlichkeit gegen tiefe Temperaturen und Tiefentladungen. Die Selbstentladung ist äußerst gering. Die technischen Daten
des Stahlsammlers entsprechen in etwa dem eines Ni-Cd-Sammlers.

2.5   Kenngrößen und Schaltungen von Spannungsquellen

In den vorherigen Teilkapiteln wurden die Kenngrößen (z. B. Innenwiderstand und Leerlaufspannung), speziell von Primär- und Sekundärelementen, sowie die Reihen- und Parallelschaltung bereits erwähnt. In diesem Kapitel erfolgt nun eine allgemeinere Betrachtung unter
Einbeziehung der mathematischen Hintergründe. Zur Einführung zeigt Abb. 2.53a das übliche

Schaltzeichen einer Batterie. In Abb. 2.53b ist das Schaltsymbol einer Gleichspannungsquelle zu sehen. In beiden Fällen ist die Quellenspannung mit U_q bezeichnet.

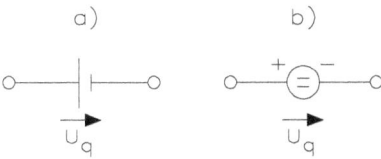

Abb. 2.53: Schaltsymbole für a) Batterie und b) Gleichspannungsquelle allgemein

Die folgenden Überlegungen beziehen sich generell auf Gleichspannungsquellen, so dass im weiteren Verlauf das allgemeine Schaltzeichen nach Abb. 2.53 verwendet wird. Im Übrigen wird auch kurz von Spannungsquellen gesprochen, wobei immer Gleichspannungsquellen gemeint sind.

2.5.1 Spannungsquellen bei unterschiedlicher Belastung

Zur Untersuchung des Verhaltens von Spannungsquellen sind die beiden Grenzfälle der Belastung von Interesse, welche in Abb. 2.54 dargestellt sind.

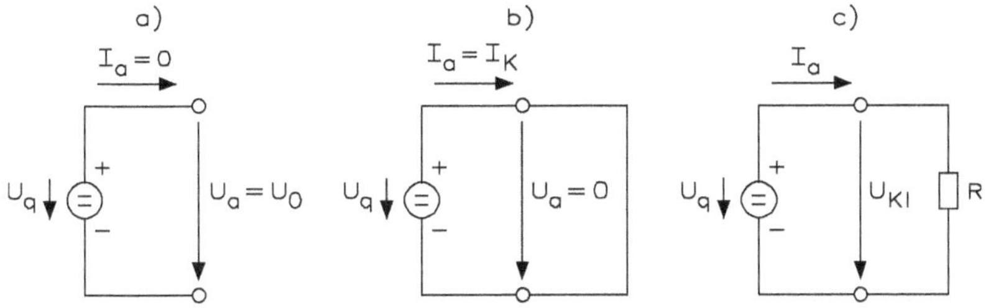

Abb. 2.54: Unterschiedliche Belastungsfälle für a) Leerlauf, b) Kurzschluss und c) Widerstandsbelastung

Man sieht in Abb. 2.54a, dass an den Klemmen der Spannungsquelle kein Widerstand angeschlossen und somit keine leitende Verbindung vorhanden ist. Der Widerstand R zwischen den beiden Anschlüssen ist unendlich (∞) groß und der Ausgangsstrom I_a wird dadurch Null. Allgemein bezeichnet man diesen Belastungszustand als Leerlauf. Die Spannungsquelle liefert dabei an den Klemmen die Ausgangsspannung U_a, welche auch als Leerlaufspannung U_0 bezeichnet wird, und gleich der Quellenspanung U_q ist. Formal ergibt sich:

$$R = \infty, \qquad I_a = 0 \qquad \text{und} \qquad U_a = U_q = U_0$$

Die Klemmen der Spannungsquelle in Abb. 2.54b sind widerstandslos miteinander verbunden. Der Widerstand R ist also, im Idealfall (Vernachlässigung der Leitungswiderstände!) Null und damit wäre auch die Ausgangsspannung zwischen den Anschlüssen Null. Allgemein bezeichnet man diesen Belastungszustand als Kurzschluss. Es fließt dabei der Kurzschlussstrom, welcher mit I_K abgekürzt wird. Es gilt formal:

$$R = 0, \qquad U_a = 0 \qquad \text{und} \qquad I_a = I_K$$

Schließt man an eine Spannungsquelle einen Widerstand R ungleich Null bzw. ungleich unendlich nach Abb. 2.54c an, so ergibt sich eine zwischen den beiden Grenzfällen liegende Belastung. Hierbei lässt sich durch Messungen zeigen, dass die Ausgangsspannung U_a, welche für diesen Belastungsfall auch als Klemmenspannung U_{Kl} bezeichnet wird, stets kleiner als die Leerlaufspannung U_0 bzw. die Quellenspannung U_q ist.

Die unterschiedlichen Belastungsarten einer Spannungsquelle sind der Leerlaufbetrieb, der Kurzschlussfall und die Belastung mit einem Widerstand ungleich Null bzw. ungleich unendlich.

2.5.2   Ersatzschaltung und Kenngrößen von Spannungsquellen

Die bisher festgestellten Eigenschaften werden im Folgenden in Form von Gleichungen und einem allgemein gültigen Ersatzschaltbild dargestellt. Dabei ist nur die Behandlung linearer Spannungsquellen vorgesehen.

Lineare Spannungsquellen enthalten einen linearen Innenwiderstand R_i. Die Quellenspannung U_q ist außerdem unabhängig vom Strom I.

Für die folgenden Überlegungen ist nochmals der Kurzschlussfall nach Abb. 2.54 zu betrachten. Theoretisch liefert bei Spannungsquellen nach dem Ohmschen Gesetz (R = U/I ⇒ I = U/R) für $R_i = 0$ und $U_a \neq 0$ einen unendlich hohen Strom I_K. Durch Messungen lässt sich jedoch zeigen, dass die Spannung U_{Kl} zwischen den Klemmen ungleich Null und I_K kleiner als unendlich ist. Der Strom I_K muss also im Inneren der Spannungsquelle begrenzt werden, da die Anschlussklemmen widerstandslos (im Idealfall) miteinander verbunden sind. Diese Strombegrenzung stellt einen Widerstand dar, welcher als Innenwiderstand R_i der Spannungsquelle bezeichnet wird und deren Verluste symbolisiert. Aufgrund dieses Innenwiderstandes ist die Klemmenspannung U_{Kl} bei Abschluss mit einem Widerstand R nach Abb. 2.54c kleiner als die Leerlaufspannung U_0 bzw. kleiner als die Quellenspannung U_q. Zwischen U_0 und U_{Kl} besteht ein Spannungsunterschied, welcher am Innenwiderstand abfällt und mit U_i bezeichnet wird.

Als Ersatzschaltung für die Spannungsquelle in Abb. 2.54 kann also die als verlustlos angenommene Spannungsquelle U_q mit dem in Reihe liegenden Innenwiderstand R_i angegeben werden. Damit erhält man für die Belastungsfälle aus Abb. 2.54 die Darstellungen von Abb. 2.55.

Die Ersatzschaltung einer linearen Spannungsquelle besteht aus einer verlustlos angenommenen Spannungsquelle mit der Spannungsquelle U_q und dem in Reihe liegenden Innenwiderstand R_i.

Die verlustfreie Spannungsquelle bezeichnet man auch als ideale Spannungsquelle. Ihr Innenwiderstand R_i wird als vernachlässigbar bzw. Null angenommen. Die Ausgangsspannung U_a derartiger Spannungsquellen ist stets so groß wie die Quellenspannung U_q und der Strom I_a ist nur noch vom Belastungswiderstand R abhängig. Ideale Spannungsquellen können in der Praxis nur näherungsweise realisiert werden. Man bezeichnet diese dann Konstantspannungs-

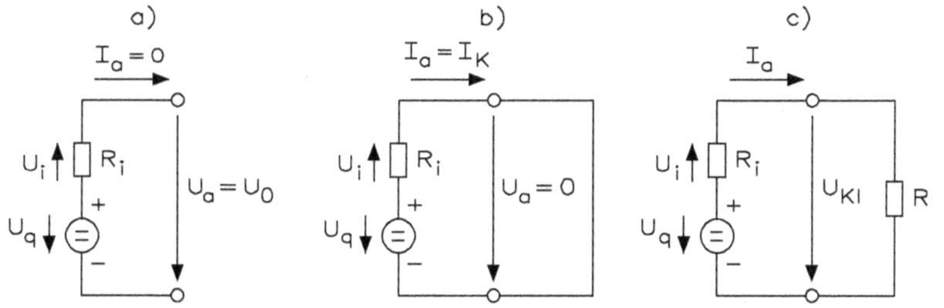

Abb. 2.55: Ersatzschaltbilder einer linearen Spannungsquelle bei unterschiedlichen Belastungen für a) Leerlauf, b) Kurzschluss und c) Widerstandsbelastung

quellen, weil die Klemmenspannung U_{Kl} bei Belastung bis zu einem gewissen Grenzstrom I_G konstant ist.

Mit den bisherigen Erkenntnissen, dem Ohmschen Gesetz und dem Gesamtwiderstand $R_{ges} = R_i + R$ (bei der Reihenschaltung zweier Widerstände ist der Gesamtwiderstand gleich der Summe der beiden Einzelwiderstände!) erhält man für den Belastungsfall gemäß Abb. 2.54c:

$$U_{Kl} = U_a = U_q - U_i = U_q - I_a \cdot R_i = I_a \cdot R$$

$$I_a = \frac{U_q}{R_i + R} = \frac{U_q}{R_{ges}} = \frac{U_a}{R} = \frac{U_i}{R_i}$$

$$\frac{U_a}{U_q} = \frac{R}{R + R_i} = \frac{R}{R_{ges}}$$

Aus der letzten Gleichung ergibt sich, weil sich bekanntlich die Spannungen bei der Reihenschaltung von Widerständen so wie die dazugehörigen Widerstände verhalten. Aus dieser Beziehung ist im Übrigen auch erkennbar, dass bei Spannungsquellen generell ein möglichst niedriger Innenwiderstand erwünscht ist. Je kleiner nämlich R_i gegenüber R ist, desto größer wird die Ausgangsspannung.

Im Falle $R = 0$ (Kurzschlussbetrieb) kann für den Kurzschlussstrom I_K und dem Innenwiderstand R_i angegeben werden:

$$I_K = \frac{U_q}{R_i} \qquad \text{bzw.} \qquad R_i = \frac{U_q}{I_K}$$

Für die Spannungen gilt in diesem Fall:

$$U_q = U_1 \qquad \text{bzw.} \qquad U_{Kl} = U_a = 0$$

Im Leerlaufbetrieb, d. h. $R = \infty$ erhält man aus den einzelnen Gleichungen:

$$U_{Kl} = U_a = U_q \qquad \text{bzw.} \qquad I_a = 0$$

Abb. 2.55 zeigt das Ersatzschaltbild und die Gleichungen für das reale Verhalten von linearen Spannungsquellen.

Beispiel: Eine Spannungsquelle mit $U_q = 12\,\text{V}$ und $R_i = 1\,\text{k}\Omega$. Der Abschlusswiderstand R beträgt $2\,\text{k}\Omega$. Es sind die Klemmenspannung U_{Kl} ($\hat{=}$ Ausgangsspannung U_a) und der Strom I_a zu bestimmen.

Für den Strom I_a gilt:

$$I_a = \frac{U_q}{R_i + R} = \frac{12\,V}{1\,k\Omega + 2\,k\Omega} = 4\,mA$$

Die Klemmenspannung errechnet sich aus

$$U_{Kl} = U_a = U_q - I_a \cdot R_i = 12\,V - (4\,mA \cdot 1\,k\Omega) = 12\,V - 4\,V = 8\,V \qquad \square$$

2.5.3   Kennlinien linearer Spannungsquellen

Das Verhalten von Spannungsquellen kann als sogenannte Quellenkennlinie auch grafisch in einem Koordinatensystem dargestellt werden. Aufgetragen wird meist der Ausgangsstrom I_a (Y-Achse) als Funktion der Spannung U_a (X-Achse), also $I_a = f(U_a)$, und man spricht dann von einem Strom-Spannungs-Diagramm. Wie hier mathematisch nicht weiter gezeigt wird, ergibt sich bei linearen Spannungsquellen eine fallende Gerade als Quellenkennlinie. Betrachtet man sich die beiden Grenzfälle der Belastung und die vorhin gezeigten Gleichungen, so erhält man bereits zwei Punkte der Geraden. Bei Kurzschlussbetrieb ist dies der Punkt (0; I_K) und im Leerlauf ist es der Punkt (U_q; 0). Die Quellenkennlinie ist damit eindeutig festgelegt und prinzipiell in Abb. 2.56a dargestellt.

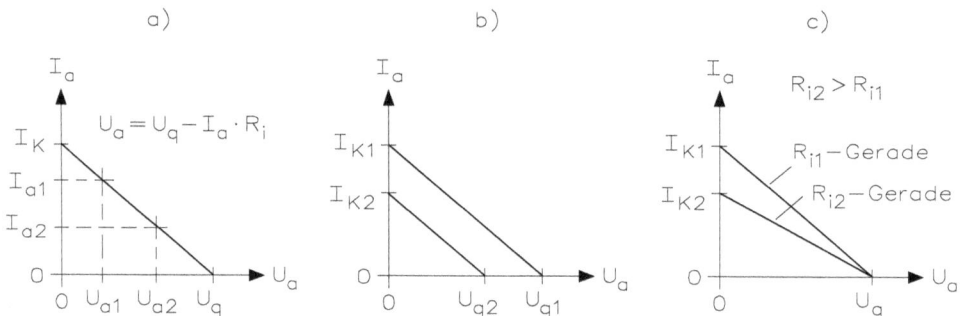

Abb. 2.56: Strom-Spannungs-Diagramm für a) Quellenkennlinie einer linearen Spannungsquelle, b) zweier Spannungsquellen mit verschiedenem U_q und gleichem R_i sowie c) verschiedenen R_i und gleichem U_q

Die Quellenkennlinie einer linearen Spannungsquelle ist eine fallende Gerade im Strom-Spannungs-Diagramm.

Abbildung 2.56b zeigt die Quellenkennlinien von linearen Spannungsquellen mit gleich großem Innenwiderstand R_i und unterschiedlicher Quellenspannung U_q. Da der Innenwiderstand konstant ist, muss der Kurzschlussstrom im gleichen Verhältnis zunehmen wie die Quellenspannung (wegen $R_i = U_q/I_K$). Die Kennlinien linearer Spannungsquellen mit gleicher Quellenspannung und unterschiedlichen Innenwiderständen unterscheiden sich durch ihre Steigungen. Abbildung 2.56c veranschaulicht dies. Ebenfalls wegen der Gleichung ergibt sich für den größeren Innenwiderstand bei konstanter Quellenspannung der kleinere Kurzschlussstrom und somit die geringere Steigung.

Die Kenngrößen U_q und R_i können durch Messung der Leerlaufspannung $U_0 = U_q$ und des Kurzschlussstromes I_K ermittelt werden. Vor allem die Messung bei Kurzschluss kann sich jedoch als problematisch erweisen, wenn die Quellenverluste zu hoch werden. Man kann bei gegebener Quellenkennlinie den Kehrwert des Innenwiderstandes als Steigung der Geraden auffassen und diesen aus Abb. 2.56a ermitteln zu:

$$\frac{1}{R_i} = \frac{\Delta I_a}{\Delta U_a} = \frac{I_{a1} - I_{a2}}{U_{a2} - U_{a1}}$$

ΔU_a ist die Spannungsänderung und ΔI_a die entsprechende Stromänderung. Der Quotient $\Delta I_a / \Delta U_a$ entspricht der Steigung der Geraden, wobei die Spannungsdifferenz mit $U_{a2} - U_{a1}$ eingesetzt wird um negative Werte zu vermeiden.

Beispiel: An einer Spannungsquelle wird eine Strom-Spannungs-Messung bei Leerlauf sowie den Spannungswerten 4,5 V, 4 V, 3,5 V und 3 V durchgeführt. Es ergaben sich die im Diagramm von Abb. 2.57 durch eine Gerade angenäherten Messpunkte. Die Leerlaufspannung $U_0 = U_q$ ist beispielsweise 4,8 V. Es ist der Innenwiderstand R_i und der Kurzschlussstrom I_K zu ermitteln. Abbildung 2.57 zeigt das Diagramm.

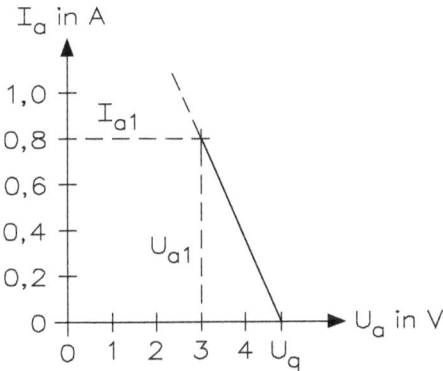

Abb. 2.57: Quellenkennlinie einer linearen Spannungsquelle

Der Innenwiderstand kann berechnet werden und hierzu benötigt man ein zweites Wertepaar U_{q1} und I_{a1}. Es wird $U_{q1} = 3$ V gewählt und der dazugehörige Strom zu $I_{a1} = 0,8$ A abgelesen. Mit $U_q = U_{a2}$ und $I_{a2} = 0$ A erhält man dann:

$\Delta U_q = U_{q2} - U_{q1} = 4,8$ V - 3 V = 1,8 V und $\Delta I_a = I_{a1} - I_{a2} = 0,8$ A – 0 A = 0,8 A. Somit ergibt sich für R_i:

$$\frac{1}{R_i} = \frac{\Delta I_a}{\Delta U_q} \Rightarrow R_i = \frac{\Delta U_q}{\Delta I_a} = \frac{1,8\,\text{V}}{0,8\,\text{A}} = 2,25\,\Omega$$

Der Kurzschlussstrom I_K berechnet sich aus:

$$I_K = \frac{U_q}{R_i} = \frac{4,8\,\text{V}}{2,25\,\Omega} \approx 2,13\,\text{A}$$

In der Praxis zeigen die meisten Spannungsquellen nur annähernd lineares Verhalten (z. B. Batterien), können aber als lineare Quellen betrachtet und mathematisch behandelt werden. □

2.5.4   Reihenschaltung von Spannungsquellen

Es wurden bereits die Reihen- und Parallelschaltung von Primär- bzw. Sekundärzellen behandelt. In dem folgenden Abschnitt werden beide Schaltungen in der für Spannungsquellen allgemein gültigen Form erklärt. Abbildung 2.58 zeigt die beiden Möglichkeiten einer Reihenschaltung von Spannungsquellen.

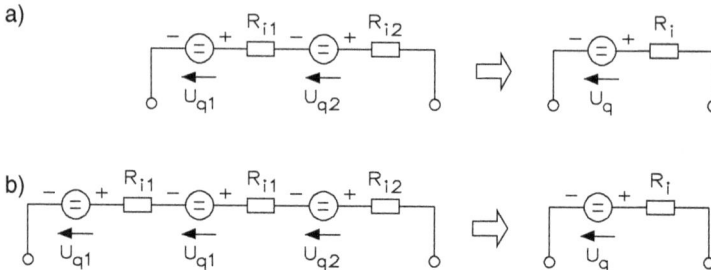

Abb. 2.58: Reihenschaltung von Gleichspannungsquellen mit a) Summenschaltung und b) Gegenschaltung (Kompensationsschaltung)

Bei der sogenannten Summenschaltung liegen n (zwei oder auch mehrere) Spannungsquellen gleichgerichtet in Reihe.

Abbildung 2.58 verdeutlicht dies für zwei Spannungsquellen. Man beachte, dass die Richtung von U_q den Richtungen von U_{q1} und U_{q2} entspricht. Für die Kenngrößen U_{q1} und R_i der zusammengefassten Spannungsquelle U_q gelten folgende allgemeine Beziehungen:

$$U_q = U_{q1} + U_{q2} + U_{q3} + \ldots + U_{qn}$$
$$R_i = R_{i1} + R_{i2} + R_{i3} + \ldots + R_{in}$$

Die Spannungen und Widerstände werden demnach bei der Summenschaltung einfach addiert. Speziell für Abb. 2.58a ergibt sich also:

$$U_q = U_{q1} + U_{q2} \qquad \text{und} \qquad R_i = R_{i1} + R_{i2}$$

Bei einer Summenschaltung von n gleichen Spannungsquellen ergibt sich mit der jeweiligen Quellenspannung U'_q dem jeweiligen Innenwiderstand R'_1 und der jeweiligen Kapazität K' einer Spannungsquelle:

$$U_q = n \cdot U'_q \cdot R_i = n \cdot R'_i \cdot K = K'$$

Bei der Gegenschaltung (auch Kompensationsschaltung bezeichnet) sind die Quellenspannungen von mindestens zwei der n in Reihe angeordneten Spannungsquellen entgegengesetzt gerichtet.

Abbildung 2.58b zeigt dies für drei Spannungsquellen. Zur Bestimmung der Quellenspannung U_q der zusammengefassten Spannungsquelle addiert man alle jeweils gleichgerichteten Spannungen auf und bildet dann die Differenz der beiden Summen. Die Zählpfeilrichtung für U_q entspricht der Richtung der größeren Spannungssumme. Aus diesem Grund ist in Abb. 2.58b keine Richtung der Spannung U eingetragen. Der Innenwiderstand R_1 ergibt sich wieder durch einfache Addition.

Beispiel: Zwei Rundzellen werden in Reihe geschaltet (z. B. Taschenlampe). Eine der Batterien (Index 1) ist bereits etwas älter, während die andere Batterie neu ist. Die gegebenen technischen Daten lauten: $U_{i1} = 1{,}30\,V$, $R_{i1} = 150\,m\Omega$, $U_{i2} = 1{,}50\,V$ und $R_{i2} = 90\,m\Omega$.

a) Wie groß ist die Quellenspannung U_q und der Innenwiderstand R_q der zusammengefassten Spannungsquelle?

$$U_q = U_{q1} + U_{q2} = 1{,}30\,V + 1{,}50\,V = 2{,}80\,V.$$

$$R_q = R_{q1} + R_{q2} = 150\,m\Omega + 90\,m\Omega = 240\,m\Omega$$

b) Welche Werte für U_q, R_i und K ergeben sich, wenn zwei gleiche Batterien mit jeweils $U'_q = 1{,}50\,V$, $R'_q = 90\,m\Omega$ sowie der Kapazität $K' = 3{,}1$ Ah eingesetzt werden?

Man erhält bei gleichen Batterien:

$$U_q = n \cdot U'_q = 2 \cdot 1{,}50\,V = 3\,V;$$

$$R_i = n \cdot R_q = 2 \cdot 90\,m\Omega = 180\,m\Omega$$

und

$$K = K' = 3{,}1\,Ah. \qquad \qquad \square$$

Beispiel: Für die Schaltung gelten die Werte: $U_{q1} = 10\,V$, $R_{q1} = 50\,m\Omega$, $U_{q2} = 60\,V$, $R_{i2} = 100\,m\Omega$, $U_{q3} = 100\,V$ und $R_{i3} = 20\,m\Omega$. Es sind die Kenngrößen U_q und R_i der zusammengefassten Spannungsquelle angegeben.

Die Quellenspannungen U_{q1} und U_{q2} sind gleichgerichtet und werden addiert:

$$U_{q1} + U_{q2} = 10\,V + 60\,V = 70\,V.$$

Davon wird die Summe der entgegengesetzt gerichteten Spannungsquellen (nur U_{q3}) abgezogen, also $70\,V - 100\,V = -30\,V$. Die Richtung der Spannung U_q entspricht Richtung der Spannung U_{q3} und ihr Wert beträgt $+30\,V$, d. h. bildet man die Differenz $U_{q3} - (U_{q1} + U_{q2})$, so erhält man gleich das Ergebnis $+30\,V$. Der Innenwiderstand R_i wird berechnet:

$$R_i = R_{i1} + R_{i2} + R_{i3} = 50\,m\Omega + 100\,m\Omega + 20\,m\Omega = 170\,m\Omega \qquad \square$$

2.5.5 Parallelschaltung von Spannungsquellen

Bei einer Parallelschaltung werden die jeweils gleichnamigen Pole miteinander verbunden. Dabei ist zu beachten, dass eine einfache mathematische Behandlung nur bei Spannungsquellen mit jeweils gleicher Spannung und gleicher Kapazität möglich ist.

Bei der Parallelschaltung von Spannungsquellen kann eine einfache Zusammenfassung nur erfolgen, wenn es sich um Quellen gleicher Spannung und Kapazität handelt. Abb. 2.59 zeigt eine Parallelschaltung für drei gleiche Quellen.

Allgemein gilt für die Quellenspannung U_q, dem Innenwiderstand R_i und die Kapazität K der zusammengefassten Spannungsquelle einer Parallelschaltung mit n identischen Spannungsquellen:

$$U_q = U'_q \qquad R_i = \frac{R'_i}{n} \qquad K = n \cdot K'$$

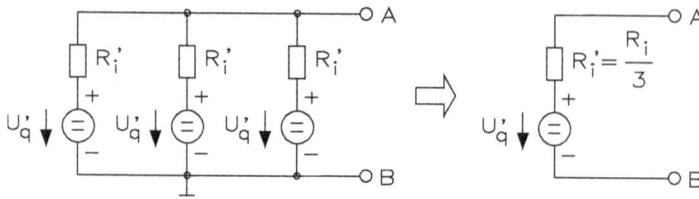

Abb. 2.59: Parallelschaltung dreier identischer Gleichspannungsquellen

Hierin sind:

U_q': jeweilige Quellenspannung der einzelnen Spannungsquellen

R_i': jeweiliger Innenwiderstand der einzelnen Spannungsquellen

K': jeweilige Kapazität der einzelnen Spannungsquellen

Es sei nochmals ausdrücklich erwähnt, dass diese Gleichung nur für die Parallelschaltung von identischen Spannungsquellen gilt. Werden nämlich ungleiche Spannungsquellen parallel geschaltet, so fließen unerwünschte Ausgleichsströme zwischen den einzelnen Spannungsquellen und es ergibt sich eine andere Strom- bzw. Spannungsaufteilung.

Beispiel: Für eine Parallelschaltung gelten für die Werte der einzelnen Spannungsquellen jeweils: $U_q' = 12\,\text{V}$, $R_i' = 150\,\text{m}\Omega$ und $K' = 5{,}7\,\text{Ah}$. Es sind die Kenngrößen U_q, R_i und K der zusammengefassten Spannungsquelle zu berechnen.

Nach Gleichung wird:

$$U_q = U_q' = 12\,\text{V},$$

$$R_i = R_n'/n = R_i'/3 = 150\,\text{m}\Omega/3 = 50\,\text{m}\Omega$$

und

$$K = n \cdot K' = 3 \cdot 5{,}7\,\text{Ah} = 17{,}1\,\text{Ah} \qquad \square$$

2.5.6   Stromquellen

Wie bereits für Spannungsquellen, so lassen sich auch für reale, lineare Stromquellen Kenngrößen, und damit ein Ersatzschaltbild angeben: Eine lineare, reale Stromquelle ist allgemein durch den Quellenstrom I_q und den Innenleitwert G_q (Einheit S für Siemens) bestimmt. Mit diesen Kenngrößen ergibt sich das Ersatzschaltbild mit dem neuen Schaltsymbol gemäß Abb. 2.60 für die verschiedenen Belastungsfälle. Man beachte, dass der Quellenstrompfeil von Minus nach Plus gerichtet ist!

Bei Leerlauf nach Abb. 2.60a fließt der Strom: $I_I = I_q$ und es stellt sich die Leerlaufausgangsspannung:

$$U_{aL} = I_I \cdot R_i = I_I/G_i$$

ein.

Im Kurzschlussbetrieb gemäß Abb. 2.60b ist der Innenleitwert unwirksam, d. h. $I_I = 0$ und es fließt der Kurzschlussstrom:

$$I_a = I_K = I_q.$$

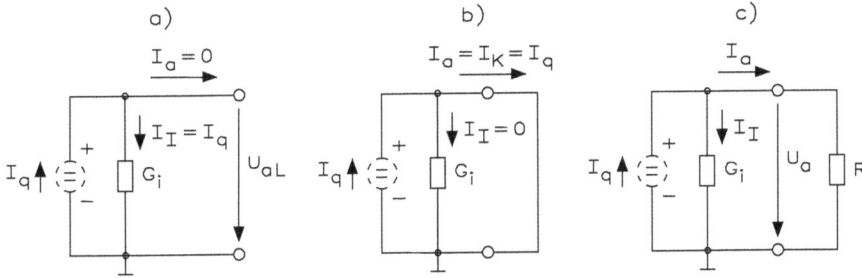

Abb. 2.60: Ersatzschaltbilder Belastungen für a) Leerlauf, b) Kurzschluss und c) Widerstand in Spannungsquelle

Bei Belastung mit einem endlichen Widerstand nach Abb. 2.60c gilt für den Ausgangsstrom:

$$I_a = I_q - I_I = I_q - U_a/R_i = I_q - U_a \cdot G_i.$$

Aus dieser Beziehung ist leicht ersichtlich, dass bei Stromquellen der Innenwiderstand möglichst groß bzw. der Innenwiderstand möglichst klein sein soll. Je größer nämlich R_i, desto höher ist I_a! Der formale Zusammenhang der Kenngrößen der Stromquelle lautet:

$$I_q = U_a \cdot G_i = \frac{U_a}{R_i}$$

Stromquellen können wie die Spannungsquellen in Reihe und parallel geschaltet werden. Eine Behandlung dieser Thematik ist jedoch nicht Gegenstand dieses Fachbuches.

2.5.7 Quellenumwandlungen

Wie hier mathematisch nicht weiter ausgeführt wird, lassen sich Spannungs- und Stromquellen gemäß Abb. 2.61 jeweils gleichwertig ineinander überführen. Man beachte dabei, dass die Richtung der Quellenstrompfeile (von Minus nach Plus) entgegengesetzt zur Richtung der Quellenspannungspfeile (von Plus nach Minus) ist!

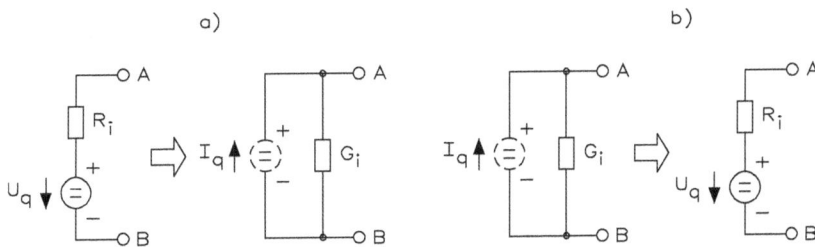

Abb. 2.61: Umwandlung realer, linearer Quellen von a) Spannungsquelle in Stromquelle und b) Stromquelle in Spannungsquelle

Für die in Abb. 2.61a dargestellte Umwandlung erhält man die Kenngrößen der gleichwertigen Stromquelle aus den Kenngrößen der Spannungsquelle zu:

$$G_i = \frac{1}{R_i} \quad \text{und} \quad I_q = \frac{U_q}{R_i} = U_q \cdot G_i$$

Für die in Abb. 2.61b dargestellte Umwandlung ergeben sich die Kenngrößen der Spannungsquelle aus den Kenngrößen der Stromquelle zu:

$$R_i = \frac{1}{G_i} \qquad \text{und} \qquad U_q = \frac{I_q}{G_i} = I_q \cdot R_i$$

Beispiel: Eine Stromquelle mit den Daten $I_q = 500\,A$ und $G_i = 50\,S$ ist in eine gleichwertige
Spannungsquelle umzuwandeln.

$$R_i = 1/G_i = 1/50\,S = 20\,m\Omega$$

und

$$U_q = I_q \cdot R_i = 500\,A \cdot 20\,m\Omega = 10\,V.$$

Bei der Umwandlung von Strom- in Spannungsquellen und umgekehrt ist zu beachten:
Quellenumwandlungen können nur mit realen Quellen, d. h. mit Spannungsquellen deren
Innenwiderstand ungleich Null ist bzw. mit Stromquellen deren Innenleitwert ungleich unendlich ist, durchgeführt werden. Wurden in einer Schaltung Quellen vereinfachend als ideal
angenommen, so können diese also nicht umgewandelt werden!

Die unterschiedlichen Belastungsfälle sind ein Mittel zur Untersuchung des elektrischen
Verhaltens von Spannungsquellen. Aufgrund der Ergebnisse dieser Betrachtungen kann als
Ersatzschaltung von realen, linearen Quellen die Reihenschaltung einer idealen Quelle mit der
Quellenspannung U_q und dem Innenwiderstand R_K angegeben werden. Der Kurzschlussstrom
I_K kann aus den eben genannten Größen berechnet werden. Bei linearen Quellen ist die Quellenspannung unabhängig vom Strom und außerdem der Innenwiderstand linear. Im Strom-
Spannungs-Diagramm ergibt sich deshalb eine fallende Gerade als Quellenkennlinie. Bei den
Schaltungen von Spannungsquellen unterscheidet man zwischen der Reihenschaltung, welche
sich ihrerseits in die Gegenschaltung und die Summenschaltung aufteilt, und der Parallelschaltung. Eine reale, lineare Stromquelle ist durch den Quellenstrom I_q und Innenleitwert G_q
bestimmt. Reale Spannungs- und Stromquellen können gleichwertig ineinander übergeführt
werden.   □

3 Widerstände

Die Leitfähigkeit eines elektrischen Leiters wird von der Anzahl der freien Elektronen und deren Beweglichkeit bestimmt. Man hat daher den spezifischen Widerstand ρ (rho), die Leitfähigkeit γ (gamma) und den Temperaturbeiwert α (alpha). Der spezifische Widerstand gibt an, wie groß der Widerstand eines Leiters der Länge von 1 m bei dem Querschnitt von 1 mm² und einer Umgebungstemperatur von 20 °C hat. Tabelle 3.1 zeigt die Werte der einzelnen Werkstoffe an.

Tab. 3.1: Spezifischer Widerstand ρ, Leitfähigkeit γ und Temperaturbeiwert α bei 20 °C. Die Angabe „WM" definiert ein Widerstandsmaterial. Neusilber hat die Bezeichnung „WM 30", d.h. der spezifische Widerstand beträgt 0,30 Ω·mm²/m.

Stoff	ρ in $\frac{\Omega \cdot mm^2}{m}$	γ in $\frac{m}{\Omega \cdot mm^2}$	α in $\frac{1}{K}$
a) Metalle			
Aluminium	0,0278	36	0,00403
Blei	0,2066	4,84	0,0039
Eisendraht	0,15...0,1	6,7...10	0,0065
Gold	0,023	43,5	0,0037
Kupfer	0,01724	58	0,00393
Nickel	0,069	14,5	0,006
Platin	0,107	9,35	0,0031
Quecksilber	0,962	1,04	0,0009
Silber	0,0164	61	0,0038
Tantal	0,135	7,4	0,0033
Wolfram	0,055	18,2	0,0044
Zink	0,061	16,5	0,0039
Zinn	0,12	8,3	0,0045
b) Legierungen			
Konstantan (WM 50)	0,5	2	$\pm$ 0,00001
Manganin (WM 40)	0,4	2,32	0,00001
Messing	0,063	15,9	0,0016
Neusilber (WM 30)	0,3	3,33	0,00035
Nickelin (WM 43)	0,43	2,32	0,00023
Stahldraht (WM 13)	0,13	7,7	0,0048
Wood-Metall	0,54	1,85	0,0024
c) Sonstige Leiter			
Graphit	22	0,046	$-$ 0,0013
Homogene Kohle	65	0,015	$-$ 0,0003
Retortengraphit	70	0,014	$-$ 0,0004
d) Schichtwiderstände			
Kohleschicht bis 10 kΩ			$-$ 0,0003
Kohleschicht bis 10 MΩ			$-$ 0,002
Metallschicht			$\pm$ 0,00005
Metalloxidschicht			$\pm$ 0,0003

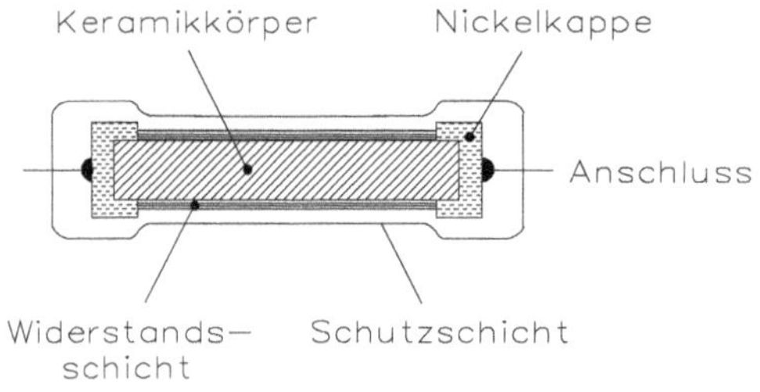

Abb. 3.1: Bauform eines Schichtwiderstandes

Abbildung 3.1 zeigt die Bauform eines Schichtwiderstandes. Der Widerstand eines Leiters berechnet sich aus

$$R_l = \frac{\rho \cdot l}{A} \qquad R_l = \frac{l}{\gamma \cdot A}$$

Beispiel: Ein Widerstand aus Konstantan hat eine Länge von $l = 1{,}5$ m und einen Durchmesser von $d = 0{,}5$ mm. Welchen Wert hat der Widerstand R_l?

$$A = \frac{d^2 \cdot \pi}{4} = \frac{(0{,}5\,\text{mm})^2 \cdot 3{,}14}{4} = 0{,}2\,\text{mm}^2$$

$$R_l = \frac{\rho \cdot l}{A} = \frac{0{,}5 \cdot 1{,}5\,\text{m}}{0{,}2\,\text{mm}^2} = 18{,}75\,\Omega$$

Mittels des Temperaturbeiwerts α kann man die Widerstandsänderung ΔR und den Warmwiderstand R_W für einen Leiter oder für einen Widerstand berechnen mit

$$\Delta R = \alpha \cdot R_K \cdot \Delta\vartheta \quad R_W = R_K(1 + \alpha \cdot \Delta\vartheta)$$

Die Widerstandsänderung ΔR ist eine Multiplikation des Temperaturbeiwerts α mit dem Kaltwiderstand R_K und der Temperaturänderung $\Delta\vartheta$. Der Warmwiderstand R_W stellt ebenfalls eine Multiplikation dar. □

Beispiel: Ein Widerstand hat bei $20\,°C$ einen Wert von $1{,}5$ kΩ und einen Temperaturkoeffizienten von $\alpha = 0{,}0035$ K^{-1}. Welcher Wert ergibt sich bei $70\,°C$?

$$R_W = R_K(1 + \alpha \cdot \Delta\vartheta) = 1{,}5\,\text{k}\Omega(1 + 0{,}0035\,\text{K}^{-1} \cdot (70\,°C - 20\,°C)) = 1762{,}5\,\Omega$$

Der Widerstandswert von $1{,}5$ kΩ erhöht sich auf $1{,}762$ kΩ. □

3.1   Leiterwerkstoffe

Wie allgemein in der Elektrotechnik und in der Elektronik üblich, wird Kupfer als Leitermaterial eingesetzt. Das Kupfer muss weitgehend frei von fremden Stoffen sein, damit es seine höchstmögliche Leitfähigkeit erreicht. Deshalb löst man das verhüttete Kupfer nochmals mit Schwefelsäure auf und es wird danach elektrolytisch abgeschieden (Elektrolytkupfer). Der

Reinheitsgrad steigt damit von 95 % auf 99,5 % an und dieser wird auch von den Normen vorgeschrieben.

Bei den gedruckten Schaltungen bzw. Platinen setzt man das noch besser als Kupfer leitende Silber ein. Einerseits erhöht sich die Leitfähigkeit der Oberfläche, andererseits verhindert man die Oxidation der Oberfläche und die Lötfähigkeit bleibt erhalten. Gold findet man in Dünnfilm-Schaltungen in Form von 20 µm starken Drähten oder als 0,4 µm dicker Film für die Verbindungen zwischen den einzelnen Bauelementen oder Baugruppen.

Gerätechassis aus Aluminium stellt man her, da dieses Material eine relativ gute Leitfähigkeit besitzt, die man auch als Rückleiter bzw. als gemeinsame Masse bei der Gerätekonstruktion verwenden kann. In Siliziumschaltkreisen wird Aluminium als aufgedampfte Schicht zur Verbindung der einzelnen im Kristall befindlichen Schaltelemente untereinander eingesetzt. In den Dickfilmschaltungen wird es ferner im zermahlenen Zustand und mit Glaspulver vermischt als druckfähige Leitpaste verwendet. Die so aufgedruckte und danach eingebrannte Leitung hat allerdings nur 10 %...20 % der metallischen Leitfähigkeit, doch sind die Leitungen in diesen Schaltungen so kurz, dass der höhere Widerstandswert kaum stört.

3.1.1 Eigenschaften von Widerständen

Für die Beschreibung der Eigenschaften von festen und veränderbaren Widerständen gibt es folgende Reihe gemeinsamer Begriffe, deren Kenntnisse unerlässlich sind:
- Widerstandsnennwert
- Widerstandstoleranz
- Belastbarkeit
- Spannungsfestigkeit
- Widerstandsänderung durch Erwärmung
- Widerstandsänderung durch Alterung
- Eigeninduktivität
- Eigenkapazität

In der Praxis kennt man Widerstandswerte zwischen Ω, kΩ und MΩ, wobei normalerweise der Nennwert nicht direkt aufgedruckt ist, sondern man hat vier oder fünf Farbringe. Alle Widerstandswerte gelten für eine Umgebungstemperatur von $+20\,°C$, obwohl diese Temperatur nur selten in Arbeitsräumen anzutreffen ist. Abbildung 3.2 zeigt verschiedene Widerstände.

Der Wertebereich der Widerstände liegt zwischen 1 Ω und 22 MΩ. Werte unterhalb 1 Ω sind zwar erhältlich, aber es handelt sich dann meistens um Lastwiderstände für eine höhere Leistungsabgabe oder um Messwiderstände mit großer Genauigkeit. Widerstände über 100 MΩ findet man zwar, aber es handelt sich um spezielle Bauformen, denn Feuchtigkeit und Oberflächenverschmutzung spielen hier eine entscheidende Rolle. Ebenfalls sind diese Widerstände auch von der Temperatur abhängig.

Prinzipiell lässt sich zwischen 1 Ω und 22 MΩ jeder beliebige Wert herstellen. Dies würde die Hersteller jedoch zu unwirtschaftlichen Lagervorräten zwingen oder lange Lieferzeiten verursachen. Stattdessen hat man genormte Abstufungen, die sich an die sogenannten Normzahlen anlehnen: Jede dieser Zahlen steht zur folgenden in einem festen Verhältnis, das gleich der n-ten Wurzel aus der Zahl 10 ist. So entsteht eine geometrische Zahlenreihe, bei der die prozentuale Wertzunahme immer gleich ist. Wählt man z. B. n zu 12, ergibt sich eine Reihe, deren Werte um den Faktor $12 \cdot 10 = 1{,}2$ zunehmen. Jeder folgende Wert ist also praktisch

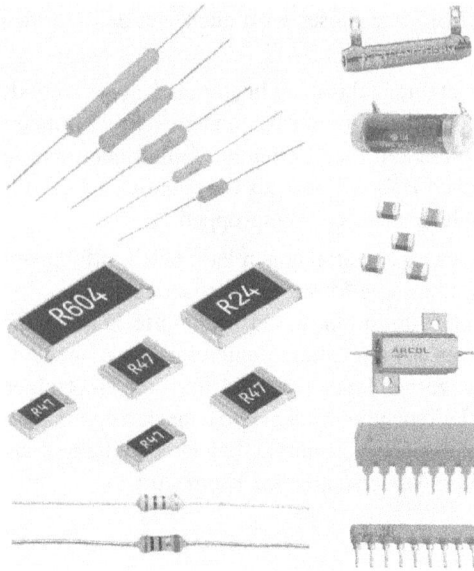

Abb. 3.2: Bauformen von verschiedenen Widerständen

um 20 % größer als der vorhergehende. Eine beliebige Zahl dazwischen ist also niemals um mehr als ± 10 % von beiden entfernt, weshalb in diesem Falle auch von einer 10 %-Reihe gesprochen wird.

Bauform	Ausführung, Montageart	Eigenschaften
	axiale Drahtanschlüsse, ohne Kappen	kleiner TK_R, hohe zeitliche Konstanz
	axiale Drahtanschlüsse, mit Kappen	für höhere Flächenlast
	metallisierte Anschluss-enden, nicht lötbar	ungewendelte Widerstands-schicht, für hohe Frequenzen
	axiale Drahtanschlüsse, glasgekapselt	Höchstohmwiderstände, bis 2 kV verwendbar
	axiale Drahtanschlüsse, vollisoliert	Höchstohmwiderstände, bis 30 kV verwendbar
	radiale Anschlussfahnen	nur hohe Widerstandswerte
	Lötschwanzkappen	hohe Widerstandswerte, für höhere Leistungen
	Schellenanschlüsse	für hohe Nennleistungen, bei Bedarf mit Abgreif-schellen
	Lötfläche	SMD-Chip-Widerstand (Surface Mounted Device)
	Lötfläche	SMD-MELF-Widerstand (Metal Electrode Face Bonding)

Abb. 3.3: Bauformen von verschiedenen Widerständen

Abbildung 3.3 zeigt Bauformen von verschiedenen Widerständen. Dem Widerstandshersteller muss eine gewisse Toleranz für das Einhalten des Nennwertes vom Anwender zugestanden werden. Je nach den Ansprüchen sind genormte Widerstände mit Toleranzen von $\pm 20\%$, $\pm 10\%$, $\pm 5\%$, $\pm 2\%$, $\pm 1\%$ und $\pm 0,5\%$ lieferbar. Für Präzisionswiderstände in hochwertigen Anlagen gibt es keine Normen und es ist eine Genauigkeit bis zu $\pm 0,001\%$ erzielbar. Tabelle 3.2 zeigt Anzahl der Werte pro Dekade, Stufungsfaktor und Auslieferungstoleranz für die Bezeichnungen der Widerstände nach der IEC-Reihe.

Tab. 3.2: Anzahl der Werte pro Dekade, Stufungsfaktor und Auslieferungstoleranz

Bezeichnung der IEC-Reihe	Anzahl der Werte/Dekade n	Stufungsfaktor q	Auslieferungstoleranz in %
E 6	6	1,47	± 20
E 12	12	1,21	± 10
E 24	24	1,10	± 5
E 48	48	1,05	± 5
E 96	96	1,02	± 1
E 192	192	1,01	$\pm 0,5$

Die Abstufung erfolgt nach IEC innerhalb jeder Dekade durch geometrische Folge (E-Reihen) mit dem Stufungsfaktor q:

$$q = \sqrt[a]{10}$$

a: Bezeichnung der Reihe entsprechend der Anzahl der Werte je Dekade, z. B. 6, 12, 24 usw.

Für die Auslieferungstoleranz gilt: $\Delta R / R \cdot 100\%$

Sie liegt in den einzelnen E-Reihen so, dass sich die Toleranzgrenzen benachbarter Nennwerte berühren oder geringfügig überschneiden. Tabelle 3.3 zeigt die Toleranzgrenzen zu den benachbarten Nennwerten für Widerstände nach der IEC-Reihe.

Die einem Widerstand zugeführte elektrische Energie wird vollkommen in Wärme umgesetzt, die aber unmittelbar wieder durch die Oberfläche und den Anschlüssen des Bauelementes abgeführt werden muss. Andernfalls erfolgt die Zerstörung des Widerstandes. Der überwiegende Teil der Wärmemenge wird von der Oberfläche an die Luft abgegeben. Die zulässige Belastbarkeit ist folglich eine Funktion der Abmessung und der Beschaffenheit der Oberfläche, wobei dies nicht nur für Widerstände, sondern prinzipiell für alle Bauelemente in der Elektrotechnik und Elektronik gilt. Daneben spielt natürlich auch die Umgebungstemperatur und die Luftumwälzung eine große Rolle, unter der der Widerstand arbeiten muss. Ein Teil der gespeicherten Wärme lässt sich auch über die Anschlussdrähte abführen, was vor allem bei Widerständen mit sehr kleinen Abmessungen und relativ dicken Anschlussdrähten der Fall ist. Die Belastbarkeit handelsüblicher Widerstände erstreckt sich von 0,05 W bis 100 W.

Bei hochohmigen Widerständen muss neben der Belastbarkeit in Watt auch der Grenzwert für die anzulegende Spannung gesetzt sein. Wegen der geringen Dicke der Widerstandsdrähte oder Widerstandsschichten können durch Feuchtigkeitseinwirkungen infolge der dadurch entstehenden elektrolytischen Leitungen allmählich Materialabtragungen auftreten, die bei einer zu hohen Betriebsspannung einen Widerstand innerhalb kurzer Zeit zerstören können.

Tab. 3.3: Toleranzgrenzen zu den benachbarten Nennwerten

Vorzugswerte				Vorzugswerte mit kleiner zulässiger Abweichung							
E3	E6	E12	E24	E48	E96	E48	E96	E48	E96	E48	E96
Zulässige Abweichung				Zulässige Abweichung							
Über 20%	±20%	±10%	±5%	±2%	±1%	±2%	±1%	±2%	±1%	±2%	±1%
1,0	1,0	1,0	1,0	100	100	178	178	316	316	562	562
	1,5	1,2	1,1	105	102	187	182	332	324	590	576
		1,5	1,2	110	105	196	187	240	332	619	590
		1,8	1,3	115	107	205	191	365	340	649	604
			1,5		110		196		240		619
			1,6		113		200		357		634
			1,8		115		205		365		649
			2,0		118		210		374		665
2,2	2,2	2,2	2,2	121	121	215	215	383	383	681	681
	3,3	2,7	2,4	127	124	226	221	402	392	715	698
		3,3	2,7	133	127	237	226	422	402	750	715
		3,9	3,0	140	130	249	232	442	412	787	732
			3,3		133		237		422		750
			3,6		137		243		432		768
			3,9		140		249		442		787
			4,3		143		255		453		806
4,7	4,7	4,7	4,7	147	147	261	261	464	464	825	825
	6,8	5,6	5,1	154	150	274	267	487	475	866	845
		6,8	5,6	162	154	287	274	511	487	909	866
		8,2	6,2	169	158	301	280	536	499	953	887
			6,8		162		287		511		909
			7,5		165		294		523		931
			8,2		169		301		536		953
			9,1		174		309		549		976

Der spezifische Widerstand jeglicher Widerstandsmaterialien ist temperaturabhängig. Zur Kennzeichnung des Änderungsmaßes mit der Temperatur findet man in den Datenblättern den Temperaturkoeffizienten, den TK-Wert. Dieser besagt, um welchen Bruchteil des bei 20 °C gemessenen Widerstandes sich sein Wert ändert, wenn die Temperatur um 1 °C zunimmt. Der TK-Wert α kann ein positives oder negatives Vorzeichen aufweisen, je nachdem, ob der ohmsche Widerstandswert beim Erwärmen zu- oder abnimmt. Der TK von Metallen ist im Allgemeinen positiv, der von Halbleitern oder von Kohle ist dagegen negativ. Je nach der Genauigkeitsklasse des Widerstandes wird ein entsprechend geringer TK-Wert benötigt.

Die Belastbarkeit von Widerständen ist von der zulässigen Verlustleistung abhängig:

$$P_{max} = \alpha_{th} \cdot A_O (\vartheta_{max} - \vartheta_0) = \frac{\vartheta_{max} - \vartheta_0}{R_{th}}$$

α_{th} = Wärmeaustauschkoeffizient
A_O = Oberfläche des Widerstandes
ϑ_{max} = maximal zulässige Oberflächentemperatur
ϑ_0 = Umgebungstemperatur
R_{th} = Wärmewiderstand

Die vom Hersteller angegebene Nennverlustleistung oder Nennleistung P_{nenn} gilt bis zu einer bestimmten Umgebungs- oder Nenntemperatur ϑ_{nenn} (meist 40 °C oder 70 °C). Bei höherer Umgebungstemperatur muss die Belastung auf eine geringere zulässige Leistung $P_{max} < P_{nenn}$ heruntergesetzt werden. Die Lastminderung ist

$$\frac{P_{max}}{P_{nenn}} = \frac{\vartheta_{max} - \vartheta_0}{\vartheta_{max} - \vartheta_{nenn}}$$

$P_{nenn} = $ Nennleistung bei $\vartheta_0 \leq \vartheta_{nenn}$

$\vartheta_{nenn} = $ Nenntemperatur

Aus den Gleichungen lässt sich die Lastminderungskurve grafisch in Abb. 3.4 darstellen.

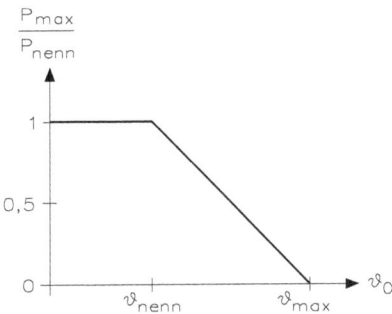

Abb. 3.4: Unterlastkurve (derating curve)

Die Grenzspannung U_{gr} ist der maximal zulässige Spannungsfall über dem Widerstand und diese Angabe wird vom Hersteller angegeben.

$$U_{max} \leq U_{gr}; \text{ man beachte aber } U_{max} < \sqrt{P_{max} \cdot R}$$

Jeder Widerstandswert ändert sich mit der Zeit um einen gewissen Betrag, den man als Alterung definiert. Solche Änderungen entstehen z. B. nach großen Erwärmungen, durch Feuchtigkeitseinwirkungen, durch Abtragen von Widerstandsmaterial infolge elektrolytischer Korrosion und durch andere Umwelteinflüsse. Der Grad der Widerstandsänderung durch Alterung ist ein Maß für die Qualität und somit zugleich eine Frage an die Herstellungskosten. Zur Kennzeichnung dienen bei genormten Widerständen die Güteklassen 0,5, 2, 5 und 7. Diese Zahlen besagen, dass sich der Widerstandswert nach 5000 Betriebsstunden unter Volllast (zulässige Belastbarkeit in Watt) um $\pm 0{,}5\,\%$, $\pm 2\,\%$, $\pm 5\,\%$ oder $\pm 7\,\%$ ändern kann. An einem Widerstand der Klasse 2 mit der Toleranz von $\pm 5\,\%$ darf also nach 5000 Betriebsstunden unter voller Belastung eine Widerstandsabweichung von $\pm 7\,\%$ feststellbar sein. Im Allgemeinen bleiben die tatsächlichen Abweichungen unter den zulässigen Werten, da die Widerstände nur in Ausnahmefällen voll ausgelastet sind.

Ein auf einem Isolierkörper aufgewickelter Widerstandsdraht stellt im Prinzip eine Spule dar, d.h. es lassen sich Werte von nH bis zu mH erreichen. Während man bei den Spulen einen geringen Widerstandswert anstrebt, damit sich ein möglichst „reiner" Blindwiderstand ergibt, bemüht man sich bei Drahtwiderständen, den Blindanteil gering zu halten. Ist das nicht der Fall, tritt bei Wechselstromschaltungen eine unerwünschte Phasenverschiebung zwischen

Spannung und Strom auf. Durch besondere Wickelungstechniken, der sogenannten „bifilaren"
Wicklung, kann man diese Störkomponenten auf ein Minimum reduzieren.

3.1.2   Bauarten von Widerständen

Die meisten Festwiderstände in der Praxis sind Schichtwiderstände. Diese bestehen aus einem
Keramikröhrchen, auf das eine dünne Kohleschicht (Kohleschichtwiderstände), Metallschicht
(Metallschichtwiderstände) oder Metalloxidschicht (Metalloxidschichtwiderstände) aufgebracht ist. Der erforderliche Widerstandswert wird durch entsprechende Wahl der Schichtdicke und durch Einschleifen von Wendeln bzw. Mäandern erreicht. Die Anschlussdrähte sind
entweder eingepresst oder mit Kappen aufgesetzt. Damit die Eigenschaften des Widerstandes
möglichst unabhängig von äußeren Einflüssen sind, lackiert man die Schichtwiderstände. Auf
der Lackschicht befindet sich die Bezeichnung des Widerstandswertes. Dieser besteht aus
dem Widerstandswert mit vier oder fünf Ringen und der letzte Ring stellt die Toleranz dar.
Abbildung 3.5 zeigt Möglichkeiten für die Farbkennzeichnung bei Standard- und Präzisionswiderständen.

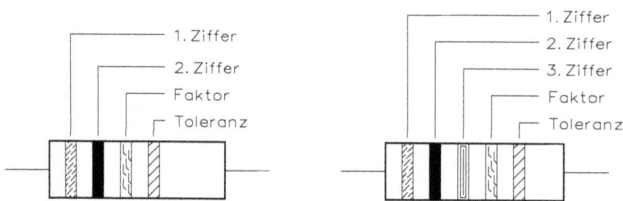

Abb. 3.5: Farbkennzeichnung bei Standard- und Präzisionswiderständen

Die Bedeutung für die Widerstandsfarbkennzeichnung ist in Tab. 3.4 gezeigt.

Tab. 3.4: Internationaler Standardfarbencode für Widerstände. Der erste Ring liegt näher an dem einen
Ende des Widerstandswertes als der letzte Ring am anderen Ende

Farbe	1. Ring 1. Ziffer	2. Ring 2. Ziffer	3. Ring Multiplikator	4. Ring 4. Ziffer
schwarz	–	0	$10^0 = 1$	–
braun	1	1	10^1	$\pm\ 1\,\%$
rot	2	2	10^2	$\pm\ 2\,\%$
orange	3	3	10^3	–
gelb	4	4	10^4	–
grün	5	5	10^5	$\pm\ 0{,}5\,\%$
blau	6	6	10^6	$\pm\ 0{,}25\,\%$
violett	7	7	10^7	$\pm\ 0{,}1\,\%$
grau	8	8	10^8	–
weiß	9	9	10^9	–
gold	–	–	10^{-1}	$\pm\ 5\,\%$
silber	–	–	10^{-2}	$\pm 10\,\%$
keine	–	–	–	$\pm 20\,\%$

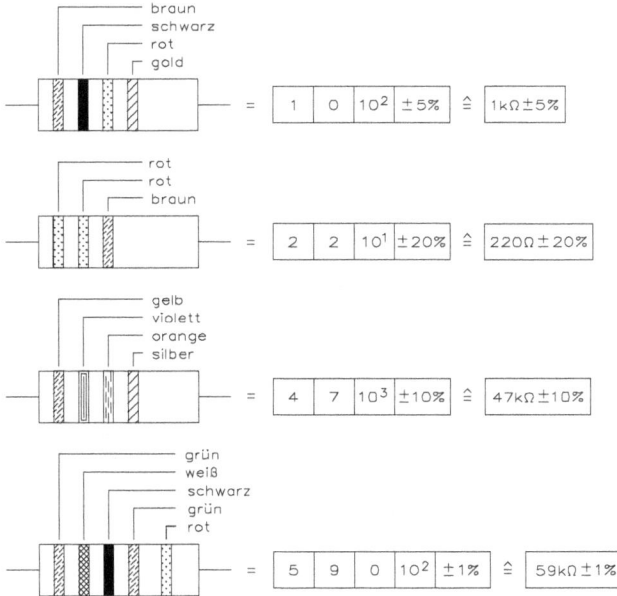

Abb. 3.6: Vier Beispiele zur Bestimmung der aufgedruckten Widerstandsfarbkennzeichnung

Beim Präzisionswiderstand von Abb. 3.6 hat man fünf Farbringe und der dritte Ring definiert dann die dritte Ziffer.

Bei den Widerständen spielt die Toleranz eine große Rolle und zu jeder E-Reihe gehört ein bestimmter Toleranzwert. Man kann zwischen E6 mit $\pm 20\,\%$, E12 mit $\pm 10\,\%$, E24 mit $\pm 5\,\%$, E48 mit $\pm 2\,\%$ und E96 mit $\pm 1\,\%$ auswählen. In der Praxis setzt man die E24-Reihe ein, d.h. eine Widerstandsdekade hat 24 verschiedene Werte. Tabelle 3.5 zeigt die Normreihen.

Am verbreitetsten sind stabförmige Kohleschichtwiderstände. Bei ihrer Herstellung befindet sich die Widerstandsschicht auf einem Keramikkörper. Bei richtiger Steuerung des Prozesses erhält man eine Schichtdicke, die einen Widerstandswert in der Größenordnung des gewünschten Nennwertes ergibt. Durch Aussuchen mit Hilfe automatischer Messeinrichtungen findet man Widerstände, die ohne besonderen Abgleich – allerdings bei größerer Toleranz – mit einem Normwert der IEC-Reihe zusammenfallen. Für engere Toleranzen wird der Widerstand nachträglich abgeglichen. Meist erfolgt dies durch Einschleifen von Wendeln. Dadurch nimmt die zunächst rohrförmige Widerstandsschicht die Form eines aufgewickelten Bandes an, wodurch sich der Widerstandswert erhöht. Dieses Verfahren ist auch für die Herstellung sehr hochohmiger Widerstände unerlässlich, da man keine stabilen Schichten mit der hierfür erforderlichen geringen Dicke herstellen kann. In der Herstellung erhalten die Wendelungen eine Steigung von 0,2 mm und eine Rillenbreite von 100 μm, wodurch sehr lange Widerstandsbahnen entstehen.

Kohleschichtwiderstände ändern ihren Wert um $-300 \cdot 10^{-6}/\mathrm{K}$, wenn diese Temperaturänderungen ausgesetzt sind. Der Streubereich des TK-Wertes erstreckt sich von $-100 \cdot 10^{-6}/\mathrm{K}$ bis $-1200^{-6}/\mathrm{K}$. Die größte Temperaturabhängigkeit ist bei Widerstandswerten über $100\,\mathrm{k\Omega}$

Tab. 3.5: Normreihen nach E6, E12, E24, E48 und E96

Reihe E6 ±20%			Reihe E12 ±10%			Reihe E24 ±5%			Reihe für Nennwerte mit engen Stufen							
−20%	Nennwert	+20%	−10%	Nennwert	+10%	−5%	Nennwert	+5%	E48	E96	E48	E96	E48	E96	E48	E96
0,80	1,0	1,20	0,90	1,0	1,10	0,950	1,0	1,050	100	100	178	178	316	316	562	562
						1,045	1,1	1,155		102		182		324		576
			1,08	1,2	1,32	1,140	1,2	1,260	105	105	187	187	332	332	590	590
						1,235	1,3	1,365		107		191		340		604
1,20	1,5	1,80	1,35	1,5	1,65	1,425	1,5	1,575	110	110	196	196	348	348	619	619
						1,520	1,6	1,680		113		200		357		634
			1,62	1,8	1,98	1,710	1,8	1,890	115	115	205	205	365	365	649	649
						1,900	2,0	2,100		118		210		374		665
1,76	2,2	2,64	1,98	2,2	2,42	2,090	2,2	2,310	121	121	215	215	383	383	681	681
						2,280	2,4	2,520		124		221		392		698
			2,43	2,7	2,97	2,665	2,7	2,835	125	125	226	226	402	402	715	715
						2,850	3,0	3,150		130		232		412		732
2,64	3,3	3,96	2,97	3,3	3,63	3,135	3,3	3,465	133	133	237	237	422	422	750	750
						3,420	3,6	3,780		137		243		432		768
			3,51	3,9	4,29	3,705	3,9	4,095	140	140	249	249	442	442	787	787
						4,085	4,3	4,515		143		255		453		806
3,76	4,7	5,64	4,23	4,7	5,17	4,465	4,7	4,935	147	147	261	261	464	464	825	825
						4,845	5,1	5,355		150		267		475		845
			5,04	5,6	6,16	5,320	5,6	5,880	154	154	274	274	487	487	866	866
						5,890	6,2	6,510		158		280		499		887
5,44	6,8	8,16	6,12	6,8	7,48	6,460	6,8	7,140	162	162	287	287	511	511	909	909
						7,125	7,5	7,875		165		294		523		931
			7,38	8,2	9,02	7,790	8,2	8,610	169	169	301	301	536	536	953	953
						8,645	9,1	9,555		174		309		549		976

gegeben, da dann die Schicht sehr dünn ist und wenig Stabilität aufweist. Dieser Nachteil lässt sich durch die Verwendung von Widerständen mit größeren Abmessungen, als sie von der Belastung notwendig wären, bis zu einem gewissen Grade ausgleichen.

Metallschichtwiderstände sind weniger temperaturabhängig. Der TK-Wert bleibt unter $+100 \cdot 10^{-6}$/K und wird je nach Anforderung in den Grenzen um $+100 \cdot 10^{-6}$/K, $+50 \cdot 10^{-6}$/K, $+25 \cdot 10^{-6}$/K und $\pm 5 \cdot 10^{-6}$/K garantiert. Bei niederohmigen Werten geht auch die Ausdehnung des Widerstandskörpers in den TK-Wert ein, weshalb das Vorzeichen hier nicht definiert sein kann.

In der Praxis unterscheidet man für die Belastbarkeit zwischen folgenden Nennbelastungen: 0,1 W, 0,25 W, 0,5 W, 1 W, 2 W, 3 W, 6 W, 10 W und 20 W. Die zulässige Belastung ist im Wesentlichen von der Abmessung des Widerstandes abhängig.

3.1.3 Widerstandsbestimmung durch Strom- und Spannungsmessung

Eine unmittelbare Messung von Widerständen ist nicht ohne weiteres möglich. Es gibt eine ganze Reihe verschiedener Messverfahren, von denen das einfachste die Bestimmung eines Widerstandes durch Messung von Strom und Spannung ist. Wenn Widerstände nicht gemessen, sondern nur geprüft werden sollen, vorwiegend auf vorhandenen Stromdurchgang, dann verwendet man einfachste Methoden. Eine reine Spannungsquelle und ein Strommelder sind alles, was für einen Durchgangsprüfer benötigt wird. Der Strommelder kann ein Schauzeichen, ein Summer oder eine Glühlampe sein. Die Einheiten, in denen Widerstände gemessen oder bestimmt werden, umfassen den weiten Bereich der technisch vorkommenden Werte von Ohm (Ω) über Kiloohm (kΩ) und Megaohm (MΩ) bis Teraohm ($10^{12}\,\Omega$).

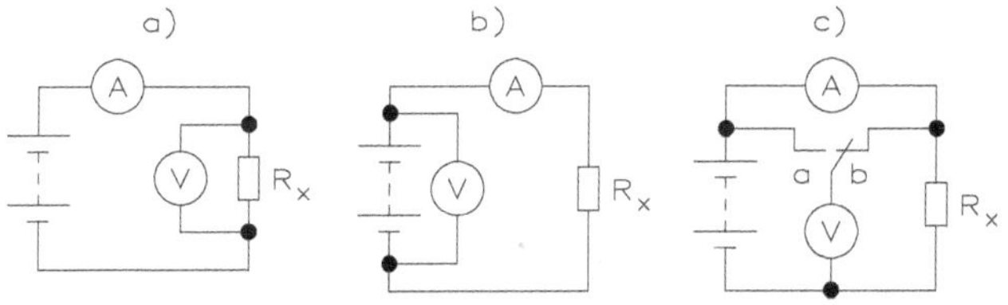

Abb. 3.7: Widerstandsbestimmung durch Strom- und Spannungsmessung. Die Schaltung a ist geeignet für niedrige und Schaltung b für hohe Widerstandswerte. Durch Umschalten (Schaltung c) wird in Stellung a der Strom und in Stellung b die Spannung erfasst

Bei Strom- und Spannungsmessung in Abb. 3.7 wird im gleichen Stromkreis der Strom durch den Widerstand und die Spannung am Widerstand gemessen. Dabei besteht die Gefahr bei Messung mit einem einzigen Vielfachinstrument in zwei aufeinander folgenden Messungen, dass sich in der Zwischenzeit der andere Wert, zum Beispiel die Spannung, verändert haben kann. Man bevorzugt daher die gleichzeitige Ablesung mit zwei getrennten Messinstrumenten. Hierbei ist wieder zu berücksichtigen, dass das zweite Messinstrument einen bestimmten Eigenverbrauch hat. In der Schaltung von Abb. 3.7c zeigt der Strommesser zusätzlich den Strom durch den Spannungsmesser an. Bei Messung hoher Widerstände können beide Teilströme in gleicher Größenordnung liegen. Die Schaltung ist daher besonders zur Bestimmung niedriger Widerstände geeignet. Bei Schaltung von Abb. 3.7b zeigt der Spannungsmesser um den Spannungsfall am Strommesser zuviel an. Diese Anordnung ist daher zur Bestimmung hoher Widerstände zu bevorzugen. Die Fehlanzeigen können bei bekannten Messwerksdaten korrigiert werden. Bei Umschaltbarkeit des Voltmeters kann die jeweils günstigste Schaltung gewählt werden.

Die linke Schaltung in Abb. 3.7a ist für niederohmige Widerstände geeignet und für die Berechnung gelten folgende Formeln:

$$R_x = \frac{U}{I - I_v} = \frac{U}{I - \frac{U}{R_v}}$$
U, I = angezeigte Werte

R_x = unbekannter Widerstand
R_A = Wert des Amperemeters
I_v, R_v = Strom und Widerstand des Voltmeters

Wenn R_x klein gegen R_v ist, dann ist

$$R_x = \frac{U}{I}$$

Das Amperemeter zeigt um den Strom I_V zuviel an: $I_V = \dfrac{U}{R_v}$

Beispiel: Bei der Schaltung für niederohmige Widerstände sind $U = 5{,}3\,\text{V}$, $I = 35\,\text{mA}$ und $R_v = 1\,\text{k}\Omega$. Welchen Wert hat der wahre und unkorrigierte Widerstandswert?

$$R_x = \frac{U}{I - \frac{U}{R_v}} = \frac{5{,}3\,\text{V}}{35\,\text{mA} - \frac{5{,}3\,\text{V}}{1\,\text{k}\Omega}} = 178{,}5\,\Omega \qquad \text{(korrigiert)}$$

$$R_x = \frac{U}{I} = \frac{5{,}3\,\text{V}}{35\,\text{mA}} = 151{,}5\,\Omega \qquad \text{(nicht korrigiert)}$$

Für die Messschaltung von Abb. 3.7b gelten die Formeln:

$$R_x = \frac{U - U_A}{I} = \frac{U - I \cdot R_A}{I}$$
U, I = angezeigte Werte

R_x = unbekannter Widerstand
U_A, R_A = Werte des Amperemeters
I_v, R_v = Strom und Widerstand des Voltmeters

Wenn R_x groß gegen R_v ist, dann ist

$$R_x = \frac{U}{I}$$

Das Voltmeter zeigt um den Spannungsfall U_A zuviel an: $U_A = I \cdot R_A$ □

Beispiel: Bei der Schaltung für hochohmige Widerstände sind $U = 3{,}2\,\text{V}$, $I = 800\,\text{mA}$ und $R_A = 0{,}6\,\Omega$. Welchen Wert hat der wahre und unkorrigierte Widerstandswert?

$$R_x = \frac{U - I \cdot R_A}{I} = \frac{3{,}2\,\text{V} - 800\,\text{mA} \cdot 0{,}6\,\Omega}{800\,\text{mA}} = 3{,}4\,\Omega \qquad \text{(korrigiert)}$$

$$R_x = \frac{U}{I} = \frac{3{,}2\,\text{V}}{800\,\text{mA}} = 4\,\Omega \qquad \text{(nicht korrigiert)}$$

Wenn ein Vergleichswiderstand enger Toleranz in der gleichen Größenordnung zur Verfügung steht, kann man den unbekannten Widerstand durch Stromvergleich ermitteln. Wie bei allen anderen dieser Methoden ist keine direkte Anzeige möglich. In jedem Falle müssen die Messergebnisse rechnerisch ausgewertet werden.

Der Spannungsfall an einem Widerstand kann auch durch einen Strommesser bestimmt werden. Der Strom im Messkreis wird so eingestellt, dass der parallel zum Prüfling liegende Strommesser Vollausschlag zeigt. Damit ist der Spannungsfall am Widerstand bestimmt, wenn die Messwerksdaten bekannt sind.

Auch bei der Methode des Spannungsvergleiches muss ein bekannter Normalwiderstand vorhanden sein. Die Spannungsfälle an R_x und R_n entsprechen dem Widerstandsverhältnis. Der Spannungsmesser kann hier direkt in Ohm geeicht werden, wenn vor der Messung der Strom so eingestellt wird, dass die Anzeige an R_n richtig ist. Das Messinstrument muss hochohmig gegenüber den beiden Messwiderständen sein, da andernfalls die Messung verfälscht wird.

Bei der Methode des Widerstandsvergleiches wird ein veränderbarer Normalwiderstand, zum Beispiel ein Dekadenwiderstand, so eingestellt, dass bei Umschaltung von R_x auf R_n der gleiche Strom fließt. Bei dieser Einstellung ist R_x gleich R_n.

Selbst durch reine Spannungsmessung kann ein unbekannter Widerstand bestimmt werden. Der Innenwiderstand des Voltmeters muss hierbei bekannt sein. Man misst zuerst die Gesamtspannung ohne den Prüfling. In einer zweiten Messung liegt der Prüfling als Vorwiderstand im Stromkreis und das Messinstrument zeigt die Gesamtspannung abzüglich des Spannungsfalles am Prüfling. Aus den beiden Messwerten kann der unbekannte Widerstand ermittelt werden. R_x soll dabei ungefähr in der Größenordnung des Voltmeterwiderstandes R_m liegen.   □

3.1.4   Widerstandsmessung mit Ohmmetern

Direkt zeigende Ohmmeter beruhen auf Strommessung bei bekannter, konstant bleibender Spannung. Der Spannungswert wird vor der eigentlichen Messung kontrolliert. In der einfachsten Form wird ein Vorwiderstand in den Stromkreis geschaltet, so dass das Messinstrument bei der gegebenen Spannung Vollausschlag hat. Die Überprüfung erfolgt durch Kurzschluss der Anschlussklemmen für R_x. Wird R_x in den Stromkreis gelegt, geht der Ausschlag zurück. Als Spannungsquelle dient im Allgemeinen bei derartigen Messeinrichtungen eine Batterie von 3 V. Zum Ausgleich der schwankenden Batteriespannung kann der Messwerksausschlag durch einen magnetischen Nebenschluss im Messwerk korrigiert werden. Besser ist der Ausgleich durch einen einstellbaren Vorwiderstand (Abb. 3.8). Mit der Prüftaste werden die R_x-Klemmen überbrückt und das Ohmmeter mit dem Einsteller abgeglichen.

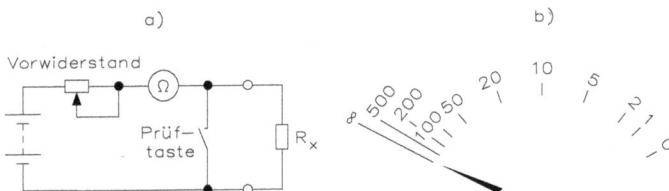

Abb. 3.8: Direkt zeigendes Ohmmeter mit Skala und mit einstellbarem Vorwiderstand zum Ausgleich von Spannungsänderung und Prüftaste

Die Skala eines solchen Ohmmeters ist rückläufig. R_x hat Null Ohm, wenn der Strom seinen Höchstwert hat. Oft wird die Milliampere- oder Volt-Justierung beibehalten und die Ohmskala zusätzlich aufgetragen. Die Ohmwerte drängen sich auf der Skala gegen Ende stark zusammen. Niederohmige Widerstände werden daher genauer gemessen. Der ablesbare Bereich endet gewöhnlich etwa bei 50 kΩ, wenn 3-V-Batteriespannung verwendet wird, reicht aber, je nach Messwerk, manchmal bis 1 MΩ. Der Endwert „∞Ω" deckt sich mit dem Nullpunkt der Voltskala. Weil die Spannungsquelle, das Messwerk und der Prüfling in Reihe geschaltet sind, bezeichnet man die Schaltung auch „Reihen-Ohmmeter". Gewöhnlich werden Gleichspannungsquellen und Drehspul-Messwerke verwendet. Zur Nulleinstellung ist auch die Spannungsteilerschaltung möglich, die vor allem dann verwendet wird, wenn verschiedene Spannungsquellen Verwendung finden sollen.

Beim Parallel-Ohmmeter liegen Spannungsquelle, Messwerk und Prüfling parallel. Praktisch wird der Spannungsfall am Prüfling bestimmt. Die Skala der Ohmwerte verläuft gleichsinnig mit der Spannungsskala, da bei 0 Ω auch ein Spannungsfall von 0 V herrscht. Die volle Spannung ist dann vorhanden, wenn die Klemmen offen sind, also bei unendlich hohem Widerstand. Der Abgleich auf die Sollspannung, für die die Skala vorbereitet ist, wird durch einen parallel zu R_x liegenden Nebenwiderstand R_n vorgenommen. Bei Messwerken mit unterdrücktem Nullpunkt können gleichmäßig geteilte Bereiche erzielt werden.

3.1.5   Brückenmessungen

Brückenschaltungen werden für viele verschiedene Messschaltungen eingesetzt, doch in erster Linie dienen sie zur Widerstandsmessung. Die einfache Grundschaltung der Wheatstone-Brücke wiederholt sich bei allen abgewandelten Schaltungen. Sie beruht auf dem Vergleich zweier Spannungsteiler-Abgriffe (Abb. 3.9). An einer gemeinsamen Spannungsquelle liegen zwei Spannungsteiler in Parallelschaltung, die Widerstände a und b bilden den einen, die Widerstände R_x und R_n den zweiten Spannungsteiler. Die Abgriffe der beiden Spannungsteiler sind über ein Galvanometer miteinander verbunden. Wenn die Teilerverhältnisse gleich sind, sind auch die Spannungsfälle gleich, und zwischen den beiden Abgriffen besteht kein Spannungsunterschied. Der Brückenzweig ist in diesem Falle stromlos. Unter dieser Voraussetzung gilt die grundlegende Brückenformel

$$R_x : R_n = a : b \qquad R_x = R_n \cdot \frac{a}{b}$$

Wenn das Verhältnis a : b veränderbar ist, kann jeder Wert R_x bestimmt werden. Bei der einfachsten Form der Schleifdrahtbrücke wird der Spannungsteiler a + b durch einen Widerstandsdraht mit gleichbleibendem Querschnitt und einem Schleifer gebildet. Bei konstantem Drahtquerschnitt kann das Längenverhältnis eingesetzt werden. Die Brücke wird abgeglichen, indem man den Schleifer verschiebt, bis das Galvanometer Null zeigt. Die Skala des Galvanometers ist nicht beschriftet, der Zeiger hat Mittel-Nullstellung.

Gewöhnlich ist der Normalwiderstand umschaltbar, da die Ablesung am genauesten ist, wenn R_n und R_x von gleicher Größenordnung sind. Mit fünf Normalwiderständen von 1 Ω bis 10 kΩ beherrscht man den Bereich von 0,1 Ω bis 1 MΩ (Abb. 3.10). Bei Industrieausführungen derartiger Widerstandsbrücken ist der Schleifdraht nicht gerade ausgespannt, sondern als Potentiometer ausgebildet. Der Drehgriff ist unmittelbar in Verhältniswerten a : b beschriftet. Die verschiedenen Vergleichswiderstände sind umschaltbar. Nach Abgleich wird der eingestellte Verhältniswert nur mit den glatten Werten von R_n multipliziert, um R_x zu erhalten.

Abb. 3.9: Grundschaltung (a) der Messbrücke und der Spannungsteiler ist als Schleifdraht (b) ausgebildet

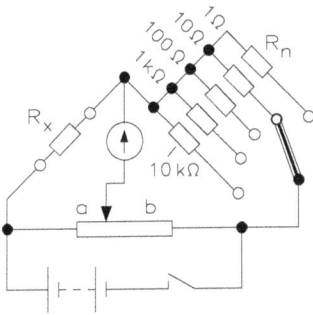

Abb. 3.10: Messbrücke mit umschaltbaren Normalwiderständen. Der Messbereich liegt zwischen $100\,\text{m}\Omega$ und $1\,\text{M}\Omega$

Beispiel: Die Schleifdrahtbrücke ist „a + b $= 1000\,\text{mm}$ und der Vergleichswiderstand beträgt $5\,\text{k}\Omega$. Das Zeigermessinstrument zeigt Null, wenn der Schleifer bei a $= 257\,\text{mm}$ steht. Wie groß ist R_x?

$$R_x = R_n \cdot \frac{a}{b} = R_n \cdot \frac{a}{1000 - a} = 5\,\text{k}\Omega\,\frac{257}{1000 - 257} = 1,73\,\text{k}\Omega$$

Bei einem einfachen Schleifdraht kann das Längenverhältnis an Stelle des Widerstandsverhältnisses von a : b eingesetzt werden. Der Fehler wird nach den beiden Enden zu rasch größer. Die Ablesung im mittleren Drittel ist am genauesten, da, ohne besondere Maßnahmen, die Verhältniswerte von Null an einem Ende über 1:1 in der Mitte bis unendlich am anderen Ende steigen. Zur Einengung kann zu beiden Seiten des Brückendrahtes je ein Widerstand in Reihe geschaltet werden. Der Schleifdraht ist elektrisch verlängert. Das Verhältnis reicht aber beispielsweise nur von 0,5 bis 50.

Ein wesentlicher Vorzug aller Brückenschaltungen ist die Unabhängigkeit von der Versorgungsspannung. Bei Änderung der Spannung ändert sich nichts am Verhältnis der Spannungsfälle. Lediglich geht der Strom zurück und damit wird die Ablesegenauigkeit des Galvanometers ein wenig beschränkt. Spannungsänderungen von 20 % wirken sich praktisch nicht aus. Im Stromversorgungskreis muss ein Schalter eingebaut sein, damit die Batterie nicht über den Brückendraht entladen wird. Meist ist dies ein Tastschalter, da bei nicht abgeglichener Brücke sonst das Galvanometer überlastet werden könnte. Erst nachdem durch

Grobabgleich der Zeiger nicht mehr über den Skalenbereich hinausgeht, wird der Schalter
endgültig geschlossen und der Feinabgleich vorgenommen.

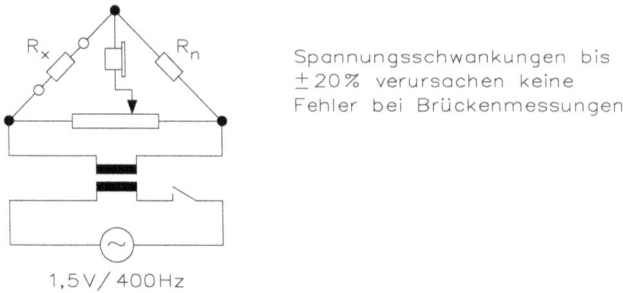

Spannungsschwankungen bis
±20% verursachen keine
Fehler bei Brückenmessungen

1,5 V / 400 Hz

Abb. 3.11: Wechselstrombrücke mit Summer (400 Hz)

Bei Widerständen mit Blindanteil kann eine Wechselstromversorgung vorgesehen werden,
z. B. durch einen Tongenerator (Abb. 3.11). Als Nullinstrument nimmt man dann zum Beispiel
einen Kopfhörer und gleicht auf Tonminimum ab.

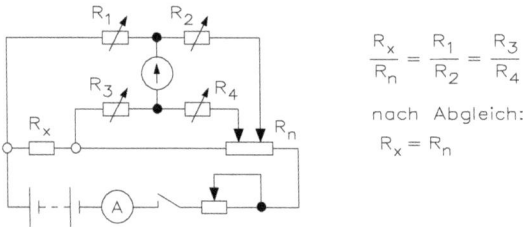

$$\frac{R_x}{R_n} = \frac{R_1}{R_2} = \frac{R_3}{R_4}$$

nach Abgleich:

$$R_x = R_n$$

Wenn der Brückenzweig stromlos ist
(Galvanometerausschlag Null), dann ist $R_x = R_n$

Amperemeter A dient zur Kontrolle des maximal
zulässigen Stromes

Abb. 3.12: Doppelmessbrücke nach Thomson

Zur Messung sehr kleiner Widerstände zwischen 10^{-6} Ω und 1 Ω dient die Doppelmessbrücke
(Abb. 3.12). Die Doppelmessbrücke wird nach dem Erfinder Thomson genannt und es gilt:

$$\frac{R_x}{R_n} = \frac{R_1}{R_2} = \frac{R_3}{R_4}$$

Für den Fall, dass $R_3/R_4 = R_1/R_2$ ist, gilt für den unbekannten Widerstand:

$$R_x = \frac{R_n \cdot R_1}{R_2} = \frac{R_n \cdot R_3}{R_4}$$

Nach Abgleich ist $R_x = R_v$.   □

3.1.6   Kompensationsmessungen

Ähnlich der Brückenmessung ist auch die Kompensationsmessung eines der grundlegenden, vielfach abgewandelten Messverfahren. In der ursprünglichen Form dient die Kompensationsmessung zur Spannungsmessung, mit der Besonderheit, dass belastungslos, also die Leerlaufspannung U_0 gemessen wird. Außerdem können durch die Kompensationsmethode Widerstände und Ströme gemessen und Messinstrumente justiert werden.

Alle Kompensationsschaltungen beruhen auf der Tatsache, dass bei zwei gleich großen, entgegengesetzt geschalteten Spannungsquellen kein Strom fließt. Hierbei gilt der zweite Kirchhoffsche Satz, dass in einem geschlossenen Stromkreis (Abb. 3.13) die Summe aller Spannungen gleich der Summe aller Spannungsfälle ist.

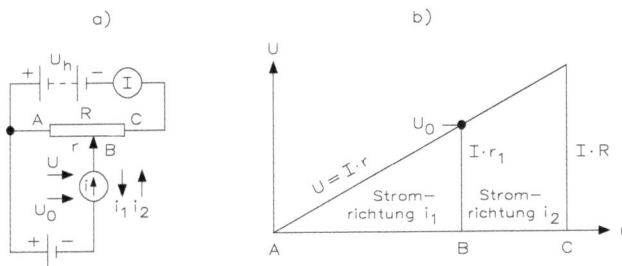

Abb. 3.13: Schaltung und Diagramm für eine Kompensationsmessung. Am Widerstand der Kompensationsmessung wird bei der Schaltung zwischen A und B die Spannung $U = I \cdot r$ abgegriffen und bei B ist $I \cdot r = U_0$ und $i = 0$. Das Diagramm zeigt die Spannung U in Abhängigkeit von der Stellung des Schleifers:

• Im Bereich AB ist U kleiner als U_0, Stromrichtung i_1
• Im Bereich BC ist U größer als U_0, Stromrichtung i_2
• Bei Stellung B ist $U = U_0$, Strom i gleich Null. Die Leerlaufspannung ist in ihrer Wirkung durch U aufgehoben (kompensiert)

Wenn an Stelle des einen Stromkreises zwei Stromkreise gebildet werden, die einen Widerstand R gemeinsam verwenden, dann kann der Spannungsfall U der zweiten Spannungsquelle U_0 entgegengeschaltet werden. Längs des Widerstandes R verändert sich beim Verstellen des Schleifers der Spannungsfall $I \cdot r$. Ist U kleiner als U_0, fließt ein Strom über das Galvanometer in einer Richtung, ist I größer als U_0, dann fließt ein Strom in der anderen Richtung. Wenn U gleich B ist, fließt kein Strom. B ist in seiner Wirkung aufgehoben, kompensiert.

Bei der einfachen Kompensation benötigt man einen geeichten Widerstand mit Abgriffen und Feineinstellung. R soll sehr hochohmig sein. Kompensiert wird mit einer bekannten Vergleichsspannung U_v. Bei dieser Schaltung wird die unbekannte Spannungsquelle noch etwas belastet, daher die Klemmenspannung U_x und nicht die U_0 gemessen, doch kann R so hoch sein, dass der Unterschied nicht mehr ins Gewicht fällt.

Unbelastet wird die Spannung U_x gemessen, wenn ein geeichter Widerstand und ein Strommesser zur Verfügung stehen. Der Strom I wird durch einen Hilfswiderstand auf einen gegebenen Sollwert abgeglichen, z. B. 10 mA. Der Spannungsfall am geeichten Teilwiderstand r ist demnach bekannt. Ist ein Kompensation-Galvanometer stromlos, lässt sich die

Spannung U_x bestimmen. Hiermit können nur Spannungen gemessen werden, die kleiner als die Hilfsspannung sind.

Widerstände lassen sich mit sehr engen Toleranzen herstellen. Mit dem Weston-Normalelement steht weiterhin eine sehr genaue, allerdings nur wenig belastbare Spannungsquelle für Vergleichszwecke zur Verfügung. Bei der doppelten Kompensation verzichtet man auf den Strommesser und gleicht den Hilfsstromkreis mit einem Normalelement ab. Hierfür ist ein Festwiderstand von z. B. 1018,3 Ω eingebaut, der bei einen Strom von genau 1 mA einen Spannungsfall von 1,0183 V hat und das Normalelement U_N kompensiert. Der Stromabgleich wird mit dem veränderbaren Widerstand R_H durchgeführt. Danach schaltet man auf die unbekannte Spannungsquelle um und liest an dem in Volt (für 1 mA Hilfsstrom) geeichten Teilwiderstand r die unbekannte U_x ab, nachdem dafür kompensiert wurde. Zum Schutz des Galvanometers ist ein Vorwiderstand eingebaut, der erst nach dem Grobabgleich zur letzten Feineinstellung überbrückt werden darf.

3.1.7   Simuliertes Ohmmeter

In Multisim ist ein Ohmmeter vorhanden und Abb. 3.14 zeigt die Schaltung.

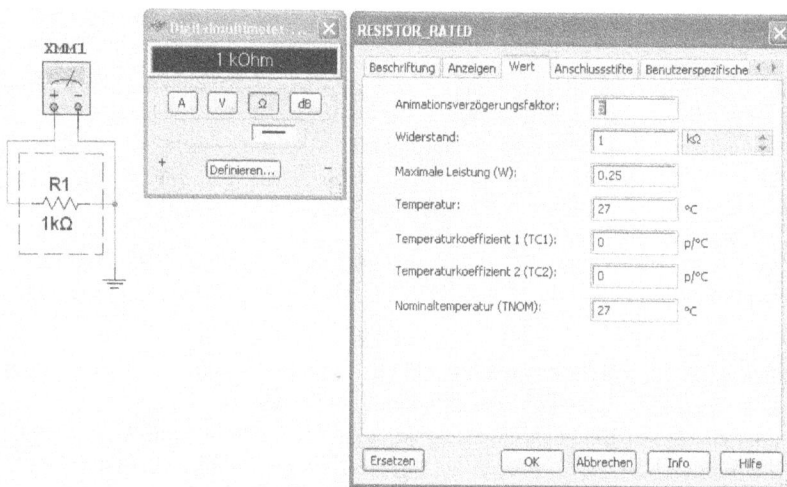

Abb. 3.14: Messung des Widerstandswertes durch den Ohmbereich im Multimeter

Die Grundeinstellungen des Multimeters kann man durch Anklicken der Taste Einstellung (Settings) programmieren. Folgende Bereiche lassen sich für die Grundeinstellung des Multimeters abdecken:

- Ampere   Shunt-Widerstand R_m 1,0 pΩ bis 999,99 Ω
- Volt   Innenwiderstand R_i 1,0 Ω bis 999,99 TΩ
- Ohm   Messstrom I_m 1,0 μA bis 999,99 kA
- Dezibel   Spannungswert U_{dB} 1,0 μV bis 999,99 kV

Wichtig ist der Masseanschluss, denn ohne diesen kann die Simulation nicht arbeiten.

Das Einstellfenster in Abb. 3.14 erhält man durch einen Doppelklick auf das Bauteil. Man kann den Widerstandswert, die maximale Leistung und die Arbeitstemperatur des Widerstandes einstellen. Die zwei anderen Werte sind der Temperaturkoeffizient und die Nominaltemperatur.

3.2 Bauformen von Widerständen

In jedem elektrischen Leiter wird die Bewegung der Ladungsträger durch dessen mehr oder weniger großen Widerstand behindert. Die Ursachen des elektrischen Widerstandes sind z. B. Störungen im exakten Aufbau des Kristallgitters in den Metallen und die unregelmäßigen Wärmeschwingungen der Atome.

In der Praxis kennt man folgende Widerstände:

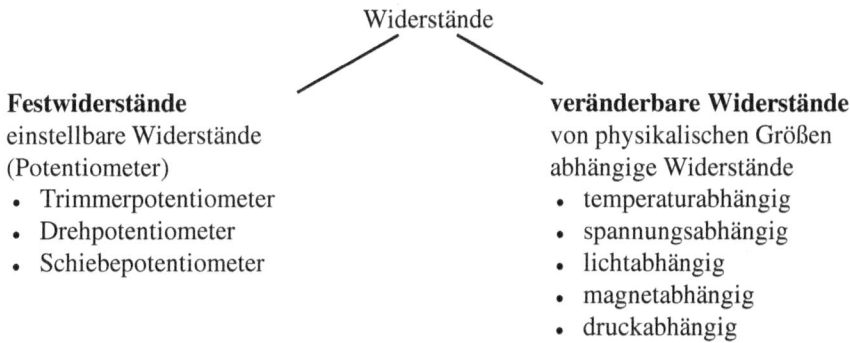

Widerstände

Festwiderstände
einstellbare Widerstände
(Potentiometer)
- Trimmerpotentiometer
- Drehpotentiometer
- Schiebepotentiometer

veränderbare Widerstände
von physikalischen Größen
abhängige Widerstände
- temperaturabhängig
- spannungsabhängig
- lichtabhängig
- magnetabhängig
- druckabhängig

Unter Trimmerpotentiometer versteht man einen einstellbaren Widerstand, der mit Hilfe eines Schraubendrehers verstellt wird. In der Praxis befindet sich ein Trimmerpotentiometer auf der Platine. Ein Dreh- oder Schiebepotentiometer wird auf der Frontplatte installiert und der Widerstandswert lässt sich durch eine Dreh- oder Schiebebewegung verändern.

Bei den Bauformen unterscheidet man zwischen

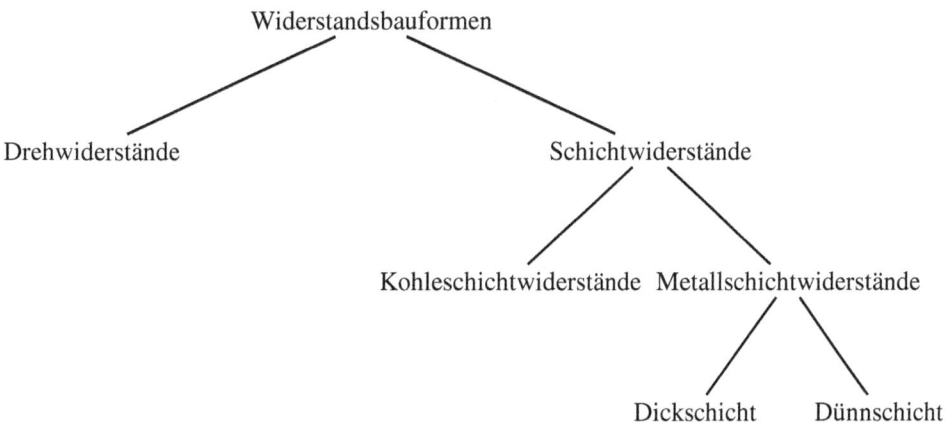

Widerstandsbauformen

Drehwiderstände

Schichtwiderstände

Kohleschichtwiderstände Metallschichtwiderstände

Dickschicht   Dünnschicht

3.2.1   Drahtwiderstände

Drahtwiderstände finden wegen ihrer Robustheit hauptsächlich bei größeren Belastungen bis zu P = 500 W ihre Verwendung. Daneben werden aber auch die hochpräzisen Typen für die Messtechnik mit Draht ausgeführt. Wegen ihrer unvermeidlichen induktiven oder kapazitiven Blindkomponente dürfen sie nur bei Gleichstrom oder niedrigen Frequenzen eingesetzt werden, mit Ausnahme ganz spezieller Ausführungen, die sich auch bis herauf zu etwa 300 kHz einsetzen lassen.

Der Widerstandsdraht wird auf einen wärmefesten Isolierkörper gewickelt, der beispielsweise aus Keramik besteht (Abb. 3.15). Anfang und Ende der Wicklung schweißt oder lötet man an Schellen oder Kappen an. Für den Draht kommen nur solche Werkstoffe in Frage, deren spezifischer Widerstand ρ wesentlich größer als der von Kupfer ist, damit man keine übermäßigen Längen benötigt.

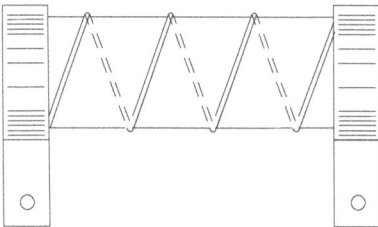

Abb. 3.15: Prinzipieller Aufbau eines Drahtwiderstandes mit unifilarer Wicklung und Schellenschlüssen

Auch darf sich sein Widerstandswert eines Drahtwiderstandes mit der Temperatur nur wenig verändern. Die Widerstandsmaterialien müssen deshalb einen kleinen Temperaturkoeffizienten aufweisen, was bei Kupfer auch nicht der Fall ist. Man hat aus diesem Grunde spezielle Legierungen entwickelt, deren Hauptbestandteile Chrom und Nickel sind. Drei Widerstandsmaterialien (WM) sind genormt:

Manganin: WM 40 $\rho = 0{,}40\,\Omega mm^2/m$ $\alpha = 0{,}00001\,1/K$
Nickelin: WM 43 $\rho = 0{,}43\,\Omega mm^2/m$ $\alpha = 0{,}00023\,1/K$
Konstantan: WM 50 $\rho = 0{,}50\,\Omega mm^2/m$ $\alpha = 0{,}00001\,1/K$

Die zur Anfertigung eines Widerstandes R erforderliche Drahtlänge errechnet sich bei gegebenem Drahtquerschnitt A oder -durchmesser d zu:

$$l = R \cdot \frac{A}{\rho} = R \cdot \frac{\pi \cdot d^2}{4 \cdot \rho}$$

Einzusetzen sind A in mm^2, d in mm, l in m und ρ in $\Omega mm^2/m$. Abb. 3.16 zeigt den Aufbau eines Drahtwiderstandes.

Beispiel: Zur Herstellung eines Widerstandes mit 1 Ω soll ein 0,1 mm dicker Draht aus WM 50 verwendet werden. Welche Länge l wird benötigt?

$$l = R \cdot \frac{\pi \cdot d^2}{4 \cdot \rho} = 1\,\Omega \frac{3{,}14 \cdot 0{,}1\,mm^2}{4 \cdot 0{,}5\,\Omega mm^2/m} = 0{,}157\,m$$

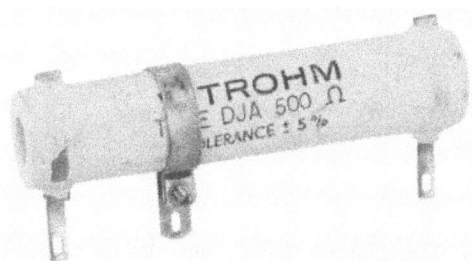

Abb. 3.16: Aufbau eines Drahtwiderstandes

Die Widerstandsdrähte sind entweder mit einem Textilfaden umsponnen, lackiert oder auf ihrer Oberfläche leicht anoxidiert, damit sich dicht aneinanderliegende Windungen nicht gegenseitig kurzschließen. Der ohmsche Wert von $1\,\Omega$ des fertigen Widerstandes ist meist etwas größer als der des Drahtes allein, weil Maßänderungen des Wickelkörpers und andere Einflüsse beachtet werden müssen. Widerstände der Klasse 0,5 dürfen beispielsweise einen Wert $1\,\Omega$ von maximal $100 \cdot 10^{-6}$ 1/K aufweisen, bei solchen der Klasse 2 sind dagegen $1 \cdot 10^{-3}$ 1/K zugelassen. Präzisionswiderstände lassen sich durch besondere Wickeltechniken und künstliche Alterung so weit stabilisieren dass der TK nur wenige 10^{-6} 1/K beträgt, also praktisch den Wert des Drahtes selbst erreicht.

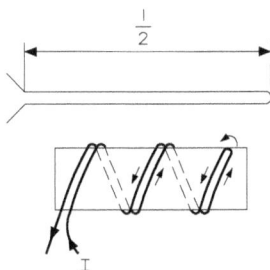

Abb. 3.17: Aufbau einer bifilaren Wicklung

Wickelt man den Draht einfädig auf den Körper aus, dann spricht man von einfädiger Wicklung. Diese Wickelart hat eine relativ hohe Induktivität zur Folge. Legt man den Widerstandsdraht dagegen zuerst zu einer engen haarnadelförmigen Schleife zusammen und wickelt diese auf, so hat man die zweifädige oder bifilare Wicklung (Abb. 3.17). Die enge Schleife verhindert praktisch das Entstehen eines Magnetfeldes, weshalb die Induktivität verschwindend gering ist. Ein Nachteil dieser Wicklungsart ist ihre hohe Wicklungskapazität. Durch weitere, hier nicht zu erörternde Spezialwicklungen lässt sich für Präzisionswiderstände ein Kompromiss zwischen induktiver und kapazitiver Blindkomponente schaffen.

Auf die Drahtwicklung wird vielfach noch eine Schutzschicht aufgebracht, um sie gegen Beschädigung und Feuchtigkeit und damit Korrosion zu schützen. Diese Schicht kann ein spezieller Lack sein. Bei hochbelastbaren Typen bettet man die Drähte gänzlich in Porzellan oder Zement ein (Abb. 3.18). Diese Widerstände dürfen sogar bis zur Rotglut der Drähte belastet werden, ohne dass sie dabei Schaden nehmen.

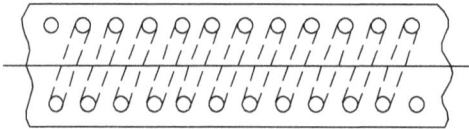

Abb. 3.18: Widerstand mit eingebetteten Drähten

Die Nennwerte von Drahtwiderständen sind der Normzahlreihe entnommen. Widerstandstoleranzen preiswerter Widerstände erstrecken sich von $\pm 1\,\%$ bis $\pm 10\,\%$, bei Präzisionswiderständen sind dagegen auch Toleranzen bis zu $0{,}001\,\%$ erzielbar. Das Alterungsverhalten genormter Drahtwiderstände entspricht den erwähnten Güteklassen.   □

3.2.2   Schichtwiderstände

Anstelle eines Drahtes lassen sich auch dünne Schichten eines geeigneten Widerstandsmaterials auf stab- oder plattenförmige Träger aufbringen. Diese Schichten werden aufgedampft (Schichtwiderstände und Dünnfilmwiderstände) oder aufgedruckt (Dickfilmwiderstände).

Am verbreitetsten sind die stabförmigen Kohle- und Metallschichtwiderstände (Abb. 3.19a und b).

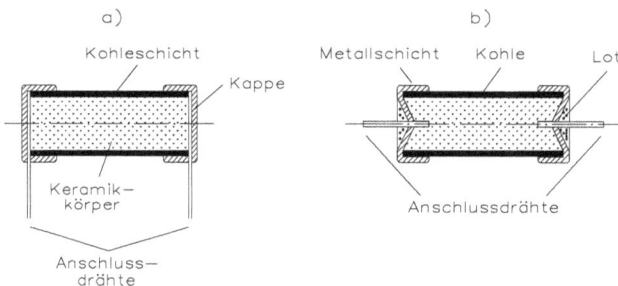

Abb. 3.19: Aufbau von Kohleschichtwiderständen a) mit Kappen (tangentiale Anschlüsse) und b) kappenlos (axiale Anschlüsse)

Bei ihrer Herstellung bringt man die Widerstandsschicht auf einem Keramikkörper auf. Bei richtiger Steuerung des Prozesses erhält man eine Schichtdicke, die einen Widerstandswert in der Größenordnung des gewünschten Nennwertes ergibt. Durch Aussuchen mit Hilfe automatischer Messeinrichtungen findet man Widerstände, die ohne besonderen Abgleich – allerdings bei größerer Toleranz – mit einem Normwert der IEC-Reihe identisch sind. Für engere Toleranzen wird der Widerstand abgeglichen. Meist erfolgt dies durch Einschleifen von Wendeln (Abb. 3.20). Dadurch nimmt die zunächst rohrförmige Widerstandsschicht die Form eines aufgewickelten Bandes an, womit der Widerstandswert höher wird. Dieses Verfahren ist auch für die Herstellung sehr hochohmiger Widerstände unerlässlich, weil man keine stabilen Schichten mit der hierfür erforderlichen geringen Dicke herstellen kann. Widerstände nach neueren Technologien erhalten Wendelungen mit $0{,}2\ldots0{,}25$ mm Steigung und Rillenbreiten von $100\ldots150\,\mu$m, wodurch sehr lange Widerstandsbahnen entstehen.

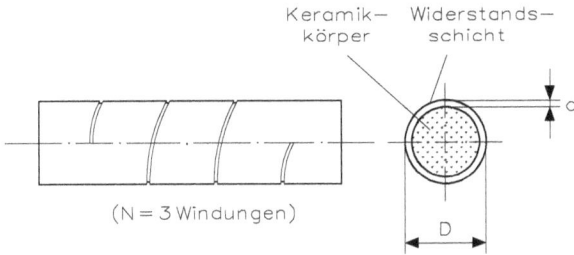

Abb. 3.20: Schichtwiderstand mit eingeschliffenen Wendeln

3.2.3   Metallflachchip-Widerstände

Chipwiderstände in Dünnmetall- und Dickschichttechnik werden hergestellt und sind ausschließlich in der bestückungsfreundlichen Rechteckbauform MFC (Metallschicht Flach
Chip) und in Chipform erhältlich. Auf hochreinen und gut wärmeleitendem Al_2O_3-Keramik
als Substratmaterial wird eine Dickschicht per Siebdruckverfahren aufgebracht oder eine
Metallschicht aufgesputtert. Eine Temperaturbehandlung gewährleistet eine gute Langzeitstabilität und einen geringen Temperaturkoeffizienten. Durch Laser- bzw. Elektronenstrahltrim-
mung wird der Widerstand auf einen normierten Wert abgeglichen. Mit speziellen Dünnfilm-
kontakten versehen, verfügen diese Bauelemente über hohe Haftfestigkeit, ausgezeichnete
Lötbarkeit und gute Langzeitstabilität. Zum Schutz gegen Umwelteinflüsse wird die Wider-
standsfläche mit einem speziellen Lacksystem abgedeckt. Die Layout-Empfehlungen für die
Lötflächen-Pads entsprechen denen gängiger Bauteile.

Abb. 3.21: Kohleschichtwiderstände (links) und Metallflachchip-Widerstände

Die Widerstandsfunktion von Dickschicht-Chipwiderständen wird im Siebdruck durch Be-
schichten mit Widerstandspasten erzielt. Dabei liegt der durch Aufdruck vorgegebene Flä-
chenwiderstand R_A nach dem Einbrennen bereits nahe am gewünschten Sollwert. Mit Feinabgleich durch Lasertrimmen lassen sich besonders engtolerierte Bauelemente herstellen. Mit
Vakuumbeschichtung kann man Widerstände in einem Bereich von $45\,\mu\Omega$cm bis $150\,\mu\Omega$cm
mit geringem Temperaturkoeffizienten (<50 ppm/K) und hohen Stabilitätswerten herstellen.
Elektronenstrahltrimmen erhöht die sogenannten Vorwerte auf das verfügbare Wertespek-
trum, das einen Bereich von $1\,\Omega$ bis $1\,M\Omega$ umfasst. Diese Widerstandsschicht ist insbesondere
für die Grundwerte des Temperaturkoeffizienten, der Stabilität, des Rauschverhaltens und der
Impulsfestigkeit verantwortlich.

Der Kontakt eines SMD-Widerstandes ist das Kernstück des Bauelementes. Seine Qualität bestimmt wesentlich die Fehlerrate bei der Bestückung und die Zuverlässigkeit. Ein sicherer Kontakt ist durch folgende Merkmale gekennzeichnet:

- ausgezeichnete Lötbarkeit in Verbindung mit Schwall- und Reflowverfahren
- gute Zug-, Scher- und Bruchfestigkeit
- hohe Alterungs- und Klimabeständigkeit
- geringer und alterungsunabhängiger Übergangswiderstand
- hohe Abbiegefestigkeit
- kein Aufrichten beim Löten (Grabstein- bzw. Tombstone-Effekt)

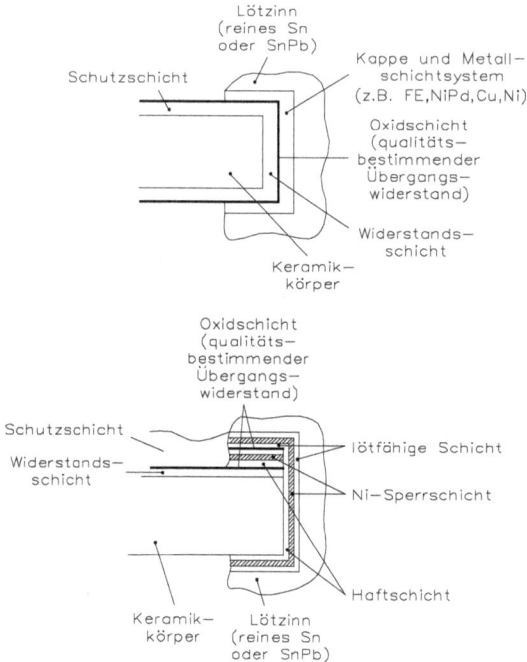

Abb. 3.22: SMD-Kontaktaufbau der Metallflachchip-Widerstände nach dem Melf-Prinzip (oben) und mit Flachchipkontakt (unten)

Abbildung 3.22 zeigt den prinzipiellen SMD-Kontaktaufbau bei Metallflachchip-Widerständen nach dem Melf-Verfahren und mit Flachchipkontakt. Der Kontakt besteht aus einer mit Vorspannung behafteten veredelten Stahlkappe, die mit der Widerstandsschicht/Oxidschicht einen Presskontakt bildet. Zuverlässigkeit und Langzeiterhalten werden vorwiegend durch zeitliche Änderung des Übergangswiderstandes an der Oxidschichtkappe (Veränderung der Anpresskraft) bestimmt. Die Lötbarkeit der veredelten Kappe entspricht den Erfordernissen.

Die Chipwiderstände weisen demgegenüber einen deutlich verbesserten, gesputterten Dünn-schicht-Wrap-around-Kontakt auf. Dieses Mehrschichtsystem erreicht in Verbindung mit der physikalisch abgeätzten Oxidschicht eine sehr gute Haftfestigkeit, Lötbarkeit und Zuverläs-sigkeit sowie ein deutlich verbessertes Rauschverhalten. Die MFC-Widerstände sind SMD-Bauteile, deren elektrische Parameter mit denen von Präzisions-Metallschichtwiderständen konventioneller Bauart vergleichbar sind. Mit dem Kontaktsystem erübrigt sich die Frage nach der Grenzfläche zum qualitätsbestimmenden Übergangswiderstand (Oxidschicht, nachlassende Presskraft bei Kappenkontakten usw.). Abbildung 3.23 zeigt Bauformen von Metallflachchip-Widerständen.

Abb. 3.23: Bauformen von Metallflachchip-Widerständen

3.2.4 Widerstandsnetzwerke

Präzisionsanwendungen, die sehr hohe Widerstandswerte benötigen, können nicht mit Widerständen auf einem monolithischen Chip oder mit Dünnfilm-Netzwerken bestückt werden, weil sie auf Werte zwischen einigen Ω und einigen MΩ eingeschränkt sind. In Anwendungen solcher Art kommt man deshalb nicht um den Einsatz von Kohleschicht- oder Cermet-Widerständen herum.

Aus den Betrachtungen erkennt man, dass sowohl das Nichtbeachten bestimmter Aspekte bekannter physikalischer Zusammenhänge, wie des Ohmschen Gesetzes oder der Kirchhoffschen Regel, als auch die nicht idealen Eigenschaften passiver Bauelemente die Leistungsdaten präziser Analogschaltungen mit Operationsverstärker mehr oder weniger beeinträchtigen können.

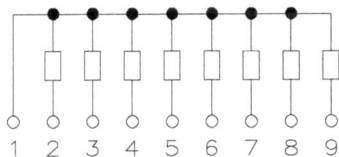

Abb. 3.24: Widerstandsnetzwerk mit acht Widerständen und einem gemeinsamen Anschluss

Abbildung 3.24 zeigt ein Widerstandsnetzwerk mit acht Widerständen und einem gemeinsamen Anschluss. Es handelt sich um Metallglasschichtbauelemente mit Widerstandswerten von 10 Ω bis 1 MΩ. Solche Widerstände sind in der Lage, ohne Einschränkungen der elektrischen Eigenschaften hohe Spannungs- und Energieimpulse aufzunehmen. Dicke, homogene Metallschichten und eine Cermet-Schicht bilden die Grundlage für das gute Impulsverhalten. Mit dem gesputterten Vorkontakt aus Kupfer und Nickel und dem galvanisch aufgebrachten Lötkontakt aus Nickel und Zinn ergibt sich ein stabiler Anschluss. Der ohnehin niedrige Kontaktwiderstand ändert sich auch bei hoher Impulsbelastung nicht. Abbildung 3.25 zeigt verschiedene Widerstandsnetzwerke.

Abb. 3.25: Verschiedene Widerstandsnetzwerke

3.2.5   Potentiometer und Trimmer

Veränderbare Schichtwiderstände bezeichnet man meist als Schichtpotentiometer, weil sie in der Mehrzahl der Anwendungsfälle als Spannungsteiler dienen. Ein Potentiometer befindet sich an der Vorderseite eines elektronischen Gerätes und man kann z. B. die Lautstärke beeinflussen. Ein Trimmer befindet sich im Inneren des Gerätes und hiermit lässt sich die Elektronik justieren.

Aufbau: Die Widerstandsschicht besteht entweder aus Kohle oder einem Gemisch aus Metall- oder Metalloxidpulver mit Glaspulver. Sie werden in die keramischen Träger eingebrannt, während Kohleschichten auch auf Schichtpressstoffe aufgedruckt werden. Die Schichtoberfläche muss vollkommen glatt und eben sein, da feinste Unebenheiten der Feinstruktur der Widerstandskennlinie einen Verlauf geben würden, die eine Art Modulation der einzustellenden Spannung zur Folge hätte. Dies würde sich in Tonfrequenzgeräten als Kratzgeräusch bemerkbar machen, sobald der Schleifer verstellt wird.

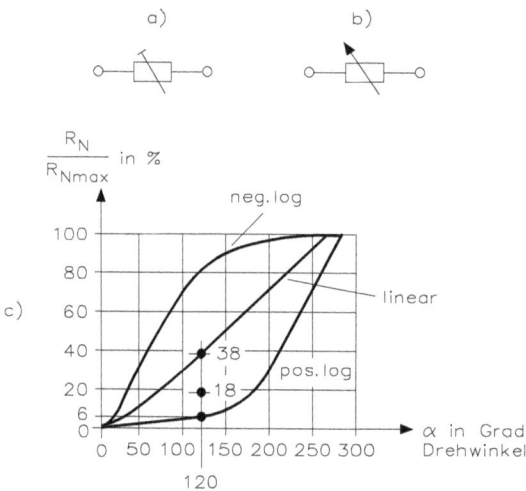

Abb. 3.26: Schichtdrehwiderstände mit Schaltsymbolen für a) Trimmer, b) Potentiometer, c) Kennlinien

Die Scheifer bestehen aus federndem Material, das einen weichen, oft aus Kohle bestehenden Abgriff des Schleifers hat, der auf der Widerstandschicht gleitet. Die Schleiferbewegung kann geradlinig oder kreisförmig sein, wie Abb. 3.26 zeigt, Schichtpotentiometer für Handbetätigung, beispielsweise Lautstärkeregler, sind mit einer entsprechend langen Achse ausgestattet, auf welcher der Drehknopf befestigt wird. Potentiometer für einmalige oder seltene Einstellungen, z. B. für die Arbeitspunkteinstellung von Transistoren, verwenden nur einen kurzen geschlitzten Achsstummel (Schraube, Schraubendrehereinstellung). Sie werden auch als Trimmpotentiometer bezeichnet.

Kapselungen schützen die Widerstände gegen Umwelteinflüsse. Sind die Gehäuse aus Metall, so schirmen diese auch die Widerstandsbahn gegen externe Streufelder ab, was speziell bei hochohmigen Potentiometern oft unerlässlich ist.

Mehrere Potentiometer lassen sich auch auf einer gemeinsamen Achse anordnen (Mehrfachpotentiometer), beispielsweise als Lautstärkeeinsteller in Stereogeräten. Häufig werden sie noch mit dem Netzschalter kombiniert. Abbildung 3.27 zeigt verschiedene Einstellwiderstände.

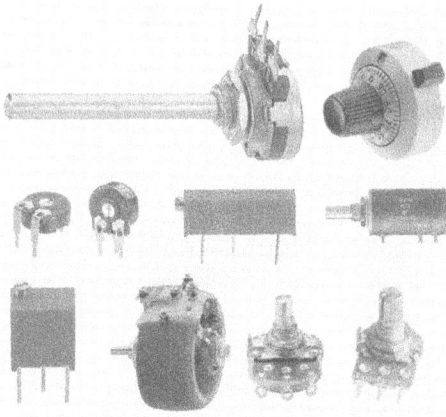

Abb. 3.27: Verschiedene Einstellwiderstände

Die Schichtdrehwiderstände verwenden entweder eine Zentralbefestigung mit Mutter oder diese sind mit Lötstiften im Rastermaß bei Leiterplatinen vorhanden, so dass sie einfach eingesteckt und verlötet werden können. Potentiometer mit geradliniger Schleiferbewegung sind ebenfalls mit Lötstiften versehen.

Nennwerte für den Widerstand: Als Nennwert wird der Gesamtwiderstand R zwischen Anfang und Ende des Widerstandes bezeichnet. Folgende Widerstandswerte sind bei Schichtpotentiometern üblich:

$100\,\Omega$	$250\,\Omega$	$500\,\Omega$
$1\,k\Omega$	$2,5\,k\Omega$	$5\,k\Omega$
$10\,k\Omega$	$25\,k\Omega$	$50\,k\Omega$
$100\,k\Omega$	$250\,k\Omega$	$500\,k\Omega$
$1\,M\Omega$	$2,5\,k\Omega$	

Toleranz: Da die Hauptanwendung die Spannungsteilung ist, ist die Toleranz von $\pm\,20\,\%$ ausreichend und üblich. In Sonderfällen kann man jedoch eine Einengung auf $\pm\,10\,\%$ erlangen.

Belastbarkeit in Watt: Genormte Typen sind für 0,2, 0,4, 0,8 und 2 W lieferbar. Potentiometer gleicher Abmessungen dürfen nur mit der halben Leistung beaufschlagt werden, wenn sie eine logarithmische Kennlinie aufweisen.

Drehbereich von Schichtdrehwiderständen: Der Drehbereich erstreckt sich im Allgemeinen über $270° \pm 10°$ bis $300° \pm 10°$.

Kurvenverlauf: Für den Verlauf des Widerstandes mit dem Drehwinkel gibt es ähnliche Überlegungen, wie sie schon bei Drahtdrehwiderständen angestellt wurden. Bei den linearen Potentiometern ändert sich der Widerstand proportional mit dem Drehwinkel, ebenso die abgegriffene Spannung.

Bei positiv-logarithmischen Potentiometern nimmt der Widerstand nach einer Potenzfunktion mit dem Drehwinkel zu. In diesem Falle ist der Logarithmus des Widerstandes oder der Spannungsteilung dem Drehwinkel proportional.

Bei negativ-logarithmischer Kennlinie nimmt der Logarithmus des Widerstandes bzw. der abgegriffenen Spannung proportional mit dem Drehwinkel ab. Potentiometer mit einer negativ-logarithmischen Kennlinie sind nur für spezielle Anwendungen vorgesehen.

Auch andere Kennlinienverläufe sind erzielbar, wenngleich nur für diejenigen Anwendungsfälle, in denen große Stückzahlen zu erwarten sind, wie in der Unterhaltungselektronik. So gibt es beispielsweise eine Ausführung, bei der der Widerstand am Anfang des Drehbereiches zunächst einen konstanten Wert beibehält und die Widerstandsänderung erst nach Überschreiten eines bestimmten Drehwinkels beginnt. Auch Anzapfungen lassen sich an die Widerstandsschichten anbringen.

Der nicht lineare Verlauf des Widerstandes mit dem Drehwinkel entsteht durch verschieden dicke Kohleschichten oder eine besondere Formgebung des Trägers der Schicht.

Ebenso wie bei Drahtdrehwiderständen herrscht in den Endstellungen des Schleifers nicht der Widerstandswert Null. Vielmehr beginnt er mit dem Anfangsanschlagwert R_a und springt nach Zurücklegen eines kleinen Drehwinkels auf den Anfangsspringwert R_A. Am Ende sind die entsprechenden Werte der Endspringwert R_E und der Endanschlagwert R_e. Anfangs- und Endspringwert sind bei Kohleschichtpotentiometern recht hoch, weshalb DIN 41450 einige Grenzwerte festlegt, damit der Schaltungsentwickler entsprechend dies berücksichtigen kann, wie Tab. 3.6 zeigt.

Tab. 3.6: Kurvenform von Potentiometern

Kurvenform	Anfangsspringwert R_A	Endspringwert R_E
linear	$\leq \sqrt{R_g}$	$\leq \sqrt{R_g}$
positiv-logarithmisch	$\leq 0{,}25 \cdot \sqrt{R_g}$	$\leq 0{,}02 \cdot \sqrt{R_g}$
negativ-logarithmisch	$\leq 0{,}02 \cdot \sqrt{R_g}$	$\leq 0{,}25 \cdot \sqrt{R_g}$

Die logarithmischen Ausführungen finden vor allem als Lautstärkeregler in Tonfrequenz-verstärkung Verwendung. Verändert man nämlich die einem Verstärker zugeführte Ton-frequenzspannung mit Hilfe des Lautstärkeeinstellers um den Faktor α, ändert sich zwar auch der Schalldruck des Lautsprechers um diesen Faktor. Das menschliche Ohr empfindet dagegen nur eine Zunahme um lg α, also weniger stark. Eine Verdoppelung des Schalldrucks erweckt beispielsweise den Eindruck einer Lautstärkezunahme um nur 30 %, und erst eine Verzehnfachung gibt den Eindruck einer Lautstärkeverdopplung. Für eine gehörrichtige Laut-stärkeeinstelllung muss daher die Spannungseinstellung logarithmisch erfolgen.

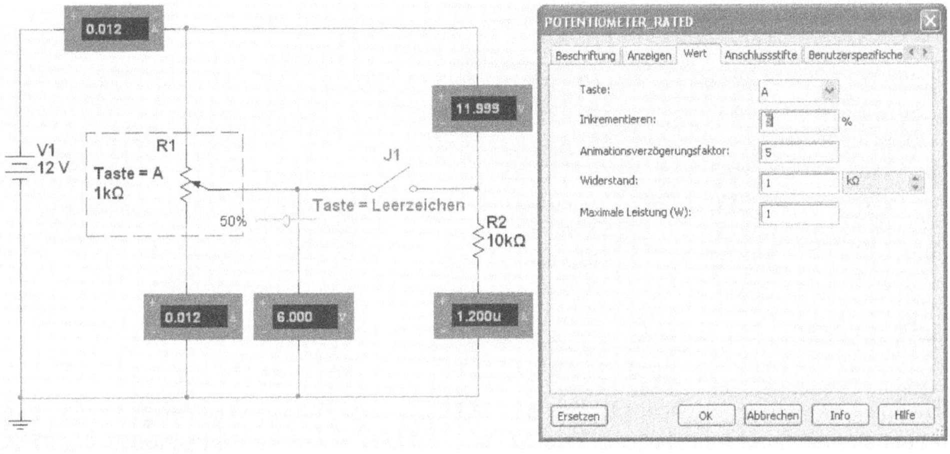

Abb. 3.28: Schaltung für einen Spannungsteiler

Bei der Schaltung von Abb. 3.28 spricht man von einem unbelasteten Spannungsteiler, wenn der Schalter offen ist. Schließt man den Schalter, ergibt sich ein belasteter Spannungsteiler. Beim unbelasteten Spannungsteiler teilen sich die Spannungen U_1 und U_2 entsprechend den Widerstandswerten R_1 und R_2 auf:

$$\frac{U_1}{U_2} = \frac{R_1}{R_2}$$

Durch Veränderung des Drehwinkels lässt sich die Ausgangsspannung U_a zwischen 0 V und 12 V stufenlos einstellen. Abb. 3.28 zeigt die Schaltung für einen unbelasteten Spannungstei-ler.

Befindet sich der Schleifer ganz oben (100 %), dies entspricht einem Teilwiderstand R_2 vom Gesamtwiderstand R mit 100 %, misst man eine Ausgangsspannung von $U_a = 12$ V (100 %). Wie das Diagramm zeigt, ist das Verhalten eines unbelasteten Spannungsteilers linear.

Ein unbelasteter Spannungsteiler besteht aus $R_1 = 1,5$ kΩ und $R_2 = 3$ kΩ. Wie groß ist Ausgangsspannung, wenn die Eingangsspannung 10 V beträgt?

$$U_a = U_e \frac{R_2}{R_1 + R_2} = 10\,\text{V} \frac{3\,\text{k}\Omega}{1,5\,\text{k}\Omega + 3\,\text{k}\Omega} = 6,67\,\text{V}$$

Wenn man in Abb. 3.28 den Schalter schließt, hat man einen belasteten Spannungsteiler, da sich am Anschluss des Schleifers der Lastwiderstand R_L befindet. Durch den Lastwiderstand ergibt sich eine Parallelschaltung zum Teilwiderstand R_2 im Potentiometer bzw. Einsteller. Das Diagramm zeigt, dass sich der Spannungsfall U_2 im belasteten Zustand immer weniger vom unbelasteten Zustand unterscheidet, je hochohmiger der Wert von Widerstand R_2 wird.

Bei der Schaltung werden alle Spannungen und Ströme in einem Spannungsteiler gemessen. Das Potentiometer im Spannungsteiler hat einen Wert von $1\,k\Omega$ und da das Verhältnis $50\,\%$ eingestellt ist, hat der Widerstand R_2 einen Wert von $500\,\Omega$. Wenn Sie die Messungen nach Tab. 3.7 durchführen, erhalten Sie unterschiedliche Werte.

Tab. 3.7: Messwerte für den belasteten Spannungsteiler

R_L	U_a	I_a
$100\,k\Omega$	$5{,}985\,V$	$60\,\mu A$
$50\,k\Omega$	$5{,}97\,V$	$120\,\mu A$
$10\,k\Omega$	$5{,}834\,V$	$585\,\mu A$
$5\,k\Omega$	$5{,}714\,V$	$1{,}143\,mA$
$1\,k\Omega$	$4{,}80\,V$	$4{,}80\,mA$
$500\,\Omega$	$4{,}00\,V$	$8{,}00\,mA$
$100\,\Omega$	$1{,}71\,V$	$17{,}1\,mA$
$50\,\Omega$	$1{,}00\,V$	$20\,mA$
$10\,\Omega$	$0{,}231\,V$	$23\,mA$

Ein Spannungsteiler besteht aus $R_1 = 1\,k\Omega$ und $R_2 = 5\,k\Omega$. Wie groß ist Ausgangsspannung im unbelasteten und im belasteten Zustand ($R_L = 2\,k\Omega$), wenn die Eingangsspannung 12 V beträgt?

$$U_a = U_e \frac{R_2}{R_1 + R_2} = 12\,V \frac{5\,k\Omega}{1\,k\Omega + 5\,k\Omega} = 10\,V$$

$$R = \frac{R_2 \cdot R_L}{R_2 + R_L} = \frac{5\,k\Omega \cdot 2\,k\Omega}{5\,k\Omega + 2\,k\Omega} = 1{,}43\,k\Omega$$

$$U_a = U_e \frac{R}{R_1 + R} = 12\,V \frac{1{,}43\,k\Omega}{1\,k\Omega + 1{,}43\,k\Omega} = 7\,V$$

Die Ausgangsspannung hat im unbelasteten Zustand $U_a = 10\,V$, im belasteten Zustand $U_a = 7\,V$.

4   Kondensator

Kondensatoren sind Bauelemente, die im Prinzip aus zwei gegenüberliegenden, leitfähigen Platten bestehen. Die beiden Platten sind durch eine Isolierschicht (Dielektrikum) getrennt. Bei der Verwendung von Kondensatoren wird die Wirkung des elektrischen Feldes zwischen den beiden Kondensatorplatten ausgenutzt. Dadurch lassen sich Ladungsmengen speichern, wobei die Kapazität eines Kondensators von mehreren Faktoren abhängig ist, wie die Größe und Beschaffenheit der Plattenoberfläche, der Abstand der Platten zueinander und die Leitfähigkeit des Dielektrikums für die elektrischen Feldlinien.

Die Möglichkeit, elektrische Energie in einem elektrischen Feld zu speichern, wird in elektrischen und elektronischen Schaltungen vielfältig ausgenutzt. Die aus zwei elektrisch leitenden Platten aufgebauten Energiespeicher werden als Kondensatoren bezeichnet. Die Aufnahmefähigkeit für elektrische Ladungen hängt von den Abmessungen und dem Abstand der beiden Platten sowie vom Isolierstoff (Dielektrikum) zwischen den Platten ab. Ein Maß für die Speicherfähigkeit von Kondensatoren ist die Kapazität C und diese hat die Einheit „Farad" (1 F). Kondensatoren werden in elektrischen und elektronischen Schaltungen als Bauelemente in großem Umfang eingesetzt. Für die zahlreichen Anwendungsgebiete wurden unterschiedliche Bauarten entwickelt. Abbildung 4.1 gibt einen Überblick über die verschiedenen Bauarten und ihre Schaltzeichen.

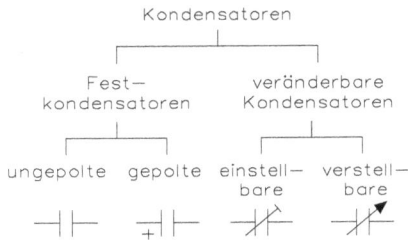

Abb. 4.1: Kondensatortypen und ihre Schaltzeichen

Ungepolte Kondensatoren werden am häufigsten verwendet und die Typenvielfalt ist daher besonders groß. Sie sind als Folien- oder Keramikkondensatoren aufgebaut. Größere Kapazitätswerte lassen sich mit Elektrolytkondensatoren erreichen. Diese gehören zu den gepolten Kondensatoren. Beim Anschluss von Elektrolytkondensatoren muss daher stets die Polarität beachtet werden. Kondensatoren mit veränderbaren Kapazitäten werden nur zur genauen Einstellung von Kapazitätswerten bei Mess- und Abstimmvorgängen verwendet.

Werden Kondensatoren an Gleichspannung angeschlossen, fließt im ersten Augenblick ein großer Ladestrom. Mit zunehmender Aufladung steigt die Spannung am Kondensator und der Strom wird kleiner. Beide Vorgänge verlaufen nach einer e-Funktion. Sobald der Kondensator auf die Ladespannung aufgeladen ist, kann kein Ladestrom mehr fließen. Auch bei der Entladung eines Kondensators ändern sich Kondensatorspannung und Kondensatorstrom entsprechend einer e-Funktion.

Um den Lade- und Entladestrom zu begrenzen, erfolgt Ladung und Entladung von Kondensatoren in der Regel über Widerstände. Das Produkt aus Lade- bzw. Entladewiderstand und Kapazität wird als Zeitkonstante τ (tau) bezeichnet. Diese Zeitkonstante ist ein charakteristischer Wert für die Auflade- und Entladevorgänge bei Kondensatoren.

Bei Anschluss eines Kondensators an Wechselspannung ändert sich die Polarität der Spannungsquelle fortlaufend. Dadurch ändert sich auch die Bewegungsrichtung der Elektronen im Stromkreis und die beiden Platten des Kondensators werden abwechselnd positiv und negativ geladen. Obwohl kein Stromfluss durch den Isolator möglich ist, fließt in dem Stromkreis ein Wechselstrom. Der Kondensator wirkt hier wie ein Widerstand und diese Eigenschaft wird als kapazitiver Widerstand oder Wechselstrom-Widerstand bezeichnet. Zur Unterscheidung von einem ohmschen Widerstand wird für den kapazitiven Widerstand das Kurzzeichen X_C verwendet. Die Größe des kapazitiven Widerstandes hängt von der Kapazität des Kondensators und der Frequenz der Wechselspannung ab. Je größer die Kapazität C und je größer die Frequenz f ist, desto kleiner wird der kapazitive Widerstand.

Während beim Betrieb eines ohmschen Widerstandes an Wechselspannung die Spannung am Widerstand und der Strom durch den Widerstand stets zu den gleichen Zeitpunkten ihre Nulldurchgänge oder Maxima aufweisen, tritt beim Betrieb eines kapazitiven Widerstandes an Wechselspannung eine Verschiebung zwischen Spannung und Strom auf. Der Abstand zwischen zwei gleichsinnigen Nulldurchgängen wird dabei als Phasenwinkel φ (phi) bezeichnet. Beim Kondensator beträgt der Phasenwinkel zwischen Strom und Spannung ($\varphi = 90°$), wobei die Spannung stets dem Strom nacheilt.

Kondensatoren lassen sich wie die Widerstände in Reihe oder parallel schalten. Bei einer Parallelschaltung ergibt sich die Gesamtkapazität aus der Summe der Einzelkapazitäten. Bei der Reihenschaltung ist dagegen die Gesamtkapazität stets kleiner als die kleinste Einzelkapazität. Diese Zusammenhänge gelten in gleicher Weise für den Betrieb von Kondensatoren an Gleichspannung und an Wechselspannung.

4.1 Elektrisches Feld

Die Ladungsmenge, die ein Kondensator speichern kann, hängt von seiner Kapazität und der von außen anliegenden Spannung ab mit

$$Q = C \cdot U$$

Q   =   Gesamtladung in As
C   =   Gesamtkapazität in F oder As/V
U   =   Spannung in V

Ein Kondensator mit einer Gesamtkapazität von $C = 10\,\mu F$ liegt an einer Spannung von 100 V. Wie groß ist die Gesamtladung?

$$Q = C \cdot U = 10\,\mu F \cdot 100\,V = 1 \cdot 10^{-3}\,As$$

Die Ladungsmenge, die ein Kondensator speichern kann, kann auch über den Strom I und der Zeit t berechnet werden:

$$Q = I \cdot t$$

Bei einem Kondensator fließt für 5 s ein Strom von 2 A. Wie groß ist die Gesamtladung?

$$Q = I \cdot t = 2\,A \cdot 5\,s = 10\,As$$

Die Einheit der Kapazität ist nach dieser Formel festgelegt. Eine Ladungsaufnahme von 1 As bei 1 V entspricht der Kapazität von 1 Farad (F = As/V). In der Praxis findet man folgende Einheiten:

$$1\,mF = 10^{-3}\,F \quad \text{(m für milli)}$$
$$1\,\mu F = 10^{-6}\,F \quad \text{(μ für mikro)}$$
$$1\,nF = 10^{-9}\,F \quad \text{(n für nano)}$$
$$1\,pF = 10^{-12}\,F \quad \text{(p für pico)}$$
$$1\,fF = 10^{-15}\,F \quad \text{(f für femto)}$$

4.1.1 Elektrischer Strom als Ladungsträger

Beim elektrischen Strom fließen Ladungsträger. Im Gegensatz dazu sind die Ladungsträger auf einem durch Reibung elektrisch geladenen Stab aus Isolierstoff in Ruhe. Deshalb spricht man von der ruhenden oder statischen Elektrizität. Zwischen den elektrischen Ladungsträgern treten Kraftwirkungen auf.

Ungleiche Ladungen ziehen sich an und gleiche Ladungen stoßen sich ab.

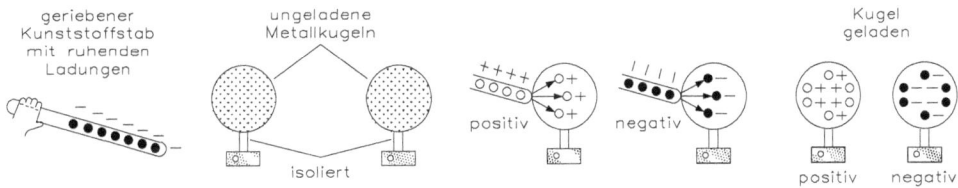

Abb. 4.2: Wirkungsweise der statischen Elektrizität

Man hat in Abb. 4.2 zwei ungeladene Metallkugeln, die isoliert aufgestellt sind. Die eine Kugel wird mit einem durch Reiben mit einem Tuch positiv geladenen Glasstab, die andere mit einem negativ geladenen Kunststoffstab berührt. Dadurch werden beide Kugeln geladen. Die Ladungsträger verteilen sich gleichmäßig auf den Oberflächen der Kugeln, weil sich gleichnamige Ladungen abstoßen.

Man nähert sich nun den beiden Kugeln, wie Abb. 4.3 zeigt. Die Ladungen sammeln sich auf den gegenüberliegenden Flächen. Da die Ladungen nur an der Oberfläche sitzen, kann man auch Platten verwenden, und es wird ein Kondensator entstehen. Der Kondensator besteht aus zwei leitenden, großflächigen Metallfolien, zwischen denen eine isolierende Schicht – das Dielektrikum – liegt.

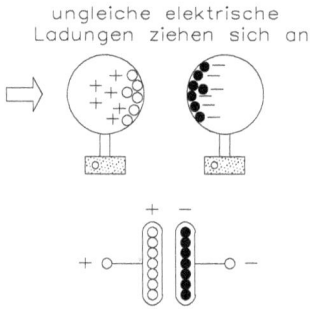

Abb. 4.3: Aufbau und Wirkungsweise eines Kondensators

In einem Leiter können sich die Ladungsträger frei bewegen. An der Oberfläche der negativ geladenen Kugel verteilen sich die Elektronen – die negativen Ladungsträger – gleichmäßig. Sie wollen einen möglichst großen Abstand voneinander aufweisen. Der Grund:

Gleichnamige Ladungen stoßen sich ab!

Man nähert sich der negativ geladenen Kugel mit einem negativ geladenen Körper. Jetzt sammeln sich die Ladungsträger auf der Kugelrückseite.

Nähert man sich der negativ geladenen Kugel mit einem positiv geladenen Körper, dann sammeln sich die Ladungsträger auf der Kugelvorderseite.

Diesen Vorgang bezeichnet man als elektrische Influenz, wie Abb. 4.4 zeigt

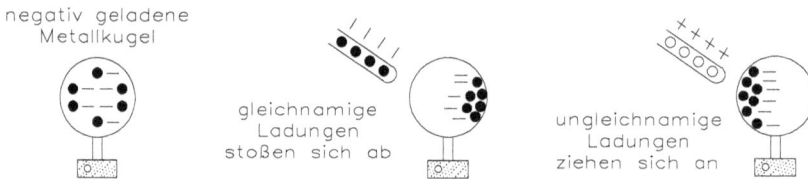

Abb. 4.4: Elektrische Influenz

Zwischen den geladenen Kondensatorplatten lassen sich elektrische Wirkungen nachweisen. So wird z. B. ein positiv geladenes Kügelchen aus Isolierstoff von der negativen Platte angezogen.

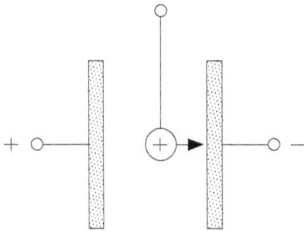

Abb. 4.5: Kraftwirkung im elektrischen Feld

Man bezeichnet den Raum, in dem sich elektrische Wirkungen nachweisen lassen, als das elektrische Feld. Abbildung 4.5 zeigt die Wirkungsweise.

Zeichnerisch veranschaulicht man das elektrische Feld mit Hilfe (gedachter) elektrischer Feldlinien. Dabei entspricht die Richtung der Feldlinien der am jeweiligen Ort vorherrschenden Kraftrichtung auf eine positive Ladung. Durch die Dichte der Feldlinien wird die Stärke des elektrischen Feldes ausgedrückt. Elektrische Feldlinien (Abb. 4.6) bilden mit der Oberfläche von Leitern einen rechten Winkel.

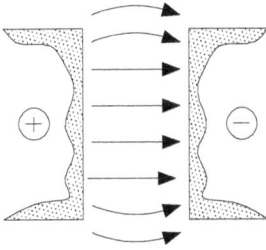

Abb. 4.6: Verhalten von elektrischen Feldlinien

Abbildung 4.7 zeigt die wichtigsten Formen elektrischer Felder, wie sie in der Praxis häufig vorkommen.

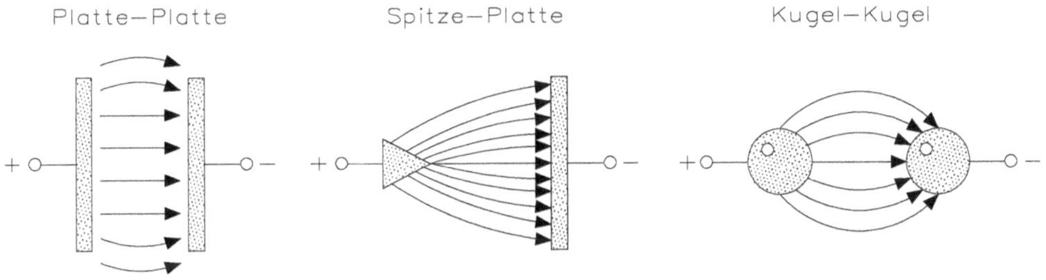

Abb. 4.7: Feldverlauf zwischen verschiedenen Elektroden

Ein Feld, dessen Feldlinien geradlinig verlaufen und das eine gleichmäßige Feldliniendichte hat, bezeichnet man als homogenes Feld, wie Abb. 4.8 zeigt.

Ein Feld mit ungleichmäßiger Feldliniendichte und/oder gekrümmten Feldlinien definiert man als inhomogenes Feld, wie Abb. 4.9 zeigt.

Wie man aus Abb. 4.10 sieht, ergibt sich kein linearer Feldlinienverlauf zwischen gleichgeladenen Körpern. Durch Überlegung erkennt man, das eine positive Ladung sowohl von der linken als auch von der rechten Platte abgestoßen wird. Genau in der Mitte müssen sich beide Kräfte aufheben.

Ladungen verteilen sich, weil sie sich abstoßen, gleichmäßig auf der Leiteroberfläche. Im nebenstehend dargestellten Metallrohr sind deshalb keine Ladungsträger an der Rohrinnenseite vorhanden. Der Hohlraum ist daher völlig feldfrei, wie Abb. 4.11 zeigt. Diese Erscheinung benutzt man in der Praxis zur elektrischen Abschirmung.

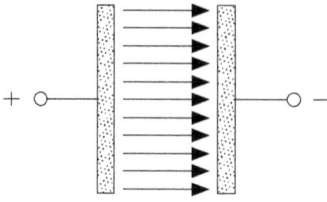

Abb. 4.8: Aufbau eines homogenen Feldes

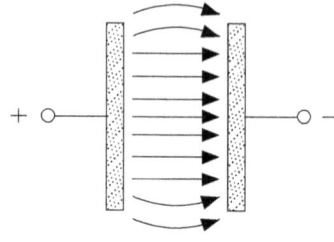

Abb. 4.9: Aufbau eines inhomogenen Feldes

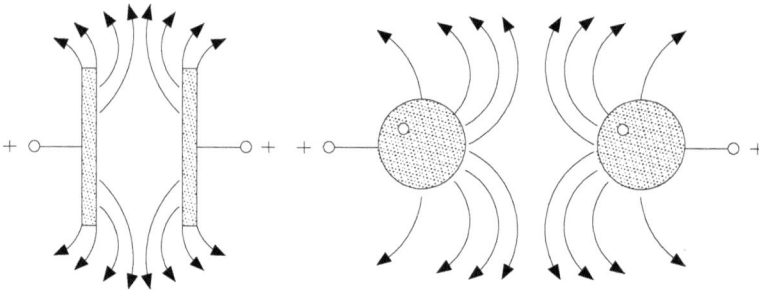

Abb. 4.10: Elektrische Felder zwischen gleichgeladenen Körpern

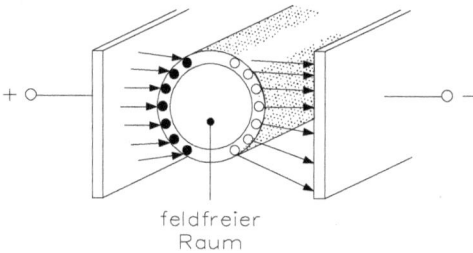

feldfreier
Raum

Abb. 4.11: Elektrische Schirmwirkung durch Metallrohr

Die Ladungsträger befinden sich nur an der Leiteroberfläche. Deshalb genügen zur Abschirmung im Allgemeinen dünnwandige Metallflächen.

Ein Raum kann anstatt mit einer geschlossenen Metallfläche auch durch ein engmaschiges Metallgitter oder -netz abgeschirmt werden. Diese Abschirmung bezeichnet man als Faradayschen Käfig. Ein geschlossener Wagen mit Metallkarosserie ist ein solcher Faradayscher Käfig und er schützt vor Blitzschlag.

4.1.2   Elektrische Feldstärke

Die Stärke eines elektrischen Feldes, die elektrische Feldstärke E, ist umso größer,

a) je höher die anliegende Spannung U ist (E ~U) und

b) je geringer der Plattenabstand d ist (E ~1/d)

Daraus ergibt sich die Feldstärke zu:

$$E = \frac{U}{d}$$

E elektrische Feldstärke in V/m

d Abstand der Platten in m

Die elektrische Feldstärke wird zwar umso größer, je geringer der Abstand von den zwei Platten ist. Abb. 4.12 zeigt die elektrische Feldstärke in Abhängigkeit von der Spannung und vom Abstand der Platten. Man kann zwei Platten jedoch nicht beliebig nähern, ohne dass irgendwann ein elektrischer Überschlag eintritt.

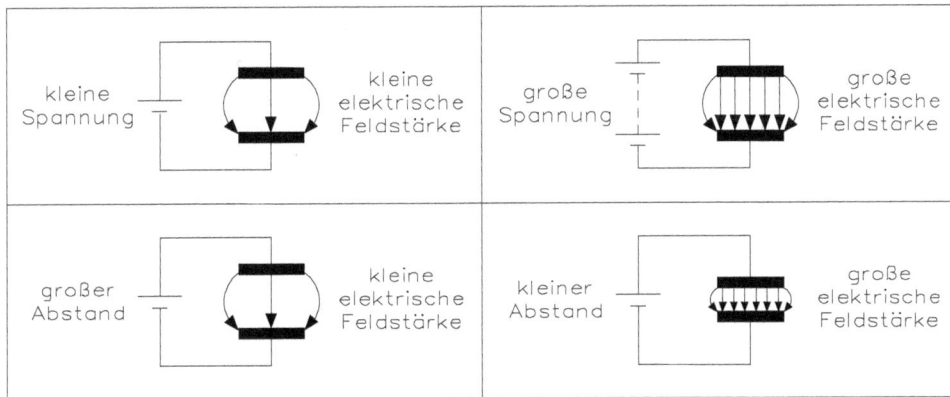

Abb. 4.12: Elektrische Feldstärke

Beispiel: Zwei Platten eines Kondensators verwenden einen Abstand von d = 2 mm und es liegt die Spannung von U = 20 V an. Wie groß ist die elektrische Feldstärke?

$$E = \frac{U}{d} = \frac{20\,V}{2\,mm} = \frac{20\,V}{2 \cdot 10^{-3}\,m} = 10000\,\frac{V}{m} = 10\,\frac{kV}{m}$$

Bei Kondensatoren besteht das Dielektrikum zwischen den Belägen oft aus festen Isolierstoffen. Der Belagabstand ist dann gleich der Dicke des Dielektrikums. Die elektrische Feldstärke, bei der ein Dielektrikum durchschlagen wird, bezeichnet man die Durchschlagsfestigkeit des Dielektrikums. Sie wird, wie die elektrische Feldstärke, in kV/m oder in kV/cm angegeben.   □

Beispiel: Durchschlagsfestigkeit von Luft $= 20\,\frac{kV}{cm}$

Ein elektrischer Überschlag kann auch nach außen auftreten. Hier muss also die Umhüllung des Kondensators eine große Durchschlagsfestigkeit aufweisen. Abb. 4.13 zeigt einen elektrischen Überschlag.   □

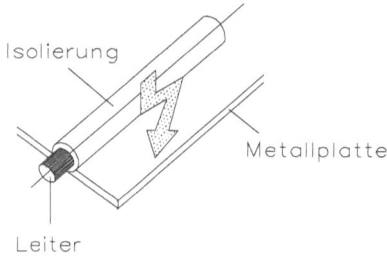

Abb. 4.13: Elektrischer Überschlag

4.1.3 Kapazität und Kondensator

Die Eigenschaft eines Kondensators, nach dem Anlegen einer bestimmten Spannung eine bestimmte Menge elektrischer Ladungen (Elektrizitätsmenge) zu speichern, bezeichnet man als Kapazität.

Die vom Kondensator aufgenommene Ladungsmenge Q ist umso größer, je größer seine Kapazität C und je höher die anliegende Spannung U als verursachende Ladungsdifferenz sind. Abb. 4.14 zeigt die Ladung des Kondensators.

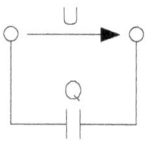

Abb. 4.14: Ladung des Kondensators

Die Ladungsmenge berechnet sich aus

$$Q = C \cdot U$$

Die Kapazität kann damit als Verhältnis der aufgenommenen Ladung Q zur dabei anliegenden Spannung U angegeben werden.

$$C = \frac{Q}{U}$$

Als Einheit der Kapazität ergibt sich damit As/V, abgekürzt Farad (1 F = 1 As/V).

Größe	Formelzeichen	Einheit	
		Name	Zeichen
Kapazität	C	Amperesekunden pro Volt = Farad	$\frac{As}{V} = F$

Die Kapazität C hängt vom Aufbau eines Kondensators

- der Plattenfläche A
- dem Plattenabstand d

und von den elektrischen Eigenschaften des Dielektrikums

- der sogenannten Dielektrizitätskonstanten ε (Epsilon) ab.

Wirksame Plattenfläche A: Je größer die Plattenfläche, desto größer die Kapazität → C ~ A

Plattenabstand d: Je kleiner der Plattenabstand, desto größer die Kapazität → C ~ $\frac{1}{d}$

Dielektrizitätskonstante ε: Je größer die Dielektrizitätskonstante („besseres" Dielektrikum), desto größer die Kapazität → C ~ ε.

Zusammengefasst ergibt sich: C = $\frac{A}{d}$

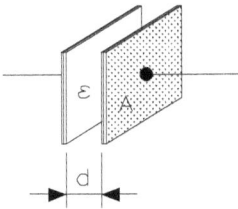

Abb. 4.15: Aufbau und Kapazität eines Kondensators

Abbildung 4.15 zeigt den Aufbau und die Kapazität eines Kondensators. Die Dielektrizitätskonstante ε (auch: Permittivität) besteht ihrerseits aus zwei Anteilen:

- Der elektrischen Feldkonstanten ε_0, die die Dielektrizität des luftleeren Raums angibt (Vakuum zwischen den Kondensatorplatten). Sie hat den konstanten Wert

$$\varepsilon_0 = 8{,}85 \cdot 10^{-12} \frac{As}{Vm}$$

Der Dielektrizitätszahl ε_r (auch: Permittivitätszahl), die angibt, um welchen Faktor sich die Kapazität bei einem bestimmten Dielektrikum gegenüber Vakuum erhöht. Sie ist also stoffspezifisch und hat die Einheit 1.

Man erhält die Dielektrizitätskonstante als Produkt dieser beiden Größen

$$\varepsilon = \varepsilon_r \cdot \varepsilon_0 \qquad \text{mit der Einheit} \qquad \frac{As}{Vm} \text{ oder } \frac{F}{m}$$

Die Berechnungsformel für die Kapazität eines Kondensators kann also auch wie folgt angegeben werden:

$$C = \varepsilon_0 \cdot \varepsilon_r \cdot \frac{A}{d}$$

Beispiel: Wie groß ist die Kapazität eines Styroflex-Kondensators, dessen Dielektrikum aus einer 1,5 m langen und 30 mm breiten Styroflexfolie mit beidseitig aufgebrachten Aluminiumfolien als Belägen besteht? Die Folie ist 30 µm dick (ε_r für Styroflex = 2,5).

$$A = b \cdot l = 0,03\,\text{m} \cdot 1,5\,\text{m} = 0,045\,\text{m}^2$$

$$C = \varepsilon_0 \cdot \varepsilon_r \cdot \frac{A}{d} = 8,854 \cdot 10^{-12}\,\frac{\text{F}}{\text{m}} \cdot 2,5 \cdot \frac{0,045\,\text{m}^2}{30\,\mu\text{m}} = 33,2\text{nF}$$

Tabelle 4.1 zeigt einige Stoffe mit den Werten für die relative Dielektrizitätskonstante ε_r.

$\square$

Tab. 4.1: Werte der relativen Dielektrizitätskonstanten für einige ausgewählte Materialien

	ε_r
Luft	$1,0005 \approx 1$
Glas	5 bis 10
Transformatoröl	2,3
Porzellan	4,5 bis 6
Wasser	≈ 81
Glimmer	5 bis 8
Quarz	3,8 bis 5
Hartpapier	≈ 5
Polyvinylchlorid	3 bis 5,5
Bariumtitanat	> 1000

4.1.4 Parallelschaltung von Kapazitäten

Durch Parallelschalten vergrößert man die Plattenfläche A, wie Abb. 4.16 zeigt. Damit wird die Gesamtkapazität größer.

$$C = C_1 + C_2 + \cdots + C_n$$

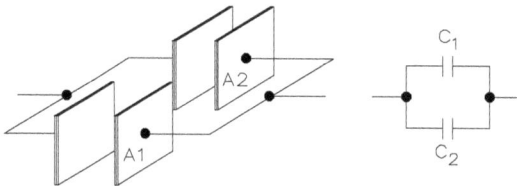

Abb. 4.16: Parallelschaltung von Kapazitäten

Drei Kondensatoren $C_1 = 3$ nF, $C_2 = 2$ nF und $C_3 = 4$ nF sind parallel geschaltet. Wie groß ist die Gesamtkapazität?

$$C = C_1 + C_2 + C_3 = 3\,\text{nF} + 2\,\text{nF} + 4\,\text{nF} = 9\,\text{nF}$$

4.1.5 Reihenschaltung von Kapazitäten

Bei Reihenschaltung (Abb. 4.17) von Kapazitäten wird der Abstand zwischen den äußeren Belägen größer. Dadurch verkleinert sich die Gesamtkapazität.

$$\frac{1}{C} = \frac{1}{C_1} + \frac{1}{C_2} + \cdots + \frac{1}{C_n}$$

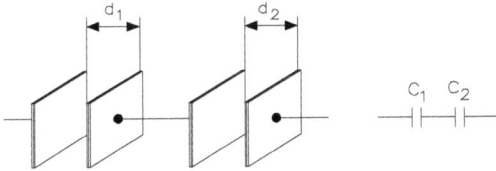

Abb. 4.17: Reihenschaltung von Kapazitäten

Drei Kondensatoren $C_1 = 3\,nF$, $C_2 = 2\,nF$ und $C_3 = 5\,nF$ sind in Reihe geschaltet. Wie groß ist die Gesamtkapazität?

$$\frac{1}{C} = \frac{1}{C_1} + \frac{1}{C_2} + \frac{1}{C_3} = \frac{1}{3\,nF} + \frac{1}{2\,nF} + \frac{1}{5\,nF} = \frac{10 + 15 + 6}{30\,nF} = \frac{31}{30\,nF} = 1{,}033\,nF$$

Sind nur zwei Kondensatoren in Reihe geschaltet, kann man die Ausgangsgleichung

$$\frac{1}{C} = \frac{1}{C_1} + \frac{1}{C_2}$$

umstellen und erhält die Formel

$$C = \frac{C_1 \cdot C_2}{C_1 + C_2}$$

Zwei Kondensatoren $C_1 = 4\,nF$ und $C_2 = 2\,nF$ sind in Reihe geschaltet. Wie groß ist die Gesamtkapazität?

$$C = \frac{C_1 \cdot C_2}{C_1 + C_2} = \frac{4\,nF \cdot 2\,nF}{4\,nF + 2\,nF} = 1{,}33\,nF$$

4.2 Laden und Entladen eines Kondensators

Der Kondensator an Gleichspannung kennt zwei Betriebszustände: Laden und Entladen

4.2.1 Laden eines Kondensators

Legt man einen (ungeladenen) Kondensator an eine Gleichspannungsquelle an, so nimmt er Ladung auf – er wird geladen. Die Kondensatorspannung steigt im Laufe der Zeit von anfangs

Zeit   Kondensatorspannung

R
100 kΩ

t = 0 s

U
100 V

C
100 μF

U_C in V

$U_C = 0 V$

U_C

t in s

t = 10 s

$U_C = 63 V$

t = 20 s

$U_C = 86 V$

t = 30 s

$U_C = 95 V$

t = 40 s

$U_C = 98 V$

t = 50 s

$U_C = 99 V$

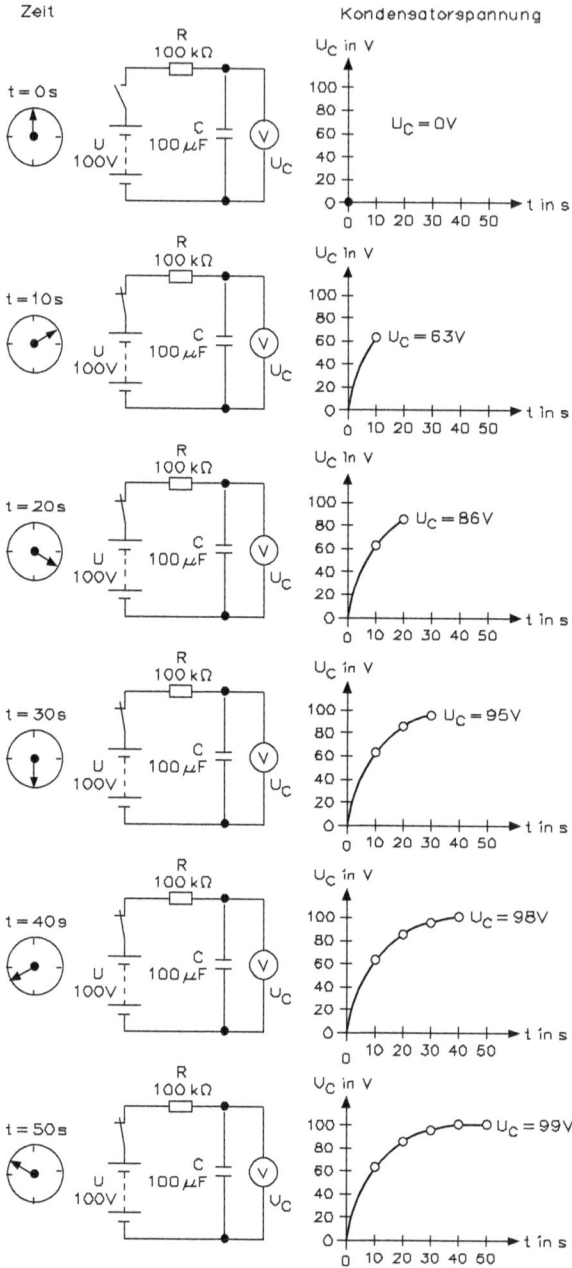

Abb. 4.18: Zeitlicher Verlauf der Ladespannung

Null bis angenähert auf die angelegte Gleichspannung. Es fließt ein Ladestrom, der umgekehrt anfangs einen Maximalwert annimmt und dann bis Null absinkt.

Mit Hilfe der Abb. 4.18 soll der zeitliche Ablauf eines Ladevorganges betrachtet werden. Ein Kondensator $C = 100 \, \mu F$ wird über einen Schalter an eine Gleichspannung $U = 100 \, V$ geschaltet. Im Stromkreis liegt ein Widerstand von $100 \, k\Omega$.

Die Spannung am Kondensator wird mit einem elektrostatischen Spannungsmesser gemessen. (Ein Drehspulmessinstrument würde mit seinem Widerstand die Messung zu stark verfälschen.)

Nun soll der Verlauf der Kondensatorspannung U_C während der Ladezeit des Kondensators anhand von Abb. 4.18 verfolgt werden. Man kann zunächst ein steiles (schnelles), später immer flacheres (langsameres) Ansteigen der Kondensatorspannung beobachten. Ihr Verlauf folgt einer e-Funktion (exponentiell). Der Ladevorgang kann als beendet gelten, wenn die Kondensatorspannung etwa 99 % der Ladespannung erreicht hat – in diesem Beispiel also nach einer Ladezeit von 50 Sekunden.

Je größer der Widerstand R, durch den der Ladestrom fließt, und je größer die Kapazität C (aufnehmbare Ladungsmenge), desto länger dauert ein Ladevorgang. Das Produkt dieser beiden Größen ist als Maß für die Dauer des Ladevorganges – die Zeitkonstante τ.

$$\tau = R \cdot C$$

Als Einheit ergibt sich $\Omega \cdot F = \frac{V}{A} \cdot \frac{As}{V} = s$, also die Einheit der Zeit.

Für vorstehendes Beispiel erhält man eine Zeitkonstante von

$$\tau = R \cdot C = R \cdot C = 100 \cdot 10^3\,\Omega \cdot 100 \cdot 10^{-6}\,F = 10\,s$$

Trägt man nun in die Tab. 4.2 die Zeit in Form von Vielfachen der Zeitkonstanten ($\tau \,\hat{=}\, 10\,s$, $2\tau \,\hat{=}\, 20\,s$ ...) und die Kondensatorspannung im Verhältnis zur Ladespannung U_C ein, so ergibt sich ein Zusammenhang. Tabelle 4.2 zeigt die Zeitabhängigkeit der Ladespannung und des Ladestromes.

Tab. 4.2: Zeitabhängigkeit der Ladespannung U_L und des Ladestromes I_L bei einem RC-Glied

Ladezeit	U_L in %	I_L in %
0	0	100
1 τ	63	37
2 τ	86,5	13,5
3 τ	95	5
4 τ	98,2	1,8
5 τ	99,3 $\approx$ 1	,7

Nach Dauer einer Zeitkonstanten (t = 1 τ) beträgt die Kondensatorspannung 63 % der vollen Ladespannung.

Nach t = 5 $\cdot$ τ ist die Spannung des Kondensators auf 99 % der anliegenden Spannung gestiegen, also fast auf den vollen Wert von U. Diese Zeit bezeichnet man als Ladezeit t für den Kondensator.

Die Ladezeit beträgt das 5fache der Zeitkonstanten.

Der größte Ladestrom fließt beim Einschalten.

$$I = \frac{U}{R} = \frac{100\,V}{100\,k\Omega} = 1\,mA$$

Nach 1 τ ist der Spannungsunterschied

$$\Delta U = U - U_C = 100\,V - 63\,V = 37\,V$$

Dann ist

$$I = \frac{\Delta U}{R} = \frac{37\,V}{100\,k\Omega} = 0{,}37\,mA$$

Der Ladestrom wird immer kleiner, bis er nach $t = 5 \cdot \tau$ nahezu Null wird.

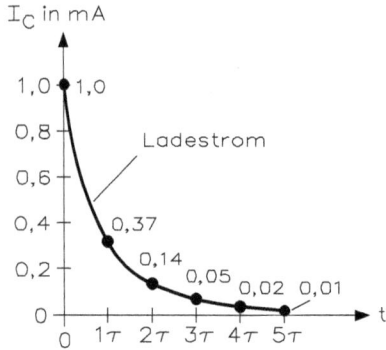

I_C in mA

1,0 ● 1,0

0,8

Ladestrom

0,6

0,4   0,37

0,2   0,14

             0,05   0,02   0,01

0

   0   1τ   2τ   3τ   4τ   5τ   t

Abb. 4.19: Zeitlicher Verlauf des Ladestromes

Schaltet man einen geladenen Kondensator an einen Widerstand (z. B. Glühlampe), so stellt er in diesem Stromkreis eine Spannungsquelle dar – die Ladungen gleichen sich aus – es fließt ein abnehmender Entladestrom – der Kondensator wird entladen.

4.2.2   Entladung eines Kondensators

Schließt man den Schalter, entlädt sich der Kondensator über die Lampe.

Abb. 4.20 zeigt die Entladung eines Kondensators.

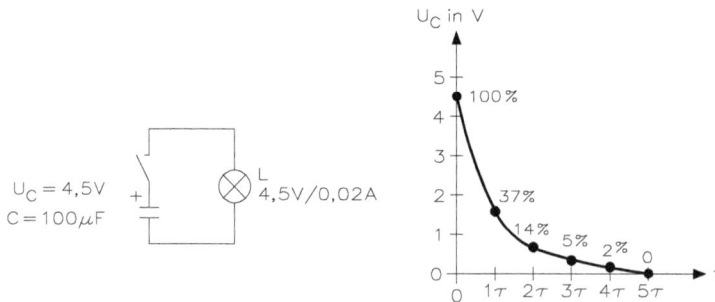

U_C in V

5

   100%

4

3

$U_C = 4{,}5\,V$ L   2   37%
4,5V/0,02A

$C = 100\,\mu F$ 1   14%   5%   2%   0

0

   0   1τ   2τ   3τ   4τ   5τ   t   **Abb. 4.20:** Entladen eines Kondensators

Der zeitliche Verlauf von Kondensatorspannung und Entladestrom entspricht demjenigen beim Ladevorgang vom Höchstwert bis nahe Null nach Ablauf der Entladezeit von 5 ·τ.

4.2.3   Kapazitätsänderung von Kondensatoren bei Erwärmung

Für die Kapazitätsänderung von Kondensatoren bei Erwärmung gilt

$$\Delta C = \alpha \cdot C_k \cdot \Delta \vartheta \qquad C_w = C_k \cdot (1 + \alpha \cdot \Delta \vartheta)$$

ΔC Kapazitätsänderung in F

α Temperaturkoeffizient in 1/K

C_k Kapazität im kalten Zustand in F

C_w Kapazität im warmen Zustand in F

$\Delta \vartheta$ Temperaturänderung in K

Beispiel: Ein Kondensator mit $C_k = 1\mu F$ hat ein $\alpha = 3 \cdot 10^{-3}$ 1/K. Wie groß ist die Kapazität C_w, wenn $\Delta \vartheta = 50$ K ist?

$$C_w = C_k \cdot (1 + \alpha \cdot \Delta \vartheta) = 1\mu F \cdot (1 + 3 \cdot 10^{-3}\frac{1}{K} \cdot 50K) = 1,15\mu F \qquad \Box$$

4.3   Kenngrößen von Kondensatoren

Beim technischen Einsatz eines Kondensators sind die folgenden Angaben wichtig:
- Nennkapazität
- zulässige Toleranz zur Nennkapazität
- zulässige Spannung
- Temperatur- und Feuchteabhängigkeit
- Verlustfaktor
- Selbstentladezeitkonstante
- Zuverlässigkeitsangaben für den Kondensator

Auf diese einzelnen Punkte soll im Rahmen dieses Buches nur sehr kurz eingegangen werden.

4.3.1   E-Reihen von Kondensatoren

Für die Abstufung der Kapazitätswerte von Kondensatoren gibt es unterschiedliche Normreihen, eine der gebräuchlichsten ist die internationale IEC-Norm der E-Reihen (DIN 41425 und 41426 bzw. 41311). Da aus fertigungstechnischen Gründen Kondensatoren bestimmte Abweichungen nach unten oder oben von ihrer Nennkapazität aufweisen, müssen auch die zulässigen Toleranzen festgelegt sein. Dies ist in den erwähnten E-Reihen bereits für Toleranzwerte von $\pm 20\%$ bis $\pm 0,5\%$ erfolgt, daneben sind noch weitere Toleranzbereiche üblich, wie sie z. B. in den Toleranzbuchstaben von B bis Y (DIN 40825) oder den für Kondensatoren üblichen Farbcodes zu finden sind. Abb. 4.21 zeigt verschiedene Kondensatoren.

Da das Dielektrikum eines Kondensators nur eine begrenzte elektrische Feldstärke E = U/d verträgt und bei Überschreitung dieser Feldstärke ein Durch- oder Überschlag auftritt, ist eine zulässige Nennspannung angegeben, sie gilt für eine Umgebungstemperatur von 40 °C. Bei einer höheren Oberflächentemperatur des Kondensators muss die Spannung vermindert werden und man bezeichnet diesen temperaturabhängigen Wert als Dauergrenzspannung. Ebenso

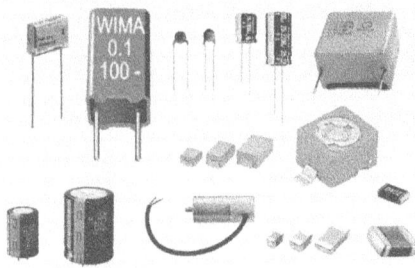

Abb. 4.21: Verschiedene Kondensatoren

können Spitzenspannungen, d. h. höchstens kurzfristig zulässige Scheitelwerte angegeben sein. Es gibt auch Kondensatoren, die mit einer Mischspannung (Gleichspannung, der eine Wechselspannung überlagert ist) betrieben werden dürfen. Hier gibt man die höchste zulässige überlagerte Wechselspannung an, dieser Wert ist meist frequenzabhängig.

Kondensatoren sind ebenso wie ohmsche Widerstände temperaturabhängig. Diese Abhängigkeit kann durch einen Temperaturbeiwert beschrieben werden. Weiter hängt die Kapazität der relativen Feuchte von der Umgebung ab.

Bei einem idealen Kondensator ist der Phasenverschiebungswinkel φ zwischen Spannung und Strom $-90\,°$. Aufgrund des endlichen Isolationswiderstandes des Dielektrikums, auftretender Oberflächenströme und dielektrischer Verluste durch Umpolarisation bei Wechselspannung ist dieser Winkel aber beim realen Kondensator nicht ganz $-90\,°$. Diese Abweichung wird durch den Verlustfaktor oder einen Kehrwert, die Güte des Kondensators, beschrieben.

Ein von seiner Spannungsquelle abgetrennter Kondensator wird sich langsam über sein Dielektrikum entladen. Die Zeit, nach der der Kondensator noch 36,8 % seiner Anfangsspannung besitzt, nennt man Selbstentladezeitkonstante, sie beträgt üblicherweise zwischen 1000 s und 10 000 s.

Auf die Zuverlässigkeitsangaben soll hier nicht näher eingegangen werden. Unter Annahme bestimmter Betriebs-, Ruhe- und Lagerzeiten beträgt die Lebensdauer von Kondensatoren ca. 15 bis 25 Jahre.

Bei größeren Bauformen von Kondensatoren sind die wichtigsten Angaben in Klartext aufgedruckt, es soll hier aber noch eine Farbcodetabelle für zwei in der Elektronik übliche Bauformen angegeben werden, dazu zeigt Abb. 4.22 wie der Farbcode aufgebracht ist.

Auf den ebenfalls üblichen Code aus alphanumerischen Zeichen soll hier verzichtet werden, er ist in fast allen Tabellenbüchern zu finden. Tabelle 4.3 zeigt den Farbcode für Keramikkondensatoren und gesinterte Tantal-Elektrolytkondensatoren.

Zwei Beispiele sollen den Gebrauch der Tab. 4.3 erläutern. Ein Keramikkondensator der Bauart nach Abb. 4.22 links oben hat von links nach rechts die Farbringfolge gelb, violett, orange, silber und braun. Dies bedeutet:

$$47 \cdot 10^3 \,\text{pF} \pm 10\,\% \qquad \text{bzw.} \qquad 47\,\text{nF} \pm 10\,\%, \text{Nennspannung}\,100\,\text{V}$$

Ein gesinterter Tantal-Elektrolytkondensator trägt von oben nach unten die Farbfolge blau, grau, grün mit einem braunen Farbpunkt. Dies bedeutet:

$$68 \cdot 10\,\mu\text{F} = 680\,\mu\text{F}, \text{Nennspannung}\,16\,\text{V}$$

Tantal−Elektrolytkondensator

Polarität

Keramikkondensator

Multiplikator

2. Ziffer

1. Ziffer

1. Ziffer

2. Ziffer | Toleranz

Betriebs−
spannung

Nennspannung

Multiplikator

− | | +

1. Ziffer
2. Ziffer
Multiplikator
Toleranz

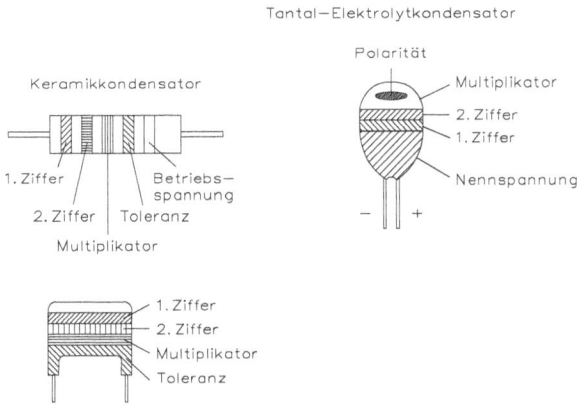

Abb. 4.22: Farbcode für Keramikkondensatoren und gesinterte Tantal-Elektrolytkondensatoren

Tab. 4.3: Farbcode für Keramikkondensatoren und gesinterte Tantal-Elektrolytkondensatoren

Kenn-farbe	Wert-ziffer	Multiplikator bei Keramikk.	Multiplikator bei Tantalk.	Toleranz	Nennspannung bei Keramikk.	Nennspannung bei Tantalk.
keine	−	−	−	±20 %	5000 V	−
silber	−	10^{-2}	−	±10 %	2000 V	−
gold	−	10^{-1}	−	±5 %	1000 V	−
schwarz	0	10^{0} pF	1 μF	−	−	10 V
braun	1	10^{1} pF	10 μF	±1 %	100 V	−
rot	2	10^{2} pF	100 μF	±2 %	200 V	−
orange	3	10^{3} pF	−	−	300 V	−
gelb	4	10^{4} pF	−	−	400 V	6,3 V
grün	5	10^{5} pF	−	±0,5 %	500 V	16 V
blau	6	10^{6} pF	−	−	600 V	20 V
violett	7	10^{7} pF	−	−	700 V	−
grau	8	10^{8} pF	0,01 μF	−	800 V	25 V
weiß	9	10^{9} pF	0,1 μF	−	900 V	3 V
rosa	−	−	−	−	−	35 V

Eine Toleranzangabe fehlt hier und sie ist dem Datenblatt oder der zugehörigen E-Reihe zu entnehmen.

4.3.2 Bauarten von Kondensatoren

Es werden hier nur die wichtigsten Bauarten kurz angesprochen
- Wickelkondensatoren
- Massekondensatoren
- Schichtkondensatoren
- Verstellbare Kondensatoren

Zu den Wickelkondensatoren gehören
- Metallfolienkondensatoren
- Metallbedampfte Kondensatoren
- Elektrolytkondensatoren

Bei den Metallfolienkondensatoren werden zwei Metallfolien (meist Aluminiumfolien) durch eine getränkte doppelte Papierlage oder Kunststofffolien voneinander isoliert und gemeinsam zu einem Winkel aufgerollt. Solche Kondensatoren eignen sich besonders für Wechselstrom (Schwingkreiskondensatoren). Wegen der großen Dicke der Metallfolien (aus mechanischen Gründen notwendig) sind die Kondensatoren ziemlich groß. Der gesamte Wickel wird entweder mit Kunststoff umgossen oder in Kunststoff-, Metall- oder Keramikbechern untergebracht.

Eine bedeutende Volumenverringerung erhält man bei den metallbedampften Kondensatoren. Für die Kapazität spielt nur die Dicke der Isolierschicht, nicht die der Metallschicht, eine Rolle. Bei den Metall-Papier-Kondensatoren (MP-Kondensatoren) werden dünne Metallschichten ($0,1\,\mu m$ bis $0,01\,\mu m$) auf Papier aufgedampft. Um den Nachteil des sich dadurch ergebenden großen ohmschen Widerstandes der Metallschichten auszugleichen (dadurch ergeben sich lange Lade- und Entladezeiten) wickelt man die beiden metallbeschichteten Papierbahnen so auf, dass von der einen Lage rechts und der anderen links ein kleines Stück übersteht. Die beiden Stirnflächen des Winkels werden dann mit Metallschichten bespritzt und so alle Lagen einer Fläche miteinander leitfähig verbunden und mit einem Anschluss versehen. Diese Maßnahme verringert auch die durch das Aufwickeln entstandene Induktivität des Kondensators.

Dieser Kondensatortyp hat noch eine vorteilhafte Eigenschaft in kritischen Elektroanlagen wegen seiner Selbstheilung. Schlägt an einer Stelle die Papierschicht wegen einer zu hohen Feldstärke durch, so verdampft infolge der Erwärmung in der Umgebung der Durchschlagstelle in sehr kurzer Zeit der dünne Metallbelag und durch den an der Kurzschlussstelle entstehenden Gasdruck wird der Metalldampf von der Durchschlagstelle weggetrieben. Durch die Entfernung des leitenden Metallbelages an der Fehlstelle heilt der MP-Kondensator von selbst aus und kann selbst bei vielen solchen Ausheilvorgängen weiterbetrieben werden. Der Ausheilprozess setzt jedoch Spannungen über 20 V voraus. Durch die Ausheilvorgänge nimmt die Kapazität um einen sehr kleinen Betrag ab.

Ganz ähnlich aufgebaut sind die Metall-Kunststoff-Kondensatoren (MK-Kondensatoren), bei denen die Metallschicht auf Kunststofffolien aufgedampft ist. Kunststofffolien können noch dünner und besser in gleichmäßiger Dicke (homogener) hergestellt werden als Papier, außerdem nehmen sie eingedrungene Feuchtigkeit nicht auf. Nach DIN 41379 unterteilt man hinsichtlich der unterschiedlichen Kunststoffmaterialien die MK-Kondensatoren noch weiter, z. B. MKT-, MKC-, MKP- oder MKU-Kondensatoren.

Elektrolytkondensatoren bestehen aus einer aufgewickelten Metallfolie, die auf der Oberfläche eine dünne isolierende Oxidschicht trägt, d. h. die Oxidschicht ist das Dielektrikum. Die Gegenelektrode bildet entweder eine elektrisch leitende Flüssigkeit, das sogenannte Elektrolyt, oder ein spezielles Halbleitermaterial.

Da die Oxidschicht bei einer falschen Polung des Kondensators elektrolytisch abgebaut wird dürfen diese Kondensatoren in der Regel nur gepolt betrieben werden, allerdings ist eine Falschpolung bis zu 2 V erlaubt, d. h. diese Kondensatoren können nur an Gleichspannung bzw. Mischspannung betrieben werden, bei der keine Spannung in entgegengesetzter Polarität über 2 V auftritt oder an Wechselspannungen bis 2 V betrieben werden. Bei der Falschpolung kommt es auch im Elektrolyt zu einer Gasbildung, die zur Explosion des Kondensators führen kann. Man unterscheidet hinsichtlich des Leitermaterials nach Aluminium- und Tantal-Elektrolytkondensatoren. Abb. 4.23 zeigt den schematischen Aufbau und das Schaltsymbol eines Aluminium-Elektrolytkondensators.

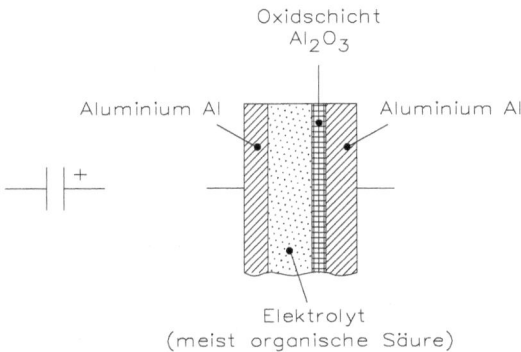

Abb. 4.23: Schaltsymbol eines gepolten Elektrolytkondensators und schematischer Aufbau eines Aluminium-Elektrolytkondensators

Der Elektrolyt befindet sich jedoch in der Regel nicht als freie Flüssigkeit zwischen dem Aluminiumwickel (nasser Elko), sondern ist von einem Gewebe oder Spezialpapier, das zwischen dem Aluminium liegt, aufgesaugt oder in einer Paste eingedickt (trockener Elko). Meist wird die Oberfläche des Aluminiums aufgerauht, wodurch sich eine Oberfläche bis zum 8-fachen gegenüber glatter Folie ergibt und somit auch eine bis zur 8-fachen größeren Kapazität ($C \sim A$).

Es gibt eine Möglichkeit auch ungepolte Elektrolytkondensatoren herzustellen, dabei wird die Kapazität aber auf die Hälfte verringert. Man verwendet hier zwei Folien, wobei jede oxidiert ist, somit darf diese Anordnung ungepolt betrieben werden. Da es sich hier aber praktisch um die Reihenschaltung zweier Kondensatoren handelt, wird die Kapazität kleiner.

Mit Aluminium-Elektrolytkondensatoren lassen sich sehr hohe Kapazitätswerte (bis über 500 mF) erzielen, allerdings ist ihr Verlustfaktor schlechter als bei anderen Kondensatortypen.

Noch größere Kapazitätswerte können mit Tantal-Elektrolytkondensatoren erzielt werden (bis ca. 1000 mF), da die Oxidschicht aus Tantalpentoxid einen sehr großen Wert mit $\varepsilon_r \approx 27$ aufweist. Außerdem ist Tantal sehr korrosionsbeständig, weshalb Elektrolyte mit großer Leitfähigkeit eingesetzt werden können. Man unterscheidet hier zwei Bauformen. Die Tantalfolien-Elektrolytkondensatoren sind praktisch genauso aufgebaut wie Aluminium-Elektrolytkondensatoren. Daneben gibt es gesinterte Tantal-Elektrolytkondensatoren, die immer gepolte Kondensatoren sind, sie lassen sich allerdings nur für Spannungen bis ca. 50 V herstellen. Die weitere Beschreibung dieser gesinterten Kondensatoren erfolgt bei den Massekondensatoren.

Bei Elektrolytkondensatoren fließt zur Aufrechterhaltung der isolierenden Oxidschicht immer ein kleiner Reststrom, der bei Aluminium-Elektrolytkondensatoren 40 μA, bei Tantalfolien-Elektrolytkondensatoren 1 μA und bei gesinterten Tantalkondensatoren mit festem Elektrolyt 20 µA nicht übersteigen darf. Bei längerer spannungsloser Lagerung kann sich die Oxidschicht teilweise abbauen, wodurch bei Wiederinbetriebnahme für einige Stunden zur sogenannten „Neuformierung" der Oxidschicht ein bis um das 1000 fach größerer Reststrom fließt.

4.3.3   Massekondensatoren

Zu den Massekondensatoren gehören die bereits im vorangegangenen Kapitel angesprochenen gesinterten Tantal-Elektrolytkondensatoren.

Es wird hier Tantalpulver gepresst und im Hochvakuum bei Temperaturen bis 2000 °C gesintert. Der sich so ergebende poröse „Metallschwamm" wird mit einem Elektrolyt getränkt (Bauart S) und die Metalloberfläche oxidiert.

Eine andere Bauart (SF) ergibt sich, wenn der Sinterkörper mit einer wässrigen Mangannitratlösung getränkt wird, welche sich anschließend chemisch zu Braunstein (MnO_2) zersetzt. Braunstein ist ein n-leitender Halbleiter und besitzt die Eigenschaften eines Elektrolyten, weshalb er auch als fester Elektrolyt bezeichnet wird. Obwohl auch er ein gepolter Kondensator ist, verträgt dieser Typ Wechselspannungen zwischen 10 % und 15 % der Nenngleichspannung.

Weiter gehören hierher die Keramikkondensatoren. Sie werden als Scheiben- oder Rohrkondensator hergestellt. Dazu wird eine Scheibe oder ein Röhrchen aus einer Keramikmasse hergestellt, die als Dielektrikum dient. Die Oberfläche wird mit einer dünnen Metallschicht versehen. Die Kondensatoren eignen sich für hohe Frequenzen und hohe Spannungen. Je nach Art der keramischen Masse kann man zwei Typen unterscheiden:

- Beim NDK-Typ hat das Dielektrikum Werte von $\varepsilon_r \approx 400$. Es lassen sich damit sehr eng tolerierte Kondensatoren sehr hoher Konstanz und mit kleinem Verlustfaktor (ca. 10^{-3} bis 10^{-4}) und geringer Temperaturabhängigkeit realisieren, aber es sind nur kleine Kapazitätswerte zu erzielen. Speziell setzt man solche Kondensatoren in Schwingkreise ein.
- Beim HDK-Typ erreicht man Werte von $\varepsilon_r = 50000$ und es lassen sich also bei geringen Abmessungen große Kapazitätswerte erzielen. Allerdings beträgt der Verlustfaktor hier ca. 10^{-1} bis 10^{-3} und ε_r ist stark temperaturabhängig. Man verwendet diesen Typ, wenn nur bestimmte Mindestkapazitäten gefordert werden, z. B. als Entstör- oder Koppelkondensatoren.

4.3.4   Schichtkondensatoren

Eine besondere Bauform des Keramikkondensators stellt der Schichtkondensator dar. Der Aufbau entspricht dem Scheibenkondensator. Diese weisen eine hohe Lebensdauer auf, lassen sich eng tolerieren und besitzen eine niedrige Induktivität, so dass sie bis in den GHz-Bereich Anwendung finden.

Glimmerkondensatoren bestehen aus sehr dünnen Glimmerplättchen (bis herab auf ca. 10 µm), die meist mit Silber metallisiert, zu mehreren Schichten gestapelt und gesintert werden. Glimmer ist sehr wärme- und alterungsbeständig, hat einen kleinen Verlustfaktor (10^{-3} bis 10^{-4}) und eine hohe Durchschlagsfestigkeit. Sein Einsatzgebiet ist in der Messtechnik als

Normalkondensator sowie für hohe Umgebungstemperaturen, hohe Frequenzen oder hohe Spannungen und bei Hochspannungsimpulsen großer Leistung.

Die bereits beschriebenen MK-Kondensatoren werden auch als Schichtkondensatoren gebaut, d. h. die metallbedampften Kunststofffolien werden nicht aufgewickelt, sondern zu einem Stapel aufgeschichtet.

Außerdem lassen sich mit den Methoden der Dick- und Dünnschichtschaltungen auch passive Bauelemente wie Kondensatoren herstellen, auf diese Methoden kann nicht eingegangen werden.

4.3.5   Kondensatoren

Verstellbare Kondensatoren werden meist als Drehkondensatoren gebaut, wobei ein drehbares Plattensystem mehr oder weniger weit in ein feststehendes Plattensystem hineinbewegt wird. Da das Dielektrikum Luft ist und die Plattenflächen relativ klein sind, lassen sich auch nur Kapazitätswerte im Bereich von ca. 10 pF bis 500 pF erzielen. Als kleinsten Kapazitätswert kann man ca. 10 % der größtmöglichen Kapazität einstellen. Die Verstellung kann auch während des Betriebes erfolgen.

Zum Einstellen eines bestimmten Kapazitätswertes, sei es für Messzwecke oder zum Abstimmen von Schwingkreisen, werden veränderbare Kondensatoren benötigt, die meist als Drehkondensatoren ausgeführt sind. Sie bestehen aus zwei Plattenpaketen: Den feststehenden Teil bezeichnet man als Stator und den beweglichen als Rotor. Der Rotor wird so eingestellt, dass sich ein mehr oder weniger großer Teil der Plattenflächen überdeckt und dadurch ändert sich dabei also die wirksame Fläche A. Im Prinzip benötigt der Drehkondensator nur zwei Platten. Praktisch werden jedoch stets viele Platten übereinandergestapelt, um die gewünschte Kapazität auf engstem Raum konzentrieren zu können. Beträgt die Summe von Stator- und Rotorplatten n, dann berechnet sich die Kapazität zu

$$C = 0{,}0885 \cdot \varepsilon_r \cdot (n - 1) \cdot \frac{A}{d} \qquad (A \text{ in cm}^2 \text{ und d in cm})$$

Befindet sich zwischen den Platten nur Luft, dann ist $\varepsilon_r = 1$ zu setzen. Der Verlauf der Kapazität C mit dem Drehwinkel α ist abhängig von der Form der Platten.

Beim Kreisplattenkondensator nimmt die Kapazität C proportional mit dem Drehwinkel α zu (Abb. 4.24). Eine gewisse Anfangskapazität C_0 ist jedoch auch bei vollkommen herausgedrehten Platten unvermeidbar.

Die Frequenz nimmt im kapazitätsgeraden Kondensator linear mit dem Drehwinkel α ab. Diesen Kondensator verwendet man bei einer Justierung der Frequenz.

Trimmerkondensatoren werden dagegen meist nur einmal auf einen bestimmten Wert abgeglichen. Ihr Aufbau entspricht dem der Drehkondensatoren, wobei allerdings meist nur ein feststehendes und ein bewegliches Plättchen vorhanden ist, oder zylinderförmige Röhrchen tauchen mehr oder weniger tief in ein feststehendes Röhrchensystem. Ihre Kapazität ist noch kleiner als die von Drebkondensatoren und sie werden meist für die Feinabstimmung eingesetzt.

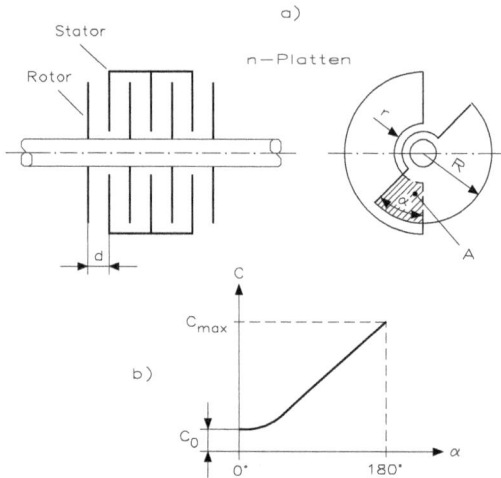

Abb. 4.24: Prinzip eines Kreisplattenkondensators a) Aufbau und b) Kapazitätsverlauf

4.4   Energie des elektrischen Feldes

Zum Laden eines Kondensators muss elektrische Arbeit aufgewendet werden. Unterstellt man eine ideale Spannungs- oder Stromquelle und verlustlose (d. h. widerstandslose) Zuleitungen am Kondensator, so wird die gesamte von der Quelle gelieferte Energie in elektrische Feldenergie W_{el} umgewandelt und im elektrischen Feld gespeichert. In Abb. 4.25 ist ein Kondensator gezeigt, der vor dem Schließen des Schalters ungeladen ist und über eine Stromquelle nach Schließen des Schalters zum Zeitpunkt $t = 0$ aufgeladen wird. Die Stromquelle liefert einen konstanten Strom, d. h. pro Zeiteinheit werden immer gleichviele Ladungsträger mit der Ladung Q auf den Kondensator transportiert.

Den gerichteten Fluss der im metallischen Leiter frei beweglichen Elektronen bezeichnet man als Elektronenstrom oder elektrischen Strom. Die elektrische Stromstärke I ist die pro Zeiteinheit t durch den Leiterquerschnitt A fließende Elektrizitätsmenge Q (oder Ladungsmenge).

$$I = \frac{Q}{t} \qquad \text{bzw.} \qquad Q = I \cdot t$$

Entsprechend der Formel nimmt die Spannung $U = Q/C$ mit steigender Ladung, die auf den Kondensator transportiert wurde, zu. Die Zunahme der Spannung am Kondensator über der Zeit ist ebenfalls in Abb. 4.25 dargestellt.

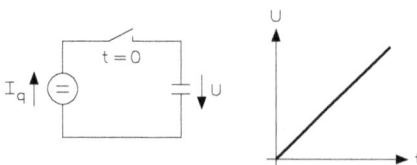

Abb. 4.25: Speicherung elektrischer Feldenergie in einem Kondensator

Öffnet man zu einem beliebigen Zeitpunkt den Schalter wieder (natürlich vor Erreichen eines Spannungswertes bei dem der Kondensator durchschlägt), so kann man die im Kondensator gespeicherte Energie berechnen. Zum Zeitpunkt t liegt am Kondensator eine bestimmte Spannung U. Wäre dieser Spannungswert schon zum Zeitpunkt t = 0 vorhanden gewesen, so wäre $W_{el} = U \cdot I \cdot t = U \cdot Q$. Da aber im vorliegenden Fall die Spannung im Mittel über dem Zeitraum des Aufladens nur U/2 ist, ist damit die Energie des elektrischen Feldes

$$W_{el} = \frac{1}{2} \cdot U \cdot Q$$

Setzt man noch für $Q = C \cdot U$ ein, so wird

$$W_{el} = \frac{1}{2} \cdot U^2 \cdot C$$

Beispiel: Ein Kondensator mit $C = 1\,\mu F$ liegt an einer Spannung mit $U = 1\,kV$. Wie groß ist $W_{el} = ?$

$$W_{el} = \frac{1}{2} \cdot 1kV^2 \cdot 1 \cdot 10^{-6} \frac{As}{V} = 0{,}5Ws$$

Die Praxis zeigt, dass die im elektrischen Feld gespeicherte Energie gegenüber anderen Energiespeichern sehr gering ist, selbst eine Taschenlampenbatterie hat eine um ca. 10 000 mal größere Energiemenge gespeichert. Trotzdem stellt der Kondensator in der Technik einen unentbehrlichen Energiespeicher dar, weil die benötigte Zeit, um diese gespeicherte Energie zu liefern und in eine andere Energieform umzuformen sehr klein gegenüber anderen Energiespeichern ist, man spricht hier von einer sehr kurzen „Zugriffszeit".

Mit der Formel kann auch die Kraft, die auf die beiden Elektroden eines Kondensators ausgeübt wird, ermittelt werden. Würde man die Anziehungskraft auf die beiden ungleichnamig geladenen Elektroden frei wirken lassen, so dass diese sich so lange annähern bis sie sich berühren, so wird die mechanische Arbeit F · d geleistet, dadurch wird die gesamte im Feld gespeicherte Energie in mechanische Energie umgewandelt. □

4.5 Simulation eines RC-Gliedes

Bei Anlegen einer Gleichspannung an eine RC-Kombination lädt sich der Kondensator über den Widerstand nach einer e-Funktion auf. Im Einschaltmoment verhält sich der ungeladene Kondensator wie ein Kurzschluss, so dass bei Beginn des Ladevorganges der Ladestrom I_0 fließt, der nur durch den Widerstand R begrenzt wird. Mit zunehmender Ladung sinkt der Strom ab, während die Ladespannung zunimmt. Beide Größen ändern sich nach einer e-Funktion. Tabelle 4.4 zeigt die Zeitabhängigkeit der Ladespannung und des Ladestromes.

Nach einer Zeit von 5 τ ist der Vorgang der Ladung abgeschlossen, d. h. am Kondensator ist die volle Spannung erreicht und der Strom reduziert sich auf Null.

Die Entladung eines aufgeladenen Kondensators beginnt in dem Moment, wenn die beiden Anschlusspunkte eines RC-Gliedes kurzgeschlossen werden. Der Kondensator C kann sich

Tab. 4.4: Zeitabhängigkeit der Ladespannung U_L und des Ladestromes I_L bei einem RC-Glied

Ladezeit	U_L in %	I_L in %
0	0	100
1 τ	63	37
2 τ	86,5	13,5
3 τ	95	5
4 τ	98,2	1,8
5 τ	99,3	0,7

Tab. 4.5: Zeitabhängigkeit der Entladespannung U_E und des Entladestromes I_E bei einem RC-Glied

Ladezeit	U_E in %	I_E in %
0	100	100
1 τ	37	37
2 τ	13,5	13,5
3 τ	5	5
4 τ	1,8	1,8
5 τ	0,7	0,7

über den Widerstand R nach einer e-Funktion entladen. Tabelle 4.5 zeigt die Zeitabhängigkeit der Entladespannung und des Entladestromes.

Alle Lade- und Entladefunktionen beim Kondensator sind zeitabhängig.

Mittels Multisim lässt sich ein RC-Glied einfach untersuchen. Für den Widerstand verwendet man R = 1 kΩ und für den Kondensator C = 1 μF. Die Zeitkonstante errechnet sich aus

$$\tau = R \cdot C = 1\,k\Omega \cdot 1\,\mu F = 1\,ms$$

d. h. nach 5 τ hat sich der Kondensator aufgeladen und nach weiteren 5 τ wieder entladen, wenn man das RC-Glied mit einer symmetrischen Rechteckspannung betreiben will.

Bei der Schaltung von Abb. 4.26 erkennt man, dass der Lade- und Entladevorgang komplett abgeschlossen ist, d. h. es ergibt sich eine Gesamtzeit von 10 τ, was einer Frequenz von 100 Hz entspricht. Aus diesem Grunde ist der Frequenzgenerator auf 100 Hz eingestellt. Um eine symmetrische Rechteckspannung zu ermöglichen, wird das Tastverhältnis auf 50 eingestellt. Als Ausgangsspannung für die Rechteckspannung wurde 10 V gewählt.

Das Oszilloskop arbeitet im Zweikanalbetrieb. Oben ist die Eingangsspannung mit 100 Hz und unten die Ausgangsspannung, die direkt am Kondensator abgegriffen wird, gezeigt. Man erkennt aus dieser Einstellung, dass sich der Kondensator vollständig auf- und entladen kann. Wichtig für die Einstellung ist die Beachtung für die beiden Y-POS-Abgleichmöglichkeiten: Der Kanal A hat einen Wert von +1.20 und der Kanal B von −1.20. Damit lassen sich die beiden Kanäle verschieben und es ergibt sich eine übersichtliche Darstellung auf dem Oszilloskop.

Dieses RC-Glied bezeichnet man als Integrierglied. Die Ladung des Kondensators nimmt mit jedem Impuls etwas zu bzw. ab, da die Auf- bzw. Entladung in diesem Bereich bei gleichen Zeitabschnitten schneller vor sich geht als die Ent- bzw. Aufladung. Dieses Zusammenfü-

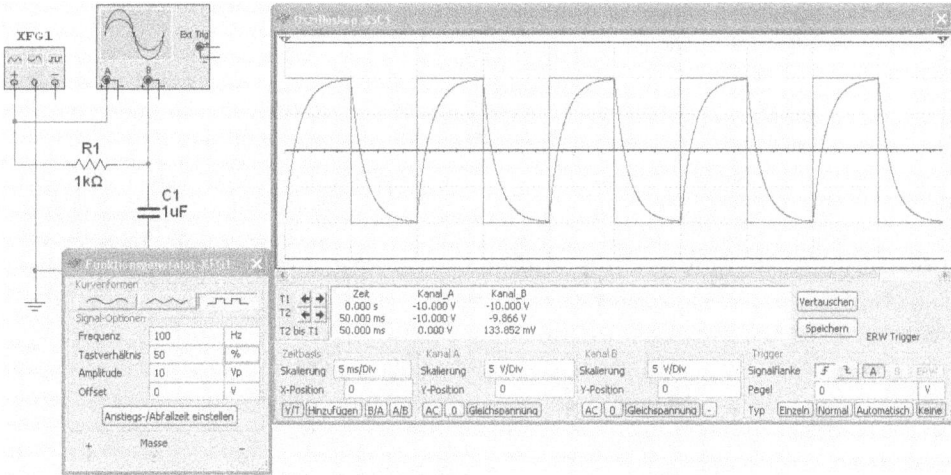

Abb. 4.26: RC-Glied an symmetrischer Rechteckspannung, wenn der Lade- und Entladevorgang komplett abgeschlossen sein soll

gen von Impulsen zu einer zusammenhängenden Spannungs-Zeit-Fläche bezeichnet man als Integration.

Die wahre Richtung einer Spannung oder eines Stromes erhält man in Verbindung der Zähl- oder Bezugspfeile und des Vorzeichens der Größe. Ist das Vorzeichen der Spannung oder des Stromes positiv, so wirken sie in Richtung des Zählpfeiles. Ist ihr Vorzeichen negativ, so wirken sie in entgegengesetzter Richtung wie der Zählpfeil.

$$u_C = U_C \cdot e^{-\frac{t}{\tau}} \qquad i_C = \frac{U_C}{R} \cdot e^{-\frac{t}{\tau}} \qquad \text{mit } \tau = R \cdot C$$

Beim Entladen eines Kondensators nehmen die Spannungen u_C und der Strom i_C nach einer e-Funktion ab.

In Abb. 4.27 ist der zeitliche Verlauf von u_C und i_C graphisch dargestellt und soll noch erklärt werden.

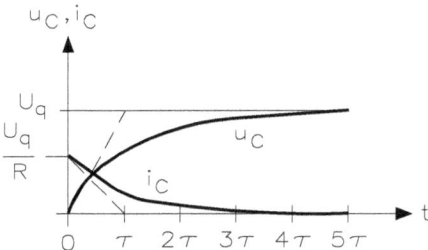

Abb. 4.27: Zeitlicher Verlauf von u_C und i_C beim Aufladen eines Kondensators

Solange der Schalter geöffnet ist fließt kein Strom und die Spannung U_C bleibt konstant, da keine Ladungen vom Kondensator abfließen. Der Kondensator ist hier also als ideal angenommen. Es wurde bei der Selbstentladezeitkonstanten gezeigt, dass sich reale Kondensatoren auch bei offenem Schalter über den endlichen Widerstand des Dielektrikums entladen! Nach dem Schließen des Schalters verhält sich der Kondensator wie eine Spannungsquelle, allerdings ist seine Quellenspannung nicht konstant. Deshalb fängt ein Strom i_C an zu fließen, der nur durch den ohmschen Widerstand R begrenzt wird. Dieser Strom fließt aber genau entgegengesetzt wie der gewählte Zählpfeil, ist also negativ. Der Strom springt somit zum Zeitpunkt t = 0 auf den Wert $-U_q/R$. Durch den Strom fließen Ladungen vom Kondensator ab und dadurch wird die Spannung u_C immer kleiner. Nach dem ohmschen Gesetz muss der Strom im selben Maß zurückgehen. Die im Kondensator gespeicherte elektrische Feldenergie wird also im ohmschen Widerstand in Wärmeenergie umgesetzt. Nach ca. 5 τ ist der Kondensator praktisch entladen, nach einer Zeit t = τ beträgt die Spannung u_C noch ca. 37 % des Anfangswertes.

Durch Umstellung der Formel lässt sich die Zeit berechnen:

$$t = -\tau \cdot \ln \frac{u_C}{U_C} \qquad \text{bzw.} \qquad t = -\tau \cdot \ln \frac{i_C \cdot R}{U_C}$$

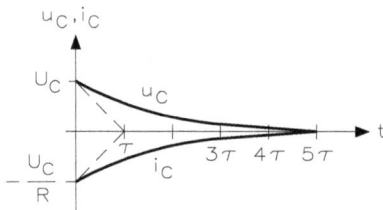

Abb. 4.28: Zeitlicher Verlauf von u_C und i_C beim Entladen eines Kondensators

Abbildung 4.28 zeigt den zeitlichen Verlauf von u_C und i_C beim Entladen eines Kondensators. Mit dem Schalter kann man den Kondensator laden oder entladen.

$$\tau = R \cdot C \qquad\qquad\qquad \tau \text{ Zeitkonstante in s}$$

$$I_0 = \frac{U}{R} \qquad\qquad\qquad\quad u_C \text{ Augenblickswert der Kondensatorspannung}$$
$$\qquad\qquad\qquad\qquad\qquad I_0 \text{ Strom im Einschaltaugenblick in A}$$

$$u_C = U_C \cdot e^{-\frac{t}{\tau}} \qquad i_C = \frac{U}{R} \cdot e^{-\frac{t}{\tau}}$$

Über den Widerstand von R = 1 kΩ kann sich der Kondensator aufladen C = 1 µF. Die Spannung beträgt U = 10 V. Die Ladezahl beträgt t = 2,5 ms. Wie groß ist die Spannung u_C = ?

$$\tau = 1\,\text{k}\Omega \cdot 1\,\mu\text{F} = 1\,\text{ms}$$

$$u_C = U \cdot \left(1 - e^{-\frac{t}{\tau}}\right) = 10\,\text{V} \cdot \left(1 - e^{-\frac{2,5\,\text{ms}}{1\,\text{ms}}}\right) = 9{,}18\,\text{V}$$

Über den Widerstand von R $= 10\,\text{k}\Omega$ kann sich der Kondensator aufladen C $= 0{,}15\,\mu\text{F}$. Die Spannung beträgt U $= 10\,\text{V}$. Die Ladezahl beträgt t $= 1\,\text{ms}$. Wie groß ist der Strom $i_C = ?$

$$\tau = 10\,\text{k}\Omega \cdot 0{,}15\,\mu\text{F} = 1{,}5\,\text{ms}$$

$$i_C = \frac{U}{R} \cdot e^{-\frac{t}{\tau}} = \frac{10\,\text{V}}{10\,\text{k}\Omega} \cdot e^{-\frac{1\,\text{ms}}{1{,}5\,\text{ms}}} = 1\,\text{mA} \cdot 0{,}513 = 0{,}513\,\text{mA}$$

Entladung: $u_C = U_C \cdot e^{-\frac{t}{\tau}}$ $\qquad$ $i_C = \frac{U}{R} \cdot e^{-\frac{t}{\tau}}$

5 Elektromagnetismus und Induktivität

Der elektrische Strom erzeugt in dem ihn umgebenden Raum ein elektromagnetisches Feld. Seine Erscheinungen stimmen mit den Erscheinungen natürlicher Magnetfelder, wie z. B. dem Feld eines Dauermagneten oder dem Magnetfeld der Erde, überein. Um Magnetfelder darstellen zu können, wurden – in gleicher Weise wie bei den elektrischen Feldern – Feldlinien eingeführt. Sie sind stets vom Nord- zum Südpol des Magnetfeldes gerichtet und berühren sich nie. Während jedoch in einem elektrischen Feld die elektrischen Feldlinien strahlenförmig von der positiv geladenen Elektrode ausgehen und auf der negativ geladenen Elektrode enden, sind die magnetischen Feldlinien stets in sich geschlossen, d. h. sie weisen also weder Anfang noch Ende auf.

Ein weiterer wesentlicher Unterschied zwischen dem elektrischen Feld und dem magnetischen Feld besteht darin, dass ein Magnetfeld stets einen Polcharakter hat. Es ist daher nicht möglich, einen getrennten Nord- oder Südpol zu verwirklichen.

Bezüglich der Kraftwirkungen zwischen verschiedenen Magneten ist ein ähnliches Verhalten wie bei elektrischen Ladungen zu beobachten. So stoßen sich gleichnamige Pole ab, während sich ungleichnamige Pole anziehen. Hierbei ist es gleichgültig, ob es sich um elektromagnetische oder durch Dauermagnete erzeugte Magnetpole handelt.

Zur Berechnung von magnetischen Kreisen sind eine Reihe von magnetischen Feldgrößen erforderlich. So wurde für die Summe der Feldlinien der magnetische Fluss Φ (Phi) eingeführt. Eine weitere wichtige Feldgröße ist die Flussdichte oder magnetische Induktion B.

Für die Praxis von Bedeutung sind die Magnetfelder von Leiterschleifen und insbesondere von Spulen, die sich als Reihenschaltung vieler Leiterschleifen betrachten lassen. Diese Spulen weisen in der Elektrotechnik und Elektronik als Bauelemente eine ähnlich große Bedeutung wie Widerstände und Kondensatoren auf. Der Zusammenhang zwischen dem Strom und der Anzahl von Spulenwindungen als Ursache des erzeugten magnetischen Feldes wird durch die elektrische Durchflutung Θ (Theta) erfasst. Sie wird oft mit der Spannung U – als Ursache des elektrischen Feldes – verglichen und als magnetische Spannung bezeichnet.

Ähnlich wie die Spannung U einen Strom I bewirkt, erzeugt die Durchflutung Θ einen magnetischen Fluss Φ. Dementsprechend kann auch ein magnetischer Widerstand R_m als Quotient von Durchflutung und Fluss definiert werden. Dieser Zusammenhang wird als das ohmsche Gesetz des magnetischen Kreises bezeichnet.

Bei vielen praktischen Anwendungen wird als Ursache des magnetischen Feldes jedoch nicht die Durchflutung Θ, sondern die magnetische Feldstärke H benutzt. Beide Größen sind einander proportional.

Einen erheblichen Einfluss auf den Verlauf von magnetischen Feldlinien weisen ferromagnetische Werkstoffe auf wie Eisen, Nickel oder Kobalt. Wegen ihrer großen magnetischen Leitfähigkeit verlaufen die Feldlinien nämlich immer eine möglichst große Strecke zwischen Nord- und Südpol in dem ferromagnetischen Werkstoff.

Ein einmal magnetisierter Eisenkern behält auch dann einen Restmagnetismus, wenn das elektromagnetische Feld nicht mehr vorhanden ist. Dieser Zustand wird als Remanenz bezeichnet. Durch Ummagnetisieren lässt sich diese Remanenz wieder beseitigen. Die dazu erforderliche magnetische Feldstärke bezeichnet man als Koerzitivkraft. Je nach Remanenz und Koerzitivkraft wird zwischen magnetisch harten und magnetisch weichen Werkstoffen unterschieden. Dieser Zusammenhang lässt sich in der Hysteresekurve anschaulich darstellen.

Die Kraftwirkungen von Magnetfeldern lassen sich in der Technik vielfältig ausnutzen. So handelt es sich bei allen Elektromagneten um Spulen mit einem Kern aus magnetisch weichem Eisen. Sie werden z. B. als Lasthebemagnete eingesetzt. Ein weiterer bedeutsamer Einsatzbereich von Elektromagneten sind die elektromechanischen Schalter. Hierbei unterscheidet man zwischen Schaltschützen (große Schaltleistung) und Relais (geringe Schaltleistung).

Auch bei allen Elektromotoren handelt es sich um eine Ausnutzung der Kraftwirkungen von elektromagnetischen Feldern. So entsteht durch das Zusammenwirken eines Erregerfeldes und eines Ankerfeldes eine Kraftwirkung, die den Rotor des Motors in eine Drehbewegung versetzt. Die Bewegungsrichtung lässt sich mit der „Linke-Hand-Regel" für das Motor-Prinzip ermitteln. Weitere praktische Ausnutzungen der Krafteinwirkungen von Magnetfeldern erfolgen beim Hallgenerator, Feldplatte oder der Ablenkung des Elektronenstrahles in Bildröhren.

Während beim Motor elektrische Energie in mechanische Energie umgewandelt wird, lässt sich mit einem Generator mechanische Energie in elektrische Energie umwandeln. Wird nämlich ein Leiter in einem Magnetfeld so bewegt, dass er Feldlinien schneidet, so wird in ihm während der Bewegung eine Spannung induziert. Die Höhe der induzierten Spannung hängt dabei von der Größe des magnetischen Flusses, der Bewegungsgeschwindigkeit der Leiterschleifen sowie von deren Windungszahl ab. Diese physikalischen Zusammenhänge werden durch das Faradaysche Induktionsgesetz beschrieben.

Die Richtung des erzeugten Stromes kann mit der Generator-Regel bestimmt werden, die auch als „Rechte-Hand-Regel" bezeichnet wird. Gemäß der „Linke-Hand-Regel" erzeugt der nach dem Generatorprinzip erzeugte Strom aber eine Kraft, die dem Bewegungsvorgang entgegenwirkt. Dieser Effekt wird als „Lenzsche Regel" bezeichnet.

Wird eine Spule an eine Gleichspannung gelegt, so vergeht eine gewisse Zeit, bis das Magnetfeld auf seine volle Stärke aufgebaut ist. Bei einem derartigen Feldaufbau werden die Windungen der Spule von dem selbst erzeugten Magnetfeld durchdrungen. Durch diese Selbstinduktion wird eine Spannung induziert, die aufgrund der „Lenzschen Regel" der angelegten Spannung entgegenwirkt. Wegen dieser selbstinduzierten Gegenspannung kann der Strom nach dem Anlegen der Spannung U nicht sprunghaft auf seinen konstanten Endwert ansteigen. Ein Maß für den Stromanstieg bei einer Spule ist das Verhältnis L/R. Die Induktivität L einer Spule ist ein Proportionalitätsfaktor, in dem alle Einflussgrößen aus dem konstruktiven Aufbau der Spule zusammengefasst sind. Der Widerstand R setzt sich aus dem ohmschen Widerstand der Spulenwicklung R_{Sp} und meistens auch aus einem Vorwiderstand R_v zusammen. Das Verhältnis L/R einer Spule bezeichnet man als Zeitkonstante τ (tau).

Beim Abschalten von Spulen mit Eisenkern und hoher Windungszahl ist größte Vorsicht geboten, da beim schnellen Abbau des magnetischen Flusses eine so hohe Induktionsspannung auftreten kann, dass die Spule selbst oder andere Bauteile des Stromkreises beschädigt werden können.

Spulen können – genau wie Widerstände und Kondensatoren – in beliebiger Weise in Reihe oder parallel geschaltet werden. Bei einer Reihenschaltung ergibt sich die Gesamtinduktivität als Summe der Einzelinduktivitäten. Bei einer Parallelschaltung von Spulen ist dagegen die Gesamtinduktivität stets kleiner als die kleinste Einzelinduktivität, d. h. eine Induktivität verhält sich genau umgekehrt wie ein Kondensator.

Wird eine Spule an eine sinusförmige Wechselspannung angeschlossen, tritt außer dem ohmschen Spulenwiderstand noch ein Wechselstromwiderstand auf, den man als induktiven Blindwiderstand X_L bezeichnet. Die Größe von X_L hängt von der Induktivität L der Spule und der Frequenz f der angelegten Spannung ab. Je größer die Induktivität L und je höher die Frequenz f sind, desto größer wird der induktive Blindwiderstand X_L.

Beim Betrieb eines ohmschen Widerstandes an sinusförmiger Wechselspannung weisen die Spannung am Widerstand und der Strom durch den Widerstand stets zu gleichen Zeitpunkten ihre Nulldurchgänge oder Maxima auf. Beim Betrieb eines induktiven Widerstandes an der Wechselspannung tritt dagegen – wie beim Kondensator – eine Verschiebung zwischen Spannung und Strom auf. Während jedoch beim Kondensator die Spannung stets dem Strom nacheilt, eilt bei einer Spule der Strom der Spannung stets nach. Bei einer verlustfreien Spule beträgt der Phasenwinkel $\varphi = 90°$.

Entsprechend dem Faradayschen Induktionsgesetz ist zur Spannungserzeugung lediglich eine Flussänderung erforderlich. Beim Transformator wird das von einer Primärspule erzeugte sinus-förmige Wechselfeld über einen Eisenkern einer zweiten Spule zugeführt, in der dann wiederum eine sinusförmige Spannung induziert wird. Die Höhe der erzeugten Spannung hängt dabei im Wesentlichen von dem Verhältnis der Windungszahl der Primärwicklung zur Sekundär-wicklung ab. Auf diese Weise lassen sich in Abhängigkeit von den Windungszahlen Wechsel-spannungen herauf- oder heruntertransformieren, wobei sich die Primär- und Sekundärströme umgekehrt wie die Windungszahlen verhalten. Auch Widerstandswerte können mit Hilfe von Transformatoren transformiert werden. So lässt sich z. B. der Widerstand eines Verbrauchers an den Innenwiderstand einer Spannungsquelle anpassen. Transformatoren für diese Aufgaben werden in der Hochfrequenztechnik und Elektronik meistens als Übertrager bezeichnet.

Es gibt eine Vielzahl verschiedener elektromagnetischer Bauelemente. Die Schaltzeichen der wichtigsten elektromagnetischen Bauelemente sind in Abb. 5.1 dargestellt.

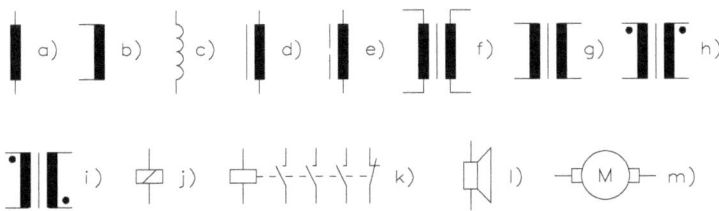

Abb. 5.1: Schaltzeichen von elektromagnetischen Bauelementen

a) Spule
b) Spule (wahlweise Darstellung)
c) Spule (wahlweise Darstellung)
d) Spule mit geschlossenem Eisenkern
e) Spule mit Eisenkern und Luftspalt
f) Transformator; Übertrager
g) Transformator (wahlweise Darstellung)
h) Transformator (Primär- und Sekundärwicklung gleichsinnig gewickelt)

i) Transformator (Primär- und Sekundärwicklung gegensinnig gewickelt)
j) Relais (mit Angabe einer wirksamen Wicklung)
k) Relais (Schütz) mit drei Schließern und einem Öffner
l) Lautsprecher
m) Motor

Die Bauformen praktisch ausgeführter elektromagnetischer Bauelemente sind von ihrer Konstruktion, ihren elektrischen und magnetischen Daten und ihren Einsatzbereichen so vielseitig, dass zur genauen Information über bestimmte Bauelemente stets Datenblätter und Beschreibungen der Hersteller erforderlich sind.

5.1 Magnetismus und magnetisches Feld

Magnete bezeichnet man Körper mit der Eigenschaft, auf bestimmte Stoffe, z. B. Eisen, in ihrer Umgebung Kraftwirkung auszuüben, ein Magnet zieht Eisen an. Diese Magnetwirkung tritt verstärkt an den beiden Enden der Pole des Magneten auf.

Eine drehbar gelagerte Magnetnadel (Kompassnadel) richtet sich stets in eine bestimmte Richtung aus. Ursache ist die Eigenschaft der Erde, selbst eine Magnetwirkung auszuüben. Man bezeichnet denjenigen Pol der Magnetnadel, der in die geografische Nordrichtung weist, als Nordpol, den entgegengesetzten als Südpol. Der magnetische Südpol befindet sich nicht am geografischen Nordpol, sondern im Norden von Kanada bei den Königin-Elisabeth-Inseln.

Zur Bestimmung der Pole eines beliebigen Magneten nähert man einen seiner Pole dem Nordpol einer Magnetnadel. Erfolgt dabei ein Wegdrehen (Abstoßung) der Nadel, handelt es sich um den Nordpol des untersuchten Magneten und erfolgt ein Hindrehen (Anziehung), liegt ein Südpol vor.

- Gleichnamige Pole stoßen sich ab.
- Ungleichnamige Pole ziehen sich an.

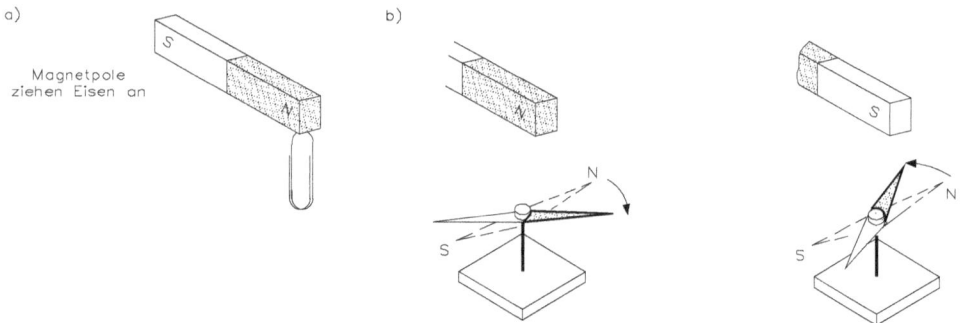

Abb. 5.2: Magnetische Wirkung, a) es wird eine Büroklammer vom Nord- oder Südpol angezogen und b) der Dauermagnet zieht die Magnetnadeln an, je nach magnetischer Richtung

Abbildung 5.2 zeigt die magnetische Wirkung. Der Raum, in dem magnetische Wirkungen auftreten, bezeichnet man als magnetisches Feld oder Magnetfeld. Eine Büroklammer wird vom Nord- oder Südpol angezogen. Der Permanentmagnet kann die Richtung der Magnetnadel beeinflussen.

Die (gedachten) Linien der Wirkungsrichtung (Kraftrichtung) bezeichnet man als magnetische Feldlinien. Ihre Richtung ist festgelegt vom Nord- zum Südpol des Magneten.

Da die Feldlinien geschlossene Linienzüge bilden, die sich im Innern des Magneten schließen, verlaufen sie innerhalb des Magneten folglich vom Süd- zum Nordpol.

Man kann die Form des Magnetfeldes in einem Experiment sichtbar machen. Dazu legt man über den Magneten eine Glasplatte und streut Eisenfeilspäne gleichmäßig darüber. Nach leichtem Klopfen gegen die Platte ordnen sich die Eisenspäne zu Linienzügen, die dem Verlauf der Feldlinien entsprechen. Abbildung 5.3 zeigt Magnetlinienfelder verschiedener Magnetformen.

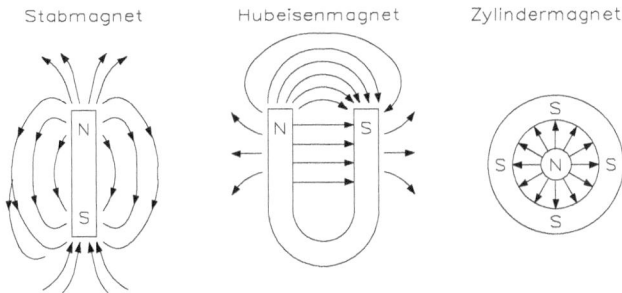

Abb. 5.3: Magnetlinienfelder verschiedener Magnetformen

Je nach ihrem Verhalten im magnetischen Feld bzw. ihrer Wirkung auf das Magnetfeld lassen sich drei verschiedene Gruppen von Stoffen unterscheiden:
- Ferromagnetische Stoffe:
  – Material wird selbst magnetisch („Influenz")
  – hohe verstärkende Wirkung auf das Magnetfeld

Ferromagnetisch sind Eisen, Nickel und Kobalt.
- Paramagnetische Stoffe:
  – Material bleibt nahezu unbeeinflusst (keine Influenz)
  – sehr geringe verstärkende Wirkung auf das Magnetfeld

Paramagnetisch sind z. B. Aluminium und Luft.
- Diamagnetische Stoffe:
  – Material bleibt nahezu unbeeinflusst (keine Influenz)
  – sehr geringe schwächende Wirkung auf das Magnetfeld

Diamagnetisch sind z. B. Silber und Kupfer.

Abbildung 5.4 zeigt die Stoffe im magnetischen Feld und es lässt sich die Wirkung erkennen.

5.1.1   Magnetisierbarkeit

Ihre gute Magnetisierbarkeit und die hohe feldverstärkende Wirkung ferromagnetischer Stoffe beruht auf ihrer Molekularstruktur. Sie bestehen aus sogenannten Molekularmagneten. Diese sind im unmagnetischen Zustand des Stoffes ungeordnet und sie heben sich dadurch nach außen hin in ihrer Wirkung auf.

Werden die Molekularmagnete durch den Einfluss eines äußeren Magnetfeldes in eine Richtung gedreht, so ergänzen sie sich in ihrer Wirkung. Das Eisen ist magnetisch geworden. Abbildung 5.5a zeigt die molekulare Struktur des unmagnetischen Eisens und Abb. 5.5b die Ausrichtung der molekularen Struktur bei magnetischem Eisen.

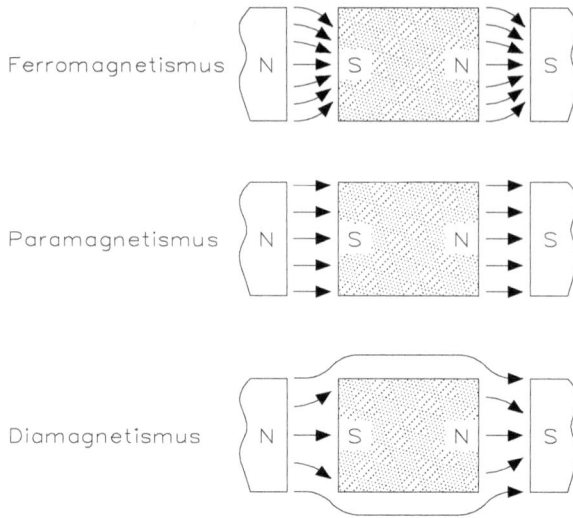

Abb. 5.4: Stoffe im magnetischen Feld

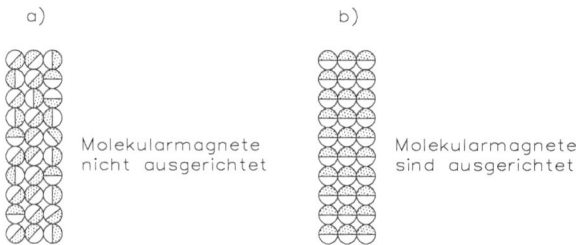

Abb. 5.5: a) unmagnetisches und b) magnetisches Eisen durch Ausrichtung der molekularen Struktur

Bei hartmagnetischen Werkstoffen können die einmal ausgerichteten Molekularmagnete nur durch besonders starke äußere Einflüsse wieder in den ungeordneten Zustand gebracht werden. (Ausglühen, Einfluss von starken Wechselfeldern, die im Verlauf der Entmagnetisierung geringer werden müssen, starke Erschütterungen.)

Durch Influenz im Magnetfeld werden

- weichmagnetische Werkstoffe (z. B. Weicheisen) vorübergehend magnetisch,
- hartmagnetische Werkstoffe (z. B. Stahl) dauermagnetisch.

5.1.2   Magnetische Wirkung des Stromes – Elektromagnetismus

Fließt elektrischer Strom durch einen Leiter, so erzeugt er ein Magnetfeld, d. h. jeder stromdurchflossene Leiter ist von einem Magnetfeld umgeben.

Die Feldlinien dieses Magnetfeldes verlaufen dabei, in Stromrichtung gesehen, im Uhrzeigersinn um den Leiter. Abbildung 5.6 zeigt die magnetische Wirkung eines stromdurchflossenen Leiters.

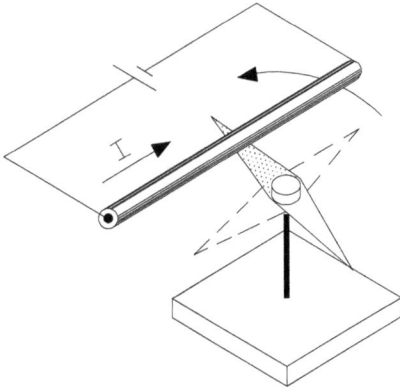

Abb. 5.6: Magnetische Wirkung eines stromdurchflossenen Leiters

Zur Veranschaulichung dieser Richtungsabhängigkeit stellt man sich den Leiter als Pfeil in der technischen Stromrichtung vor. Fließt der Strom in den Leiter hinein, sieht man das Leitwerk als Kreuz. Fließt der Strom aus dem Leiter heraus, sieht man die Pfeilspitze als Punkt. Für die Richtung der Feldlinien gilt dann die sog. Korkenzieherregel (oder Schraubenregel). Dreht man den Korkenzieher hinein (Strom fließt in den Leiter hinein), und dreht man rechtsherum – die Feldlinien verlaufen rechtsherum. Dreht man den Korkenzieher heraus (Strom fließt aus dem Leiter heraus), dreht man linksherum – die Feldlinien verlaufen linksherum. Abbildung 5.7 zeigt den Verlauf der Strom- und Feldlinienrichtung.

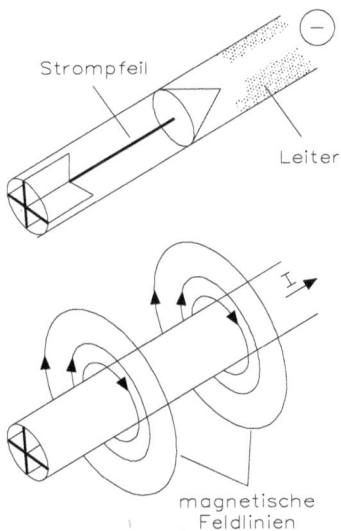

Abb. 5.7: Strom- und Feldlinienrichtung

Bei einer stromdurchflossenen Leiterschleife bilden die Einzelfelder aus Hin- und Rückleitung ein Gesamtfeld, das den Schleifenquerschnitt durchsetzt, wie Abb. 5.8 zeigt.

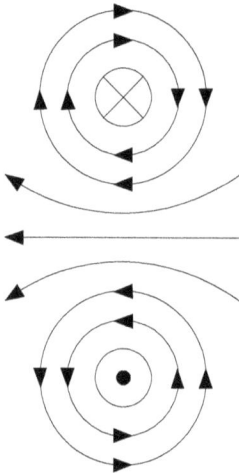

Abb. 5.8: Magnetfeld einer Leiterschleife

Eine Spule stellt eine Aneinanderreihung mehrerer Leiterschleifen, den Windungen, dar. In der stromdurchflossenen Spule bilden die einzelnen Magnetfelder der Windungen zusammen das Gesamtfeld der Spule. Abbildung 5.9 zeigt ein Magnetfeld einer stromdurchflossenen Spule.

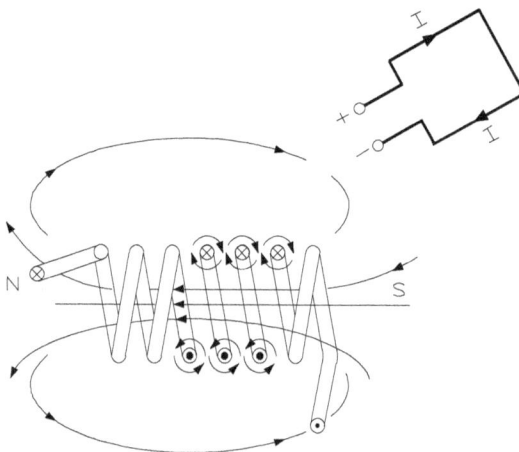

Abb. 5.9: Magnetfeld einer stromdurchflossenen Spule

Eine einfache Methode zur Polbestimmung der Spule ist die „Rechte-Hand-Regel", wie Abb. 5.10 zeigt.

Man hält die rechte Hand so, dass die Finger in Richtung des Stromes der einzelnen Windungen zeigen. Dann zeigt unser Daumen in die Richtung der magnetischen Feldlinien der Spule, also zum Nordpol der Spule.

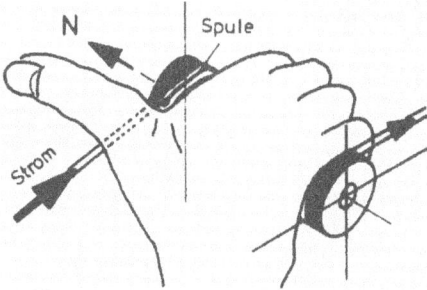

Abb. 5.10: Rechte-Hand-Regel

Für die weiteren Betrachtungen soll die Abbildung einer Spule vereinfacht dargestellt werden. Die Spule wird im Querschnitt dargestellt. Die Zahl der Windungen wird als Zahl angegeben, z. B. N = 100 (Windungen). Abbildung 5.11 zeigt die Darstellung einer Spule.

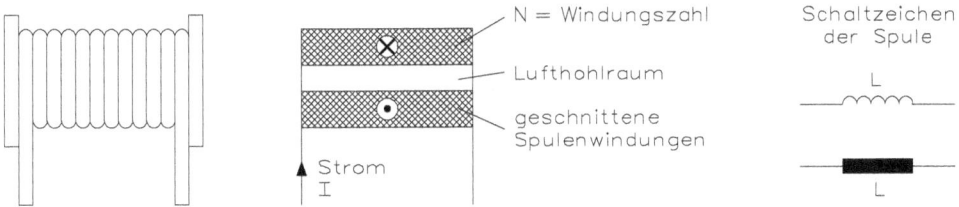

Abb. 5.11: Darstellung einer Spule

5.1.3 Durchflutung und magnetische Spannung

Die Durchflutung (elektrische oder magnetische Durchflutung), auch als „magnetische Spannung" bezeichnet, stellt ein Maß für die magnetische Wirkung einer stromdurchflossenen Spule dar. Dabei ist die Durchflutung umso größer, je höher der Strom I und die Windungszahl N der Spule sind.

$$\Theta = I \cdot N$$

Da der Strom in Ampere, die Wirkungszahl aber ohne Benennung (oder in „Windungen") eingesetzt wird, ergibt sich als Einheit der Durchflutung wiederum Ampere (oder „Ampere-Windungen").

Größe	Formelzeichen	Einheit	
		Name	Zeichen
Durchflutung	Θ (Theta)	Ampere (Ampere-Windungen)	A

Durch eine Spule mit N = 2000 Windungen fließt ein Strom I = 0,108 A. Wie groß ist der magnetische Fluss Θ?

$$\Theta = I \cdot N = 0,108\,A \cdot 2000 = 216\,A$$

Das Magnetfeld einer stromdurchflossenen Spule wird umso stärker, je kürzer die Spule bei gleicher Stromstärke und gleicher Windungszahl ist. Dieser Einfluss wird bei der magnetischen Feldstärke H berücksichtigt. Sie bezieht die Durchflutung auf die wirksame Länge der Spule, die sog. „mittlere" Feldlinienlänge l.

$$H = \frac{\Theta}{l} = \frac{I \cdot N}{l}$$

Mit Θ bzw. I in Ampere und die mittlere Feldlinienlänge l in Meter ergibt sich für die magnetische Feldstärke H die Einheit A/m.

Größe	Formelzeichen	Einheit	
		Name	Zeichen
Magnetische Feldstärke	H	Ampere pro Meter	$\frac{A}{m}$

Bei geschlossenen magnetischen Kreisen ohne nennenswerte Streufelder (Ringspulen, Spulen mit geschlossenem Eisenkreis, ggf. auch mit Luftspalt) ergibt sich die mittlere Feldlinienlänge aus der mittleren Weglänge, wie Abb. 5.12 zeigt. Zu beachten ist, dass bei unterschiedlichen Materialien oder unterschiedlichen Querschnitten folgende Beziehung gilt:

$$\Theta = I_1 \cdot N_1 + I_2 \cdot N_2 + \dots$$

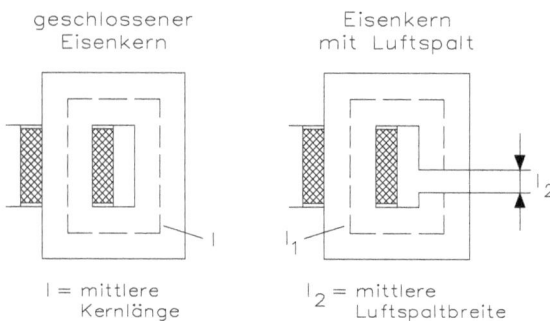

Abb. 5.12: Mittlere Feldlinienlänge

5.1.4   Magnetische Flussdichte

Das Magnetfeld einer stromdurchflossenen Spule kann noch um ein Vielfaches verstärkt werden, wenn man in den Spulenhohlraum einen ferromagnetischen Stoff – z. B. in Form eines Eisenkerns – bringt.

Dieser Einfluss wird in der magnetischen Flussdichte B berücksichtigt, indem die verursachende Feldstärke H mit einem Faktor, der sogenannten Permeabilität μ(sprich mü), multipliziert wird.

$$B = \mu \cdot H$$

Dabei setzt sich die Permeabilität μ(vergleichbar der Dielektrizitätszahl ε beim Kondensator) aus zwei Anteilen zusammen:

- der magnetischen Feldkonstanten $\mu_0 = 1{,}256 \cdot 10^{-6} \frac{Vs}{Am}$ (der Wert für Vakuum – angenähert für Spule mit Lufthohlraum)
- der relativen Permeabilität (Permeabilitätszahl) μ_r, der als reiner Zahlenfaktor angibt, um wieviel die magnetische Flussdichte durch einen bestimmten Stoff im Spulenhohlraum gegenüber Vakuum vergrößert wird.

Mit $\mu = \mu_0 \cdot \mu_r$ ergibt sich also die magnetische Flussdichte

$$B = \mu_0 \cdot \mu_r \cdot H = 1{,}256 \cdot 10^{-6} \frac{Vs}{Am} \cdot \mu_r \cdot H$$

Mit der magnetischen Feldstärke H in A/m und μ_0 in Vs/Am erhält man für die magnetische Flussdichte B die Einheit Vs/m² und wird mit „Tesla" (T) bezeichnet.

Größe	Formelzeichen	Einheit	
		Name	Zeichen
Magnetische Flussdichte	B	Tesla	$T = \dfrac{Vs}{m^2}$

5.1.5   Magnetischer Fluss

Will man die Gesamtwirkung eines Elektro- oder Dauermagneten ausdrücken, muss man nur die magnetische Flussdichte B mit der (Pol-) Fläche A multiplizieren und erhält so den magnetischen Fluss Φ.

$$\Phi = B \cdot A$$

Mit B in Vs/m und A in m² ergibt sich als Einheit für Φ in Vs und wird abgekürzt mit Weber (Wb) bezeichnet. Abbildung 5.13 zeigt den Verlauf des magnetischen Flusses.

Größe	Formelzeichen	Einheit	
		Name	Zeichen
Magnetischer Fluss	Φ	Weber = Voltsekunde	Wb = Vs

Analog zu einem geschlossenen Stromkreis bildet der magnetische Fluss Φ entlang der geschlossenen Feldlinien eines Magnetfeldes einen magnetischen Kreis. Dabei entspricht die

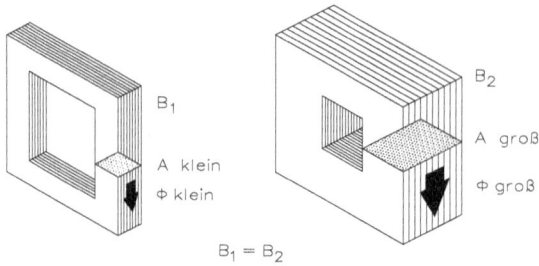

Abb. 5.13: Magnetischer Fluss

Durchflutung („magnetische Spannung") Θ der elektrischen Spannung U und der magnetische Fluss Φ dem elektrischen Strom I.

Aus den Größen lässt sich der magnetische Widerstand R_m eines magnetischen Kreises angeben:

$$R_m = \frac{\Theta}{\Phi} = \frac{H \cdot l}{\mu \cdot H \cdot A} = \frac{l}{\mu \cdot A} \qquad \text{in} \qquad \frac{A}{Vs}$$

5.2   Eisen im Magnetfeld

Eisen wird im Magnetfeld einer Spule magnetisiert. Wo jeweils der Nord- und der Südpol liegen, hängt von der Stromrichtung ab (Rechte-Hand-Regel).

5.2.1   Magnetisierungsverhalten

Es sollen das Magnetisierungsverhalten des Eisenkerns in der Spule in Abhängigkeit von Richtung und Größe des Stromes untersucht werden. Abbildung 5.14 zeigt die Aufnahme des Magnetisierungsdiagrammes.

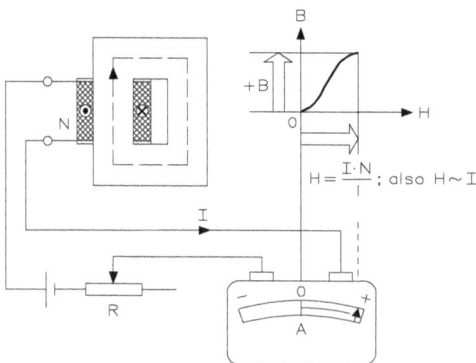

Abb. 5.14: Aufnahme eines Magnetisierungsdiagrammes

Mit dem Schiebewiderstand wird der Strom in der Spule verändert. Die magnetische Feldstärke ist proportional (verhältnisgleich) zum Strom I, da Windungszahl N und mittlere Feldlinienlänge l unverändert bleiben.

Im Magnetisierungsdiagramm stellt man die Abhängigkeit der Kernmagnetisierung B von der Spulenfeldstärke H zeichnerisch dar, wie Abb. 5.15 zeigt.

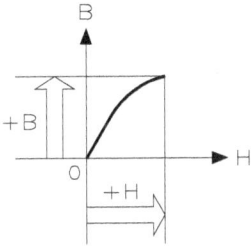

Abb. 5.15: Magnetisierungsdiagramm

In den Abb. 5.16 bis 5.21 kann man den vollständigen Verlauf der Kernmagnetisierung verfolgen.

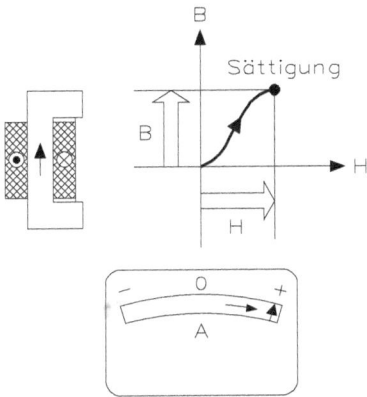

Abb. 5.16: Magnetisierungsdiagramm in der Sättigung

In Abb. 5.16 steigert man den Strom von Null beginnend bis zur Sättigung. Die Magnetisierung des Eisenkernes steigt zunächst verhältnisgleich an, dann immer weniger, bis schließlich alle Molekularmagnete gerichtet sind, d. h. der Kern ist gesättigt.

In Abb. 5.17 verringert man den Strom wieder gleich Null. Obwohl in der Spule kein Strom mehr fließt, hat der Kern noch einen bestimmten Restmagnetismus (Remanenz B_r).

In Abb. 5.18 wird die Stromrichtung umgekehrt und der Strom so lange gesteigert, bis der Eisenkern wieder ganz unmagnetisch ist. Hierzu ist die Koerzitivfeldstärke H_c erforderlich. Die Kraft, mit der die Molekularmagnete sich in der teilweise gerichteten Lage halten, heißt Koerzitivkraft.

Abb. 5.17: Magnetisierungsdiagramm beim Restmagnetismus (Remanenz B_r)

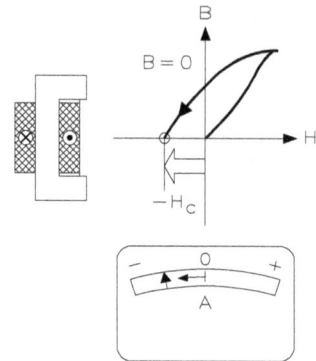

Abb. 5.18: Magnetisierungsdiagramm bei der Koerzitivfeldstärke H_c

Man steigert in Abb. 5.19 den Strom in der umgekehrten Richtung weiter, bis die (umgekehrte) Sättigung erreicht ist. Die Werte $-H$ und $-B$ weisen die gleiche Größe wie $+H$ und $+B$ in Abb. 5.16 auf.

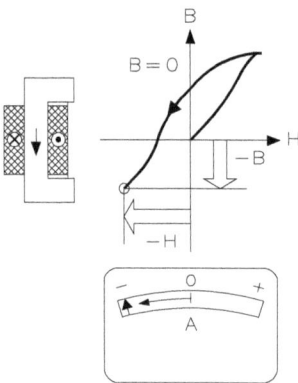

Abb. 5.19: Magnetisierungsdiagramm in der Sättigung

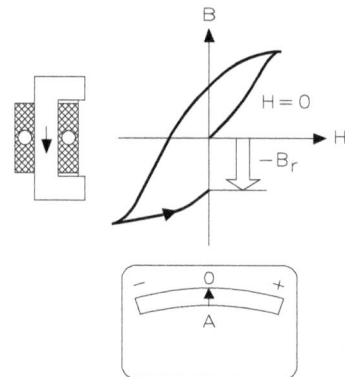

Abb. 5.20: Magnetisierungsdiagramm, wenn eine Remanenz B_r vorhanden ist

In Abb. 5.20 fließt kein Strom mehr. Im Eisenkern ist wieder eine Remanenz B_r vorhanden.

Durch Strom in umgekehrter Richtung wird die Koerzitivfeldstärke H erzeugt, die den Restmagnetismus beseitigt.

Steigert man in Abb. 5.21 den Strom weiter, so erreicht der Kurvenverlauf wieder den Anfang, den Sättigungspunkt aus Abb. 5.15.

Zeichnerisch entsteht eine Schleife, wie Abb. 5.22 zeigt und man bezeichnet diese als Hystereseschleife. Der Punkt H = 0 und B = 0 wird nicht mehr erreicht. Deshalb bezeichnet man diese Kurve in Abb. 5.22 einfach als Neukurve.

Weich- und hartmagnetische Werkstoffe unterscheiden sich in ihren Hystereseschleifen. Bei hartmagnetischen Werkstoffen benötigt man eine große Koerzitivfeldstärke H_c (in umge-

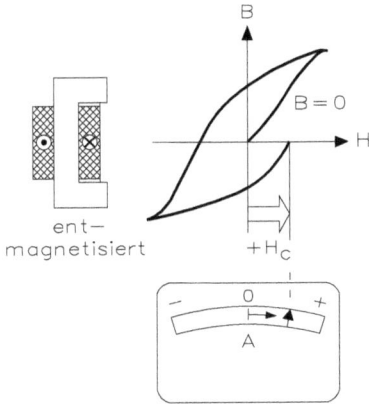

Abb. 5.21: Magnetisierungsdiagramm bei der Koerzitivfeldstärke

Abb. 5.22: Aufbau der Hystereseschleife

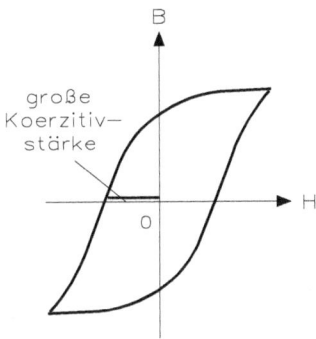

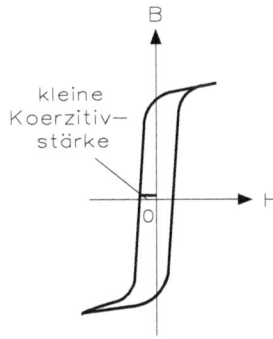

Abb. 5.23: Hystereseschleifen für hart- und weichmagnetischen Werkstoff

kehrter Richtung), um den Kern wieder vollständig unmagnetisch zu machen. Die Hystereseschleife hartmagnetischer Stoffe ist breit und hat eine große Fläche. Weichmagnetische Werkstoffe weisen eine schmale Hystereseschleife mit kleiner Fläche auf.

5.2.2 Magnetisierungskurven

Aus der Kenntnis der Zusammenhänge zwischen der magnetischen Feldstärke H und der magnetischen Flussdichte B im Eisenkern wird klar, dass man B nicht berechnen kann, sondern aus der grafischen Darstellung ablesen muss. Je nach dem Magnetisierungszustand erhält man jedoch aus der Hystereseschleife zwei Werte für die magnetische Flussdichte B. Hier wird vereinfacht. Da weichmagnetische Werkstoffe eine sehr schmale Hystereseschleife mit nahe beieinander liegenden Kurven haben, stellt man nur den Mittelwert dar. Der Ablesefehler kann bei weichmagnetischen Werkstoffen vernachlässigt werden. Abbildung 5.24 zeigt eine Magnetisierungskurve.

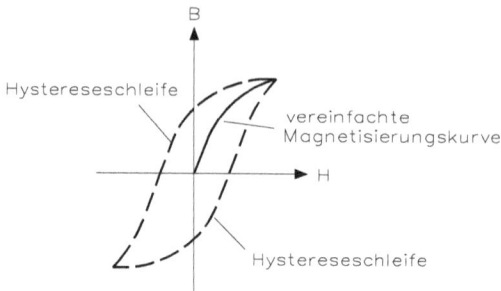

Abb. 5.24: Magnetisierungskurve

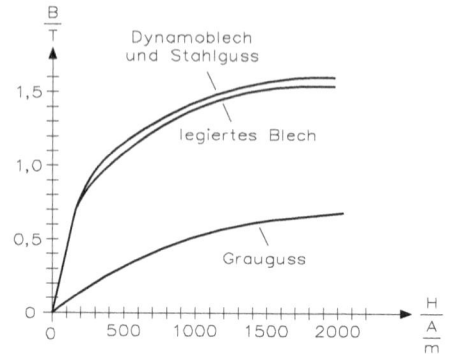

Abb. 5.25: Magnetisierungskurven für unterschiedliche Materialien

Für Dynamoblech beträgt für H = 500 A/m die magnetische Flussdichte B = 1,22 Tesla (Abb. 5.25).

5.3 Elektrodynamisches Prinzip

Magnetfelder üben Kraftwirkungen aufeinander aus. Ungleichnamige Pole ziehen sich an, gleichnamige Pole stoßen sich ab. Diese Wirkungen kann man mit Dauermagneten (z. B. Stabmagnet und Magnetnadel) nachweisen. Auch der stromdurchflossene Leiter mit seinem Magnetfeld ist Kraftwirkungen durch andere Magnetfelder ausgesetzt. Der stromdurchflossene Leiter (Abb. 5.26) verstärkt den rechten Teil des Dauermagnetfeldes (gleiche Feldlinienrichtung). Links vom Leiter wird das Dauermagnetfeld geschwächt (entgegengesetzte Feldlinienrichtung).

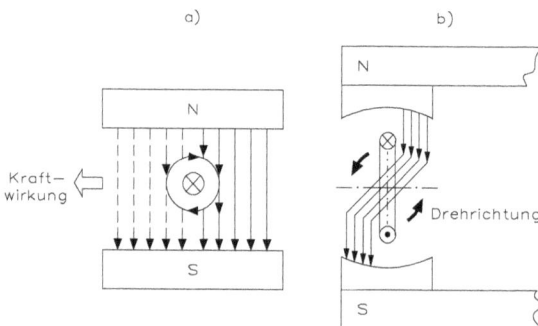

Abb. 5.26: Elektrodynamisches Prinzip

Ein stromdurchflossener Leiter erfährt in einem Magnetfeld eine Kraftwirkung. Die Kraft F wird in N (Newton), die magnetische Flussdichte B in T (Tesla), die wirksame Leiterlänge in m und die Leiterzahl in Windungen z angegeben.

$$F = B \cdot I \cdot l \cdot z$$

Folgende Werte sind gegeben: B = 1,5 T; I = 1 A; l = 10 cm; z = 40 Windungen. Wie groß ist die Kraft F?

$$F = B \cdot I \cdot l \cdot z = 1,5\,T \cdot 1\,A \cdot 0,1\,m \cdot 40 = 6\,N$$

Als Modellvorstellung kann man annehmen, dass die Feldlinien wie gespannte Gummifäden auf den Leiter wirken. Wie sich durch Versuche beweisen lässt, ist die eigentliche Ursache jedoch darin begründet, dass auf bewegte Elektronen (= Stromfluss im Leiter) eine Kraft ausgeübt wird.

Die drehbar gelagerte Leiterschleife zeigt diese Wirkung zweimal. In dem Beispiel wird sie mit einer bestimmten Kraft linksherum gedreht. Auf diesem Prinzip beruht die Wirkungsweise des Elektromotors und über einen mechanischen Polwender (Kommutator) wird der Motorwicklung Strom in der Weise zugeführt, dass eine fortlaufende Drehbewegung entsteht. Elektrische Energie wird in mechanische Energie umgewandelt und lässt sich an der umlaufenden Welle abnehmen.

Weitere Beispiele für die Anwendung des elektrodynamischen Prinzips sind Drehspulmesswerk, dynamischer Lautsprecher und elektrische Klingel.

5.4 Induktion

Eine Spule ist mit einem Drehspul-Galvanometer verbunden (Zeiger mit Ruhestellung in der Skalenmitte). Man stoßt den Nordpol des Stabmagneten in den Spulenhohlraum hinein und sieht, dass der Zeiger des Galvanometers nach rechts ausschlägt (schwarze Pfeile). Zieht man den Stabmagneten aus dem Spulenhohlraum heraus, schlägt der Zeiger nach links aus (weiße Pfeile). Abbildung 5.27 zeigt die Wirkungsweise einer Induktion.

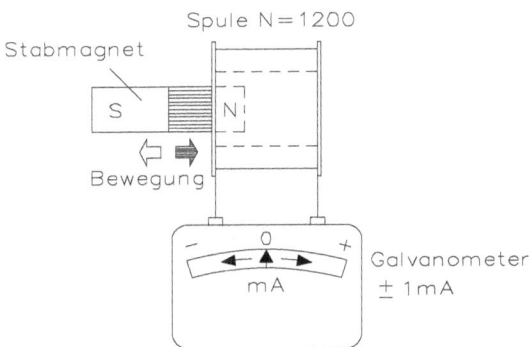

Abb. 5.27: Induktion

Als Beispiele (Abb. 5.28) sollen drei Möglichkeiten zur Spannungserzeugung dargestellt werden.

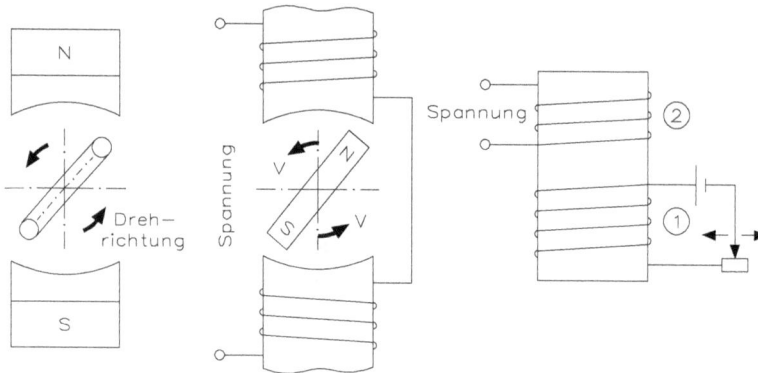

Abb. 5.28: Erzeugung von Induktionsspannungen

Wird ein Magnetfeld um einen Leiter geändert oder bewegt, wird in ihm eine Induktionsspannung erzeugt.

Beim Transformator sind beide Wicklungen in Ruhe. Aber das Magnetfeld der Primärwicklung (1) wird durch Änderung der Stromstärke (z. B. Wechselstrom) dauernd geändert. Dadurch ändert sich ständig der magnetische Feldzustand in der Sekundärwicklung (2). In der Sekundärwicklung wird eine Spannung erzeugt.

In allen Fällen hängt die Höhe der erzeugten Induktionsspannung ab von

a) dem Umfang, in dem sich die Stärke des Magnetfeldes (B bzw. Φ) und

b) der Schnelligkeit, mit der sich die Stärke des Magnetfeldes ändert.

5.5   Selbstinduktion

Ändert sich in einem Leiter oder in einer Spule die Stromstärke – und damit das Magnetfeld –, so wird auch in dem Leiter selbst oder in der Spule selbst eine Induktionsspannung erzeugt. Die Größe dieser Selbstinduktionsspannung hängt genauso wie die Größe der Induktionsspannung (der Ruhe oder der Bewegung) vom Umfang und der Schnelligkeit der Magnetfeldänderung ab.

Die Eigenschaft einer Spule, bei bestimmter Stromänderung pro Zeiteinheit eine bestimmte Selbstinduktionsspannung zu erzeugen, wird als Induktivität bezeichnet.

Ihre Einheit ergibt sich aus der erzeugten Spannung in Volt pro Stromänderung in As/s zu V und A/s = Vs/A, abgekürzt Henry (H).

Größe	Formelzeichen	Einheit	
		Name	Zeichen
Induktivität	L	Voltsekunden pro Ampere = Henry	$\frac{Vs}{A} = H$

5.5.1   Reihenschaltung von Spulen

Die Reihenschaltung (Abb. 5.29) von Spulen entspricht einer Addition ihrer Windungszahlen. Damit addieren sich die wirksame Feldstärke, Selbstinduktionsspannungen und die Induktivitäten.

$$L = L_1 + L_2 + \cdots + L_n$$

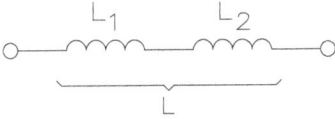

Abb. 5.29: Reihenschaltung von Induktivitäten

Zwei Spulen mit $L_1 = 25\,\text{mH}$ und $L_2 = 12\,\text{mH}$ sind in Reihe geschaltet. Welchen Wert hat die Gesamtreihenschaltung?

$$L = L_1 + L_2 = 25\,\text{mH} + 12\,\text{mH} = 37\,\text{mH}$$

5.5.2   Parallelschaltung von Spulen

Bei Parallelschaltung (Abb. 5.30) von Spulen teilt sich der Gesamtstrom, der bei seiner zeitlichen Änderung die Selbstinduktionsspannung bewirkt, in einzelne (kleinere) Teilströme auf und die Gesamtinduktivität ist kleiner als die kleinste Einzelinduktivität.

$$\frac{1}{L} = \frac{1}{L_1} + \frac{1}{L_2} + \cdots + \frac{1}{L_n}$$

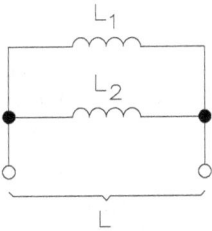

Abb. 5.30: Parallelschaltung von Induktivitäten

Für die Parallelschaltung von zwei Einzelinduktivitäten gilt

$$\frac{1}{L} = \frac{1}{L_1} + \frac{1}{L_2} \qquad \text{oder} \qquad L = \frac{L_1 \cdot L_2}{L_1 + L_2}$$

Zwei Spulen mit $L_1 = 25\,\text{mH}$ und $L_2 = 12\,\text{mH}$ sind parallel geschaltet. Welchen Wert hat die Gesamtreihenschaltung?

$$L = \frac{L_1 \cdot L_2}{L_1 + L_2} = \frac{25\,\text{mH} \cdot 12\,\text{mH}}{25\,\text{mH} + 12\,\text{mH}} = 8,1\,\text{mH}$$

5.6   Induktivitäten im Gleichstromkreis

Beim Betrieb einer Induktivität im Gleichstromkreis sind beim Ein- und Ausschalten in der Praxis unbedingt einige schaltungstechnische Besonderheiten zu berücksichtigen.

5.6.1   Einschaltvorgang an einer Spule

Zwei Lampen sind an eine Spannungsquelle U über die Taste T anschaltbar. Die Lampe L_1 ist mit einem Widerstand R in Reihe geschaltet. In Reihe mit der Lampe L_2 ist eine Spule mit der Induktivität L und dem (Wicklungs-) Widerstand R geschaltet. Abbildung 5.31 zeigt das Einschalten einer Spule.

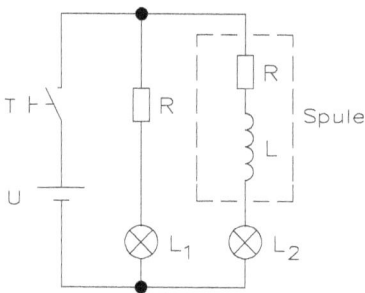

Abb. 5.31: Einschalten einer Spule

Schaltet man den Stromkreis ein, stellt man fest: Lampe L_1 leuchtet sofort auf, aber Lampe L_2 leuchtet später als L_1 auf. Das bedeutet, dass durch die Lampe L_1 sogleich der volle Strom fließt, während der Strom in der Reihenschaltung der Lampe L_2 mit Spule langsam zunimmt.

Misst man den zeitlichen Verlauf des Einschaltstromes, so ergibt sich dafür das gleiche Bild wie für den zeitlichen Verlauf der Einschaltspannung an einer Kapazität. Der Strom steigt nach der Zeit $1\,\tau$ auf 0,63 des vollen Wertes an, nach $2\,\tau$ auf 0,86 usw. Abb. 5.32 zeigt den zeitlichen Verlauf des Einschaltstromes.

Nach der Einschaltdauer

$$t = 5 \cdot \tau$$

hat der Strom nahezu den vollen Strom $I = U/R$ erreicht. Die Zeitkonstante berechnet sich nach der Formel

$$\tau = \frac{L}{R}$$

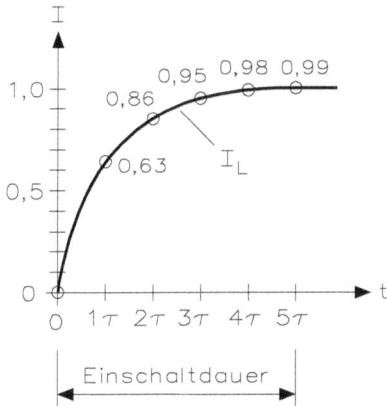

Abb. 5.32: Zeitlicher Verlauf des Einschaltstromes

Die Induktivität L wird in $H \stackrel{\wedge}{=} \frac{Vs}{A}$ und R in $\Omega \stackrel{\wedge}{=} \frac{V}{A}$ eingesetzt. Die Zeitkonstante τ ergibt sich in s.

Ursache für den verzögerten Stromanstieg ist die Induktivität L der Spule. Beim Einschalten beginnt der Aufbau des Magnetfeldes der Spule. Diesem Feldaufbau wirkt die Selbstinduktionsspannung der Spule entgegen. Das Lenzsche Gesetz lautet: Die Selbstinduktionsspannung ist stets so gerichtet, dass sie den Vorgang, durch den sie entsteht, zu hemmen sucht.

5.6.2 Abschaltvorgang an einer Spule

Beim Abschalten einer Induktivität ist entsprechend dem Lenzschen Gesetz die Induktionsspannung so gerichtet, dass sie dem Feldabbau entgegenwirkt. Sie sinkt also von ihrem Höchstwert bei Beginn des Abschaltvorganges im zeitlichen Verlauf einer e-Funktion mit der Zeitkonstanten $\tau = L/R$ auf Null. Demselben Verlauf folgt auch der Strom beim Abschaltvorgang.

Beim Abschalten einer Spule im Gleichstromkreis wirkt die Selbstinduktionsspannung dem Feldabbau entgegen. Sie ist dabei umso höher, je schneller der Feldabbau (die Abschaltgeschwindigkeit) ist. Beim Öffnen von Stromkreisen mit Induktivitäten entstehen hohe Induktionsspannungen, weil die Schnelligkeit der Stromänderung beim Ausschalten besonders hoch ist. Diese Selbstinduktionsspannungen liegen weit über der Betriebsspannung des Stromkreises und sind meistens unerwünscht.

Zum Nachweis der Selbstinduktionsspannung dient die Schaltung nach Abb. 5.33.

Parallel zur Spule liegt eine Glimmlampe, die erst bei etwa 70 V Spannung zündet. Wenn man einschaltet, liegt sie an der Spannung U = 4,5 V der Taschenlampenbatterie und bleibt dunkel. Öffnet man den Stromkreis wieder, so blitzt die Glimmlampe kurz auf. Es muss also eine Selbstinduktionsspannung entstanden sein, die größer als 70 V ist!

Diese hohen Selbstinduktionsspannungen bei der Abschaltung induktiv belasteter Stromkreise können zur Zerstörung von Bauteilen wie Transformatoren, Kondensatoren, Halbleiterbauelementen (Transistoren) führen.

Abb. 5.33: Ausschalten einer Spule

Gegenmaßnahmen: Funkenlöschkreis mit Widerstand und Kondensator, Varistor oder DIAC.

Die Tatsache, dass die Selbstinduktionsspannung beim Ausschalten induktiv belasteter Stromkreise wesentlich höher ist als die ursprünglich angelegte Spannung, wird in der Technik manchmal auch ausgenutzt.

Beispiele dafür sind die Erzeugung der Zündfunken im Kraftfahrzeug (ca. 10 kV bis 50 kV), die Erzeugung von Spannungsstößen in elektrischen Weidezäunen, die Hochspannungsgewinnung in Fernsehgeräten und die Gewinnung von Zündspannungsstößen in Leuchtstofflampen. Abb. 5.34 zeigt die Funkenlöschung und Abb. 5.35 Beispiele von Induktivitäten in der Praxis.

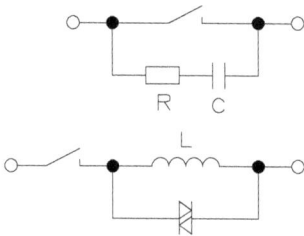

Abb. 5.34: Funkenlöschung

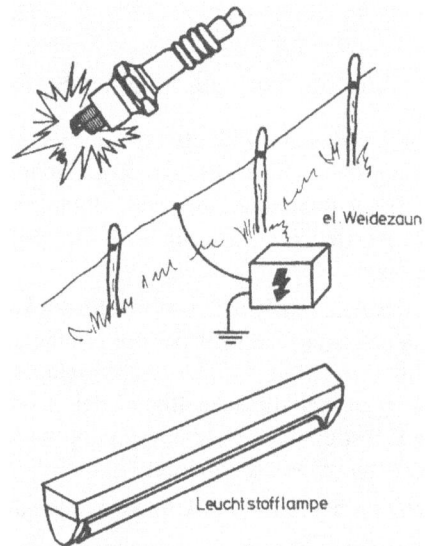

Abb. 5.35: Beispiele von Induktivitäten

5.7   Spulen und Transformatoren

Beim Einsatz von Spulen wird die Wirkung des magnetischen Feldes in Gleichstrom- und Wechselstromkreisen ausgenutzt. Spulen sind Bauelemente, die aus einer Kupferdrahtwicklung bestehen, die auf einem Spulenkörper aufgebracht ist. Um die Wirkung der Spulen zu verbessern, werden zur Verstärkung des magnetischen Flusses und damit zur Vergrößerung der Induktivität Kerne aus ferromagnetischem Material verwendet (Abb. 5.36). Ferromagnetische Stoffe (z. B. Eisen, Nickel, Kobalt) verstärken das magnetische Feld erheblich.

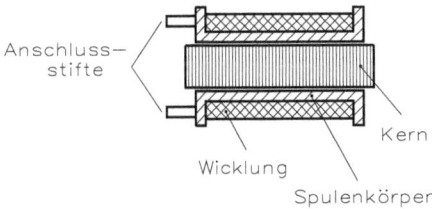

Abb. 5.36: Schnittbild durch eine Spule

5.7.1   Luftspule

Spulen ohne magnetisierbaren Kern bezeichnet man als Luftspulen, auch wenn die Drähte auf einem Isolierkörper (meistens Kunststoff) aufgewickelt sind. Eine genaue Berechnung der Induktivität ist nur dann möglich, wenn der Verlauf aller von ihr erzeugten Feldlinien bekannt ist. Das ist praktisch nur bei einer ringförmigen Ausführung der Fall, bei der der gesamte magnetische Fluss im Inneren verläuft. Abb. 5.37 zeigt den Aufbau einer Luftspule.

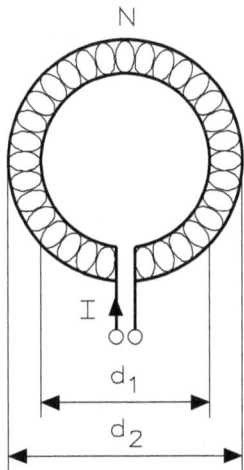

Abb. 5.37: Aufbau einer Luftspule

Luftspulen verwendet man mit wenigen Ausnahmen für Induktivitätsnormale und als Leistungsspulen in Endstufen von Hf-Sendern (Hochfrequenz). Durch eine Luftspule vermeidet man bei hohen Induktivitäten die auftretenden Hystereseverluste.

Für die Realisierung einer Luftspule benötigt man einen isolierten Draht, den man um einen Gegenstand wickelt, der den entsprechenden Umfang hat. Die Induktivität der Luftspule errechnet sich dann aus

$$L = 10^{-6} \cdot N^2 \cdot \frac{D^2}{l}$$

L Induktivität in H (Henry)
N Windungszahl (Zahlenwert)
D Windungsdurchmesser in m
l Spulenlänge in m

Beim Anschalten an Wechselspannung sind bei einer Spule immer zwei in Reihe geschaltete Widerstände wirksam, der primäre Kupferwiderstand R_{CU} und die Eisen- bzw. Kupferverluste. Der ohmsche Widerstand wird von dem Widerstand des Spulendrahtes gebildet, den man durch die Berechnung des Drahtwiderstandes oder durch Messung erhält. An diesem ohmschen Widerstand sind Spannung und Strom in Phase.

Der induktive Widerstand bzw. der induktive Blindwiderstand entsteht aufgrund der Selbstinduktionsspannung, die sich in der Spule ergibt. Die Selbstinduktionsspannung ist nach dem Induktionsgesetz ihrer Ursache (der äußeren Spannungen) entgegengerichtet und benötigt die angelegte Spannung für die Erhaltung des Magnetfeldes. Dabei wird ein Teil der Spannung verbraucht und der Strom verringert sich, d. h. der Widerstand vergrößert sich „scheinbar". Der induktive Widerstand ist damit von der Größe der in der Spule möglichen Selbstinduktionsspannung abhängig, wobei die Güte, der Querschnitt und die Windungzahl der Spule zu berücksichtigen sind. Diese Abhängigkeit von der Bauart der Spule bezeichnet als Selbstinduktionskoeffizient oder kurz als Induktivität L in Henry.

Die in der Spule erzeugte Selbstinduktionsspannung ist außerdem noch von der Änderungsgeschwindigkeit des magnetischen Wechselfeldes abhängig. Da dieses Wechselfeld von dem Wechselstrom erzeugt wird, ändert sich dieses Feld umso schneller, je höher die Frequenz bzw. die Kreisfrequenz der anliegenden Wechselspannung ist.

Die Formel für diese Luftspule lautet

$$H = \frac{\Theta}{l} = \frac{I \cdot N}{l} = \frac{I \cdot N}{\pi \cdot \frac{d_1 + d_2}{2}}$$

H Feldstärke in A/m
Θ Durchflutung
l mittlere Feldlinienlänge
d_1 innerer Spulendurchmesser
d_2 äußerer Spulendurchmesser

Durch eine Spule mit N = 50 Windungen fließt ein Strom von I = 1 A. Wie groß ist H (Feldstärke in A/m), wenn die beiden Durchmesser $d_1 = 10$ mm und $d_2 = 15$ mm betragen.

$$H = \frac{I \cdot N}{\pi \cdot \frac{d_1 + d_2}{2}} = \frac{1\,A \cdot 50}{3{,}14 \cdot \frac{0{,}010\,m + 0{,}015\,m}{2}} = 1274\,A/m$$

5.7.2   Aufbau von Spulen

Als Induktivität bezeichnet man den Selbstinduktionskoeffizienten L, der den Zusammenhang zwischen der Stromänderung in der Spule und der daraus entstehenden Spannung an der Spule angibt. Die Größe der Induktivität L ist abhängig von:

- der Windungszahl N
- dem Werkstoff des magnetischen Kreises
- der Permeabilitätskonstanten μ_0
- dem Querschnitt A
- der mittleren Feldlinienlänge l

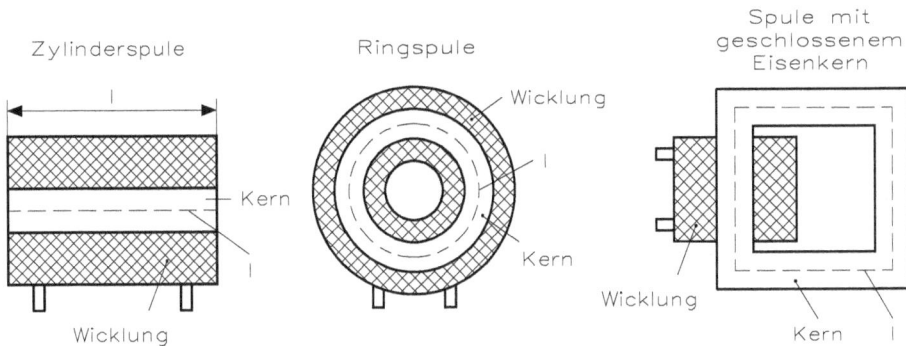

Abb. 5.38: Mittlere Feldlinienlänge von Spulen

Für lange Zylinderspulen, Ringspulen und Spulen mit geschlossenem Eisenkern gilt:

$$L = \frac{\mu \cdot A \cdot N^2}{l}$$

L Induktivität in Vs/A = H (Henry)
μ Permeabilitätskonstante in Vs/Am
A Querschnittsfläche der Spule in m²
N Windungszahl der Spule
l mittlere Feldlinienlänge in m

Die Maßeinheit der Induktivität L ist das Henry H, es werden auch Teile dieser Einheit wie mH (Millihenry) und μH (Mikrohenry) verwendet. Eine Spule hat die Induktivität 1 H, wenn durch eine Stromänderung von 1 A in 1 s an ihr eine Selbstinduktionsspannung von 1 V entsteht.

Bei langen Zylinderspulen ist die mittlere Feldlinienlänge gleich der Spulenlänge. Natürlich bildet sich auch außerhalb des Kerns ein magnetisches Feld. Die Berechnung der Induktivität nach obiger Formel ist umso genauer, je länger die Zylinderspule und je größer die Permeabilität des Spulenkerns ist.

Die magnetischen Eigenschaften des Werkstoffes, den man für den magnetischen Kreis verwendet, werden durch die Permeabilitätszahl μ_r ausgedrückt. Bei Luft ist die Permeabilitätszahl $\mu_r = 1$. Alle Werkstoffe werden mit Luft verglichen, und es entsteht eine relative, auf Luft bezogene Zahl, die für jeden Werkstoff eine bestimmte Größe hat. Wie beim Kondensator muss auch bei der Spule der Einfluss weiterer Konstanten berücksichtigt werden. Hier ist es die magnetische Feldkonstante μ_0 mit dem Wert

$$\mu_0 = 1{,}256 \cdot 10^{-6} \frac{\text{Vs}}{\text{Am}}$$

Die Permeabilitätskonstante oder Permeabilität ergibt sich, wenn man die Permeabilitätszahl mit der magnetischen Feldkonstanten multipliziert:

$$\mu = \mu_0 \cdot \mu_r \qquad \text{in} \qquad \frac{\text{Vs}}{\text{Am}}$$

In Tab. 5.1 sind einige Beispiele für Permeabilitätszahlen angegeben.

Tab. 5.1: Beispiele für einige Permeabilitätszahlen

Bezeichnung	μ_r	Bezeichnung	μ_r
Glas	0,999987	Stahl	200
Kupfer	0,999991	Nickel	300
Luft	1,0	Gusseisen	600
Hartgummi	1,000014	Schmiedeeisen	5000
Platin	1,00036	Permalloy	50000

Para- und diamagnetische Stoffe und ferromognetische Stoffe

Stoffe, bei denen die Permeabilitätszahl kleiner als 1 ist, bezeichnet man als diamagnetische Stoffe; wenn sie etwas größer als 1 ist, nennt man sie paramagnetische Stoffe. Nur diejenigen Stoffe, die eine wesentlich größere Permeabilitätszahl als Luft aufweisen, bezeichnet man als ferromagnetisch.

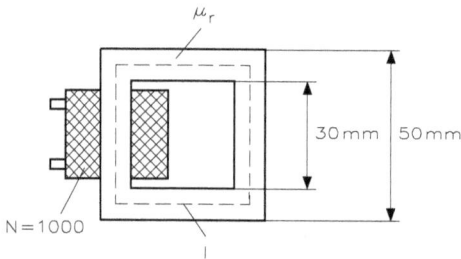

Abb. 5.39: Spule für das Berechnungsbeispiel

Die Spule von Abb. 5.39 hat einen quadratischen Kern aus Eisen mit einer Querschnittsfläche von $100\,\text{mm}^2$. Welchen Wert L hat diese Spule?

$$l = \frac{30\,\text{mm} + 50\,\text{mm}}{2} \cdot 4 = 160\,\text{mm} \qquad A = 100\,\text{mm}^2 = 100 \cdot 10^{-6}\,\text{m}^2$$

$$L = \frac{\mu_0 \cdot \mu_r \cdot A \cdot N^2}{l} = \frac{1{,}256 \cdot 10^{-6}\frac{\text{Vs}}{\text{Am}} \cdot 5000 \cdot 100 \cdot 10^{-6}\text{m}^2 \cdot (1000)^2}{160 \cdot 10^{-3}\text{m}} = 3{,}93\,\text{H}$$

Ein gusseiserner Kern hat eine Permeabilitätskonstante von $7{,}54 \cdot 10^{-4}$ Vs/Am. Wie groß ist die Permeabilitätszahl μ_r für Gusseisen?

$$\mu = \mu_0 \cdot \mu_r = \frac{\mu}{\mu_0} = \frac{7{,}54 \cdot 10^{-4} \frac{Vs}{Am}}{1{,}256 \cdot 10^{-6} \frac{Vs}{Am}} \approx 600$$

Man vergleiche das Ergebnis mit Tab. 5.1.

5.7.3 Bauarten von Spulen

Von großer Bedeutung für die Bauarten der Spulen ist die Ausführung des Eisenkreises. Man unterscheidet Eisenkerne aus lamelliertem Eisen, aus Eisendrähten und aus den sogenannten Massekernen.

Beim lamellierten Kern sind dünne ferromagnetische Bleche, die voneinander isoliert sind und in bestimmter Form geschichtet sind. Diese Anordnung vermindert die Verluste durch Wirbelströme beachtlich. Mit Lack überzogene Eisendrähte eignen sich ebenso wie die Eisenbleche zur Herstellung von verlustarmen Kernen. Massekerne sind Kerne, die aus sehr feinen ferromagnetischen Teilchen und Isolationswerkstoffen hergestellt werden, damit möglichst noch geringere Wirbelstromverluste auftreten. Der Aufbau von Spulen richtet sich ebenso nach dem Einsatz in Gleichstrom- bzw. Wechselstromkreisen. Deshalb werden die Bauarten von Spulen nach dem Anwendungsgebiet geordnet, wie Abb. 5.40 zeigt.

Spulenart	Schaltzeichen	Eigenschaften
Spule allgemein ohne Kern Luftspule	 oder	geringe Induktivität geringe Frequenzabhängigkeit
Spule mit Kern		hohe Induktivität
Spule mit Kern (Kern mit Luftspalt)		geringe Vormagnetisierung
Spule abgeschirmt	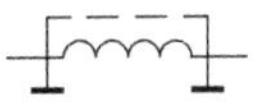	weniger elektro-magnetische Wellen
Induktivität veränderbar		stetig veränderbar
Induktivität einstellbar		stetig einstellbar (trimmbar)
Transformator Übertrager (mit Eisenkern)	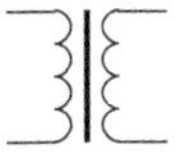	wenig Verluste, wenn der Kern eine hohe Permeabilität aufweist

Abb. 5.40: Schaltzeichen für Spulen (Induktivitäten) und ihre Anwendungen

5.7.4   Spulen als Glättungs- und Speicherdrosseln

In Stromversorgungsgeräten werden zur Verringerung der Welligkeit des Gleichstromes Spulen eingesetzt, die man als Drosselspulen bezeichnet. Um dem Wechselspannungsanteil einen hohen Widerstand entgegenzusetzen, sind große Induktivitäten erforderlich. Bei Spulen ohne Luftspalt würde die Gleichstromvormagnetisierung das Eisen in die Sättigung bringen und damit die Induktivität stark verringern.

Durch einen Luftspalt im Eisenkreis wird zwar der magnetische Widerstand größer und die Induktivität kleiner, jedoch der Einfluss der Vormagnetisierung herabgesetzt. Abb. 5.41 zeigt den Einfluss des Luftspaltes bei einer Spule.

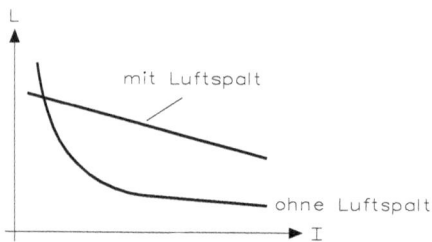

Abb. 5.41: Einfluss des Luftspaltes

Der Widerstandswert der Wicklung, das Drahtmaterial, die Windungszahl und die Induktivität sind auf dem Beschriftungsfeld der Spule angegeben.

Speicherdrosseln dienen der Spannungsstabilisierung in geschalteten Netzgeräten mit stark schwankender Last. Sie werden z. B. in Stromversorgungen für integrierte Schaltkreise eingesetzt. Auch große Spannungsdifferenzen können bei hohen Ausgangsströmen mit einem geringen Leistungsverbrauch ausgeregelt werden, weil man die Induktionsspannung dieser Spulen ausnutzt. Die Drosseln werden für den Einsatz in gedruckten Schaltungen mit Schaltfrequenz zwischen 10 kHz und 500 kHz angeboten. Ihre Induktivitätswerte liegen je nach Typ zwischen 30 μH und 3 mH. Die Wicklungswiderstände R_S weisen Werte von ca. 20 Ω bis 200 Ω auf, und die möglichen Lastströme können bis zu 16 A groß sein.

5.7.5   Blechkerne für Transformatoren

Kerne für die Netzfrequenz und für den niederfrequenten Bereich (unter 500 Hz) bestehen aus Blechen mit einer Dicke zwischen 0,1 mm bis 0,5 mm. Je dünner man das Blech wählt, umso höhere Frequenzen sind für den Kern möglich. Zur gegenseitigen Isolation genügt eine dünne Oxidschicht oder aufgeklebtes Papier. Durch die Aufteilung in Lamellen lassen sich die Wirbelströme unterbrechen und die Wirkung stark reduzieren.

Zur Beurteilung des Verhaltens eines magnetischen Werkstoffes bei höheren Frequenzen misst man den Frequenzgang der Permeabilität $\mu_\sim$, wie Abb. 5.42 zeigt. Diejenige Frequenz, bei der $\mu_\sim$ auf den $\sqrt{2}$-Wert bei tiefen Frequenzen gemessenen Wert abgesunken ist, bezeichnet man als magnetische Grenzfrequenz f_g des Eisens. Ein großer Gütefaktor Q lässt

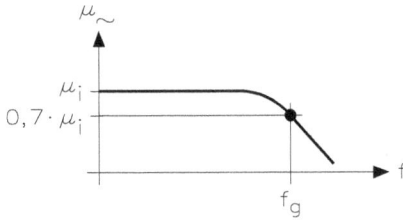

Abb. 5.42: Frequenzabhängigkeit der Permeabilität

sich nur weit unterhalb von f_g erreichen. Für Breitbandübertrager kann man jedoch auch weit die f_g-Grenzen überschreiten, ohne dass es zu Problemen kommt.

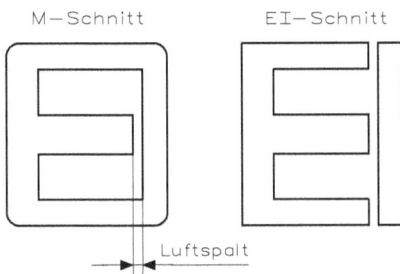

Abb. 5.43: Formen von Kernblech-Schnitten im Mantelkernschnitt (M-Form) oder EI-Kern

Für die Realisierung einer Spule mit Blechkern kommen zwei Formen in Frage, die in Abb. 5.43 gezeigt sind. Bei dem M-Schnitt ist die Mittelzunge einseitig losgestanzt, damit sie sich in den Spulenkörper einführen lässt. Ein etwa notwendiger Luftspalt wird ebenfalls an dieser Stelle ausgeschnitten. Spaltbreiten von 0,3 mm bis 2 mm sind üblich. Meist benutzt man Bleche, die bereits mit einem Luftspalt versehen sind. Ist dieser unerwünscht, schichtet man die Bleche wechselseitig, d. h. man ordnet den Luftspalt einmal auf der einen und dann auf der anderen Seite an, so dass er praktisch überbrückt wird. Benötigt man einen Luftspalt, schichtet man den M-Schnitt einseitig. M-Schnitt-Bleche erhält man in Stärken von 0,05 mm bis 1 mm. Noch dünnere Metallfolien lassen sich nur als Bandkern herstellen. Hierbei sind Stärken bis in den μm-Bereich realisierbar. Mitunter werden Bandkerne und Blechpakete mit Kunstharz verklebt. Zur einfacheren Montage für den Spulenkörper schneidet man die Bandkerne in zwei Hälften. Die Schnittflächen sind eben geschliffen, damit beim Wiederzusammensetzen kein Luftspalt entsteht. Diese Art der Transformatoren bezeichnet man in der Praxis als Schnittbandkerne.

Beim EI-Schnitt besteht der Hauptteil des Kerns aus einer E-Form und der fehlende Schenkel hat eine I-Form. Bei dieser Ausführung kann an den drei Auflageflächen jeweils ein kleiner Luftspalt entstehen, der nicht genau definiert ist. Da man den EI-Schnitt aber nur bei größeren Kernen einsetzt, stört der zusätzliche Luftspalt kaum.

In einigen Spezialanwendungen findet man noch den L-, UI- und den EE-Schnitt. Beim L-Schnitt weisen die beiden Schenkel eine L-Form auf und werden entsprechend bei der Montage verschraubt. Beim UI-Schnitt fehlt die innere Zunge im EI-Schnitt. Diesen Schnitt findet man häufig bei Drosseln für größere Leistungen. Der EE-Schnitt ist eine abgewandelte Form des EI-Schnitts. Statt der I-Form hat man einen weiteren Eisenkern in E-Form.

Wenn bei gekoppelten Spulen mindestens 90 % die von der Primärspule erzeugten Feldlinien auch von der Sekundärspule umfasst werden, also bei einer sehr fester Kopplung, spricht man im Allgemeinen von einem Transformator. Die von der Primärspule aufgenommene elektrische Leistung lässt sich in voller Höhe oder zumindest zu einem sehr hohem Prozentsatz auf der Sekundärseite wieder entnehmen. Abbildung 5.44 zeigt die Arbeitsweise von Transformatoren und Übertragern mit deren Bezeichnungen.

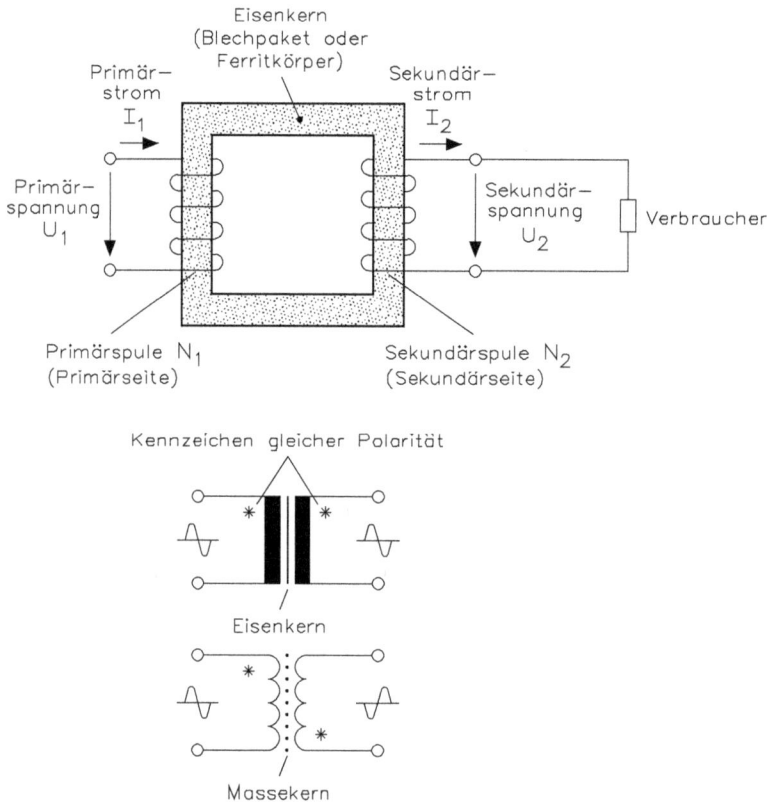

Abb. 5.44: Arbeitsweise von Transformatoren und Übertragern mit deren Bezeichnungen

Bei den Transformatoren unterscheidet man zwischen zahlreichen Möglichkeiten, z.B. prinzipiell zwischen Einphasen- und Drehstromtransformatoren, dann zwischen Klein-, Sicherheits-, Spielzeug-, Klingel-, Handleuchten-, Auftau- und medizinischen Transformatoren. Je nach Anwendung setzt man den entsprechenden Typ ein, wobei man dann immer die jeweiligen Sicherheitsmaßnahmen und Vorschriften beachten muss.

5.7.6   Anwendungen von Transformatoren und Übertragern

Transformatoren bestehen aus mindestens zwei Wicklungen und einem gemeinsamen Kern. Die Eingangswicklung bezeichnet man als Primärwicklung und die Ausgangswicklung als Sekundärwicklung. Die Primärwicklung wandelt die elektrische Energie der Spannung U_1 in magnetische Energie um. Der Eisenkern überträgt die magnetische Energie auf die Sekundärwicklung und die Sekundärwicklung wandelt die magnetische Energie um. Transformatoren werden in der Nachrichtentechnik auch als Übertrager bezeichnet. Abbildung 5.45 zeigt den Aufbau von Transformatoren und Übertragern

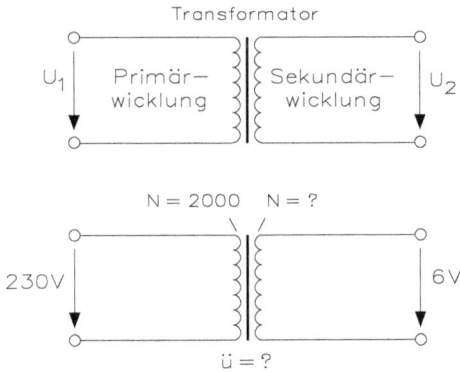

Abb. 5.45: Aufbau von Transformatoren und Übertragern

Die Windungszahlen der Primär- und Sekundärspulen bestimmen das Übersetzungsverhältnis ü von Spannungen, Strömen und Widerständen. Für die Spannungen eines verlustfreien Transformators (idealer Transformator) gelten nachfolgende Beziehungen:

$$\frac{U_1}{U_2} = \frac{N_1}{N_2} \qquad \text{und daraus folgt:} \qquad ü = \frac{U_1}{U_2} \text{ und } ü = \frac{N_1}{N_2}$$

Die Spannungen verhalten sich wie die Windungszahlen.

Für die Ströme in der Primär- und Sekundärwicklung gilt:

$$\frac{N_1}{N_2} = \frac{I_2}{I_1} \qquad \text{und daraus folgt:} \qquad ü = \frac{I_2}{I_1}$$

Die Ströme verhalten sich umgekehrt proportional zu den Windungszahlen.

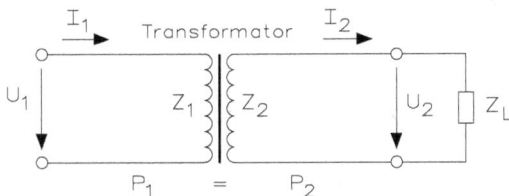

Abb. 5.46: Berechnungsbeispiel für einen Transformator

Die Primarwicklung in Abb. 5.46 eines Netztransformators hat 2000 Windungen. Die Ausgangsspannung soll 6 V betragen. Wie viele Windungen hat die Sekundärspule, und welches Übersetzungsverhältnis hat der Transformator?

$$\ddot{u} = \frac{U_1}{U_2} = \frac{230\,V}{6\,V} = 38,33 \qquad \ddot{u} = \frac{N_1}{N_2} \qquad N_2 = \frac{N_1}{\ddot{u}} = \frac{2000\,Wdg}{38,33} = 52\,Wdg$$

Bei einem idealen Transformator entspricht die zugeführte Leistung P_1 der auf der Sekundärseite abgegebenen Leistung P_2. Schaltet man an die Sekundärseite einen Lastwiderstand Z_L (Verbraucher), so nimmt dieser die abgeführte Leistung auf. Abb. 5.47 zeigt den idealen Transformator.

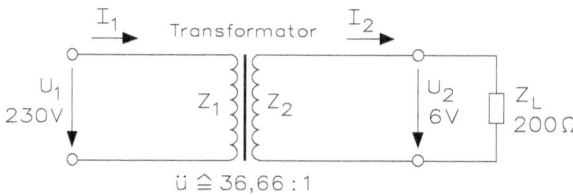

Abb. 5.47: Idealer Transformator

Das Übersetzungsverhältnis für einen idealen Transformator lässt sich über die Scheinwiderstände wie folgt ermitteln:

$$\ddot{u} = \sqrt{\frac{Z_1}{Z_2}}$$

Der Transformator aus dem vorherigen Beispiel wird mit $Z_2 = Z_L = 200\,\Omega$ belastet. Wie groß ist der Scheinwiderstand Z_1 der Primärseite?

$$\ddot{u} = \sqrt{\frac{Z_1}{Z_2}} \qquad Z_1 = \ddot{u}^2 \cdot Z_2 = (38,33)^2 \cdot 200\,\Omega = 293,8\,k\Omega$$

Kontrolle: $P_1 = P_2$

$$\frac{(U_1)^2}{Z_1} = \frac{(U_2)^2}{Z_L} \qquad \frac{(230\,V)^2}{293,8\,k\Omega} = \frac{(6\,V)^2}{200\,\Omega} \qquad 180\,mA = 180\,mA$$

Die Primärseite nimmt 180 mA auf und die gleiche Leistung fällt am Verbraucher ab. Bei einem verlustfreien Transformator entspricht die Eingangsleistung P_1 der Ausgangsleistung P_2!

Beim realen Transformator treten, wenn er so belastet wird, Verluste auf. Zum einen weisen die Wicklungen anteilige Wirkwiderstände (Kupferverluste), und durch das ständige Ummagnetisieren des Eisenkerns treten Wirbelströme auf. Beide Verluste werden als Wärme an die Umgebung abgegeben.

Das Verhältnis der abgegebenen Wirkleistung P_{ab} zur zugeführten Wirkleistung P_{zu} gibt der Wirkungsgrad η (Eta) wieder.

Da die abgegebene Leistung aufgrund der Abb. 5.48 die Verluste immer kleiner sind als die zugeführte Leistung, ist der Wirkungsgrad immer η = 1. Der Wirkungsgrad von Transformatoren liegt bei 0,9 bis 0,95, d. h., es gehen nur 5 % bis 10 % der zugeführten Energie verloren.

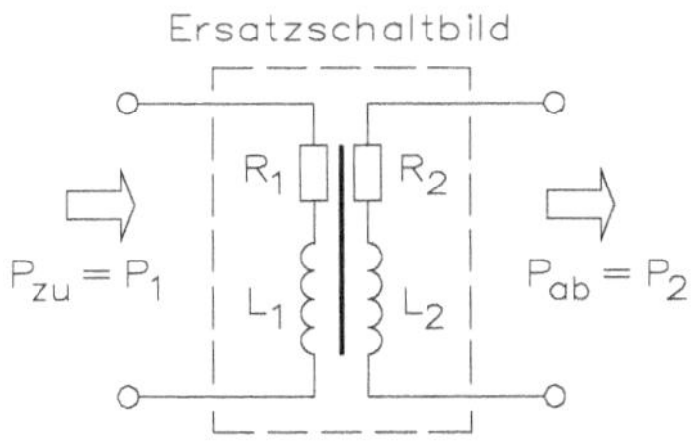

Abb. 5.48: Verlustbehafteter Transformator

Ein Netztrafo gibt eine Wirkleistung von 1 kW ab. Welche Wirkleistung nimmt er auf, wenn der Wirkungsgrad $\eta = 0,92$ beträgt?

$$\eta = \frac{P_{ab}}{P_{zu}} \qquad P_{zu} = \frac{P_{ab}}{\eta} = \frac{1\,kW}{0,92} = 1,087\,kW$$

Die Bauformen der Transformatoren sind in der Größe stark abhängig von der Leistung, die der Transformator abgeben soll. Transformatoren und Übertrager sind in modernen Schaltkreisen meistens die größten Bauelemente. Aufgrund der physikalischen Eigenschaften werden sie auch in Zukunft nicht wesentlich kleiner werden.

Abbildung 5.49 zeigt das Schaltbild einer Lautsprecheranlage, eine weitere Anwendung für einen Transformator und Übertrager.

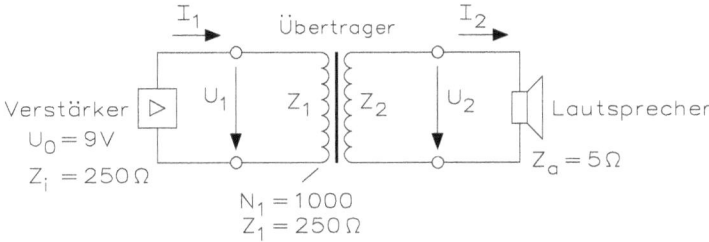

Abb. 5.49: Prinzipschaltbild einer Lautsprecheranlage

Eine Leistungsanpassung liegt vor, wenn der Innenwiderstand der Spannungsquelle (Verstärker) gleich dem Widerstand des Verbrauchers (Lautsprecher) wäre. Da dies nicht der Fall ist, schaltet man einen Übertrager zwischen Verstärker und Lautsprecher. Die Primärwicklung des Übertragers wird so ausgelegt, dass der Scheinwiderstand der Wicklung Z_1 dem Scheinwiderstand des Verstärkerausgangs entspricht. Somit liegt im Primärkreis eine Leistungsanpassung vor. Damit im Sekundärkreis auch eine Leistungsanpassung vorliegt, muss der Scheinwiderstand der Sekundärwicklung dem Scheinwiderstand $Z_a = Z_L$ des Lautsprechers entsprechen. Wenn die Windungszahl der Primärwicklung $N_1 = 1000$ beträgt, ergibt sich die Windungszahl der Sekundärwicklung aus der Beziehung:

$$\ddot{u} = \frac{N_1}{N_2} \qquad N_2 = \frac{N_1}{\ddot{u}} \qquad \ddot{u} = \sqrt{\frac{Z_1}{Z_2}} = \sqrt{\frac{250\,\Omega}{5\,\Omega}} = 7,07$$

Kontrolle, ob die abgegebene Leistung des Verstärkers mit der vom Lautsprecher aufgenommenen übereinstimmt:

$$P_i = I_1^2 \cdot Z_i \qquad I_1 = \frac{U_o}{Z_i + Z_1} = \frac{9\,V}{250\,\Omega + 250\,\Omega} = \frac{9\,V}{500\,\Omega} = 18\,mA$$

$$P_i = I_1^2 \cdot Z_i = (18\,mA)^2 \cdot 250\,\Omega = 81\,mW$$

$$P_a = I_1^2 \cdot Z_a \qquad \frac{N_1}{N_2} = \frac{I_2}{I_1} \qquad I_2 = \frac{N_1 \cdot I_1}{N_2} = \frac{1000 \cdot 18\,mA}{141,4} = 127\,mA$$

$$P_a = I_1^2 \cdot Z_a = (0,127\,A)^2 \cdot 5\,\Omega \approx 81\,mW$$

Bei der Berechnung zur Leistungsanpassung wurde von einem idealen Übertrager ($\eta = 1$) ausgegangen.

5.7.7   Realer und verlustbehafteter Transformator

Der Strom in der Eingangswicklung eines Transformators erzeugt ein magnetisches Wechselfeld, welches in der Ausgangswicklung eine Leerlaufspannung induziert. Die Leerlaufspannung ist die Spannung auf der Ausgangsseite, wenn kein Verbraucher vorhanden ist. Dabei gelten im Idealfall, also bei voller Kopplung, keine Verluste. Es gelten folgende Gesetze: Ein durch die Primärwicklung mit N_1-Wicklungen fließender Strom I_1 bei einer mittleren Feldlinienlänge l erzeugt im geschlossenen magnetischen Kreis des Spulensystems die magnetische Feldstärke

$$H_1 = \frac{I_1 \cdot N_1}{l}$$

und entsprechend der Strom I_2 der Sekundärwicklung mit N_2-Windungen die magnetische Feldstärke

$$H_2 = \frac{I_2 \cdot N_2}{l}$$

Da aber für die Magnetisierung des geschlossenen magnetischen Kreises nur eine geringe resultierende Feldstärke erforderlich ist, heben sich die beiden Komponenten H_1 und H_2 bis auf einen geringen Rest gegenseitig auf, sind also in ihrem Betrag fast gleich groß. Daraus ergibt sich im Idealfall die Bedingung

$$I_1 \cdot N_1 \Leftrightarrow I_2 \cdot N_2$$

Das erste Gesetz über den Transformator lautet

$$\frac{I_1}{I_2} = \frac{N_2}{N_1}$$

d. h. die Ströme in der Primär- und Sekundärwicklung verhalten sich umgekehrt wie die Windungszahlen. Aus diesem Grund muss die primärseitig aufgenommene Leistung bei ohmscher Belastung gleich der sekundärseitig abgegebenen sein:

$$P_1 = U_1 \cdot I_1 \Leftrightarrow P_2 = U_2 \cdot I_2$$

Aus dieser Beziehung lässt sich folgendes Gesetz aufstellen:

$$\frac{U_1}{U_2} = \frac{N_1}{N_2}$$

d. h. die Spannungen an der primären und der sekundären Wicklung verhalten sich direkt wie die Windungszahlen.

Für den Transformator gilt:

$$\ddot{u} = \frac{U_1}{U_2} = \frac{N_1}{N_2} = \frac{I_2}{I_1}$$

Die Bezeichnung ü ist das Übersetzungsverhältnis.

In der Praxis unterscheidet man zwei Arten von Transformatoren: Bei der Übertragung geringer Leistung (unter 1 W) spricht man von einem Übertrager und bei höheren Leistungen wählt man die Bezeichnung Transformator, obwohl beide eigentlich identisch sind. Durch die unterschiedliche Definition will man den Anwendungsbereich besser hervorheben. Transformatoren findet man bei Netzteilen bis zu einer Frequenz von 400 Hz, während der Übertrager ein breites Frequenzband übertragen soll, was vor allem eine geringe Streuinduktivität und geringe Wicklungskapazitäten erfordert. Die Größe des hierfür zu verwendenden Kerns wird im Wesentlichen durch die erforderliche Induktivität bestimmt. Für die Übertragung großer Leistungen wählt man den Kern dagegen entsprechend der zu übertragenden Leistung aus.

In dem von der Primärspule erzeugten Magnetfeld ist immer eine gewisse elektrische Energie vorhanden und diese ist unter anderem proportional zur Gesamtzahl der Feldlinien, also zum magnetischen Fluss mit

$$\Phi = B \cdot S$$

Damit lässt sich die Energie berechnen, die man in einem Kern mit angegebenen Abmessungen maximal erzeugen kann. Da wegen der Sättigung des Eisens die Induktivität B nicht höher als etwa 1,6 T werden kann, ist der notwendige Eisenquerschnitt S eine Funktion der zu übertragenden Leistung P. Tabelle 5.2 zeigt die übertragbaren Leistungen von M- und EI-Kernen.

Tab. 5.2: Übertragbare Leistung von M- und EI-Kernen.

M4	25 W	EI 130a	250 W
M55	12 W	EI 130b	320 W
M65	25 W	EI 150a	370 W
M74	50 W	EI 150b	450 W
M85a	70 W	EI 150c	550 W
M85b	95 W	EI 170a	650 W
M102a	120 W	EI 170b	750 W
M102b	175 W	EI 170c	850 W
		EI 195a	1000 W
		EI 195b	1250 W
		EI 195c	1500 W

Bei der Berechnung eines realen Transformators muss man noch die Verluste berücksichtigen mit

$$P_2 = P_1 \cdot \eta$$

In der Praxis wird das Übersetzungsverhältnis durch Verminderung der Primärwindungen entsprechend angepasst.

5.7.8   Kleintransformatoren

Unter Kleintransformatoren versteht man Einphasentransformatoren mit einer Nennleistung bis 16 kVA zur Verwendung von Spannungen bis 1000 V und Frequenzen bis zu 500 Hz. Diese Typen müssen besonders unfallsicher aufgebaut sein, da sie häufig auch von Bastlern eingesetzt werden.

Kennzeichen von Kleintransformatoren ist der Blechkern, der in genormter Größe hergestellt wird. Je nach Form dieser Bleche unterscheidet man zwischen M- und EI-Schnitt. Die einzelnen Bleche sind untereinander isoliert und werden über Schrauben oder Nieten zusammengehalten. Die Außenfläche der Eisenkerne sind mittels Lacküberzug gegen Korrosion geschützt und lassen sich durch Winkeln auf einer stabilen Unterlage (Gehäuse bzw. Chassis) befestigen. Diese Art von Transformatoren sind sehr preisgünstig, verursachen aber immer ein entsprechendes Brummgeräusch durch die Transformatorbleche.

In der Industrie findet man die teueren Schnittbandkerne, die aus kornorientierten Blechen bestehen, bei denen die Kristalle in Walzrichtung liegen. Durch diese mechanische Behandlung ergeben sich geringe Ummagnetisierungsverluste. Aus diesem Grund hat man nur eine geringe magnetische Streuung und besonders kleine Verlustleistungen. Außerdem hält das Spannband den Transformator stabil zusammen und es tritt fast kein hörbares Brummen auf.

Ein Leerlaufbetrieb liegt vor, wenn an der Ausgangswicklung kein Verbraucher angeschlossen ist. In diesem Fall wirkt die Primärwicklung wie eine Induktivität, da die Sekundärwicklung stromlos ist. Den Strom, der das magnetische Wechselfeld in der Primärwicklung erzeugt, bezeichnet man als Magnetisierungsstrom I_m bzw. als Leerlaufstrom I_0, und zwischen diesem Strom und der Spannung tritt eine Phasenverschiebung von $\varphi \approx 90°$ auf. Die Primärspule eines unbelasteten Transformators verhält sich wie eine Spule mit einer großen Induktivität.

Das vom Strom I_m erzeugte magnetische Wechselfeld induziert in der Primärwicklung eine Spannung U_0, die etwa so groß ist wie die angelegte Spannung U_1. Verringert man die Primärspannung, verkleinert sich der Magnetisierungsstrom und die magnetische Flussdichte im Eisenkern nimmt ab. Vergrößert man die Primärspannung, nimmt die Flussdichte zu, d. h. der Magnetisierungsstrom und die Flussdichte sind von der Primärspannung abhängig. Es gilt

$$U_0 = 4{,}44 \cdot \hat{B} \cdot A_{FE} \cdot f \cdot N$$

$\hat{B}$ Scheitelwert der magnetischen Induktion
A_{FE} wirksamer Querschnitt in m^2
f Frequenz
N Windungszahl (Primär- oder Sekundärspule)

Ein Transformator hat einen Eisenkern mit einem wirksamen Querschnitt von $A = 5\,cm^2$ und der Füllgrad der Sättigung soll 0,9 betragen. Die Sekundärwicklung hat $N = 200$ Windungen. Welche Leerlaufspannung entsteht, wenn die magnetische Flussdichte bei $f = 50\,Hz$ einen Scheitelwert von 1,2 T hat?

$$U_0 = 4{,}44 \cdot \hat{B} \cdot A_{FE} \cdot f \cdot N = 4{,}44 \cdot 1{,}2\,T \cdot 5 \cdot 10^{-4}\,m^2 \cdot 0{,}9 \cdot 50\,Hz \cdot 200\,Wdg = 24\,V$$

Welche Wicklung als Primär- oder Sekundärwicklung verwendet wird, ist in der Praxis grundsätzlich nicht definiert. Aus diesem Grund gelten die Betrachtungen für beide Wicklungen.

Bei einem idealen Transformator entspricht die Ausgangsspannung der Nenn-Lastspannung, aber dieser Wert ist immer geringer als die Leerlaufspannung. In der Praxis hat man eine Toleranz von $\pm 5\,\%$.

5.7.9   Simulation eines idealen Transformators

Bei der Simulation eines Transformators unterscheidet man zwischen einem idealen und einem realen Verhalten. Beim idealen Transformator wählt man zwischen
- der Standardeinstellung (default)
- der Einstellung für den Audio-Betrieb
- einer universellen Einstellung (misc)
- als Leistungstransformator

Damit hat man die Möglichkeiten, alle Betriebsarten, die in der Praxis auftreten, optimal zu simulieren.

Mit der Maus ziehen Sie zuerst das Symbol in das Arbeitsfeld. Wenn Sie das Symbol zweimal anklicken, erscheint das erste Feld für die Einstellung. Hier kann man nun zwischen den vier Einstellmöglichkeiten wählen, die unter Bibliothek bzw. Library aufgelistet sind. Jede Einstellung erreichen Sie durch einmaliges Anklicken des entsprechenden Wertes. Unter Standardeinstellung bzw. „default" erscheint in der Modell-Spalte die Bezeichnung ideal. Wenn man in der rechten Spalte das Edit-Feld anklickt, erscheint ein Fenster mit fünf separaten Feldern. In diesem Feld lässt sich nun der gewünschte Wert eingeben und damit wird aus einem idealen Verhalten ein realer Transformator.

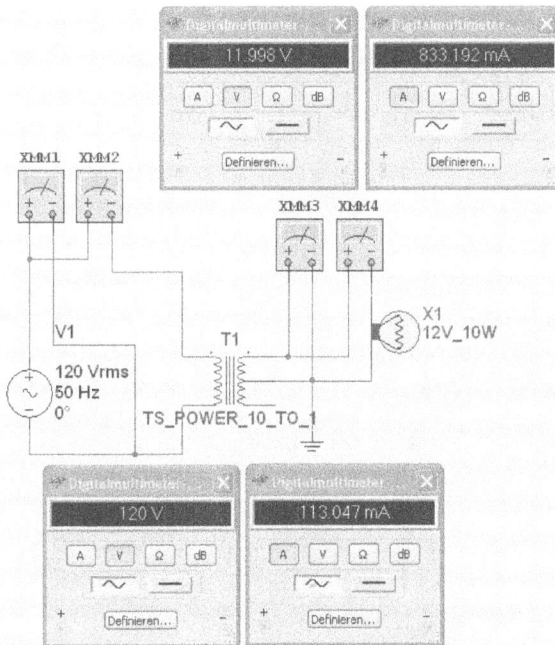

Abb. 5.50: Simulation eines Transformators mit 10 zu 1

Bei der Simulation eines Transformators mit 10 zu 1 in Abb. 5.50 hat man eine Eingangsspannung von $U_1 = 120\,V$ und die Ausgangsspannung beträgt $U_2 = 12\,V$. Der Eingangsstrom ist $I_1 = 0{,}113\,A$ und der Ausgangsstrom $I_2 = 0{,}833\,A$.

Die Leistung an der Primär- und Sekundärspule ist

$$P_1 = U_1 \cdot I_1 = 120\,V \cdot 0{,}113\,A = 13{,}56\,W$$

$$P_2 = U_2 \cdot I_2 = 12\,V \cdot 0{,}833\,A = 10\,W$$

$$\eta = \frac{P_2}{P_1} = \frac{10\,W}{13{,}56\,W} = 0{,}74$$

Der Wirkungsgrad ist $\eta = 0{,}74$.

Bei dem Simulationsmodell wird die Primärspannung U_1 von der angeschlossenen Spannungsquelle bestimmt und lässt sich daher nicht einstellen. Dies gilt auch für die Sekundärspannung U_2. Den Innenwiderstand R_P der Primärwicklung und ebenso den Innenwiderstand R_S der Sekundärwicklung kann man in einem weiten Bereich jeweils separat einstellen. Die Sekundärwicklung hat einen Mittelabgriff und damit lassen sich in der Netzwerktechnik zahlreiche Versuche durchführen. Der Wert der Hauptinduktivität befindet sich im Primärkreis und hier kann man den Scheitelwert $\hat{B}$ der magnetischen Induktion mit der Grundeinstellung von $L_H = 5\,H$ für den gesamten Transformator einstellen. Die Streuinduktivität L_S stellt die Verluste im Transformator dar und hat eine Grundeinstellung von $L_S = 0{,}001\,H$.

Mit der einstellbaren Streuinduktivität lässt sich der Wirkungsgrad des Transformators beeinflussen. Der Wirkungsgrad stellt das Verhältnis von abgegebener zu aufgenommener Wirkleistung dar. Die aufgenommene Wirkleistung ist um die Eisenverluste (Eisenverlustleistung V_{Fe}) und die Wicklungsverluste (Wicklungsverlustleistung V_{Cu}) größer als die abgegebene Wirkleistung. Der Wirkungsgrad errechnet sich aus

$$\eta = \frac{P_{ab}}{P_{zu}} \qquad \text{oder aus} \qquad \eta = \frac{P_{ab}}{P_{zu} + V_{Fe} + V_{Cu}}$$

Ein Transformator mit $300\,VA$ ist bei einem Leistungsfaktor von $0{,}75$ voll belastet. Diese Eisenverluste betragen $12\,W$ und seine Wicklungsverluste $15\,W$. Welcher Wirkungsgrad ergibt sich?

$$P_{ab} = S \cdot \cos\varphi = 300\,VA \cdot 0{,}75 = 225\,W$$

$$\eta = \frac{P_{ab}}{P_{zu} + V_{Fe} + V_{Cu}} = \frac{225\,W}{225\,W + 12\,W + 15\,W} = \frac{225\,W}{252\,W} = 0{,}89 = 89\,\%$$

5.7.10 Berechnung eines Transformators

Das Übersetzungsverhältnis ü ist das Verhältnis zwischen der Primär- zur Sekundärwindungszahl der beiden auf dem Kern befindlichen Spulen. Spannungen werden direkt proportional im Verhältnis der Windungszahlen transformiert, während sich die Ströme im umgekehrten Verhältnis zueinander verhalten.

Die Schaltung zeigt in dieser Konfiguration einen idealen Betrieb des Transformators, denn die Ausgangsspannung ist mit der Eingangsspannung identisch. Für die Berechnung des erforderlichen Eisenquerschnitts und Auswahl des Eisenkerns gilt:

$$A_{Fe} = \sqrt{U_2 \cdot I_2} = \sqrt{12\,V \cdot 0{,}833\,A} = \sqrt{10\,VA} = 3{,}16\,VA$$

Bei der Berechnung eines Transformators wird zunächst von den Werten des angeschlossenen Verbrauchers ausgegangen, wie die Berechnung zeigt. Wenn man aber an der Sekundärseite einen Gleichrichter (Einweg-, Mittelpunkt- oder Brückenschaltung) hat, muss man dies berücksichtigen, wie Tab. 5.3 zeigt.

Tab. 5.3: Berechnungsfaktoren für die Einweg-, Mittelpunkt- und Brückenschaltung.

Gleichrichterart	E	M	B
Ausgangsspannung U_2	2,22	$2 \cdot 1,11$	1,11
Ausgangsstrom I_2	1,57	0,79	1,11
Scheinleistung S_2	3,49	1,75	1,23
Primärleistung S_1	2,7	1,23	1,23
Nennleistung S_N	3,1	1,5	1,23

Betreibt der Transformator eine Brückengleichrichtung, gilt für die Scheinleistung an der Sekundärwicklung:

$$S_2 = 1,23 \cdot 3,16\,\text{VA} = 3,9\,\text{VA}$$

Aus diesem Wert kann man nun den entsprechenden Transformator aus Abb. 5.51 entnehmen.

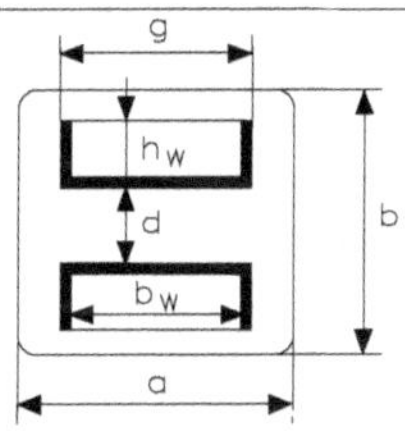

		M 42	M 55	M 65	M 74	M 85	M 102	
	a	42	55	65	74	85	102	
	b	42	55	65	74	85	102	
	d	12	17	20	23	29	34	
	g	30	38	46	51	56	68	
Wickelbreite b_w (mm)		26	33,5	38	44	49	61	
Wickelbreite h_w (mm)		7	8,5	10	12	11	13,5	
Leistung (VA)		4	12	25	50	70	120	165
Wirkungsgrad		0,6	0,7	0,77	0,83	0,84	0,88	
Stromdichte innen (A/mm²)		4,5	3,8	3,3	3	2,9	2,4	
Stromdichte außen (A/mm²)		5,2	4,3	3,6	3,4	3,3	2,8	
primäre Wicklungszahl je V		23,4	11,4	7,8	5,68	4,51	3,5	
sekundäre Wicklungszahl je V		34,8	14,1	9	6,3	4,95	3,86	
Blechzahl +10% 0,5 mm		29	39	50	60	50	67	97
0,35 mm		41	58	72	85	85	95	138

Abb. 5.51: Daten und Abmessungen für Kleintransformatoren im M-Schnitt. Die Werte für die übertragbare Leistung gelten für eine Eingangswicklung und für eine bzw. zwei Ausgangswicklungen

Aus den Daten benötigt man für die Schaltung von Abb. 5.51 einen Transformator M55. Die Berechnung der erforderlichen Windungszahl ergibt sich aus

$$S_1 = \frac{S_2}{\eta} = \frac{3,9\,\text{VA}}{0,7} = 5,57\,\text{VA} \qquad N_1 = 13,56\frac{1}{\text{V}} \cdot 120\,\text{V} = 1627\,\text{Wdg}$$

Es ergibt sich eine Windungszahl an der Primärseite von 1627 Wdg.

5.7.11 Aufbau eines Relais

Ein Relais besteht aus zwei Hauptteilen: dem Elektromagneten mit Anker und Kontakten, die durch die Ankerbewegung betätigt werden.

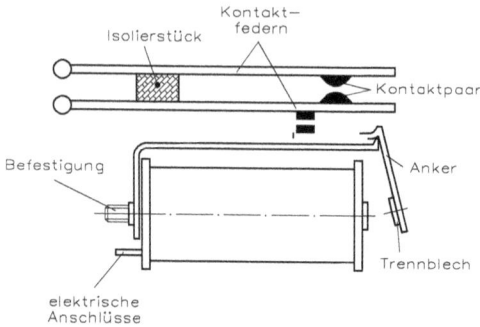

Abb. 5.52: Mechanischer Aufbau eines Rundrelais mit einem Kontaktpaar als Schließer

Abbildung 5.52 zeigt den mechanischen Aufbau eines Relais in seiner Standardform, denn in der Praxis findet man zahlreiche Relaistypen wie Flachrelais, Rundrelais, Zungenrelais, Kammrelais, Hubankerrelais, Tauchankerrelais, Stromstoßrelais, Kipprelais, polarisierte Relais usw. In der Praxis liegt die Wicklung des Relais in einem eigenen Stromkreis (Steuerstromkreis), während der Kontaktsatz den zweiten Stromkreis zum Ein- oder Ausschalten eines Verbrauchers mit höheren Spannungen und Leistungen durchführt.

Für den Einsatz der Relais benötigt man die Kennwerte, die auf der Außenisolation aufgedruckt sind. Hierzu gehören der Innenwiderstand, die Windungszahl, Drahtdurchmesser (blank), Drahtmaterial und Isolationsart. Auch die Angaben über den Betrieb an Wechsel- oder Gleichstrom sind vorhanden, denn beim Anlegen von Gleichstrom an ein Wechselstromrelais führt dies unweigerlich zur Zerstörung des Bauelements. Beim Einsatz von Relais ist unbedingt auf die Nennspannung der Relaisspule, auf die Stromart und die Belastung der Kontakte zu achten.

Fließt durch die Relaisspule ein Strom, baut sich ein Magnetfeld auf und der Relaisanker wird betätigt. Der Relaisanker besteht aus einem etwa 0,5 mm dicken Trennblech aus nicht magnetischem Werkstoff. Dadurch bleibt auch in Arbeitsstellung ein geringer Spalt zwischen Kern und Anker erhalten, so dass der Anker nach dem Abschalten wieder abfällt und nicht infolge des remanenten Magnetismus kleben bleibt.

Bei einer Ansteuerung eines Relais durch Wechselstrom ergeben sich im Eisenkern diverse Verluste. Der Kern muss daher bei Wechselstrom aus Dynamoblechen zusammengesetzt sein. Wegen des „Flatterns" an Wechselstrom, das auch eine Anzugs- und Halteunsicherheit mit sich bringt, wurden spezielle Wechselstromrelais (Phasenrelais) entwickelt und diese bestehen aus zwei Kernen mit zwei Wicklungen. Durch einen Kondensator in der zweiten Wicklung wird eine Phasenverschiebung erzielt. Dadurch überschneiden sich die Anzugsmomente, der Anker verhält sich ruhig und arbeitet sehr zuverlässig.

Soll ein Relais nur bei einem Strom, der in eine bestimmte Richtung fließt, ansprechen oder sich je nach Stromrichtung in der Wicklung nach der einen oder anderen Richtung bewegen, setzt man gepolte Relais ein. Bei diesen Relais beinhaltet der Kernteil oder der Anker einen Dauermagneten. Die Wirkung ist so, dass der Strom in der einen Richtung z. B. den einen Polschuh magnetisch stärkt und den anderen schwächt, während bei Änderung der Stromrichtung das Umgekehrte der Fall ist.

Beim Abschalten eines Relais tritt durch den Abbau des Magnetfelds eine Selbstinduktionsspannung auf, die am mechanischen Schalter oder Schalttransistor einen Lichtbogen verursacht. Durch diesen Lichtbogen wird der mechanische Schalter langsam unbrauchbar, der Schalttransistor dagegen unweigerlich zerstört. Durch die Parallelschaltung eines Kondensators von 0,1 µF bis 4,7 µF zum mechanischen Schalter oder an der Spule verringert sich die Funkenbildung erheblich. Der Selbstinduktionsstrom lädt den Kondensator auf und wird dadurch dem Kontakt entzogen. Steuert man das Relais mit einem Schalttransistor an, muss immer parallel zur Relaisspule eine „Freilaufdiode" vorhanden sein, die die Selbstinduktion wirksam unterdrückt.

Bei den Kontaktarten unterscheidet man zwischen Arbeitskontakten (Schließer), Ruhekontakten (Öffner) und Folge-Umschaltkontakten (Folge-Wechsel), sowie einigen Kombinationsarten. Diese Kontakte werden hinsichtlich der Art und ihrer Betätigungsfolge durch Kurzzeichen bezeichnet. Dabei geht man immer von unbetätigten Kontakten (Ruhestellung) aus. Die Kontakte eines Kontaktfedersatzes bezeichnet man fortlaufend in Betätigungsrichtung und ist keine Betätigungsrichtung angegeben, erfolgt die Bezeichnung von links nach rechts. Bei zwei Betätigungsrichtungen bezeichnet man den Ausgangspunkt und die Bezeichnungsfolge verläuft ebenfalls von links nach rechts. Ist es aus schaltungstechnischen Gründen erforderlich, werden die Folgebetätigungen an den einzelnen Kontakten direkt bezeichnet. Bei zusammengesetzten Kontakten kennzeichnet man die, bei denen die Kontakte getrennt sind.

Das simulierte Relais ist ein interaktives Element, d. h. der Anwender kann durch zweimaliges Anklicken des Symbols die Zuweisungen für die Parameter ändern. Die Parameteranweisungen sind in Tab. 5.4 gezeigt.

Tab. 5.4: Parameteranweisungen für das simulierte Relais.

Parameter	Bereich
Induktivität der Relaisspule	nH bis H
Ansprechstrom	nA bis A
Haltestrom	nA bis A

Wichtig für die Ansteuerung ist:
- Kontakt geschlossen, wenn $|I_S| \leq I_e$
- Kontakt geöffnet, wenn $I_h \leq |I_S| \leq I_e$

I_S = Strom durch die Relaisspule

I_e = Ansprechstrom

I_h = Haltestrom

Das simulierte Relais ist ideal, d. h. es besitzt keinen realen Anteil. Wenn man für die Simulation ein reales Relais benötigt, fügt man die entsprechenden Bauteile hinzu, wie ohmschen Widerstand der Relaisspule, Wicklungskapazität, Anschlusskapazität, Isolationswiderstand für die Kontakte, Kontaktwiderstand bzw. Übergangswiderstand im Ein- und Ausschaltzustand usw. Abb. 5.53 zeigt eine Relaisschaltung zur wechselseitigen Ansteuerung von zwei Lampen.

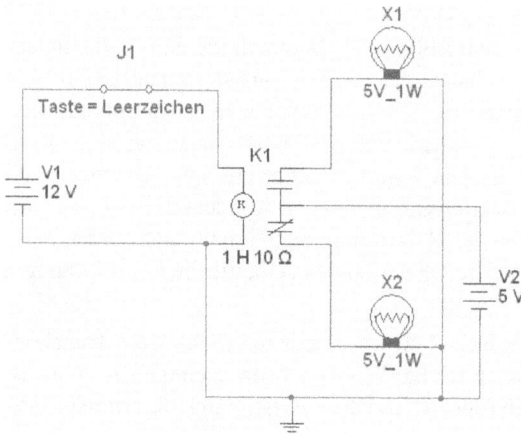

Abb. 5.53: Relaisschaltung zur wechselseitigen Ansteuerung von zwei Lampen

Nach dem Aufbau der Simulationsschaltung kann diese Anordnung nicht funktionieren, denn die drei Werte für das Relais fehlen. Wenn Sie für die Relaisspule eine Induktivität von 1 H, für den Ansprechstrom von 1 A und für den Haltestrom 0,9 A eingeben, ergibt sich ein ordnungsgemäßer Ablauf für die Simulation.

5.7.12   Lautsprecher

Einen Lautsprecher benötigt man dazu, elektrische Energie (Strom) in akustische Energie (Schall) umzusetzen. Dabei muss der Anwender mehrere Faktoren berücksichtigen wie Art des Lautsprechers, die Dauer- oder Spitzenbelastung, die Resonanzfrequenz, den Übertragungsbereich und die Impedanz.

In der Praxis unterscheidet man zwischen den dynamischen, elektrostatischen und den piezoelektrischen Lautsprechern. Bei den dynamischen Lautsprechern hat man einen kräftigen Dauermagneten, in dem eine Schwingspule untergebracht ist. Fließt durch die Schwingspule ein Strom, bewegt sich diese entsprechend der Stromrichtung, d. h. fließt beispielsweise ein Strom vom +-Anschluss nach Minus, bewegt sich die Schwingspule nach außen. Ändert man die Anschlussrichtung, bewegt sich die Schwingspule in den Dauermagneten hinein. Schließt man eine sinusförmige Wechselspannung an, führt die Schwingspule eine entsprechende Hubbewegung aus. Um die Luftbewegungen der Schwingspule zu verstärken, befindet sich diese direkt an der Membran.

Der dynamische Lautsprecher von Abb. 5.54 zeichnet sich durch Robustheit, Zuverlässigkeit und breite Übertragungscharakteristik aus. Alle dynamischen Lautsprecher funktionieren nach diesem Prinzip, jedoch gibt es erhebliche Unterschiede in der praktischen Realisierung, denn man unterscheidet zwischen Konus-, Kalotten-, Trichter- und Bändchenlautsprecher, die alle ihre Vor- und Nachteile aufweisen.

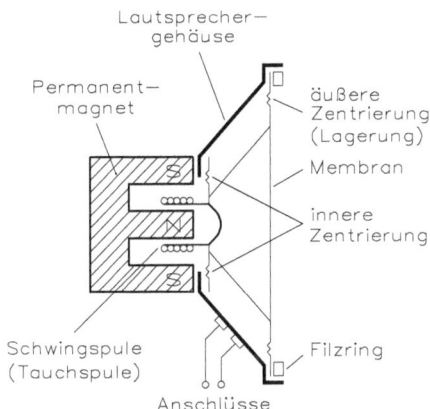

Abb. 5.54: Aufbau eines dynamischen Lautsprechers

Für die Belastung eines Lautsprechers kennt man die Dauer- bzw. Nennbelastung und die Spitzenbelastung. Bei der Nennbelastung hat man immer den ungünstigsten Fall für den Betriebszustand, aber es treten keine bleibenden Schäden in dieser Überlastung auf. Die Spitzenbelastung gibt an, die im Betriebszustand mit Musik und Sprache unter normalen Einbaubedingungen in Gehäuse kurzzeitig auftreten können, ohne dass bleibende Schäden im System zurückbleiben. Für HiFi-Lautsprecher ist noch die Grenzbelastung (löst den Begriff der Spitzenbelastung ab) wichtig. Danach muss ein Lautsprecher von 150 Hz bis zu seiner unteren Grenzfrequenz eine Belastung mit Sinustönen des angegebenen Leistungswerts (z. B. 100 W) umsetzen, ohne dass ein Anstoßen der Schwingspule hörbar ist oder andere unerwünschte Erscheinungen auftreten.

Wichtig für den Anwender ist der Übertragungsbereich. Von einem Universallautsprecher erwartet man einen Bereich von 20 Hz bis 20 kHz. Da dies aber nicht möglich ist, unterscheidet man zwischen dem Tieftöner mit einem Übertragungsbereich zwischen 10 Hz bis 500 Hz, dem Mitteltöner von 200 Hz bis 5 kHz und dem Hochtöner von 2 kHz bis über 20 kHz. Der Übertragungsbereich eines Lautsprechers ist hauptsächlich eine Frage der Lautsprechermembran, denn diese muss unendlich leicht und steif sein. Die Bewegungen der Schwingspule müssen ohne Verzögerung von der gesamten Membranfläche übernommen werden. Da dies nicht möglich ist, kommt es zu mehr oder weniger starken Verformungen an der Membran. Es treten folgende Wiedergabeverzerrungen auf: Frequenzgangfehler, Klirr-, Intermodulations- und Impulsverzerrungen.

Wichtig ist noch die Impedanz, also der Nennscheinwiderstand, für den einzelnen Lautsprecher oder in einer Box mit mehreren Lautsprechern und entsprechenden Frequenzweichen. Die Impedanz bezieht sich auf eine Frequenz von 1 kHz und soll eine optimale Anpassung an den Verstärker gewährleisten. Bei den meisten Lautsprechern hat man eine Impedanz von 4 Ω oder 8 Ω. Allerdings ist die Impedanz eines Lautsprechers oder einer Box im gesamten Frequenzbereich konstant, d. h. die meisten Lautsprecher weisen je nach Frequenz mehr oder weniger eine große Abweichung vom Normwert auf.

Das Symbol für den Lautsprecher finden Sie in der Toolbar bei den Indikatoren. Während der Simulation wird der Lautsprecher des PC-Systems für die programmierbare Tonausgabe eingesetzt, wobei man keine HiFi-Qualität erwarten kann.

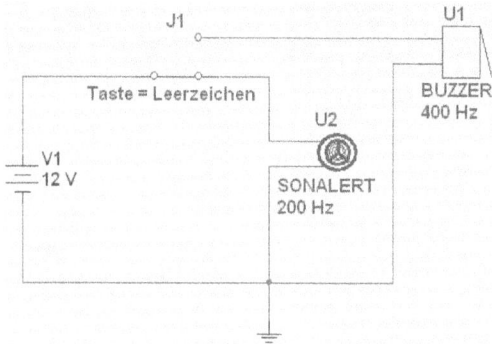

Abb. 5.55: Schaltung für die Simulation von zwei Lautsprechern

Durch einen Doppelklick auf das Lautsprechersymbol erhält man das Fenster für die Einstellung der Parameter von Abb. 5.55. Hierzu gehört die Frequenz, die Spannung und die Stromstärke. Der linke Lautsprecher arbeitet mit 200 Hz, der rechte mit 400 Hz. Durch den Umschalter kann man zwischen den beiden Frequenzen wählen.

6 Wechselstrom

Widerstände, Kondensatoren und Spulen sind wichtige Bauelemente in der Elektrotechnik und besonders in der Elektronik. Insbesondere in den elektronischen Schaltungen sind sie in den unterschiedlichsten Kombinationen und Schaltungsvarianten zu finden. Aber auch viele elektrische Geräte zeigen als Verbraucher z. B. Motoren und Leuchtstofflampen ein Verhalten, das sich mit einer Ersatzschaltung von Widerständen, Kondensatoren und Spulen nachbilden lässt.

Das Verhalten dieser Bauelemente und ihr Zusammenwirken ist besonders bei Betrieb an sinusförmiger Wechselspannung von Bedeutung. Wird ein ohmscher Widerstand an eine sinusförmige Spannung angeschlossen, sind Strom und Spannung stets in Phase. Bei einem Kondensator eilt der Strom der Spannung um 90° voraus, während bei einer Spule der Strom der Spannung um 90° nacheilt.

Die auftretenden Phasenverschiebungen lassen sich sowohl in Linien- als auch in Zeigerdiagrammen darstellen. Für die Beschreibung des Zusammenwirkens von Wirk- und Blindwiderständen weisen die Zeigerdiagramme für Spannungen, Ströme, Widerstände und Leistungen aber eine besondere Bedeutung auf. Hierbei tritt in jedem Zeigerdiagramm ein rechtwinkliges Dreieck auf, so dass sich mathematische Zusammenhänge mit Hilfe des Lehrsatzes von Pythagoras ableiten lassen. Dieser besagt, dass bei jedem rechtwinkligen Dreieck das Quadrat über der Hypotenuse so groß wie die Summe der beiden Kathetenquadrate ist. Als Hypotenuse wird in einem rechtwinkligen Dreieck stets die Seite bezeichnet, die dem rechten Winkel gegenüber liegt, während die beiden Seiten, die den rechten Winkel einschließen, Katheten genannt werden. Aber auch mit Hilfe der Winkelfunktionen Sinus, Cosinus und Tangens lassen sich die mathematischen Zusammenhänge in Zeigerdiagrammen und damit in Wechselstromkreisen beschreiben.

Bei einer Reihenschaltung von Wirkwiderstand R und Blindwiderstand (X_C und X_L) fließt durch alle Bauelemente der gleiche Strom I. Er wird daher bei Darstellung einer Reihenschaltung im Zeigerdiagramm als Bezugszeiger verwendet. Die Gesamtspannung U wird aufgeteilt in die Teilspannungen U_R und U_L bzw. U_R und U_C. Wegen der Phasenverschiebung stehen im Zeigerdiagramm die Wirkspannung U_R und die Blindspannungen U_L bzw. U_C aber stets senkrecht aufeinander. Ihre geometrische Addition ergibt dann die Gesamtspannung U, die an der Schaltung liegt.

Bei einer Parallelschaltung von Wirkwiderstand R und Blindwiderstand (X_C und X_L) liegt dagegen an allen Bauelementen die gleiche Spannung U. Sie wird daher bei der Darstellung einer Parallelschaltung im Zeigerdiagramm als Bezugszeiger gewählt. Der Gesamtstrom I ist aufgeteilt in die Teilströme I_R und I_L bzw. I_R und I_C. Wegen der Phasenverschiebung stehen im Zeigerdiagramm der Wirkstrom I_R und die Blindströme I_L bzw. I_C stets senkrecht aufeinander. Daher ergibt sich der Gesamtstrom I als der in die Schaltung fließende Strom stets nur durch eine geometrische Addition von Wirk- und Blindstrom.

Aus dem Zeigerdiagramm der Spannungen bei der Reihenschaltung und dem Zeigerdiagramm der Ströme bei der Parallelschaltung lassen sich wegen proportionaler Zusammenhänge die zugehörigen Widerstands- und Leitwertdreiecke sowie die Leistungsdreiecke direkt ableiten.

Die im ohmschen Widerstand umgesetzte Leistung wird als Wirkleistung P bezeichnet. Am Kondensator tritt dagegen eine kapazitive Blindleistung Q_C und an der Spule eine induktive Blindleistung Q_L auf. Nur die Wirkleistung steht für eine direkt wirksame Nutzung zur Verfügung oder wird als Verlustleistung in Wärme umgewandelt. Die auftretende kapazitive oder induktive Blindleistung wird dagegen zum Aufbau des elektrischen bzw. des magnetischen Feldes benötigt und beim jeweiligen Abbau dieser Felder wieder in die Spannungsquelle zurückgegeben.

Die Resultierende aus der Wirkleistung P und der Blindleistung Q ist die Scheinleistung S. Sie ist das Produkt aus Gesamtspannung U und Gesamtstrom I:

$$S = U \cdot I$$

Die praktisch nutzbare Komponente der Scheinleistung S ist die Wirkleistung P. Sie lässt sich mit Hilfe des Leistungsfaktors $\cos \varphi$ aus der Scheinleistung ermitteln:

$$P = S \cdot \cos \varphi = U \cdot I \cdot \cos \varphi$$

Reihenschaltungen aus R und C oder R und L lassen sich als frequenzabhängige Spannungsteiler einsetzen. Ein besonderer Fall liegt vor, wenn in einer derartigen Schaltung der Blindwiderstand X_C oder X_L genauso so groß wird wie der Wirkwiderstand R. Die Frequenz, bei der dieser Fall eintritt, wird als Grenzfrequenz f_g des Spannungsteilers bezeichnet. Diese Grenzfrequenz hat in der Elektronik eine große Bedeutung für die Beurteilung von Schaltungseigenschaften.

Parallelschaltungen aus Widerstand R, Kondensator C und Induktivität L lassen sich dagegen als frequenzabhängige Stromteiler einsetzen. Auch hierbei kann der Sonderfall eintreten, dass die Wirk- und Blindkomponente die gleiche Größe aufweisen. Die charakteristische Frequenz, bei der dieser Fall auftritt, wird auch hier als Grenzfrequenz f_g bezeichnet. Unabhängig davon, ob es sich um eine Reihenschaltung oder eine Parallelschaltung handelt, gelten für die Grenzfrequenz die Formeln:

$$f_g = \frac{1}{2 \cdot \pi \cdot R \cdot C} \qquad \text{oder} \qquad f_g = \frac{R}{2 \cdot \pi \cdot L}$$

Schaltungen, in denen ohmsche Widerstände R, kapazitive Blindwiderstände X_C und induktive Blindwiderstände X_L gleichzeitig vorhanden sind, werden als gemischte Schaltungen oder RCL-Schaltungen bezeichnet.

Bei den RCL-Schaltungen treten ebenfalls zwei Sonderfälle auf, und zwar wenn bei einer bestimmten Frequenz $X_C = X_L$ wird. Die Frequenz, bei der dieser Zustand eintritt, wird als Resonanzfrequenz f_r bezeichnet. Bei dieser Resonanzfrequenz f_r heben sich die Blindkomponenten in ihrer Wirkung nach außen hin auf. Dadurch wird das Verhalten nur noch durch den ohmschen Widerstand bestimmt. Die in den Blindwiderständen jeweils gespeicherte Energie schwingt zwischen Spule und Kondensator hin und her, und dient zum abwechselnden Aufbau des elektrischen oder des magnetischen Feldes. RCL-Schaltungen werden aus diesem Grund je nach Schaltungsaufbau auch Reihenschwingkreise oder Parallelschwingkreise bezeichnet.

Für beide Arten von Schwingkreisen gilt für die Resonanzfrequenz f_r:

$$f_r = \frac{1}{2 \cdot \pi \cdot \sqrt{L \cdot C}}$$

Diese Formel wird als Thomsonsche Schwingungsformel bezeichnet. Resonanzkreise weisen eine besondere Bedeutung in der Elektronik, Nachrichtentechnik und Informationselektronik auf. Diese Formel gilt für Reihen- und Parallelschwingkreis.

Eine weitere praktische Anwendung von RCL-Schaltungen ist die Kompensation der Blindleistung. So zeigen viele Geräte und Anlagen, die am Wechselstromnetz betrieben werden, ein Verhalten, das als gemischt-induktiv bezeichnet wird. Dabei tritt neben der Wirkkomponente noch eine induktive Blindkomponente auf. Sie führt zu einer Strombelastung der Zuleitungen, ohne dass die zwischen Verbraucher und Spannungsquelle hin- und herpendelnde Blindleistung nutzbar ist. Aus diesem Grund wird in Reihe oder parallel zum gemischt-induktiven Verbraucher ein Kondensator geschaltet. Die dadurch auftretende kapazitive Blindleistung kompensiert die unerwünschte induktive Blindleistung, so dass der Strom in den Zuleitungen kleiner wird. Wegen der Besonderheiten bei Resonanz wird in der Regel aber keine vollständige Kompensation durchgeführt. So ist eine Verbesserung des Leistungsfaktors auf cos φ = 0,8 bis 0,9 ein guter Kompromiss zwischen technischer Verbesserung und wirtschaftlicher Vertretbarkeit.

6.1   Erzeugung einer Wechselspannung

Im Gegensatz zum Gleichstrom, bei dem die Elektronen im Stromkreis in einer Richtung fließen, ändert beim Wechselstrom der Elektronenfluss ständig seine Richtung – die Elektronen bewegen sich im Stromkreis hin und her. Abbildung 6.1 zeigt die Elektronenbewegung bei Gleich- und Wechselstrom.

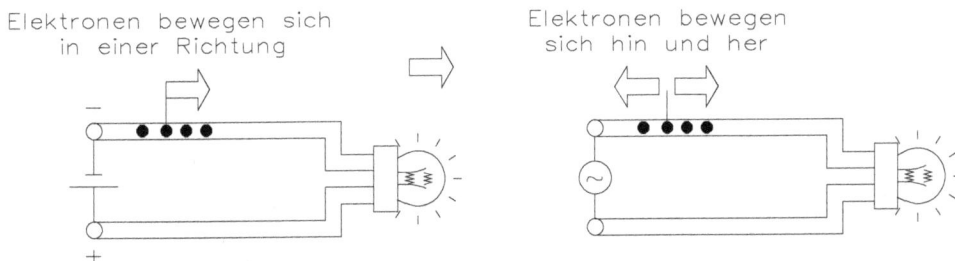

Abb. 6.1: Elektronenbewegung bei Gleich- und Wechselstrom

Ursache für einen solchen Wechselstrom muss eine Spannung sein, die ihrerseits ständig ihre Polarität wechselt, also eine Wechselspannung.

Die Entstehung einer Wechselspannung soll am Prinzip des Generators (Induktion der Bewegung) näher betrachtet werden. Abbildung 6.2 zeigt die Erzeugung einer Wechselspannung.

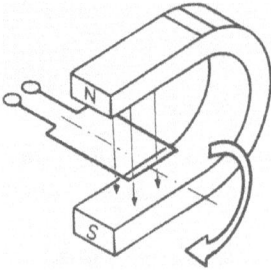

Abb. 6.2: Erzeugung einer Wechselspannung

Zwischen den Polen eines Dauermagneten ist eine Spule (vereinfacht: Leiterschleife) drehbar gelagert. Wird diese Spule im Magnetfeld gleichmäßig gedreht, so wird in ihr eine Induktionsspannung erzeugt, die bei jeder Umdrehung zweimal ihre Richtung ändert.

Die Richtung der Induktionsspannung wird mit der „Rechte-Hand-Regel" bestimmt: Die magnetischen Feldlinien zeigen auf die Handfläche, der Daumen in die Bewegungsrichtung des Leiters und unsere Finger in die Richtung der Spannung (des Stromes). Abbildung 6.3 zeigt die Rechte-Hand-Regel.

Bewegt sich der Leiter umgekehrt, so entsteht eine Spannung entgegengesetzter Richtung.

Die Größe der Induktionsspannung hängt davon ab, in welchem Umfang sich der magnetische Fluss Φ innerhalb der Spule in einer bestimmten Zeit ändert.

In Abb. 6.5 wird abgeleitet, dass die Induktionsspannung umso größer wird, je größer die Flussänderung ist.

Durch die Drehung der Spule im Magnetfeld wird eine Induktionsspannung erzeugt, die sinusförmig verläuft. Dabei entsteht eine positive und eine negative Halbwelle. Beide Halbwellen zusammen ergeben eine Periode. Periode deshalb, weil sich der Vorgang bei jeder Umdrehung periodisch wiederholt.

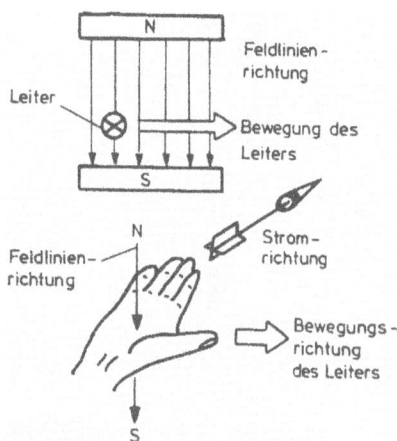

Abb. 6.3: Rechte-Hand-Regel

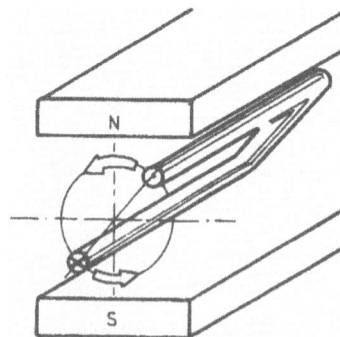

Abb. 6.4: Stromrichtung in der gedrehten Leiterschleife

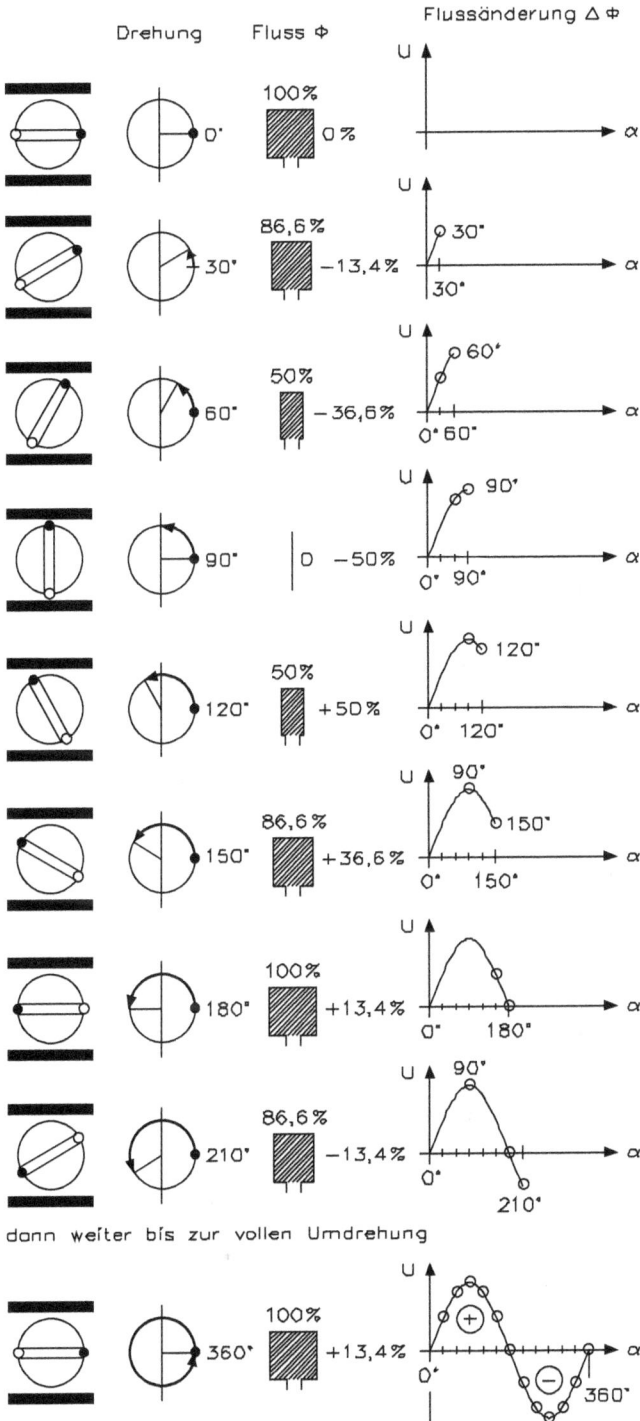

Abb. 6.5: Entstehung einer sinusförmigen Wechselspannung

6.1.1   Frequenz, Periode und Kreisfrequenz

Je schneller sich die Spulenwindung dreht, desto weniger Zeit wird für eine Umdrehung benötigt – und umso schneller wechselt die Polarität. Abb. 6.6 zeigt Frequenz und Periode.

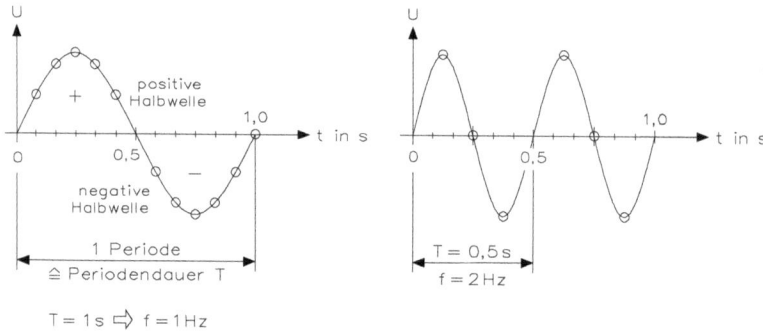

Abb. 6.6: Frequenz und Periode

6.1.2   Kenngrößen sinusförmiger Wechselspannung und -ströme

Die Zeit, die für eine Periode benötigt wird, bezeichnet man als Periodendauer T in s.

Größe	Formelzeichen	Einheit	
		Name	Zeichen
Periodendauer	T	Sekunde	s

Die Anzahl der Perioden während einer Sekunde bezeichnet man als Frequenz f in Hz.

Größe	Formelzeichen	Einheit	
		Name	Zeichen
Frequenz	f	Hertz	$Hz = \frac{1}{s}$

Zwischen Frequenz f und Periodendauer T besteht folgender formelmäßiger Zusammenhang

$$f = \frac{1}{T}$$

Setzt man die Periodendauer T in Sekunden ein, erhält man die Frequenz f in Hz.

Die Periodendauer beträgt 20 ms. Wie groß ist die Frequenz?

$$f = \frac{1}{T} = \frac{1}{20\,ms} = 50Hz$$

Abb. 6.7 zeigt Anwendungen für verschiedene Frequenzbereiche.

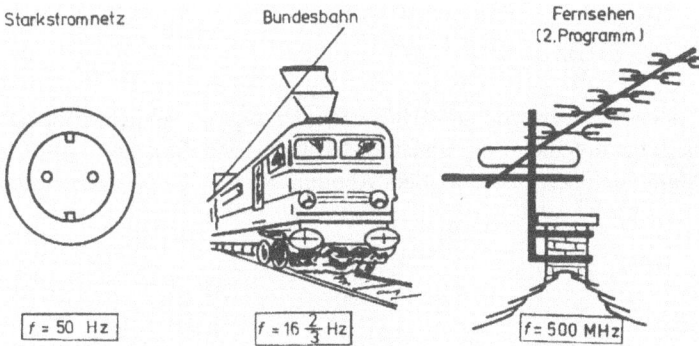

Abb. 6.7: Verschiedene Frequenzbereiche und ihre Anwendungen

In der Wechselstromlehre wird grundsätzlich von sinusförmigem Wechselstrom ausgegangen. Sinusförmiger Wechselstrom wird bei der Drehung einer Leiterschleife im Magnetfeld erzeugt. Die einzelnen Leiter der Schleife bewegen sich dabei auf einer Kreisbahn ($U = 2 \cdot \pi \cdot r$). In einer Leiterschleife entsteht während einer Umdrehung eine Periode des Wechselstromes. Somit ergibt sich bei einer Umdrehung pro Sekunde eine Frequenz von $f = 1\,\text{Hz}$. Abbildung 6.8 zeigt die Kreisfrequenz ω.

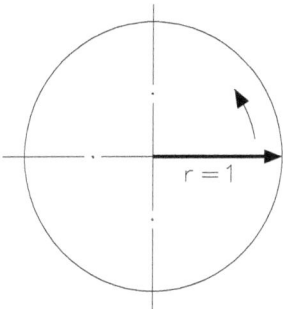

Abb. 6.8: Kreisfrequenz ω

Die Größe $2 \cdot \pi \cdot f$ wird als Kreisfrequenz ω bezeichnet und ist der Umfang des Einheitskreises mit $r = 1$.

Größe	Formelzeichen	Einheit	
		Name	Zeichen
Kreisfrequenz	ω (Omega)	1 pro Sekunde	$\dfrac{1}{s}$

Die Kreisfrequenz ist $\omega = 2 \cdot \pi \cdot f$. Setzt man die Frequenz f in Hz ein und man erhält ω in $\frac{1}{s}$. Die Frequenz beträgt $f = 50\,Hz$. Wie groß ist die Kreisfrequenz?

$$\omega = 2 \cdot \pi \cdot f = 2 \cdot 3{,}14 \cdot 50\,Hz = 314\frac{1}{s}$$

Wie bei der Entstehung einer Wechselspannung sichtbar wurde, folgt ihr zeitlicher Verlauf einer Sinusfunktion. Das Zeigerdiagramm der umlaufenden Leiterschleife kann in das Liniendiagramm der Sinusfunktion übergeführt werden. Abbildung 6.9 zeigt das Zeiger- und Liniendiagramm.

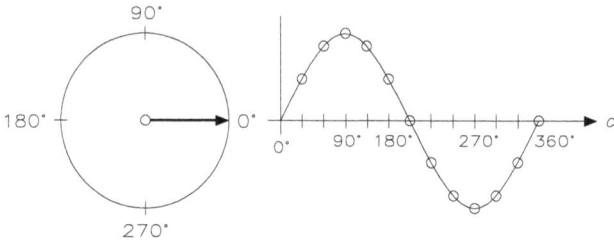

Abb. 6.9: Zeiger- und Liniendiagramm

Auf diese Weise lassen sich Spannungen und Ströme im Zeiger- und Linienbild darstellen. Abb. 6.10 zeigt das Linienbild an einer sinusförmigen Wechselspannung.

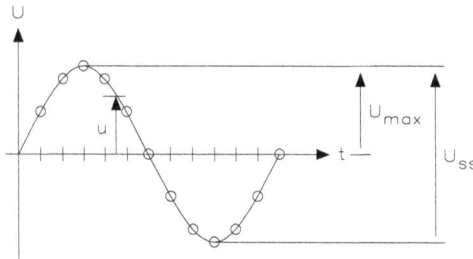

Abb. 6.10: Linienbild einer sinusförmigen Wechselspannung

Der Höchstwert von Spannung oder Strom heißt Amplitude und wird mit U_{max} bzw. I_{max} bezeichnet. Der größte Spannungsunterschied bzw. Stromunterschied ist der Spitzenwert U_{SS} bzw. I_{SS}.

Nach dem Linienbild muss gelten: $U_{SS} = 2 \cdot U_{max}$

Die Augenblickswerte (Momentanwerte) von Strom und Spannung lassen sich jeweils für beliebige Zeitpunkte (bzw. Winkel) direkt aus dem Liniendiagramm ablesen. Sie werden mit kleinen Buchstaben u bzw. i gekennzeichnet.

6.1.3 Effektivwert von Wechselspannung und Wechselstrom

Die Wechselspannung und der Wechselstrom ändern ständig ihre Größe und Richtung. Es soll nun untersucht werden, wie groß die Leistung (Effektivleistung) im Wechselstromkreis ist. Wie man weiß, ist die elektrische Leistung das Produkt aus Spannung und Strom $P = U \cdot I$. Im Wechselstromkreis muss für jeden Augenblickswert von u und i das Produkt gebildet werden. Das Ergebnis ist das Linienbild der Leistung. In Abb. 6.11 ist der Verlauf von 0, 1 und darunter von P dargestellt. Wichtig ist, dass auch in der negativen Halbwelle von U und I eine positive Leistung entsteht, denn $(-u) \cdot (-i) = (+p)$.

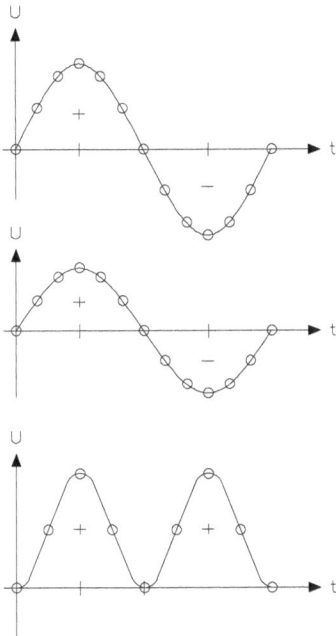

Abb. 6.11: Wechselstromleistung

Den Mittelwert – den Effektivwert – der Leistung erhält man, indem man zeichnerisch die Gesamtfläche der Leistung zu einem Rechteck umformt. Dann entsteht über der Zeitachse eine gleichmäßige Leistung P_{eff} die genau halb so groß ist wie der Höchstwert. Abbildung 6.12 zeigt die Effektivleistung (Dauerleistung).

Die Effektivleistung bzw. Dauerleistung berechnet sich aus

$$P_{eff} = \frac{P_{max}}{2}$$

In der Praxis wird mit den Effektivwerten von Spannung und Strom gearbeitet. Zeigt ein Drehspulmessinstrument eine Wechselspannung von beispielsweise 12 V an, so ist dies der Effektivwert der Wechselspannung. Aus der Formel für P_{eff} ergibt sich:

$$P_{eff} = \frac{P_{max}}{2} = \frac{U_{max} \cdot I_{max}}{2} = \frac{U_{max}}{\sqrt{2}} \cdot \frac{I_{max}}{\sqrt{2}} = U_{eff} \cdot I_{eff}$$

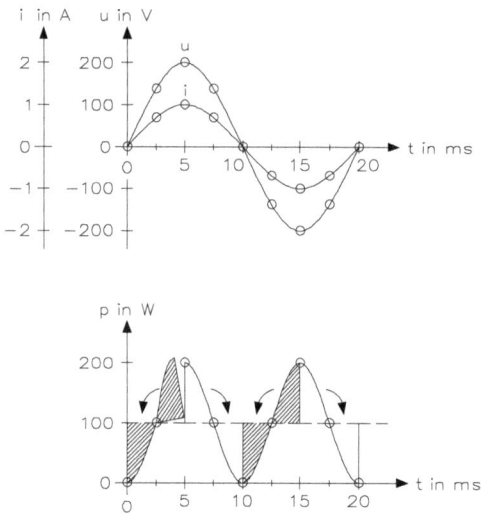

Abb. 6.12: Effektivleistung (Dauerleistung)

Daraus ergeben sich die Effektivwerte von Strom und Spannung bei sinusförmigem Wechselstrom: Unter dem Effektivwert versteht man den Wert der Wechselspannung oder des Wechselstromes, der die gleiche Wirkung wie ein gleich großer Wert einer konstanten Gleichspannung oder eines konstanten Gleichstromes aufweist.

$$U_{eff} = \frac{U_{max}}{\sqrt{2}} = \frac{U_{max}}{1{,}41} = U_{max} \cdot 0{,}707 \qquad I_{eff} = \frac{I_{max}}{\sqrt{2}} = \frac{I_{max}}{1{,}41} = I_{max} \cdot 0{,}707$$

Unter dem Effektivwert versteht man den Wert der Wechselspannung oder des Wechselstromes, der die gleiche Wirkung wie ein gleich großer Wert einer konstanten Gleichspannung oder eines konstanten Gleichstromes aufweist.

Der Effektivwert der Wechselspannung im öffentlichen Stromversorgungsnetz beträgt 230 V bzw. im Drehstromnetz 400 V/230 V.

Werden keine besonderen Angaben gemacht, ist bei Wechselspannungen und -strömen immer der Effektivwert gemeint. Auch in Zeigerbildern werden im Allgemeinen die Effektivwerte von Wechselspannungen und -strömen maßstäblich dargestellt.

Mehrere gleichzeitig auftretende sinusförmige Wechselgrößen (z. B. Spannung u und Strom i) können sich in drei Beziehungen voneinander unterscheiden:

a) in der Frequenz – dieser Fall soll im Folgenden außer Betracht bleiben, da in der Regel nur Größen in einem Stromkreis und somit gleicher Frequenz verglichen werden.

b) in der Amplitude – die Größen können verschiedene Einheiten und unterschiedliche Maximalwerte aufweisen (z. B. $u_{max} = 10\,V$, $i_{max} = 50\,mA$)

c) in der Phasenlage – darunter versteht man die gegenseitige Lage der jeweiligen Sinusschwingungen bezüglich der Winkel- bzw. Zeitachse. Zwei Größen sind gleichphasig, wenn ihre Schwingungen gleichzeitig erfolgen d. h. sie also ihre Maximalwerte bzw. Nulldurchgänge zu gleichen Zeiten aufweisen. Eine Größe eilt einer anderen um einen bestimmten Phasenwinkel φ vor, wenn sie ihr Maximum (bzw. den Nulldurchgang) eine entsprechende Zeit vor der anderen erreicht, umgekehrt eilt letztere Größe der ersten um den entsprechenden Phasenwinkel φ nach.

Die Darstellung im Liniendiagramm entspricht der bekannten grafischen Darstellung der Sinuskurve und
- ermöglicht die Bestimmung der Augenblickswerte zu jedem Winkel (Zeit t),
- zeigt den zeitlichen Verlauf mit der Phasenverschiebung φ als Winkel bzw. Zeitdifferenz, dabei entspricht z. B.

$$\varphi = 45° \rightarrow \Delta t = \frac{1}{8}T$$

$$\varphi = 90° \rightarrow \Delta t = \frac{1}{4}T$$

$$\varphi = 180° \rightarrow \Delta t = \frac{1}{2}T$$

Eine Darstellung im Zeigerdiagramm ergibt einen Zeiger mit entsprechender Länge (Maßstab), entsprechen den jeweiligen Effektivwerten der Größen;
- ermöglicht bei gleichem Maßstab geometrische Addition von Größen (z. B. zweier Spannungen)
- zeigt Phasenverschiebung als Winkel zwischen den Zeigern, Drehsinn für Voreilung dabei links!

Abbildung 6.13 zeigt die Phasenverschiebung φ im Linien- und im Zeigerdiagramm.

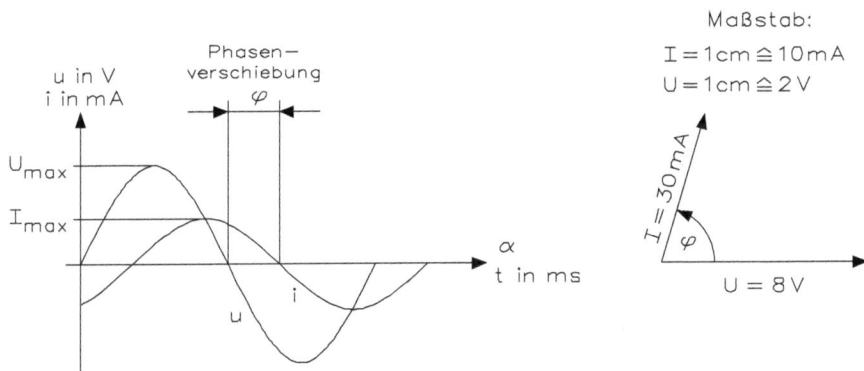

Abb. 6.13: Phasenverschiebung φ bei einer sinusförmigen Wechselspannung

6.2   Einfacher Wechselstromkreis

Es soll das Verhalten von ohmschem Widerstand (R), Spule (Induktivität L) und Kondensator (Kapazität C) im Wechselstromkreis untersucht werden. Dabei interessieren zwei Punkte:
- die Phasenlage zwischen Strom und Spannung
- die Frequenzabhängigkeit des Blindwiderstandes

Zur Überprüfung der Phasenlage soll eine Wechselspannung mit so niedriger Frequenz dienen, dass der zeitliche Verlauf von Spannung und Strom mit Hilfe von Zeigerinstrumenten deutlich sichtbar verfolgt werden kann.

6.2.1   Ohmscher Widerstand im Wechselstromkreis

Abbildung 6.14 zeigt die Phasenlage von Spannung und Strom bei einem ohmschen Widerstand. Durch die Simulation und Messen mit dem Oszilloskop ist ein schaltungstechnischer Trick anzuwenden. Über den Widerstand R_1 wird die Spannung direkt mit dem Oszilloskop gemessen. Der Widerstand R_2 erfasst den Strom, denn Oszilloskope können nur Spannungen messen. Zwischen Spannung und Strom ergibt sich eine Phasenverschiebung von 180°, aber es sind 0°. Abb. 6.14 zeigt die Phasenlage an einem ohmschen Widerstand.

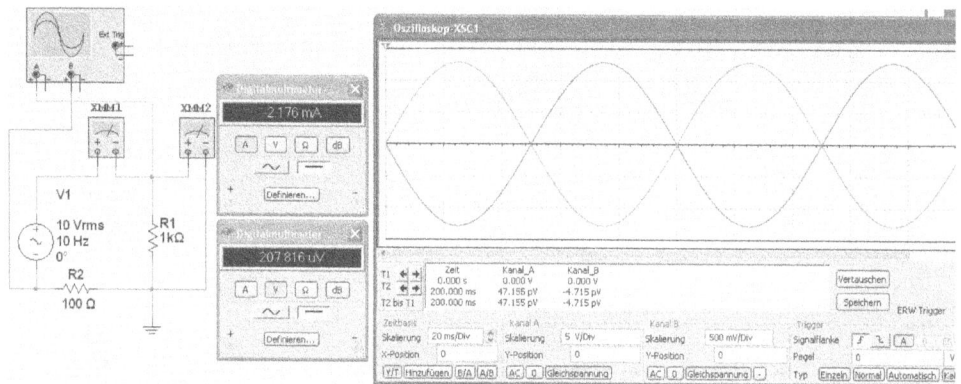

Abb. 6.14: Phasenlage bei einem ohmschen Widerstand

Die Spannung U und der Strom I weisen gleichzeitig positive und negative Höchstwerte sowie Nulldurchgänge auf. Spannung und Strom sind phasengleich.

Bei rein ohmscher Last (Wirkwiderstand) weisen Strom und Spannung gleichzeitig die Höchstwerte und Nulldurchgänge auf. Strom und Spannung sind phasengleich.

Wenn man den Widerstand R anhand der Messwerte von Strom I und Spannung U ermittelt, so zeigt sich für Gleich- und Wechselspannung das gleiche Ergebnis.

Messung mit Gleichstrom:

$$U_- = 4,5\,\text{V} \qquad I_- = 100\,\text{mA} \qquad R_- = \frac{U_-}{I_-} = \frac{4,5\,\text{V}}{100\,\text{mA}} = 45\,\Omega$$

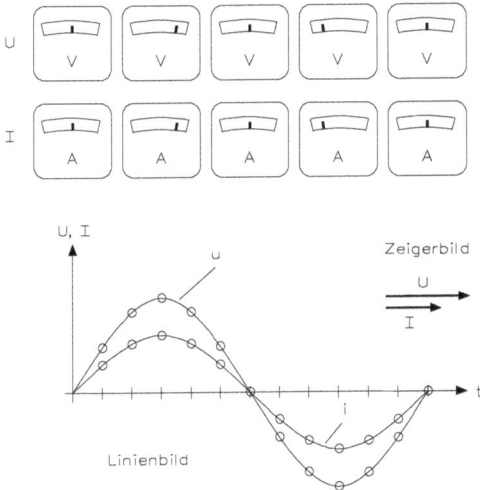

Abb. 6.15: Spannung und Strom am Wirkwiderstand

Messung mit Wechselstrom:

$$U_\sim = 4,5\,\text{V} \qquad I_\sim = 100\,\text{mA} \qquad R_\sim = X_L = \frac{U_\sim}{I_\sim} = \frac{4,5\,\text{V}}{100\,\text{mA}} = 45\,\Omega$$

Abbildung 6.16 zeigt die Frequenzabhängigkeit des ohmschen Widerstandes an Gleich- und Wechselstrom.

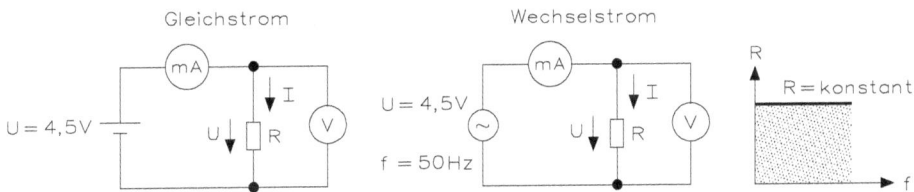

Abb. 6.16: Frequenzabhängigkeit des ohmschen Widerstandes für Gleich- und Wechselstrom

Dies gilt nicht uneingeschränkt. Bei höheren Frequenzen zeigen sich zusätzliche Erscheinungen (z. B. Skineffekt oder Hauteffekt). Auch bei Induktivitäten und Kapazitäten gelten die nachfolgenden Formeln für die Blindwiderstände im Hochfrequenzbereich nur mit Einschränkungen.

6.2.2 Induktivität im Wechselstromkreis

Bei einer Induktivität tritt eine Phasenlage zwischen Spannung und Strom auf und Abb. 6.17 zeigt die Messschaltung.

Keine Gleichzeitigkeit der Höchstwerte und Nulldurchgänge bei der Spannung U und beim Strom I. Die Spannung U ist bereits auf einem maximalen Wert, wenn sich der Strom I noch

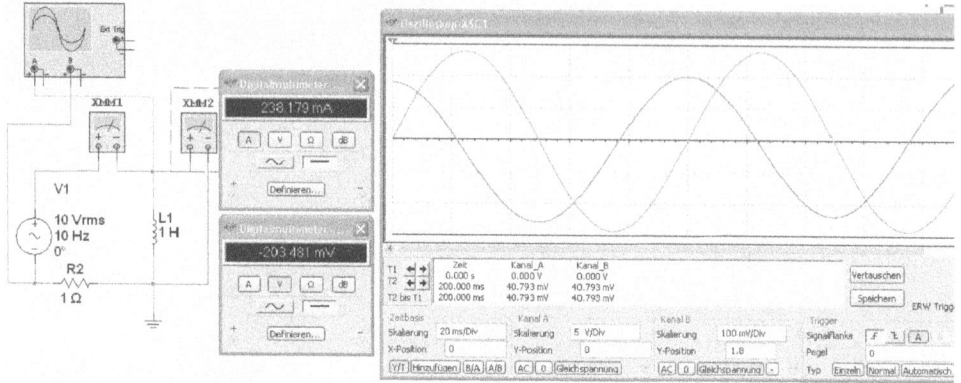

Abb. 6.17: Phasenlage einer Induktivität

bei Null befindet. Dadurch ergibt sich eine Phasenverschiebung zwischen der Spannung U und dem Strom I. Abbildung 6.18 zeigt Spannung und Strom an einer Induktivität.

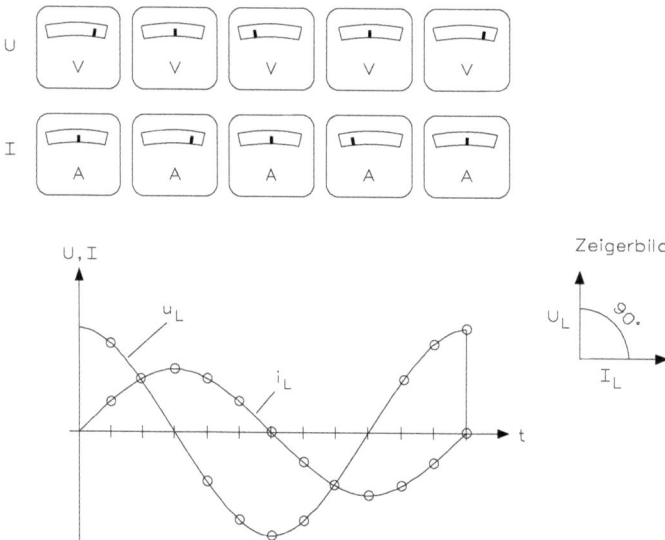

Abb. 6.18: Spannung und Strom an einer Induktivität

In Abb. 6.18 ist die Frequenzabhängigkeit der Induktivität gezeigt. An einer Induktivität eilt die Spannung dem Strom um 90° voraus.

Man bestimmt den Widerstand durch eine Messung von Spannung U und Strom I.

Messung mit Gleichstrom:

$$U_- = 4{,}5\,V \qquad I_- = 100\,mA \qquad R_- = \frac{U_-}{I_-} = \frac{4{,}5\,V}{100\,mA} = 45\,\Omega$$

Messung mit Wechselstrom:

$$U_\sim = 4{,}5\,V \qquad I_\sim = 100\,mA \qquad R_\sim = X_L = \frac{U_\sim}{I_\sim} = \frac{4{,}5\,V}{100\,mA} = 45\,\Omega$$

Abb. 6.19 zeigt die Messung der Frequenzabhängigkeit der Induktivität L. Im Wechselstromkreis hat die (verlustfreie) Induktivität einen großen Widerstandswert. Man bezeichnet diesen induktiven Blindwiderstand X_L in Ohm.

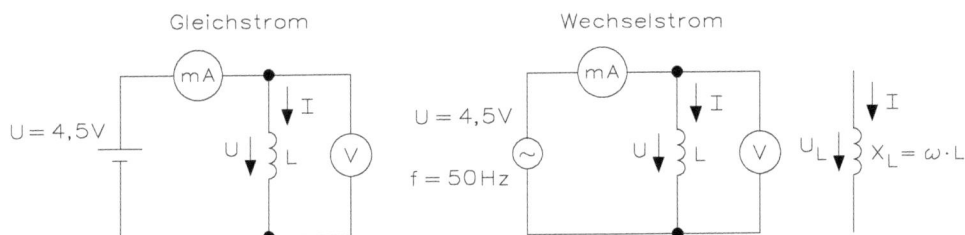

Abb. 6.19: Frequenzabhängigkeit der Induktivität für Gleich- und Wechselstrom

Der Widerstand bei Gleichspannung soll zunächst vernachlässigt werden, denn es handelt sich um den ohmschen Widerstand R der Kupferwicklung.

Größe	Formelzeichen	Einheit	
		Name	Zeichen
Induktiver Blindwiderstand	X_L	Ohm	Ω

Der Blindwiderstand X_L ist nur bei Wechselstrom wirksam. Es kann gezeigt werden, dass bei Erhöhung der Frequenz der Strom durch die Induktivität sinkt, der Blindwiderstand X_L also zunimmt. Abbildung 6.20 zeigt das Verhalten von Blindwiderstand und Frequenz.

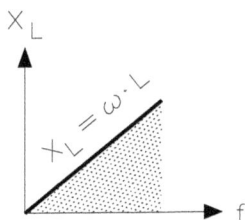

Abb. 6.20: Blindwiderstand und Frequenz

Für die Größe des induktiven Blindwiderstandes X_L einer Spule mit der Induktivität L bei der Frequenz f gilt die Formel:

$$X_L = \omega \cdot L = 2 \cdot \pi \cdot f \cdot L$$

Mit L in $H = \frac{Vs}{A}$ und f in $\frac{1}{s}$ ergibt sich für X_L die Einheit des Widerstandes $\frac{V}{A} = \Omega$.

Eine Spule hat eine Induktivität von L = 892 mH und liegt an einer Spannung von 6,5 V/50 Hz. Man berechnet zuerst den induktiven Blindwiderstand X_L:

$$X_L = \omega \cdot L = 2\pi \cdot f \cdot L = 2 \cdot 3{,}14 \cdot 50\,Hz \cdot 892\,mH = 280\,\Omega$$

Der Strom I ist zu berechnen aus

$$I = \frac{U}{X_L} = \frac{6{,}5\,V}{280\,\Omega} = 23{,}2\,mA$$

Wenn man das Zeigerbild für Strom und Spannung verwendet, ergibt sich Abb. 6.21.

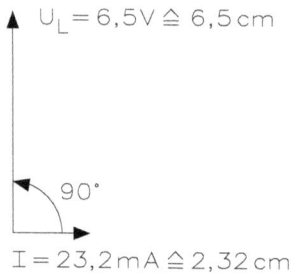

Abb. 6.21: Zeigerbild für Strom und Spannung (nicht maßstabsgetreu)
U = 6,5 V   Maßstab: 1 V ≙ 1 cm
I = 23,2 mA Maßstab: 10 mA ≙ 1 cm

Das Ohmsche Gesetz gilt auch für Wechselstrom!

6.2.3   Kapazität im Wechselstromkreis

Abbildung 6.22 zeigt die Phasenlage zwischen Spannung und Strom einer Kapazität bei der Simulation eines Kondensators.

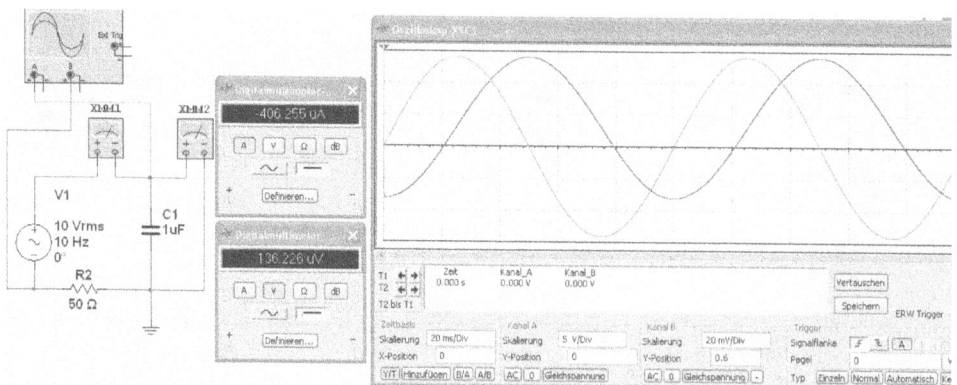

Abb. 6.22: Phasenlage bei einer Kapazität

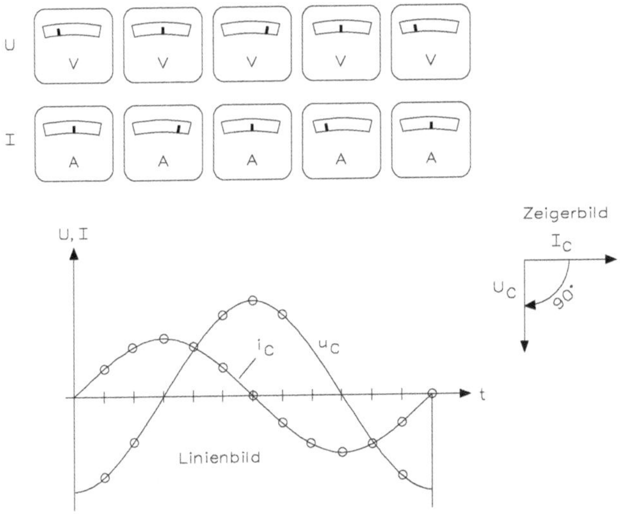

Abb. 6.23: Spannung und Strom an einer Kapazität

Abbildung 6.23 zeigt Spannung und Strom an einer Kapazität und es treten Gleichzeitigkeit der Höchstwerte und Nulldurchgänge bei Spannung U und Strom I auf. Der Strom I hat seinen maximalen Wert erreicht, wenn die Spannung U noch Null ist. Man erkennt die Phasenverschiebung zwischen Spannung U und dem Strom I.

Bei kapazitiver Last eilt die Spannung dem Strom um 90° nach.

Durch eine Messung bestimmt man den Widerstand R, Spannung U und Strom I.

Messung mit Gleichstrom I = 0: Ein Kondensator hat für Gleichstrom einen unendlich großen Widerstand d. h. es fließt kein Strom.

Messung mit Wechselstrom (50 Hz):

$$I_{\sim} = 6,28\,\text{mA}$$

$$U_{\sim} = 10\,\text{V}$$

$$X_L = \frac{U_{\sim}}{I_{\sim}} = \frac{10\,\text{V}}{6,28\,\text{mA}} = 1,59\,\text{k}\Omega$$

Abbildung 6.24 zeigt die Frequenzabhängigkeit der Kapazität. Im Gegensatz zum Gleichstromkreis, in dem die Kapazität einen praktisch unendlich hohen Widerstand aufweist, hat sie bei Wechselstrom einen endlichen Widerstand, den kapazitiven Blindwiderstand X_C.

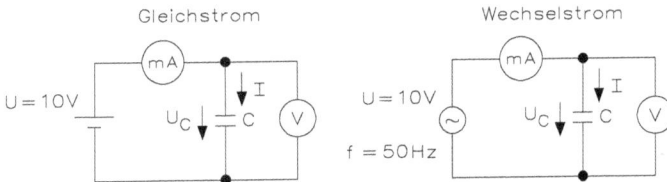

Abb. 6.24: Frequenzabhängigkeit der Kapazität für Gleich- und Wechselstrom

Größe		Formelzeichen	Einheit	
			Name	Zeichen
Kapazitiver Blindwiderstand	X_C		Ohm	Ω

Der Blindwiderstand X_C wird nur bei Wechselstrom wirksam.

Die in der Versuchsanordnung gemessene Stromstärke steigt mit zunehmender Frequenz und größerer Kapazität. Somit ist der kapazitive Blindwiderstand X_C umso kleiner, je höher die Frequenz (Kreisfrequenz) und je größer die Kapazität ist. Als Formel geschrieben:

$$X_C = \frac{1}{\omega \cdot C} = \frac{1}{2 \cdot \pi \cdot f \cdot C}$$

Abb. 6.25 zeigt den Zusammenhang zwischen Blindwiderstand und Frequenz

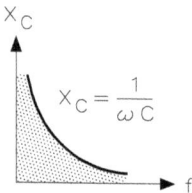

Abb. 6.25: Blindwiderstand und Frequenz

Mit der Kapazität in $C = \frac{As}{V}$ und der Frequenz f in $\frac{1}{s}$ ergibt sich für X_C die Einheit des Widerstandes $\frac{V}{A} = \Omega$.

Ein Kondensator mit der Kapazität $C = 22\,\mu F$ liegt an einer Spannung von 48 V und einer Frequenz von $f = 50\,Hz$.

Man berechnet zuerst den induktiven Blindwiderstand X_C:

$$X_C = \frac{1}{2 \cdot \pi \cdot f \cdot C} = \frac{1}{2 \cdot 3{,}14 \cdot 50\,Hz \cdot 22\,\mu F} = 145\,\Omega$$

Der Strom I berechnet sich aus

$$I = \frac{U}{X_C} = \frac{48\,V}{145\,\Omega} = 330\,mA$$

Wenn man das Zeigerbild für Strom und Spannung zeichnet, ergibt sich Abb. 6.26.

6.2.4   Zusammenfassung

In Abb. 6.27 sind die Einzelheiten über das Verhalten reiner Wirkwiderstände R, Induktivitäten L und Kapazitäten C im Wechselstromkreis zusammengestellt.

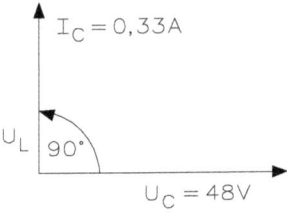

Abb. 6.26: Zeigerbild für Strom und Spannung bei einem Kondensator
$U = 48\,V$ Maßstab: $10\,V \hat{=} 1\,cm$
$I = 330\,mA$ Maßstab: $100\,mA \hat{=} 1\,cm$

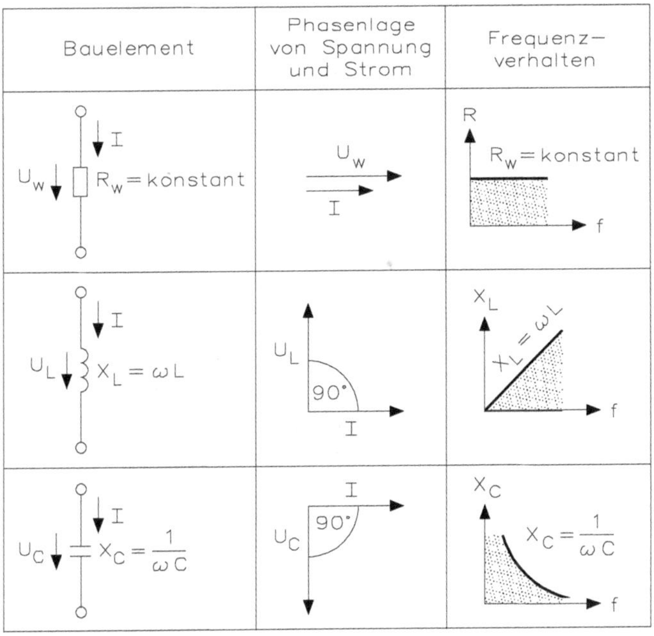

Bauelement	Phasenlage von Spannung und Strom	Frequenz-verhalten

Abb. 6.27: Verhalten von Wirkwiderstand R, Induktivität L und Kapazität C im Wechselstromkreis

6.3   Leistung im Wechselstromkreis

Im Wechselstromkreis kennt man drei unterschiedliche Leistungen: Wirkleistung P in Watt, Scheinleistung S in VA und die Blindleistung Q in var.

6.3.1   Wirkleistung

Der ohmsche Widerstand verbraucht im Wechselstrom reine Wirkleistung, denn Strom I und Spannung U liegen in Phase. Multipliziert man die Augenblickswerte von Spannung und Strom, so erhält man die Augenblickswerte der Leistung p = u · i. Abbildung 6.28 zeigt die Leistung im Wechselstromkreis am ohmschen Widerstand.

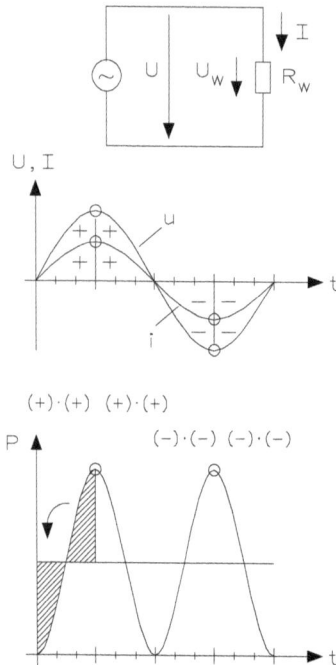

Abb. 6.28: Leistung im Wechselstromkreis am ohmschen Widerstand

Die Leistungsaufnahme eines Wirkwiderstandes schwankt periodisch zwischen Null und einem Höchstwert. Den Mittelwert (= Dauerleistung) erhält man, indem man die Fläche unter dem Leistungsdiagramm in eine Rechteckfläche umformt. Dabei ergibt sich:

$$P_{mit} = \frac{P_{max}}{2} = \frac{U_{max} \cdot I_{min}}{2} = \frac{U_{max}}{\sqrt{2}} \cdot \frac{I_{max}}{\sqrt{2}}$$

$$P = U_{eff} \cdot I_{eff} \qquad \text{bzw.} \qquad P = U \cdot I$$

Größe	Formelzeichen	Einheit	
		Name	Zeichen
Wirkleistung	P	Watt	W

Eine elektrische Heizplatte ist an $U = 230\,V$ angeschlossen und es fließt ein Strom von $I = 3\,A$. Wie groß ist die Wirkleistung?

$$P = U \cdot I = 230\,V \cdot 3\,A = 690\,W$$

6.3.2 Blindleistung

Die Augenblickswerte u und i werden multipliziert und ergeben den Augenblickswert der Leistung $p = u \cdot i$. Abbildung 6.29 zeigt eine Gegenüberstellung von kapazitiver Blindleistung und induktiver Blindleistung.

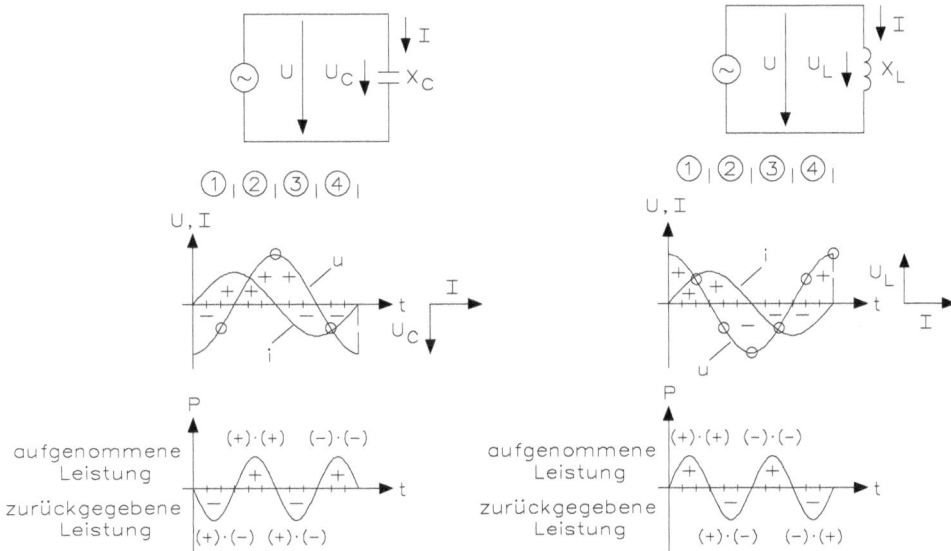

Abb. 6.29: Gegenüberstellung von kapazitiver Blindleistung und induktiver Blindleistung

Durch die Phasenverschiebung zwischen Spannung und Strom haben u und i nicht immer die gleichen Vorzeichen. Für die Leistung ergibt sich eine Fläche, die genau je zur Hälfte im positiven und negativen Bereich liegt. „Positive" Leistung ist die vom Verbraucher aus der Spannungsquelle aufgenommene Leistung. Was soll man aber unter „negativer" Leistung verstehen? Dazu ein bildhafter Vergleich in Abb. 6.30.

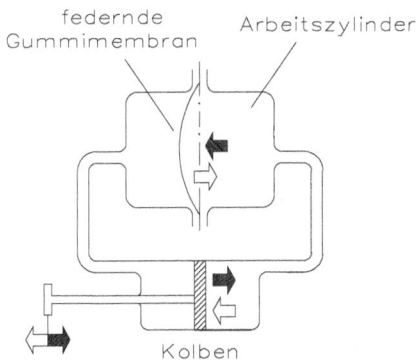

Abb. 6.30: Blindleistung in der Mechanik

Man bewegt den Kolben im Antriebszylinder nach rechts (schwarze Pfeile). Die Membran im Arbeitszylinder spannt sich. Lässt man den Kolben los, federt die Gummimembran in ihre ursprüngliche Lage zurück. Sie treibt das Wasser in den Antriebszylinder zurück (weiße Pfeile). Aufgenommene und wieder zurückgegebene Leistung sind gleich groß, sie heben sich gegenseitig auf. Abbildung 6.31 zeigt die Kapazität und Induktivität im Wechselstromkreis.

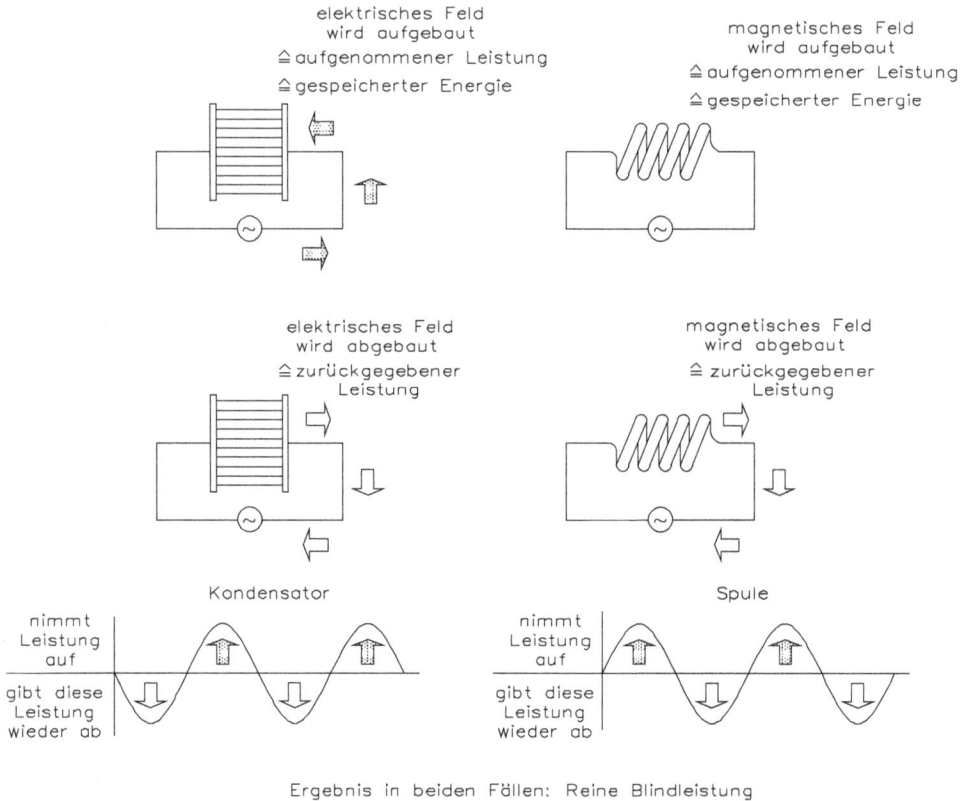

Abb. 6.31: Kapazität und Induktivität im Wechselstromkreis

Blindleistung wird in voller Höhe an die Energiequelle zurückgegeben, also nicht verbraucht.

Größe	Formelzeichen	Einheit	
		Name	Zeichen
Blindleistung	Q	volt-ampere reaktiv	var

Ähnliche Vorgänge beobachtet man im Wechselstromkreis bei rein induktiver oder kapazitiver Last.

6.3.3 Scheinleistung

Eine Scheinleistung entsteht, wenn Wirkwiderstände (R) und Blindwiderstände (X_L bzw. X_C) zusammengeschaltet werden. Bildet man für eine solche Schaltung das Produkt aus gemessener Spannung U und gemessenem Strom I, so erhält man die Scheinleistung S, wie Abb. 6.32 zeigt.

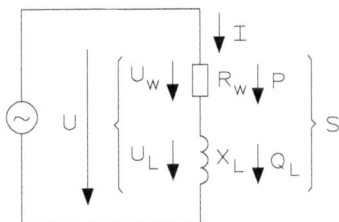

Abb. 6.32: Schaltung zur Messung von Schein-, Wirk- und Blindleistung

Größe	Formelzeichen	Einheit	
		Name	Zeichen
Scheinleistung	S	Volt-Ampere	VA

Die Berechnung der Scheinleistung ist

$$S = U \cdot I$$

Die Scheinleistung lässt keinen Rückschluss darüber zu, wie groß der Anteil der wirklich aufgenommenen und „verbrauchten" Leistung ist.

Wirk- und Blindleistung lassen sich im Zeigerbild zur Scheinleistung addieren, wie Abb. 6.33 zeigt.

Abb. 6.33: Addition der Leistungszeiger im Leistungsdreieck

Zur Addition zweier Zeigergrößen wird der zweite Zeiger unter Beibehaltung seiner Länge und Richtung durch Parallelverschieben an die Spitze des ersten angehängt. Die Figur lässt sich nun mit einem dritten Zeiger mit Richtung auf die Spitze des zweiten Zeigers zu einem Dreieck schließen. Dieser dritte Zeiger stellt die resultierende Größe (Zeigersumme) dar.

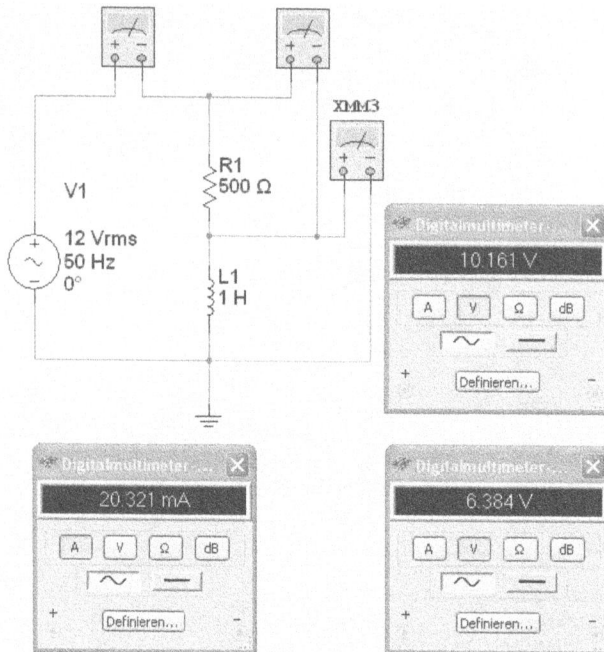

Abb. 6.34: Simulation einer RL-Schaltung

Für die Schaltung von Abb. 6.34 gilt folgende Berechnung

$$X_L = 2 \cdot \pi \cdot f \cdot L = 2 \cdot 3.14 \cdot 50\,\text{Hz} \cdot 1\,\text{H} = 314\,\Omega$$

$$Z = \sqrt{R^2 + X_L^2} = \sqrt{(500\,\Omega)^2 + (314\,\Omega)^2} = 590\,\Omega$$

$$I = \frac{U}{Z} = \frac{12\,\text{V}}{590\,\Omega} = 20,3\,\text{mA}$$

$$\cos\varphi = \frac{R}{Z} = \frac{500\,\Omega}{590\,\Omega} = 0,84 \Rightarrow \varphi = 32°$$

$$S = U \cdot I = 12\,\text{V} \cdot 20,3\,\text{mA} = 243\,\text{mVA}$$

$$P = U \cdot I \cdot \cos\varphi = 12\,\text{V} \cdot 20,3\,\text{mA} \cdot 0,84 = 205\,\text{mW}$$

$$Q = \sqrt{S^2 - P^2} = \sqrt{(243\,\text{mVA})^2 - (205\,\text{mW})^2} = 130\,\text{mvar}$$

6.3.4   Wirkleistungsfaktor

Das Verhältnis von Wirkleistung zur Scheinleistung ist der Wirkleistungsfaktor. Das Verhältnis P/S im Leistungsdreieck ist das Verhältnis Ankathete zu Hypotenuse, also der Cosinus des Winkels φ. Abbildung 6.35 zeigt das Zeigerdiagramm für die Darstellung des Wirkleistungsfaktors.

Wirkleistungsfaktor $\cos\varphi = \frac{P}{S}$

Durch Umformen ergibt sich: $P = S \cdot \cos\varphi$ bzw. $P = U \cdot I \cdot \cos\varphi$

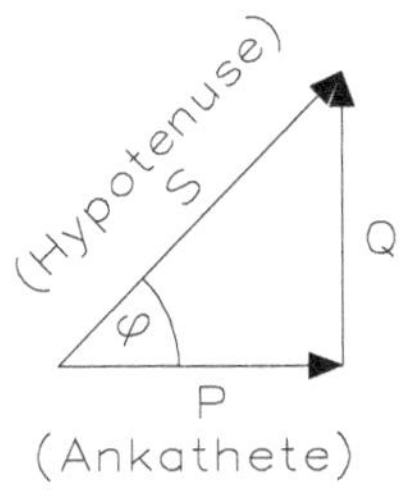

Abb. 6.35: Zeigerdiagramm für den Wirkleistungsfaktor

6.4 Erweiterter Wechselstromkreis

Im erweiterten Wechselstromkreis kennt man die Reihen- und Parallelschaltung von Widerständen R, induktiven Blindwiderständen X_L und kapazitiven Blindwiderständen X_C.

6.4.1 Reihenschaltungen

Allen RL- oder RC-Reihenschaltungen sind zwei Tatsachen gemeinsam:
a) durch alle Reihenwiderstände (R, X_L und X_C) fließt der gemeinsame gleiche Strom I und
b) an jedem Reihenwiderstand fällt eine Teilspannung ab.

Abb. 6.36 zeigt die Phasenlage von der Spannung U und dem Strom I bei einem ohmschen Widerstand R, einer Induktivität L und einem Kondensator C. Man kann die Teilspannungen jeder beliebigen Reihenschaltung im Zeigerbild – unter Beachtung von Richtung und Größe – addieren und erhält die Gesamtspannung U.

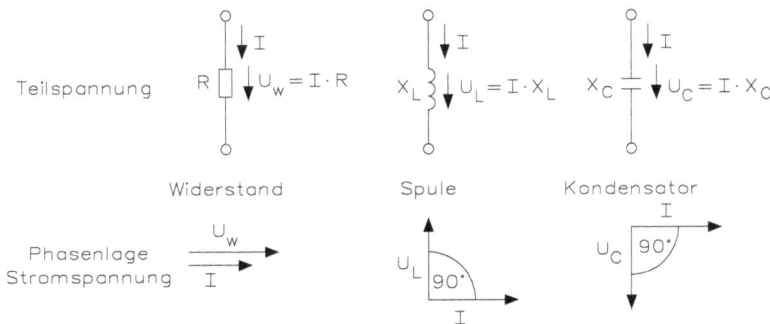

Abb. 6.36: Phasenlage von der Spannung U und vom Strom I am Widerstand, Induktivität und Kondensator

Abbildung 6.37 zeigt eine Reihenschaltung eines Wirkwiderstandes R_W mit induktivem Blindwiderstand X_L. Die Diagramme für beide Bauelemente werden zusammengesetzt. Die entsprechenden Zeigerbilder zur Phasenlage von U und I werden zusammengefasst. Der Strom I ist für Widerstand und Spule gemeinsam und gleich. Beide Strompfeile liegen

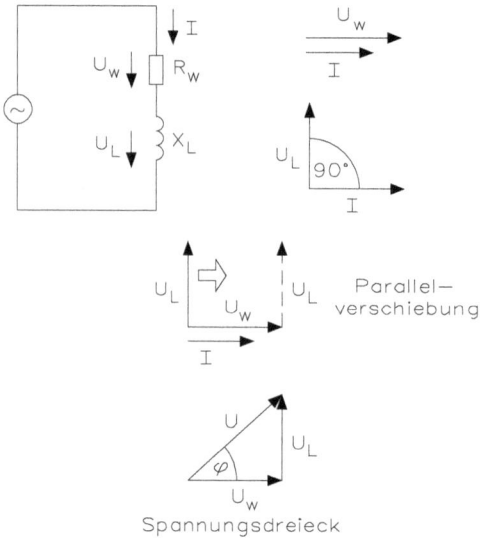

Abb. 6.37: Reihenschaltung an Widerstand R und Induktivität L

waagerecht. U_W und U_L bilden einen Winkel von 90°, durch Parallelverschiebung addiert man U_W und U_L. Es ergibt sich die Gesamtspannung U im Spannungsdreieck.

Abb. 6.38: Reihenschaltung mit Widerstand und Induktivität

Ein Widerstand $R_W = 40\,\Omega$ und eine Induktivität $X_L = 30\,\Omega$ sind in Reihe geschaltet. Durch die Reihenschaltung fließt ein Strom $I = 0{,}1\,A$ bei einer Frequenz von $f = 50\,Hz$. Abbildung 6.38 zeigt die Schaltung. Es ergeben sich folgende Berechnungen:

$$U_W = I \cdot R_W = 100\,mA \cdot 40\,\Omega = 4\,V$$

$$U_L = I \cdot X_L = 100\,mA \cdot 30\,\Omega = 3\,V$$

$$U = \sqrt{U_W^2 + U_L^2} = \sqrt{(4\,V)^2 + (3\,V)^2} = 5\,V$$

$$L = \frac{X_L}{2 \cdot \pi \cdot f} = \frac{30\Omega}{2 \cdot 3.14 \cdot 50Hz} = 95{,}5\,mH$$

$$\cos\varphi = \frac{U_L}{U} = \frac{3\,V}{5\,V} = 0{,}6 \Rightarrow \varphi = 53°$$

Abbildung 6.39 zeigt das Spannungsdreieck für die Reihenschaltung von Widerstand und Induktivität.

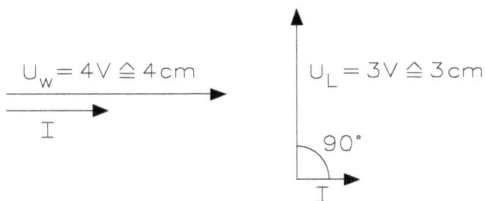

Abb. 6.39: Spannungsdreieck für die Reihenschaltung von Widerstand und Induktivität

Zeichnerische Addition der Teilspannungen: Spannungsmaßstab $1\,\mathrm{V} \,\hat{=}\, 1\,\mathrm{cm}$. Abbildung 6.40 zeigt das Spannungsdreieck für die Reihenschaltung von Widerstand und Induktivität.

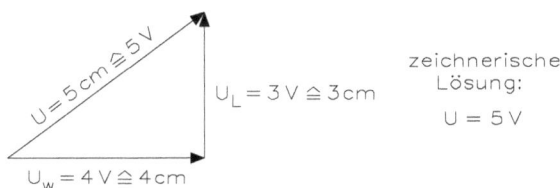

Abb. 6.40: Spannungsdreieck für die Reihenschaltung von Widerstand und Induktivität

Man kann die Gesamtspannung berechnen. Dazu wendet man den pythagoreischen Lehrsatz an. (Die Summe der Kathetenquadrate ist gleich dem Hypotenusenquadrat.)

$$U^2 = U_W^2 + U_L^2$$

Für das Beispiel gilt

$$U = \sqrt{U_W^2 + U_L^2} = \sqrt{(4\,\mathrm{V})^2 + (3\,\mathrm{V})^2} = \sqrt{25\,\mathrm{V}} = 5\,\mathrm{V}$$

Auch die Zeiger der Widerstände können addiert werden. Ihre Größe ist vom gewählten Widerstandsmaßstab abhängig. Ihre Lage, d. h., ihr Neigungswinkel gegenüber der Waagerechten entspricht dem Phasenwinkel der anliegenden Spannungen. Abbildung 6.41 zeigt das Spannungs- und Widerstandsdreieck.

Größe	Formelzeichen	Einheit	
		Name	Zeichen
Scheinwiderstand	Z	Ohm	Ω

Zeichnerisch ergeben sich für den Scheinwiderstand $Z = 50\,\Omega$. Die Berechnung wird wieder unter Zuhilfenahme des pythagoreischen Lehrsatzes durchgeführt.

$$Z^2 = R^2 + X_L^2$$

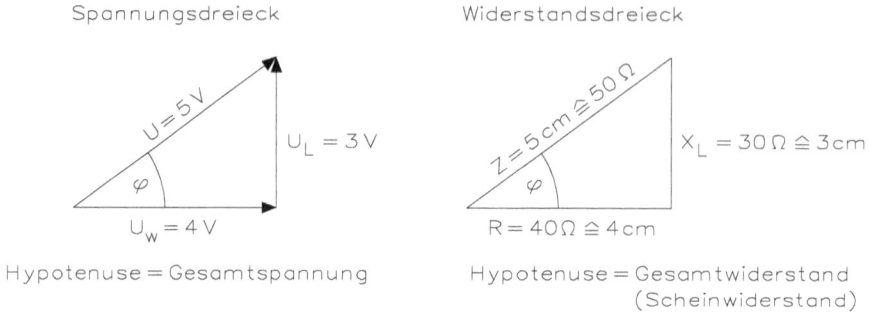

Spannungsdreieck   Widerstandsdreieck

$U = 5\,V$ $U_L = 3\,V$ $Z = 5\,cm \cong 50\,\Omega$ $X_L = 30\,\Omega \cong 3\,cm$

φ φ

$U_W = 4\,V$ $R = 40\,\Omega \cong 4\,cm$

Hypotenuse = Gesamtspannung   Hypotenuse = Gesamtwiderstand
                                                                        (Scheinwiderstand)

Abb. 6.41: Spannungs- und Widerstandsdreieck

Für das Beispiel gilt

$$Z = \sqrt{R^2 + X_L^2} = \sqrt{(40\,\Omega)^2 + (30\,\Omega)^2} = \sqrt{(250\,\Omega)^2} = 50\,\Omega$$

6.4.2 Reihenschaltung von Widerstand und Kapazität

Ein Widerstand R = 2 kΩ ist mit einem Kondensator der Kapazität 2 μF in Reihe geschaltet. Die Reihenschaltung liegt an einer Wechselspannung von 128 V/50 Hz. Wie groß sind Schein-widerstand Z, Strom I, Wirkspannung U_W, Blindspannung U_C, Scheinleistung S, Wirkleistung P, Blindleistung Q und Wirkleistungsfaktor cosφ. Abbildung 6.42 zeigt die Reihenschaltung des Widerstandes R und des Kondensators C. In Abb. 6.43 ist das Spannungs-, Widerstands- und Leistungszeigerbild gezeigt.

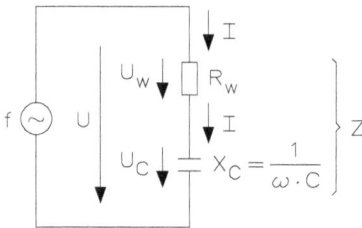

Abb. 6.42: Reihenschaltung von Widerstand R und Kondensator C

Die Dreiecke sind nicht maßstäblich und dienen nur dem Ansatz für die rechnerische Lösung.

$$X_C = \frac{1}{2 \cdot \pi \cdot f \cdot C} = \frac{1}{2 \cdot 3{,}14 \cdot 50\,Hz \cdot 2\,\mu F} = 1{,}59\,k\Omega$$

$$Z = \sqrt{R^2 + X_C^2} = \sqrt{(2\,k\Omega)^2 + (1{,}59\,k\Omega)^2} = 2{,}56\,k\Omega$$

$$I = \frac{U}{Z} = \frac{128\,V}{2{,}56\,k\Omega} = 50\,mA$$

$$U_W = I \cdot R_W = 50\,mA \cdot 2\,k\Omega = 100\,V$$

Die Dreiecke sind nicht maßstäblich
und dienen nur dem Ansatz für die
rechnerische Lösung.

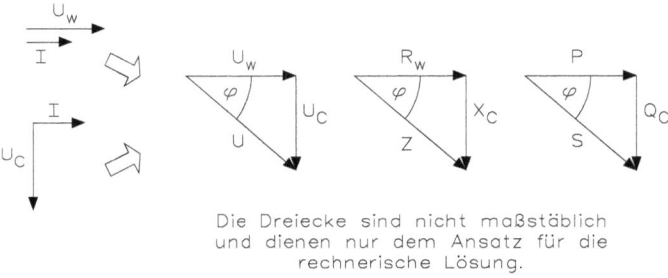

Abb. 6.43: Spannungs-, Widerstands- und Leistungszeigerbild

$$U_C = I \cdot X_C = 50\,\text{mA} \cdot 1{,}59\,\text{k}\Omega = 79{,}5\,\text{V}$$

$$S = U \cdot I = 128\,\text{V} \cdot 50\,\text{mA} = 6{,}4\,\text{VA}$$

$$\cos\varphi = \frac{U_W}{U} = \frac{100\,\text{V}}{128\,\text{V}} = 0{,}781 \Rightarrow \varphi = 38{,}6°$$

$$P = S \cdot \cos\varphi = 6{,}4\,\text{VA} \cdot 0{,}781 = 5\,\text{W}$$

$$Q = \sqrt{S^2 - P^2} = \sqrt{(6{,}4\,\text{VA})^2 - (5\,\text{W})^2} = 4\,\text{var}$$

Abbildung 6.44 zeigt eine Simulation einer Reihenschaltung von Widerstand R und Kondensator C.

Abb. 6.44: Reihenschaltung von Widerstand R und Kondensator C

Aus den Werten von Abb. 6.44 soll eine Berechnung erfolgen.

$$X_C = \frac{1}{2 \cdot \pi \cdot f \cdot C} = \frac{1}{2 \cdot 3{,}14 \cdot 50\,\text{Hz} \cdot 4\,\mu\text{F}} = 796\,\Omega$$

$$Z = \sqrt{R^2 + X_C^2} = \sqrt{(1\text{k}\Omega)^2 + (796\,\Omega)^2} = 1{,}28\,\text{k}\Omega$$

$$I = \frac{U}{Z} = \frac{12\,\text{V}}{1{,}28\,\text{k}\Omega} = 9{,}39\,\text{mA}$$

$$U_R = I \cdot R = 9{,}39\,\text{mA} \cdot 1\,\text{k}\Omega = 9{,}39\,\text{V}$$

$$U_L = I \cdot X_L = 9{,}39\,\text{mA} \cdot 796\,\Omega = 7{,}47\,\text{V}$$

6.4.3   Zusammenfassung der Ergebnisse

Abb. 6.45 zeigt die Zusammenfassung von Reihenschaltung mit Widerstand R und Spule L, sowie Widerstand R und Kondensator C.

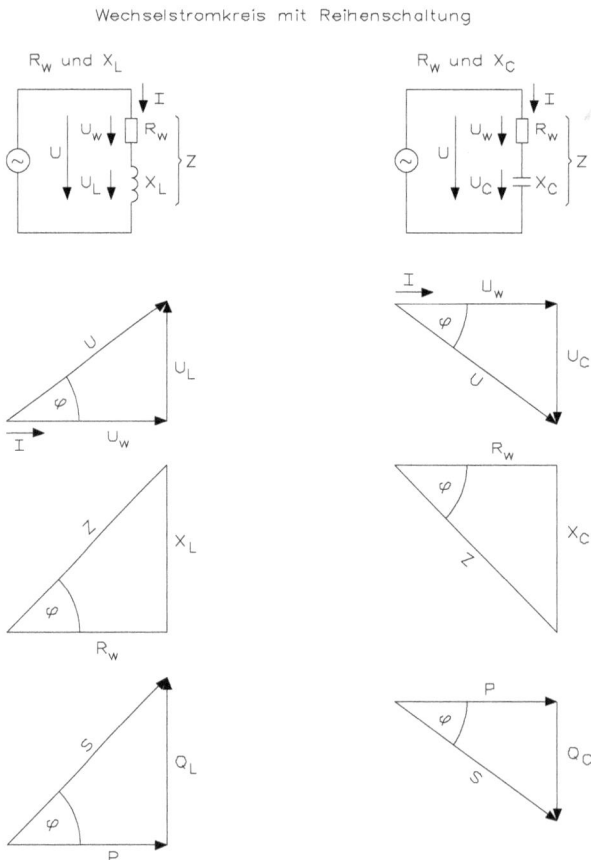

Abb. 6.45: Reihenschaltung mit Widerstand R und Spule L bzw. Widerstand R und Kondensator C

6.4.4   Reihenschaltung von Induktivitäten und Kapazitäten

Schaltet man zwei Induktivitäten in Reihe, so haben ihre Widerstandszeiger die gleiche Richtung, sie addieren sich. Daraus leitet man die Formel zur Berechnung der Gesamtinduktivität ab:

$$X_L = X_{L1} + X_{L2} + \cdots + X_{Ln}$$

Abbildung 6.46 zeigt eine Reihenschaltung von Induktivitäten.

$$L = L_1 + L_2 + \cdots + L_n$$

Abb. 6.46: Reihenschaltung von Induktivitäten

Ähnlich verfährt man bei der Reihenschaltung von Kapazitäten.

$$X_C = X_{C1} + X_{C2} + \cdots + X_{Cn}$$

Abbildung 6.47 zeigt eine Reihenschaltung von Kapazitäten.

$$\frac{1}{C} = \frac{1}{C_1} + \frac{1}{C_2} + \cdots + \frac{1}{C_n}$$

Abb. 6.47: Reihenschaltung von Kapazitäten

Für die Reihenschaltung zweier Kapazitäten lässt sich folgende Formel ableiten:

$$C = \frac{C_1 \cdot C_2}{C_1 + C_2}$$

Anmerkung: Diese bereits an anderer Stelle aus den Funktionen der Bauelemente Spule und Kondensator abgeleiteten Formeln werden hier durch Anwendung der Gesetze für die Reihenschaltung im Wechselstromkreis bestätigt.

6.4.5   Parallelschaltungen von Widerständen, Induktivitäten und Kondensatoren

Alle Parallelschaltungen haben zwei Tatsachen gemeinsam:
a) alle Parallelwiderstände (R, X_L und X_C) liegen an einer gleichen gemeinsamen Spannung U und
b) durch jeden Widerstand fließt ein Teilstrom (Stromverzweigung).

Den jeweiligen Teilstrom berechnet man nach dem Ohmschen Gesetz und Abb. 6.48 zeigt die einzelnen Teilströme durch den Widerstand R, Induktivität L und Kondensator C.

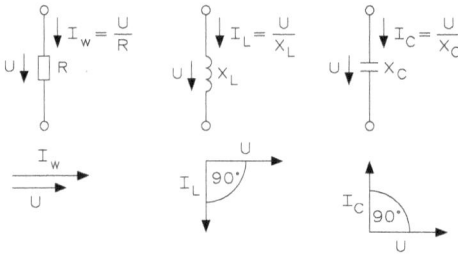

Abb. 6.48: Phasenlage und Teilströme von Widerstand R, Induktivität L und Kondensator C

Die jeweilige Phasenlage zwischen Spannung und Strom ergibt die Zeigerbilder.

Bei der Parallelschaltung gibt es nur eine gemeinsame Spannung. Hier kann also kein Spannungsdreieck gezeichnet werden. In diesem Fall werden die Teilströme im Stromdreieck zusammengefasst (denn in einer Parallelschaltung ist der Gesamtstrom gleich der Summe der Teilströme). Abbildung 6.49 zeigt die Parallelschaltung vom Widerstand R und dem Kondensator C.

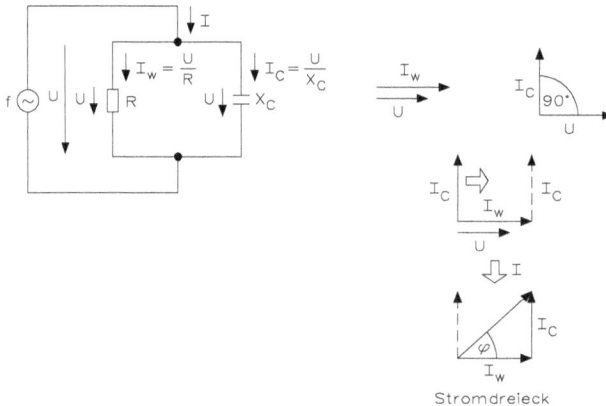

Abb. 6.49: Parallelschaltung eines Widerstandes R und Kondensators C

Ein Wirkwiderstand von $40\,\Omega$ und ein kapazitiver Blindwiderstand von $30\,\Omega$ sind parallel geschaltet. Sie liegen an einer gemeinsamen Spannung von $12\,\text{V}/50\,\text{Hz}$.

$$I_W = \frac{U}{R} = \frac{12\,\text{V}}{40\,\Omega} = 300\,\text{mA} \qquad I_C = \frac{U}{X_C} = \frac{12\,\text{V}}{30\,\Omega} = 400\,\text{mA}$$

Abbildung 6.50 zeigt die zeichnerische Ermittlung des Gesamtstromes.

Rechnerisch: Dazu wendet man wieder den pythagoreischen Lehrsatz an.

$$I = \sqrt{I_W^2 + I_C^2} = \sqrt{(300\,\text{mA})^2 + (400\,\text{mA})^2} = 500\,\text{mA}$$

zeichnerisch:

$I_W = 0{,}3\,A \mathrel{\widehat{=}} 3\,cm$

U

Strommaßstab
$0{,}1\,A \mathrel{\widehat{=}} 1\,cm$

$I_C = 0{,}4\,A \mathrel{\widehat{=}} 4\,cm$

I_C

I_C

$I \mathrel{\widehat{=}} 5\,cm \mathrel{\widehat{=}} 0{,}5\,A$

$I_C = 0{,}4\,A$

U

I_W

U

$I_W = 0{,}3\,A$

Ergebnis: $I = 0{,}5\,A$

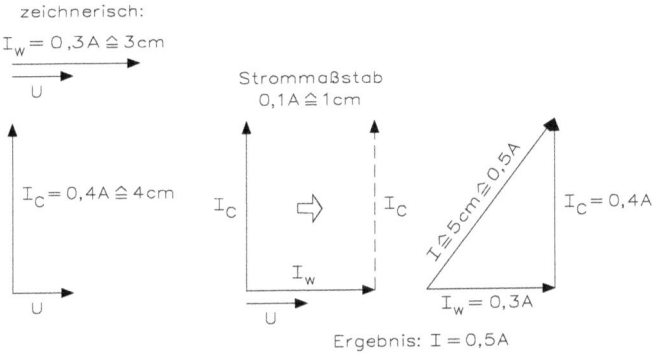

Abb. 6.50: Zeichnerische Lösung des Gesamtstromes

Die Ermittlung des Scheinwiderstandes führt über das Ohmsche Gesetz:

$$Z = \frac{U}{I} = \frac{12\,V}{500\,mA} = 24\,\Omega$$

Abbildung 6.51 zeigt die Simulation einer RC-Parallelschaltung mit Wattmeter. Der Strom durch Widerstand und Kondensator ist

$$I_W = \frac{U}{R} = \frac{12\,V}{1k\Omega} = 12\,mA$$

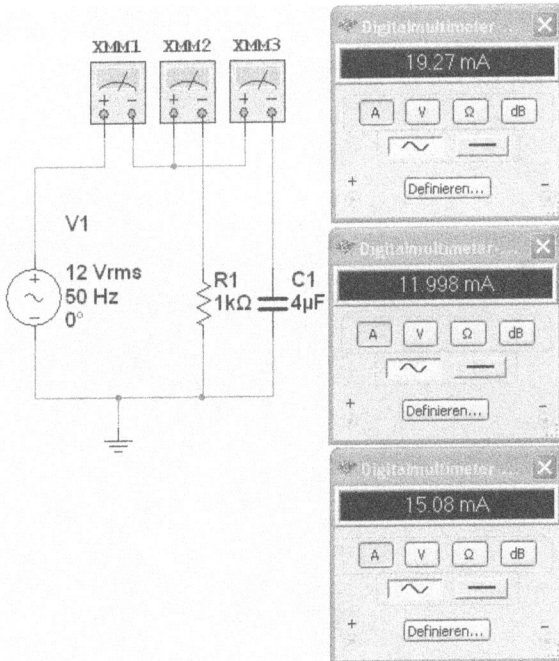

XMM1 XMM2 XMM3

Digitalmultimeter

19.27 mA

A   V   Ω   dB

Definieren…

V1

12 Vrms
50 Hz
0°

R1
1kΩ

C1
4µF

Digitalmultimeter

11.998 mA

A   V   Ω   dB

Definieren…

Digitalmultimeter

15.08 mA

A   V   Ω   dB

Definieren…

Abb. 6.51: Simulation einer RC-Parallelschaltung

Der kapazitive Blindwiderstand und der Strom errechnen sich aus

$$X_C = \frac{1}{2 \cdot \pi \cdot f \cdot C} = \frac{1}{2 \cdot 3,14 \cdot 50\,\text{Hz} \cdot 4\,\mu\text{F}} = 796\,\Omega$$

$$I_C = \frac{U}{X_C} = \frac{12\,\text{V}}{796\,\Omega} = 15\,\text{mA}$$

Der Gesamtstrom lässt sich bestimmen aus

$$I = \sqrt{I_W^2 + I_C^2} = \sqrt{(12\,\text{mA})^2 + (15\,\text{mA})^2} = 19,2\,\text{mA}$$

Dies ergibt eine Phasenschiebung von

$$\cos\varphi = \frac{I_W}{I} = \frac{12\,\text{mA}}{19,2\,\text{mA}} = 0,625 \Rightarrow \varphi = 51,3°$$

$$S = U \cdot I = 12\,\text{V} \cdot 19,2\,\text{mA} = 230\,\text{mVA}$$

$$P = U \cdot I \cdot \cos\varphi = 12\,\text{V} \cdot 19,2\,\text{mA} \cdot 0,625 = 144\,\text{mW}$$

$$Q = \sqrt{S^2 - P^2} = \sqrt{(230\,\text{mVA})^2 - (144\,\text{mW})^2} = 179\,\text{mvar}$$

Abbildung 6.52 zeigt die Simulation einer RL-Parallelschaltung mit Wattmeter. Der Strom durch den Widerstand ist

$$I_W = \frac{U}{R} = \frac{12\,\text{V}}{1\,\text{k}\Omega} = 12\,\text{mA}$$

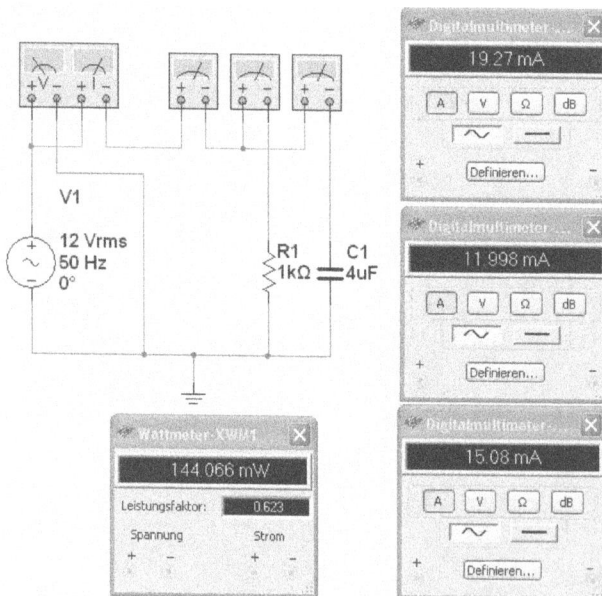

Abb. 6.52: Simulation einer RL-Parallelschaltung

Der induktive Blindwiderstand und der Strom errechnen sich aus

$$X_L = 2 \cdot \pi \cdot f \cdot L = 2 \cdot 3{,}14 \cdot 50\,\text{Hz} \cdot 2\,\text{H} = 628\,\Omega$$

$$I_L = \frac{U}{X_L} = \frac{12\,\text{V}}{628\,\Omega} = 19{,}1\,\text{mA}$$

Der Gesamtstrom lässt sich bestimmen aus

$$I = \sqrt{I_W^2 + I_L^2} = \sqrt{(12\,\text{mA})^2 + (19{,}1\,\text{mA})^2} = 22{,}5\,\text{mA}$$

Dies ergibt eine Phasenschiebung von

$$\cos\varphi = \frac{I_W}{I} = \frac{12\,\text{mA}}{22{,}5\,\text{mA}} = 0{,}53 \Rightarrow \varphi = 57{,}7°$$

$$S = U \cdot I = 12\,\text{V} \cdot 22{,}5\,\text{mA} = 270\,\text{mVA}$$

$$P = U \cdot I \cdot \cos\varphi = 12\,\text{V} \cdot 22{,}5\,\text{mA} \cdot 0{,}53 = 143\,\text{mW}$$

$$Q = \sqrt{S^2 - P^2} = \sqrt{(270\,\text{mVA})^2 - (143\,\text{mW})^2} = 229\,\text{mvar}$$

6.4.6 Ermittlung von Schein-, Wirk- und Blindleistung

Bei einer Reihen- bzw. Parallelschaltung von 12 V/50 Hz fließt ein Strom von 50 mA. Es sind die Schein-, Wirk- und Blindleistung zu berechnen.

Für die Scheinleistung gilt:

$$S = U \cdot I = 12\,\text{V} \cdot 50\,\text{mA} = 6\,\text{VA}$$

Die Wirkleistung ergibt sich aus der Formel

$$P = U \cdot I \cdot \cos\varphi = S \cdot \cos\varphi$$

Den Wirkleistungsfaktor $\cos\varphi$ liest man aus dem Stromdreieck ab:

$$\cos\varphi = \frac{I_W}{I} = \frac{30\,\text{mA}}{50\,\text{mA}} = 0{,}6 \Rightarrow \varphi = 53°$$

Wirkleistung $\qquad P = S \cdot \cos\varphi = 6\,\text{VA} \cdot 0{,}6 = 3{,}6\,\text{W}$

Das Leistungsdreieck wird maßstäblich gezeichnet, wie Abb. 6.53 zeigt.

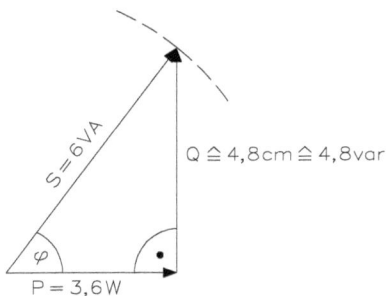

Abb. 6.53: Zeichnerische Lösung mit dem Leistungsdreieck

Leistungsmaßstab $1\,\mathrm{W} \triangleq 1\,\mathrm{cm}$
1. $P = 3{,}6\,\mathrm{W} \triangleq 3{,}6\,\mathrm{cm}$ waagerecht zeichnen.
2. Lot auf Pfeilspitze von P errichten.
3. Mit Zirkel (6-cm-Radius) $S = 6\,\mathrm{VA}$ eintragen. Kreisbogen schneidet Lot.
4. Q abmessen: $Q \triangleq 4{,}8\,\mathrm{cm}$.

Wirk- und Blindleistung ergeben sich auch direkt aus den Formeln:

$$P = I_W \cdot U = 0{,}3\,\mathrm{A} \cdot 12\,\mathrm{V} = 3{,}6\,\mathrm{W}$$

$$Q = I_C \cdot U = 0{,}4\,\mathrm{A} \cdot 12\,\mathrm{V} = 4{,}8\,\mathrm{var}$$

Dabei sind die drei Leistungsarten zu beachten!

Scheinleistung   S in VA
Wirkleistung   P in W
Blindleistung   Q in var

Ein Wirkwiderstand von $200\,\Omega$ und ein induktiver Blindwiderstand von $500\,\Omega$ sind parallel an eine Wechselspannung von 20 V angeschaltet, wie Abb. 6.54 zeigt.

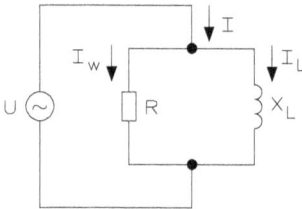

Abb. 6.54: Parallelschaltung mit Widerstand und Induktivität

Berechnung der Teilströme

$$I_W = \frac{U}{R} = \frac{12\,\mathrm{V}}{200\,\Omega} = 60\,\mathrm{mA} \qquad I_L = \frac{U}{X_L} = \frac{12\,\mathrm{V}}{500\,\Omega} = 24\,\mathrm{mA}$$

Zeichnerische Ermittlung des Gesamtstromes

Strommaßstab: $100\,\mathrm{mA} \triangleq 5\,\mathrm{cm}$

Abbildung 6.55 zeigt die zeichnerische Lösung.

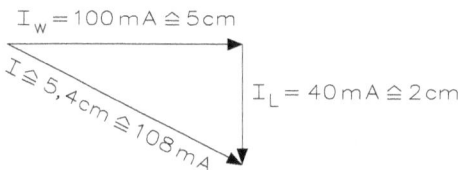

Abb. 6.55: Zeichnerische Lösung

Rechnerisch:

$$I = \sqrt{I_W^2 + I_L^2} = \sqrt{(60\,\mathrm{mA})^2 + (24\,\mathrm{mA})^2} = 64{,}6\,\mathrm{mA}$$

Analog zum Widerstandsdreieck bei der Reihenschaltung können bei der Parallelschaltung die Leitwerte addiert werden. Dabei ist G der Leitwert des ohmschen Widerstandes und B der Leitwert des Blindwiderstandes:

$$G = \frac{1}{R} = \frac{1}{200\,\Omega} = 5\,\text{mS} \qquad B_L = \frac{1}{X_L} = \frac{1}{500\,\Omega} = 2\,\text{mS}$$

Es ergibt sich der Scheinleitwert:

$$Y = \sqrt{G^2 + B_L^2} = \sqrt{(5\,\text{mS})^2 + (2\,\text{mS})^2} = 5{,}38\,\text{mS}$$

Der Scheinwiderstand beträgt

$$Z = \frac{1}{Y} = \frac{1}{5{,}38\,\text{mS}} = 185\,\Omega$$

Abbildung 6.56 zeigt die zeichnerische Lösung mit Hilfe des Leitwertdreiecks.

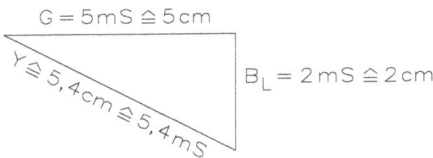

Abb. 6.56: Zeichnerische Lösung mit Hilfe des Leitwertdreiecks

Für die Ermittlung des Scheinwiderstandes gilt

$$Z = \frac{U}{I} = \frac{20\,\text{V}}{108\,\text{mA}} = 185\Omega$$

Für die Berechnungen der einzelnen Leistungen gilt

Scheinleistung $\qquad S = U \cdot I = 20\,\text{V} \cdot 0{,}108\,\text{A} = 2{,}16\,\text{VA}$

Wirkleistung $\qquad\;\; P = U \cdot I_W = 20\,\text{V} \cdot 0{,}1\,\text{A} = 2\,\text{W}$

Blindleistung $\qquad\; Q = U \cdot I_L = 20\,\text{V} \cdot 0{,}04\,\text{A} = 0{,}8\,\text{var}$

Wirkleistungsfaktor $\quad \cos\varphi = \frac{P}{S} = \frac{2\,\text{W}}{2{,}16\,\text{VA}} = 0{,}926$

6.4.7 Zusammenfassung der Ergebnisse

Abbildung 6.57 zeigt die Parallelschaltung vom Widerstand R und der Induktivität X_L bzw. Widerstand R und Kondensator X_C.

Der Gesamt-Blindwiderstand parallel geschalteter Induktivitäten wird berechnet nach der Formel:

$$\frac{1}{X_L} = \frac{1}{X_{L1}} + \frac{1}{X_{L2}} + \cdots + \frac{1}{X_{Ln}} \qquad \frac{1}{L} = \frac{1}{L_1} + \frac{1}{L_2} + \cdots + \frac{1}{L_n}$$

Abbildung 6.58 zeigt die Parallelschaltung von Induktivitäten.

	Strom	Leitwert	Leistung

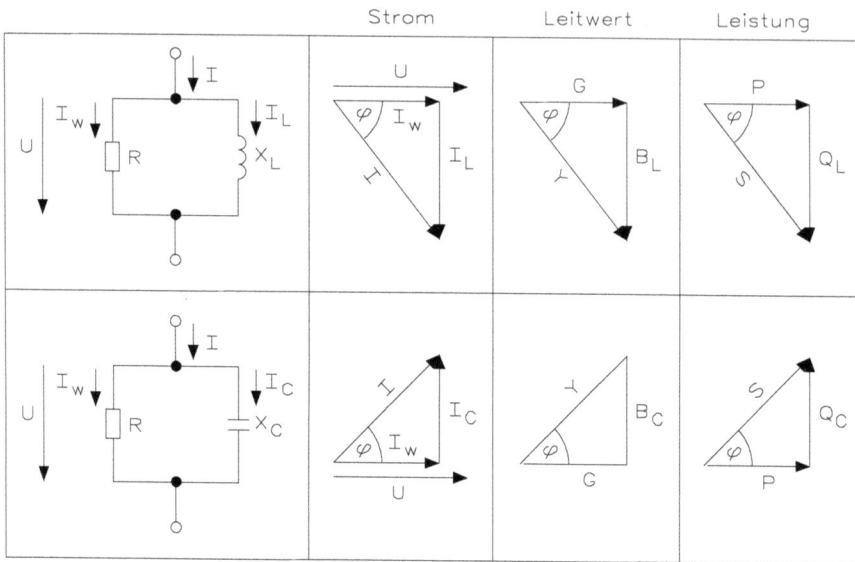

Abb. 6.57: Parallelschaltung von R und X_L bzw. R und X_C

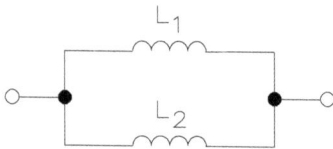

Abb. 6.58: Parallelschaltung von Induktivitäten

Bei parallel geschalteten Kapazitäten ergibt sich der Gesamt-Blindwiderstand nach der Formel:

$$\frac{1}{X_C} = \frac{1}{X_{C1}} + \frac{1}{X_{C2}} + \cdots + \frac{1}{X_{Cn}}$$

Durch Einsetzen von $X_C = \frac{1}{\omega \cdot C}$ ergibt sich dann:

$$C = C_1 + C_2 + \cdots + C_n$$

Abbildung 6.59 zeigt die Parallelschaltung von Kapazitäten.

Anmerkung: Die hier aus den Gesetzen der Parallelschaltung im Wechselstromkreis abgeleiteten Formeln wurden bereits an anderer Stelle angewendet, dort jedoch aus der Funktion der Bauelemente Spule und Kondensator erklärt.

Gemischte Schaltungen von Wirk- und Blindwiderständen im Wechselstromkreis – Kombinationen von Reihen- und Parallelschaltungen sowie Reihen- und Parallelschaltungen aus mehreren verschiedenartigen Bauelementen – werden analog zu gemischten Schaltungen im Gleichstromkreis durch schrittweises Berechnen und Zusammenfassen einzelner Teilschaltungen bestimmt.

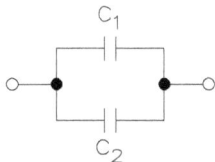

Abb. 6.59: Parallelschaltung von Kapazitäten

6.4.8 Kondensator

Ein Kondensator besteht aus zwei leitenden Belägen, die durch das Dielektrikum voneinander isoliert sind. Isolierstoffe haben einen sehr großen ohmschen Widerstand, der aber nicht unendlich groß ist. Der Isolationswiderstand stellt im Ersatzschaltbild des verlustbehafteten Kondensators einen Parallelwiderstand zur Kapazität dar. Ein Kondensator sperrt somit den Gleichstrom nicht vollkommen und es fließt ein sehr kleiner Leckstrom.

Je kleiner der Parallelwiderstand R im Verhältnis zum Blindwiderstand X_C des betreffenden Kondensators ist, desto stärkere Verluste treten im Kondensator auf. Das Verhältnis von X_C zu R wird als Verlustfaktor tan δ_C des Kondensators angegeben.

$$\tan \delta_C = \frac{X_C}{R}$$

Abbildung 6.60 zeigt einen verlustbehafteten Kondensator. Der Verlustfaktor wird wegen der Frequenzabhängigkeit von X_C in Tabellenbüchern oder Herstellerunterlagen für Kondensatoren immer für eine bestimmte Frequenz angegeben.

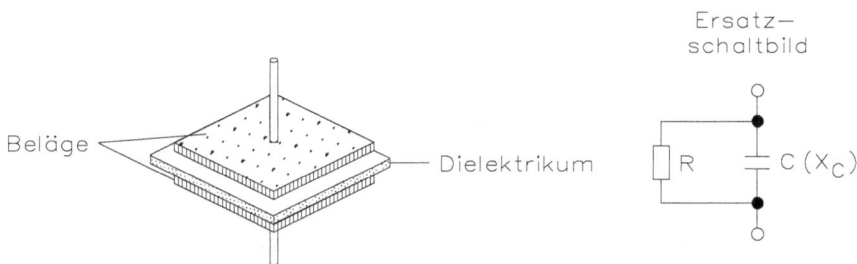

Abb. 6.60: Verlustbehafteter Kondensator

6.4.9 Spule

In den bisherigen theoretischen Abhandlungen wurde unterstellt, dass eine Spule nur eine Induktivität L hat. Der – meist geringe – ohmsche Widerstand der Kupferwicklung wurde vernachlässigt. Im Ersatzschaltbild stellt der Wicklungswiderstand der Spule einen Reihenwiderstand zum induktiven Blindwiderstand X_L dar. Der Wicklungswiderstand und die Ummagnetisierungsvorgänge im Eisenkern der Spule verursachen im geschlossenen Stromkreis Verluste, die umso größer sind, je größer der Wirkwiderstand R einer Spule bzw. je höher die Frequenz bei einer Spule mit Eisenkern ist.

Das Verhältnis von R zu X_L wird als Verlustfaktor $\tan \delta_L$ der Spule angegeben.

$$\tan \delta_L = \frac{R}{X_L}$$

Auch hier gilt der Verlustfaktor wegen der Frequenzabhängigkeit von X_L für eine bestimmte Frequenz. Abbildung 6.61 zeigt eine verlustbehaftete Induktivität.

```
Ersatz-
schaltbild
        o
  ┌ ─ ┤ ─ ┐
  │   ┌┐R │
  │   └┘  │
  │   ⌇   │
  │   ⌇ L │
  │   ⌇   │
  └ ─ ┤ ─ ┘
        o
```

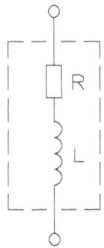

Abb. 6.61: Verlustbehaftete Induktivität

6.5   Schwingkreis und Resonanzfrequenz

In den vorherigen Kapiteln bestanden die Reihen- und Parallelschaltungen nur jeweils aus einem Wirkwiderstand sowie einem kapazitiven oder induktiven Blindwiderstand. In der Elektrotechnik und Elektronik treten nämlich häufig auch Schaltungen auf, die gleichzeitig ohmsche, kapazitive und induktive Widerstände enthalten.

6.5.1   Reihenschwingkreis und Reihenresonanz

Ein Kondensator (Kapazität C) und eine Spule (Induktivität L) sind in Reihenschaltung an eine Wechselspannungsquelle angeschlossen. Die Spannung U bleibt konstant, während die Frequenz f geändert werden kann (Frequenzgenerator). Bei verschiedenen Frequenzen wird der Strom I gemessen, der durch die Reihenschaltung fließt. Anhand der Messwerte wird ein Diagramm gezeichnet, aus dem sich folgern lässt:

Da die anliegende Spannung 0 sich nicht geändert hat, muss der Widerstand der Reihenschaltung sich frequenzabhängig geändert haben.

Bei einer bestimmten Frequenz fließt ein besonders großer Strom. Bei dieser Frequenz muss also der Widerstand der Reihenschaltung sehr klein sein. Diese Frequenz bezeichnet man als Resonanzfrequenz f_r. Abbildung 6.62 zeigt die Frequenzabhängigkeit des Stromes bei einem Reihenschwingkreis.

Aus den vorausgegangenen Abschnitten ist bekannt:
a) X_L wird mit steigender Frequenz größer,
b) X_C wird mit steigender Frequenz kleiner und
c) X_L und X_C sind in ihrer Wirkungsrichtung einander entgegengerichtet.

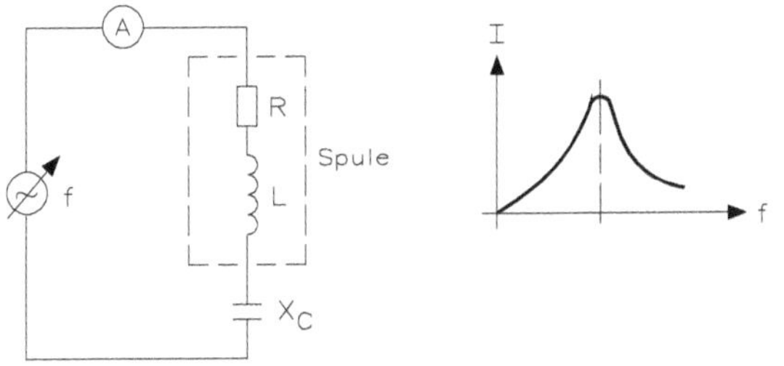

Abb. 6.62: Reihenschwingkreis und Frequenzabhängigkeit des Stromes

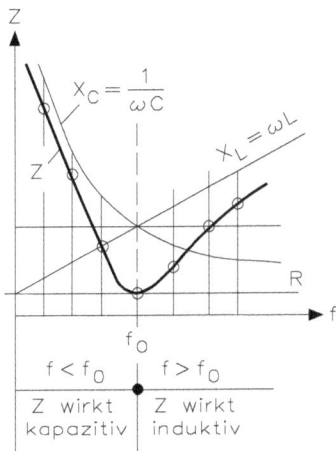

Abb. 6.63: Frequenzabhängigkeit des induktiven und kapazitiven Blindwiderstandes

In dem Diagramm von Abb. 6.63 wird die Frequenzabhängigkeit von X_L und X_C dargestellt. Der Gesamt-Blindwiderstand der Reihenschaltung ergibt sich aus der Formel:

$$X = X_L - X_C \qquad \text{(induktives Verhalten)}$$
$$X = X_C - X_L \qquad \text{(kapazitives Verhalten)}$$

Theoretisch müsste bei f_r der Strom

$$I = \frac{U}{X} = \frac{U}{X_L - X_C}$$

$$I = \frac{U}{X} = \frac{U}{X_C - X_L}$$

unendlich groß werden, denn bei der Resonanzfrequenz sind X_L und X_C gleich groß. Somit ist die Differenz $X_L - X_C =$ Null. Der Strom I wird durch den Verlustwiderstand der Spule begrenzt.

6.5.2   Parallelschwingkreis und Parallelresonanz

Der Parallelresonanzkreis ist eine Parallelschaltung von Spule und Kondensator. Er wird beispielsweise in Rundfunkempfangsgeräten als Abstimmkreis für die Einstellung auf die Frequenz des gewünschten Senders verwendet. Wenn man einen bestimmten Sender empfangen will, verstellt man den Drehkondensator im Parallelresonanzkreis so lange, bis die Eigenfrequenz des Resonanzkreises mit der Senderfrequenz übereinstimmt.

Die Versuchsanordnung ist im Prinzip die Gleiche wie beim Reihenresonanzkreis. Es wird der Strom I bei verschiedenen Frequenzen gemessen.

Bei einer bestimmten Frequenz, der Resonanzfrequenz f_r, ist der Strom sehr klein.

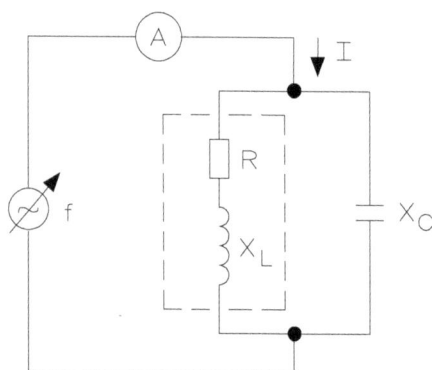

Abb. 6.64: Schaltung eines realen Parallelresonanzkreises

Abbildung 6.64 zeigt die Schaltung eines realen Parallelresonanzkreises und dieser hat den größten Widerstand bei der Resonanzfrequenz.

Aus dem Verlauf von I in Abhängigkeit von f kann man den Verlauf des Scheinwiderstandes ableiten. Da die Spannung U nicht geändert wurde, gilt für die verschiedenen Frequenzen:

$$Z = \frac{U}{I}$$

So ergibt sich der dargestellte Verlauf vom Scheinwiderstand Z. Abbildung 6.65 zeigt die Frequenzabhängigkeit des Stromes und des Widerstandes von der Frequenz.

Theoretisch wird bei einem verlustfreien Parallelresonanzkreis im Resonanzfall der Scheinwiderstand Z unendlich groß. Die Verlustwiderstände verhindern dies in der Praxis.

6.5.3   Simulation eines RCL-Reihenschwingkreises

Bei der RCL-Reihenschaltung ist die Betrachtung in diesem Buch auf sinusförmige Wechselspannungen und -ströme beschränkt. Für die einzelnen Schaltungen ergeben sich daher übersichtliche Zeigerdiagramme.

Bei der Reihenschaltung von Abb. 6.66 fließt durch alle drei Bauelemente der gleiche Strom. Der Spannungsfall U_R am ohmschen Widerstand hat die gleiche Phasenlage wie der Strom.

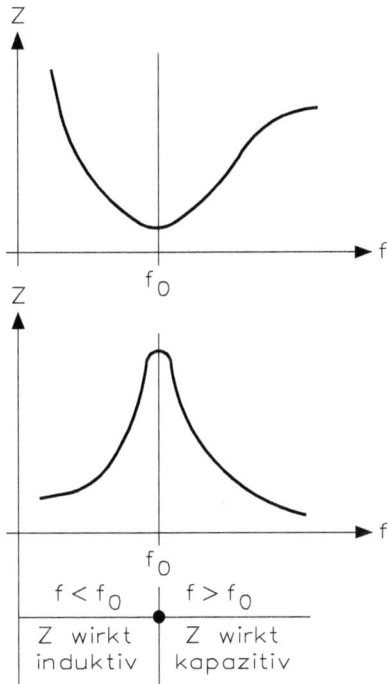

Abb. 6.65: Frequenzabhängigkeit des Stromes und des induktiven bzw. kapazitiven Blindwiderstandes

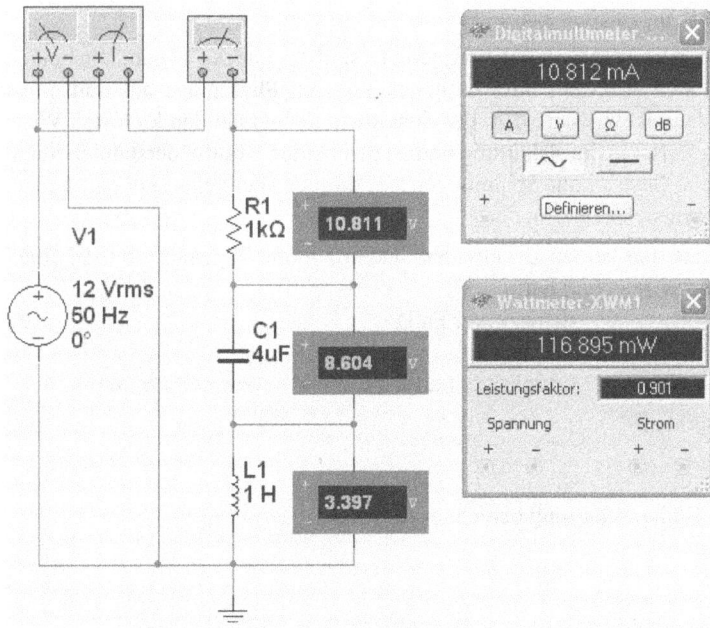

Abb. 6.66: Spannungsteilung an der RCL-Reihenschaltung

Die Kondensatorspannung U_C erreicht die entsprechenden Phasen (Höchstwert bzw. Null-durchgang) um 1/4 Periode ($-90°$) später. Die Spulenspannung U_L eilt dem Strom um 1/4 Periode ($+90°$) voraus. Die Phasenverschiebung zwischen den Teilspannungen U_C und U_L beträgt daher 1/2 Periode ($180°$). Da die Spannungsfälle an den beiden Blindwiderständen einander entgegengerichtet sind, wird die größere Spannung stets um den Betrag der kleineren Spannung vermindert.

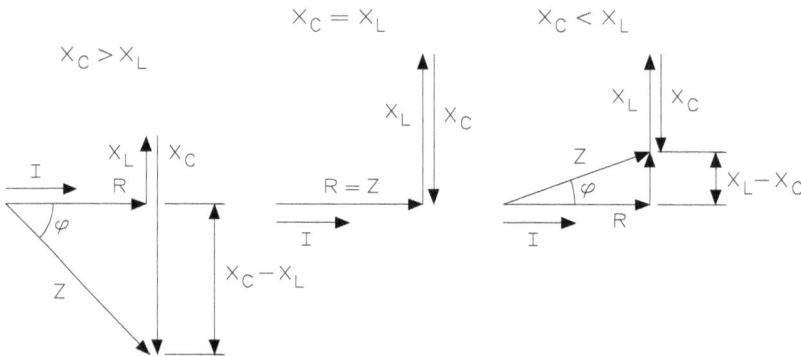

Abb. 6.67: Zeigerdiagramm für eine RCL-Reihenschaltung

Für die Zeigerdiagramme von Abb. 6.67 gelten in der Praxis drei Betrachtungen: Bei niedrigen Frequenzen überwiegt der kapazitive Blindanteil X_C des Kondensators C, während bei hohen Frequenzen der induktive Blindanteil X_L der Spule L überwiegt. Im ersten Fall ist die Reihenschaltung kapazitiv, im zweiten Fall induktiv.

Bei einer bestimmten Frequenz, der Resonanzfrequenz f_r, sind X_C und X_L gleich. Die beiden Blindwiderstände heben sich aufgrund ihrer entgegengesetzten Phasenlage auf und es ist nur der ohmsche Widerstand R wirksam, d. h. der Scheinwiderstand hat den kleinsten Wert. Dadurch fließt der größte Strom in der Schaltung und an den beiden Blindwiderständen treten bedingt durch das Ohmsche Gesetz hohe Spannungen auf, die sich aber gegenseitig aufheben. Man hat jetzt eine Spannungsresonanz.

Der Blindwiderstand X aus den beiden Blindwiderständen X_C und X_L zeigt, ob man einen kapazitiven oder einen induktiven Fall hat:

- $X_C > X_L : X = X_C - X_L$ (kapazitiver Fall)
- $X_C = X_L : X = 0$ (Resonanzfall)
- $X_C < X_L : X = X_L - X_C$ (induktiver Fall)

Der Scheinwiderstand ist dann

$$Z = \sqrt{R^2 + X^2}$$

und der Strom durch die Reihenschaltung berechnet sich aus

$$I = \frac{U}{Z}$$

Über den Stromfluss lassen sich die drei Spannungsfälle bestimmen mit

$$U_R = I \cdot R \qquad U_C = I \cdot X_C \qquad U_L = I \cdot X_L$$

Die Phasenverschiebung kann man bestimmen aus

$$\cos \varphi = \frac{R}{Z} = \frac{U_R}{U} \qquad \sin \varphi = \frac{X}{Z} = \frac{U_X}{U} \qquad \tan \varphi = \frac{X}{R} = \frac{U_X}{U_R}$$

wobei man noch die Vorzeichen beachten muss.

Als Beispiel für eine Simulation soll eine RCL-Reihenschaltung untersucht werden mit R = 1 kΩ, C = 4 μF und L = 1 H an einer Spannung von U = 12 V/50 Hz. Wie groß sind die einzelnen Spannungen und die Phasenverschiebung.

Bei der Schaltung von Abb. 6.66 sind bereits die Werte aus der Simulation berechnet worden. Mittels der nachfolgenden Berechnung lässt sich die Simulation überprüfen.

$$X_C = \frac{1}{2 \cdot \pi \cdot f \cdot C} = \frac{1}{2 \cdot 3{,}14 \cdot 50\,\text{Hz} \cdot 4\,\mu\text{F}} = 796\,\Omega$$

$$X_L = 2 \cdot \pi \cdot f \cdot L = 2 \cdot 3{,}14 \cdot 50\,\text{Hz} \cdot 1\text{H} = 314\,\Omega$$

$$X = X_C - X_L = 796\,\Omega - 314\,\Omega = 482\,\Omega \qquad \text{(kapazitiver Fall)}$$

$$Z = \sqrt{R^2 + X^2} = \sqrt{(1\,\text{k}\Omega)^2 + (482\,\Omega)^2} = 1{,}11\,\text{k}\Omega$$

$$I = \frac{U}{Z} = \frac{12\,\text{V}}{1{,}11\,\text{k}\Omega} = 10{,}8\,\text{mA}$$

$$U_R = I \cdot R = 10{,}8\,\text{mA} \cdot 1\,\text{k}\Omega = 10{,}8\,\text{V}$$

$$U_C = I \cdot X_C = 10{,}8\,\text{mA} \cdot 796\,\Omega = 8{,}5\,\text{V}$$

$$U_L = I \cdot X_L = 10{,}8\,\text{mA} \cdot 314\,\Omega = 3{,}45\,\text{V}$$

$$\tan \varphi = \frac{X}{R} = \frac{482\,\Omega}{1\,\text{k}\Omega} = 0{,}48 \Rightarrow \varphi = 25{,}7°$$

Zwischen der Simulation und der algebraischen Lösung ergeben sich minimale Differenzen.

Die Phasenverschiebung kann aus der Spannung, dem ohmschen, kapazitiven bzw. induktiven Widerstand bzw. Blindwiderständen berechnet werden. Bei der Reihenschaltung ergibt sich eine Phasenverschiebung zwischen

$$-90° > \varphi > +90°$$

Überwiegt der kapazitive Fall, hat man eine Phasenverschiebung mit einem negativen Vorzeichen, bei einem induktiven Fall ein positives Vorzeichen. Tritt keine Phasenverschiebung auf, spricht man vom Resonanzfall.

Verstellt man in der Schaltung von Abb. 6.66 die Frequenz des Generators, erkennt man, wie sich Spannungen, Strom und Phasenverschiebung ändern. Die Resonanzfrequenz ist bei

$$f_r = \frac{1}{2 \cdot \pi \cdot \sqrt{C \cdot L}} = \frac{1}{2 \cdot 3{,}14 \cdot \sqrt{4\,\mu\text{F} \cdot 1\,\text{H}}} = 80\,\text{Hz}$$

erreicht. Wenn man diese Frequenz einstellt, müssen die Spannungen am Kondensator und an der Spule identisch sein.

Bei Änderung der Frequenz der Eingangsspannung einer Reihenschaltung ergibt sich für jede Frequenz ein anderer Scheinwiderstand Z. Bei Gleichspannung (f = 0) sperrt der Kondensator (Z = ∞, I = 0) und bei hohen Frequenzen (f = ∞) sperrt die Spule (Z = ∞, I = 0). Im Resonanzfall (f_{res}) heben sich die Blindwiderstände von X_C und X_L auf, und es gilt Z = R und I = I_{max}.

6.5.4   Simulation eines Parallelschwingkreises

Bei der Parallelschaltung von Widerstand, Kondensator und Spule muss man bei Betrachtung der Leitwerte oder von den Teilströmen in der Schaltung ausgehen. Die einzelnen Teilströme werden unter Berücksichtigung der Phasenlage zur Ermittlung des Gesamtstromes geometrisch addiert. Aus dem Gesamtstrom lässt sich dann der Scheinwiderstand berechnen.

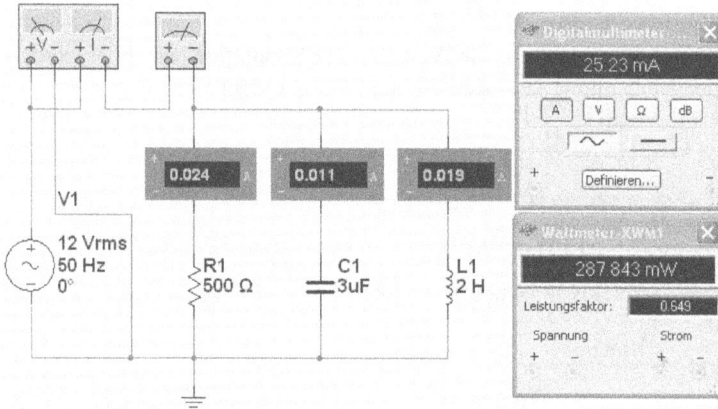

Abb. 6.68: Simulation eines Reihenschwingkreisses

Der Gesamtstrom der Schaltung in Abb. 6.68 ist von den drei Teilströmen abhängig, während die Spannung an allen drei Bauelementen immer gleichgroß ist. Je nachdem ob, der kapazitive oder induktive Widerstand geringer ist, ist der Gesamtstrom zur Spannung vor- oder nacheilend. Entsprechend ergibt sich ein kapazitives oder induktives Verhalten. Bei niedrigen Frequenzen ist der induktive Blindwiderstand niederohmig und damit der Strom durch die Spule entsprechend hoch. Bei hohen Frequenzen hat der kapazitive Blindwiderstand einen niedrigen Wert und es fließt ein hoher Strom. Bei der Resonanzfrequenz pendelt der Strom zwischen dem Kondensator und der Spule hin und her. Der zufließende Strom wird nur durch den ohmschen Widerstand bestimmt. Da sich die beiden Blindströme nach außen aufheben, spricht man von einer Stromresonanz. In Abb. 6.69 sind die drei Zeigerdiagramme für die RCL-Parallelschaltung gezeigt.

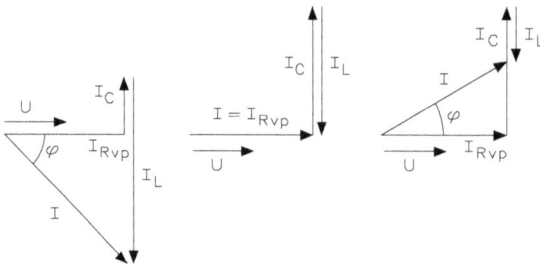

Abb. 6.69: Zeigerdiagramme für eine RCL-Parallelschaltung

Die Resonanzfrequenz berechnet sich wie bei der RCL-Reihenschaltung. Damit sind der kapazitive und der induktive Blindwiderstand identisch.

Als Beispiel für eine Simulation soll eine RCL-Parallelschaltung untersucht werden mit $R = 500\,\Omega$, $C = 3\,\mu F$ und $L = 2\,H$ an einer Spannung von $U = 12\,V/50\,Hz$. Wie groß sind die einzelnen Ströme und die Phasenverschiebung.

Bei der Schaltung von Abb. 6.68 sind bereits die Werte aus der Simulation berechnet worden. Mittels der nachfolgenden Berechnung lässt sich die Simulation überprüfen.

$$I_R = \frac{U}{R} = \frac{12\,V}{500\,\Omega} = 24\,mA$$

$$X_C = \frac{1}{2 \cdot \pi \cdot f \cdot C} = \frac{1}{2 \cdot 3,14 \cdot 50\,Hz \cdot 3\,\mu F} = 1,06\,k\Omega$$

$$I_C = \frac{U}{X_C} = \frac{12\,V}{1,06\,k\Omega} = 11,3\,mA$$

$$X_L = 2 \cdot \pi \cdot f \cdot L = 2 \cdot 3,14 \cdot 50\,Hz \cdot 2\,H = 628\,\Omega \qquad I_L = \frac{U}{X_L} = \frac{12\,V}{628\,\Omega} = 19,1\,mA$$

$$I_X = I_L - I_C = 19,1\,mA - 11,3\,mA = 7,8\,mA \qquad \text{(induktiver Anteil überwiegt)}$$

$$I = \sqrt{I_R^2 + I_X^2} = \sqrt{(24\,mA)^2 + (7,8\,mA)^2} = 25,2\,mA$$

$$Z = \frac{U}{I} = \frac{12\,V}{25,2\,mA} = 475\,\Omega$$

Die Phasenverschiebung lässt sich errechnen mit

$$\cos \varphi = \frac{I_R}{I} = \frac{G}{Y} = \frac{P}{S} \qquad \sin \varphi = \frac{I_X}{I} = \frac{B}{Y} = \frac{Q_X}{S} \qquad \tan \varphi = \frac{I_X}{I_R} = \frac{B}{Y} = \frac{Q_X}{P}$$

Das Wattmeter zeigt eine Leistung von $P = 287,8\,mW$ und einen Leistungsfaktor von $\cos \varphi = 0,65$ an.

Bei einer Parallelschaltung rechnet man auch mit Wirkleitwert G, Scheinleitwert Y, Blindleitwert B, dem kapazitiven Leitwert B_C und dem induktiven Leitwert B_L. Der Scheinleitwert errechnet sich mit

$$Y = \sqrt{G^2 + B^2}$$

Diese Formel lässt sich für den kapazitiven und induktiven Fall noch erweitern in

$$Y = \sqrt{G^2 + (B_C - B_L)^2} \qquad \text{(kapazitiv)}$$
$$Y = \sqrt{G^2 + (B_L - B_C)^2} \qquad \text{(induktiv)}$$

Hieraus errechnet sich der Strom

$$I = U \cdot \sqrt{G^2 + (B_C - B_L)^2} \;\text{(kapazitiv)}\; I = U \cdot \sqrt{G^2 + (B_L - B_C)^2} \;\text{(induktiv)}$$

Der kapazitive Leitwert B_C und der induktive Leitwert B_L errechnen sich aus

$$B_C = \frac{1}{X_C} = 2 \cdot \pi \cdot f \cdot C \qquad B_L = \frac{1}{X_L} = \frac{1}{2 \cdot \pi \cdot f \cdot L}$$

Damit lassen sich alle Werte in einer RCL-Parallelschaltung berechnen.

6.6   Eisen im magnetischen Wechselfeld

Aus dem Diagramm der Magnetisierungskurven ist zu erkennen, dass durch Verwendung
eines Eisenkerns bereits bei geringer Feldstärke ein wesentlich stärkeres Magnetfeld als
ohne Eisenkern erzeugt werden kann. Während aber die Luftspule B und H im gesamten
Bereich direkt proportional zueinander sind, tritt bei der Spule mit Eisenkern mit zunehmender Feldstärke eine Nichtlinearität auf. Der Kennlinienverlauf ist zunehmend flacher, weil
hier ein Sättigungseffekt eintritt. Er beruht darauf, dass bei kleinen Feldstärken zunächst
ein proportionaler Zusammenhang zwischen Feldstärke und Ausrichtung der ungeordneten
Molekularmagnete besteht. Sobald aber der Sättigungspunkt erreicht und überschritten wird,
ist für die Ausrichtung der restlichen ungeordneten Molekularmagnete eine immer größere
Feldstärke erforderlich. Sobald nahezu alle Molekularmagnete ausgerichtet sind, lässt sich
auch mit größten Feldstärken keine weitere Steigerung der magnetischen Flussdichte über
die Verhältnisse bei der Luftspule hinaus mehr erreichen, da das ferromagnetische Material
maximal ausgenutzt, d. h. gesättigt ist.

6.6.1   Ummagnetisierungsverluste

Im Abschnitt „Eisen im Magnetfeld" ist die Hystereseschleife gezeigt. Dazu ist eine Änderung
der Stromrichtung erforderlich. Die Molekularmagnete drehen sich dabei um 180°.

Legt man Wechselspannung an die Spule, werden die Molekularmagnete ständig hin- und her-
gedreht. Hierdurch wird elektrische Arbeit verbraucht, die sogenannte Ummagnetisierungsarbeit, auch als Ummagnetisierungsverlust bekannt. Abb. 6.70 zeigt Eisen im Wechselfeld.

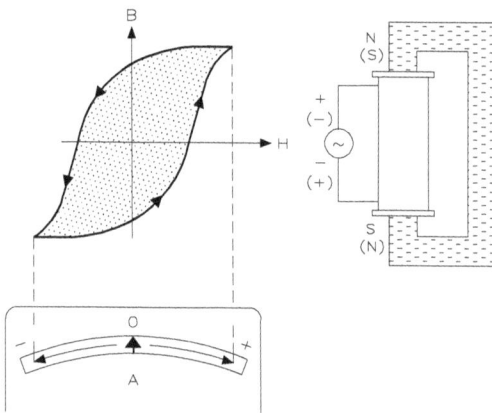

Abb. 6.70: Eisen im Wechselfeld

Die Hystereseschleife hat einen bestimmten Flächeninhalt. Zur einfacheren Berechnung wandelt man die Fläche in ein flächengleiches Rechteck um. Flächeninhalt = Länge mal Breite.
Als Maßeinheit für den Flächeninhalt erhält man:

$$B \cdot H \text{ in } \frac{Vs}{m^2} \cdot \frac{A}{m} = \frac{V \cdot A \cdot s}{m^3} = \frac{Ws}{m^3}$$

Bezogen auf den Rauminhalt eines Eisenkerns kann man die Ummagnetisierungsverluste in Ws berechnen.

Ein großer Kern erfordert also eine große Ummagnetisierungsarbeit.

Hartmagnetisches Material hat eine Hystereseschleife mit einer großen Fläche und verursacht somit größere Ummagnetisierungsverluste als weichmagnetisches Material. Abbildung 6.71 zeigt die Ummagnetisierungsverluste.

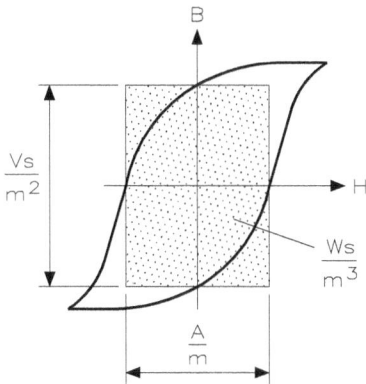

Abb. 6.71: Ummagnetisierungsverluste

6.6.2   Wirbelstromverluste

Im Abschnitt „Induktion" wird festgestellt, dass durch die Magnetfeldänderung um einen Leiter eine Induktionsspannung erzeugt wird. Dies wird z. B. an der Sekundärwicklung eines Transformators technisch genutzt. In der Primärwicklung wird ein magnetisches Wechselfeld erzeugt, das ständig die Magnetisierung des Eisenkerns ändert. So wird in der zweiten Wicklung, der Sekundärwicklung infolge Änderung des magnetischen Flusses eine Wechselspannung erzeugt. Durch einen an die Sekundärwicklung angeschalteten Verbraucher fließt ein Wechselstrom. Auch wenn man die Sekundärwicklung kurzschließt, fließt dieser Strom. Er wird auch in einer einzigen Windung (Kurzschlussring) fließen. Abbildung 6.72 zeigt die Entstehung von Wirbelströmen.

Der Eisenkern ist ein elektrischer Leiterwerkstoff. Auch im Eisenkern fließen Induktionsströme. Sie werden als Wirbelströme bezeichnet. Sie erzeugen Verlustwärme im Kern und sind unerwünscht.

Wirbelströme sind Induktionsströme, verursacht durch Induktionsspannungen. Die Induktionsspannung aber ist umso größer,
1. je stärker sich der magnetische Fluss ändert und
2. je schneller diese Änderung abläuft.

Bei Wechselströmen ist deshalb die Größe der Wirbelstromverluste umso größer, je höher die Frequenz ist.

Wie kann man die unerwünschten Wirbelstromverluste möglichst klein halten? Bei Netztransformatoren unterteilt man den Eisenkern in einzelne, voneinander isolierte Bleche. Als

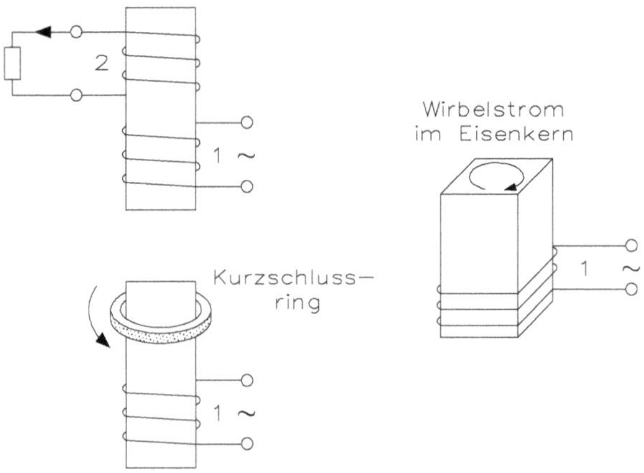

Abb. 6.72: Entstehung von Wirbelströmen

Isolation verwendet man Papierschichten, Lack- oder Oxidschichten. Abbildung 6.73 zeigt Maßnahmen zur Herabsetzung von Wirbelströmen,

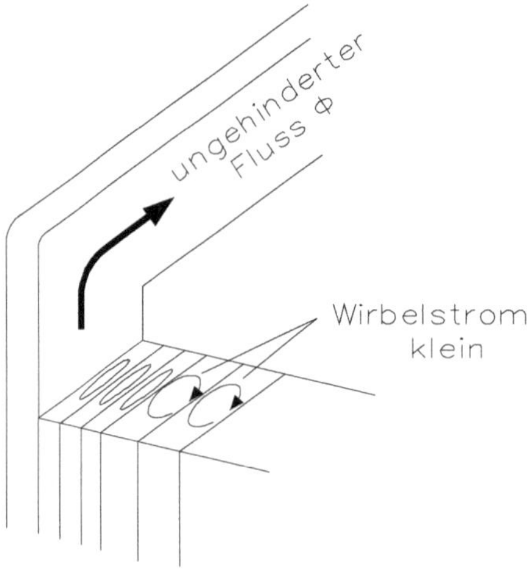

Abb. 6.73: Herabsetzung von Wirbelströmen

Je höher die Frequenz wird, umso feiner muss der Eisenkern unterteilt werden. Tonfrequenz-übertrager haben dünne Bleche.

Je mehr der Kern unterteilt wird, umso größer wird allerdings der Anteil der Isolation am Kernquerschnitt. Bei der Berechnung des erforderlichen Kernquerschnitts muss deshalb der Eisenfüllfaktor k berücksichtigt werden. Abbildung 6.74 zeigt den Kern aus Eisenblechen.

Der wirksame Eisenquerschnitt A_{Fe} ist

$$A_{Fe} = k \cdot A$$

A ist der Gesamt-Kernquerschnitt einschließlich Isolierschichten.

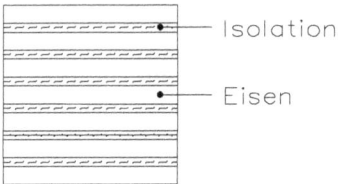

Abb. 6.74: Kern aus Eisenblechen

Im Hoch-Frequenzbereich (HF) genügt selbst die Unterteilung des Kerns in noch so dünne Bleche nicht mehr, um die Wirbelstromverluste genügend klein zu halten. Hier verwendet man als Kernmaterial sogenannte Ferrite.

Das sind aus Metalloxiden gesinterte keramikähnliche magnetische Werkstoffe. Ferrite haben einen sehr hohen spezifischen elektrischen Widerstand. Die Wirbelströme werden so gering, dass auf eine Kernunterteilung verzichtet werden kann. Abbildung 6.75 zeigt den Aufbau von Ferritkernen.

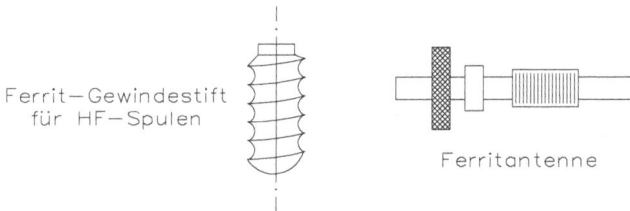

Abb. 6.75: Ferritkerne

Wirbelstromverluste treten auch in magnetischen Abschirmungen auf, z. B. in Abschirmbechern aus Mu-Metall für Bandfilter in HF-Geräten.

Mu-Metall ist eine Legierung aus Nickel, Kupfer, Mangan und Eisen mit „magnetisch weichen" Eigenschaften.

Wirbelströme werden auch technisch genutzt! Beispiele sind der Elektrizitätszähler (Induktionszähler), die Dämpfung von elektrischen Messwerken (Wirbelstromdämpfung) und der Induktionsschmelzofen.

6.7   Transformator

In der Elektronik werden überwiegend Kleintransformatoren eingesetzt. Nach VDE 0550 werden Transformatoren mit Nennleistungen bis 16 kVA und Luftkühlung als Kleintransformatoren bezeichnet. Ihre Kerne sind im Normalfall aus einzelnen Blechen zusammengesetzt. Diese Bleche sind gegeneinander isoliert, um den elektrischen Widerstand des Kerns zu erhöhen. Auf diese Weise können dann auch die Wirbelstromverluste gering gehalten werden. Da die Bleche aus einer Fe-Si-Legierung bestehen, werden die auftretenden Wirbelstromverluste auch als Eisenverluste des Transformators bezeichnet.

6.7.1   Aufbau und Wirkungsweise

Ein Transformator besteht im Allgemeinen aus zwei Wicklungen, die durch einen gemeinsamen Eisenkern induktiv gekoppelt sind. Abbildung 6.76 zeigt den Aufbau eines Transformators.

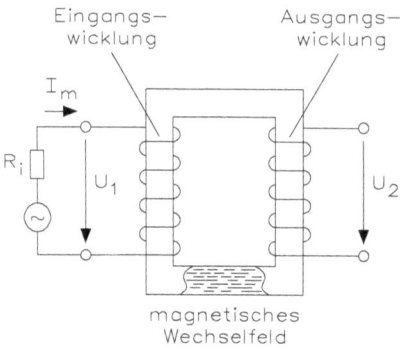

Abb. 6.76: Transformator

Beim Anlegen einer Wechselspannung U_1 fließt ein geringer Wechselstrom (Magnetisierungsstrom) I_m, der durch die Primärwicklung mit der Windungszahl N_1 fließt. Der Strom I_m erzeugt im Eisenkern einen magnetischen Fluss, dessen Größe und Richtung sich im Rhythmus des Wechselstromes ändert.

Infolge der Flussänderung wird in der zweiten, der sogenannten Sekundärwicklung, mit der Windungszahl N_2 eine Induktionsspannung U_2 erzeugt. Abbildung 6.77 zeigt einen Transformator mit seinen Ein- und Ausgängen.

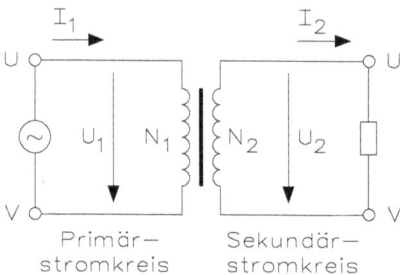

Abb. 6.77: Transformator (Schaltzeichen)

Dabei verhalten sich die Spannungen wie die dazugehörigen Windungszahlen:

$$\frac{U_1}{U_2} = \frac{N_1}{N_2}$$

Bei Belastung der Sekundärseite fließt der Belastungsstrom I_2. Seine magnetische Wirkung wird durch einen zusätzlichen Strom I_1 auf der Primärseite kompensiert. Die magnetischen Verhältnisse ändern sich also gegenüber dem Leerlauf nicht.

Wenn man von den Verlusten absieht, ist die Leistung auf der Primärseite gleich der auf der Sekundärseite:

$$P_1 = P_2$$

Daraus folgt: $$U_1 \cdot I_1 = U_2 \cdot I_2$$

Umgestellt: $$\frac{U_1}{U_2} = \frac{N_1}{N_2} = \frac{I_2}{I_1} \qquad \ddot{u} = 1$$

Beim Transformator verhalten sich die Spannungen wie die Windungszahlen, die Ströme umgekehrt dazu.

Das Verhältnis $\frac{U_1}{U_2}$ bzw. $\frac{N_1}{N_2}$ wird als Übersetzungsverhältnis bezeichnet.

In der Praxis treten auch beim Transformator Verluste auf. Der Wirkungsgrad von Transformatoren liegt bei ca. 95 % bis 97 %. Er errechnet sich wie folgt:

$$\eta = \frac{\text{abgegebene Sekundärleistung}}{\text{aufgenommene Primärleistung}} \qquad \eta = \frac{P_{ab}}{P_{zu}}$$

Anwendungen:

a) Spannungen herauf- und herabsetzen, z. B. um aus der Netzspannung von 230 V die Betriebsspannung von 6, 9 oder 24 V für eine Transistorschaltung zu erhalten.

b) Erzeugung von Hochspannungen für den Transport elektrischer Energie.

c) Galvanische Trennung zweier Stromkreise (z.B. bei Netzgeräten: Trennung des Ausgangs- und Eingangsstromkreises zum Schutz gegen Berührungsspannungen).

d) Ströme heraufsetzen, z.B. für Lichtbogen-. Punkt- und Nahtschweißen.

Ein Schweißtransformator hat eine Primärwicklung mit 5000 Windungen und eine Sekundärwicklung mit 6 Windungen. Es fließt ein Primärstrom von 0,2 A. Abbildung 6.78 zeigt einen Schweißtransformator. Wie groß ist der Sekundärstrom?

$$I_2 = \frac{N_1 \cdot I_1}{N_2} = \frac{5000 \cdot 0{,}2\,\text{A}}{6} = 166{,}67\,\text{A}$$

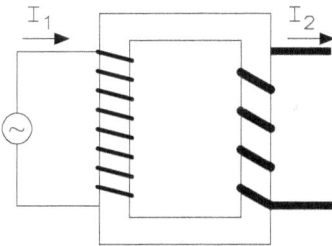

Abb. 6.78: Schweißtransformator

Beachte: Mit Rücksicht auf eine obere Grenze der Stromdichte muss der Leiterquerschnitt in der Sekundärwicklung groß sein.

Es soll eine Hochspannung von 10 000 V erzeugt werden. Dazu stehen 230 V und 100 Windungen primärseitig zur Verfügung. Wieviele Windungen sind auf der Sekundärseite nötig?

$$N_2 = \frac{U_2 \cdot N_1}{U_1} = \frac{10000\,\text{V} \cdot 100}{230\,\text{V}} = 4347$$

6.7.2   Transformator-Typen

Netztransformatoren werden eingesetzt, um die Netzspannung (230 V) auf eine gewünschte
Sekundärspannung zu transformieren. Häufig dienen dazu Kleintransformatoren. Kleintransformatoren werden mit Nennleistungen bis 5000 VA in Netzen bis 500 V / 50 Hz betrieben.

Bei der Herstellung der Eisenkerne für Kleintransformatoren finden meistens Bleche genormter Größe Anwendung. Je nach der Form dieser Bleche unterscheidet man zwischen EI-, M-,
UI- und L-Schnitten, wie Abb. 6.79 zeigt.

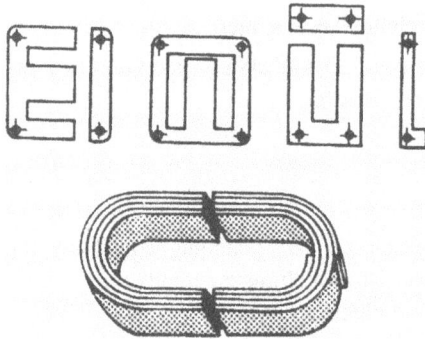

Abb. 6.79: Kernbleche für Kleintransformatoren

Eine besondere Form ist der sogenannte Schnittbandkern. Er besteht aus einem aufgewickelten Band, dessen Lagen mit Kunststoff verklebt sind. Schließlich wird der anfänglich aus
einem Stück bestehende Kern in der Mitte aufgeschnitten, geschliffen, in die Spule eingeführt
und mit Metallbändern zusammengehalten.

Je nach der Form des Eisenkerns und der Anordnung der Wicklungen unterscheidet man zwischen Mantel- und Kerntransformator. Da der Manteltransformator nur einen Spulenkörper
besitzt, ist seine Herstellung billiger als die des Kerntransformators. Der Kerntransformator
weist jedoch gegenüber dem Manteltransfomator geringere Streuverluste auf. Abbildung 6.80
zeigt den Querschnitt durch einen Manteltransformator und Abb. 6.81 den durch einen Kerntransformator.

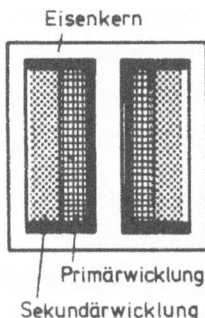

Abb. 6.80: Aufbau eines Manteltransformators

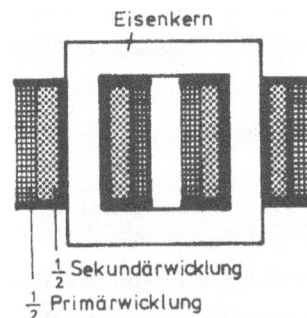

Abb. 6.81: Aufbau eines Kerntransformators

Da Kleintransformatoren häufig als Stromquellen für Klingeln, Spielzeuge, Netzgeräte für Transistorgeräte oder Taschenrechner usw. dienen und dem Laien oftmals zugänglich sind, müssen sie besonders unfallsicher sein. Deshalb wird die Netzwicklung immer zuerst auf den Spulenkörper aufgebracht und gegenüber der Sekundärwicklung stark isoliert. Tritt einmal ein Kurzschluss in der Netzwicklung ein, so kann die Netzspannung nicht an die Ausgangswicklung gelangen. Abbildung 6.82 zeigt einen Kleintransformator im Querschnitt.

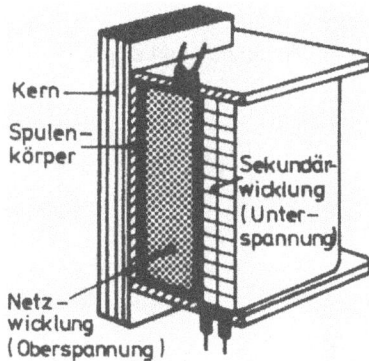

Abb. 6.82: Kleintransformator im Querschnitt

Häufig sind aus Sicherheitsgründen Primär- und Sekundärwicklung in getrennten Spulenkammern untergebracht.

Der Spartransformator ist ein induktiver Spannungsteiler. Die zwei Wicklungsteile, Parallel- und Reihenwicklung genannt, sind hintereinander geschaltet. Aus wirtschaftlichen Gründen soll das Übersetzungsverhältnis zwischen 2 : 1 und 1 : 2 liegen. Abbildung 6.83 zeigt die besonderen Merkmale eines Spartransformators.

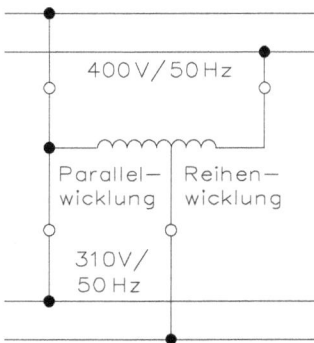

Abb. 6.83: Spartransformator

Anwendung finden die Spartransformatoren z. B. als Anlasstransformatoren für Drehstrommotoren, Stelltransformatoren, Regeltransformatoren in Hochspannungsanlagen und zur Höchstspannungstransformation von 220 kV auf 440 kV.

Beachte: Der Spartransformator besitzt keinen Schutz gegen Berührungsspannung. Er ist also selbst dann gefährlich, wenn mit ihm Sekundärspannungen unter 42 V erzeugt werden.

Um den Menschen vor Berührungsspannungen zu schützen, werden Trenntransformatoren zwischen das speisende Netz und Verbraucher geschaltet.

Wird ein Trenntransformator verwendet, so muss beachtet werden, dass
1. die Sekundärspannung nicht höher als 400 V sein darf,
2. nur ein einziger Stromverbraucher mit einem Nennstrom von höchstens 16 A angeschlossen wird,
3. der Anschluss nur über eine fest eingebaute Steckdose ohne Schutzkontakt erfolgt.

Abbildung 6.84 zeigt einen Trenntransformator.

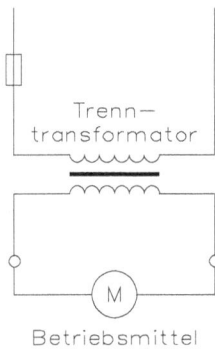

Abb. 6.84: Trenntransformator

Trenntransformatoren sind z. B. bei der Messung und Wartung an Netzgeräten unter Betrieb (z. B. Fernsehgeräte) vorgeschrieben.

Stelltransformatoren finden überall dort Verwendung, wo verschiedene Spannungen benötigt werden. Das wäre z. B. bei Arbeiten im Labor oder bei der Reparatur von elektrischen Geräten der Fall. Dabei wird zwischen zwei Arten unterschieden. Abbildung 6.85 zeigt einen Stelltransformator mit Ringkern.

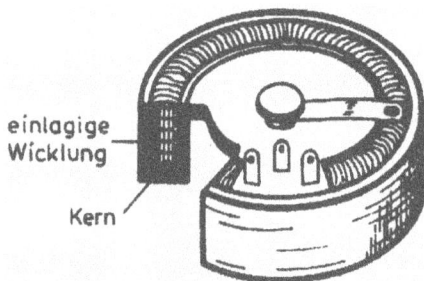

Abb. 6.85: Stelltransformator mit Ringkern

Dieser Transformator besteht aus einem ringförmigen Kern, um den die Reihen- und Parallel-wicklung gewickelt ist. Er besitzt eine große Ähnlichkeit mit Drehpotentiometern. Ebenso wie der Spartransformator besitzt er keinen Schutz gegen Berührungsspannungen. Abbildung 6.86 zeigt einen Trenntransformator als Stelltransformator.

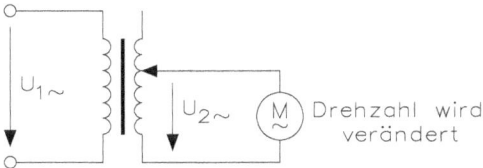

Abb. 6.86: Trenntransformator als Stelltransformator

Um einen Schutz vor Berührungsspannungen zu erhalten, verwendet man den Trenntrans-formator. Die veränderbare Spannung wird über einen verstellbaren Abgriff an der Sekun-därwicklung abgenommen. Die Sekundärwicklung ist galvanisch von der Primärwicklung getrennt.

Für beide Typen gelten selbstverständlich dieselben Schutzvorschriften wie für Spar- und Trenntransformatoren.

6.7.3   Übertrager

In der Informationselektronik werden Transformatoren zum Transformieren tonfrequenter oder höherfrequenter Wechselspannungen eingesetzt. Für solche Zwecke angewandt, nennt man sie Übertrager.

Übertrager arbeiten im Gegensatz zu Transformatoren mit sehr geringen Leistungen. Damit möglichst wenig Energie verlorengeht, versucht man die Wechselstromwiderstände des Pri-märkreises und Sekundärkreises einander anzupassen (Leistungsanpassung $R_a = R_i$).

Da der Übertrager ein möglichst großes Frequenzspektrum linear und unverzerrt übertragen soll, sind besondere Anforderungen an den Kern zu stellen. Dabei ist der Eisenkern ggf. durch einen Ferritkern zu ersetzen (möglichst steiler Verlauf der Hysteresekurve – geringe nicht lineare Verzerrungen) oder aber ein Luftspalt in den Eisenkern einzubringen (Sättigung des Kerns wird weitgehend vermieden).

Zur gegenseitigen Anpassung zweier Leitungen mit verschiedenen Impedanzen (Scheinwi-derständen) Z_1 und Z_2 soll ein Übertrager eingesetzt werden. Die Bestimmung des dafür notwendigen Übersetzungsverhältnisses erfolgt über die Annahme, dass Primär- und Sekun-därleistung P_1 und P_2, von Verlusten abgesehen, gleich sind. Mit den Primär- und Sekundär-spannungen U_1 und U_2 ergeben sich die Leistungen über die Impedanzen Z_1 und Z_2 zu:

$$P_1 = \frac{U_1^2}{Z_1} \qquad \text{und} \qquad P_2 = \frac{U_2^2}{Z_2}$$

Wegen $P_1 = P_2$ gilt dann:

$$\frac{U_1^2}{Z_1} = \frac{U_2^2}{Z_2}$$

Für das Impedanzverhältnis ergibt sich daraus:

$$\frac{Z_1}{Z_2} = \frac{U_1^2}{Z_1}$$

Mit dem Spannungsübersetzungsverhältnis des Transformators

$$\ddot{u} = \frac{U_1}{U_2} = \frac{N_1}{N_2} \text{ folgt: } \frac{Z_1}{Z_2} = \left(\frac{N_1}{N_{21}}\right)^2 = \ddot{u}^2 \qquad \text{bzw.} \qquad \ddot{u} = \sqrt{\frac{Z_1}{Z_2}}$$

Merke: Das Impedanzübersetzungsverhältnis ist gleich dem Quadrat des Spannungsübersetzungsverhältnisses (bzw. dem Quadrat des Windungszahlenverhältnisses).

Impedanzanpassung bei Transistorverstärkern (hohe Ausgangsimpedanz – geringe Impedanz des Lautsprechers) mit gleichzeitiger Auskopplung des Gleichstromes. Galvanische Trennung von Stromkreisen.

Auf der Primärseite eines Übertragers ist eine Signalstromquelle mit einem wirksamen Innenwiderstand R_i ($\hat{=} Z_1$) 100 Ω angeschlossen. Auf der Sekundärseite ist ein Lautsprecher mit einem Widerstand R_a ($\hat{=} Z_2$) = 4 Ω angeschaltet. Wieviele Windungen sind bei Leistungsanpassung auf der Sekundärseite erforderlich, wenn die Wicklung der Primärseite 5000 Windungen aufweist?

$$\frac{N_1}{N_2} = \sqrt{\frac{Z_1}{Z_2}} = \frac{5000}{N_2} = \sqrt{\frac{100\Omega}{4\Omega}} = 5$$

$$N_2 = \frac{5000}{5} = 1000$$

Wenn die Wicklung auf der Sekundärseite 1000 Windungen aufweist, wirkt sich der Lautsprecherwiderstand auf der Sekundärseite wie ein Belastungswiderstand von 100 Ω für die Signalstromquelle aus ($R_i = R_a$).

7   Drehstrom

Normalerweise erzeugt man in der Praxis einen Drehstrom und von diesem leitet man den einphasigen Wechselstrom ab.

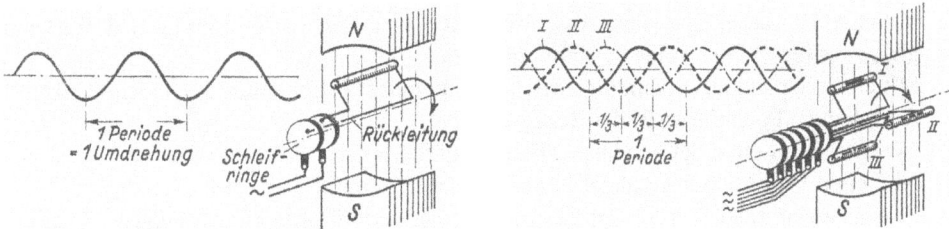

Abb. 7.1: Entstehung von Wechselstrom und Drehstrom

Ein Drehstromsystem bezeichnet man als unverkettetes Drehstromsystem, d. h. die drei Phasen sind in keinerlei leitenden Verbindung (Abb. 7.1) zueinander. Ordnet man auf der Achse mehrere, um bestimmte Winkel (120°) gegeneinander versetzte Spulen an, so werden in ihnen Spannungen induziert, die um diese Winkel gegeneinander phasenverschoben sind. Die Spannungen bilden ein Mehrphasensystem. Weisen diese Spannungen den gleichen Scheitelwert auf und sind sie um gleiche Winkel gegeneinander phasenverschoben, so bezeichnet man das System symmetrisch.

Von besonderer Bedeutung ist das symmetrische Dreiphasen- oder Drehstromsystem. Zu seiner Erzeugung ist eine Anordnung mit drei räumlich versetzten Spulen erforderlich. Man bezeichnet die Spulen auch als Stränge. In ihnen werden drei gleich große Wechselspannungen induziert, die um jeweils $360°/3 = 120°$ gegeneinander phasenverschoben sind. Sie lassen sich daher wiedergeben durch

$$u_1 = \hat{u} \cdot \sin \omega t$$
$$u_2 = \hat{u} \cdot \sin(\omega t - 120°)$$
$$u_3 = \hat{u} \cdot \sin(\omega t - 240°)$$

Die Bezeichnung $\hat{u}$ ist der Scheitelwert der induzierten Spannung. Die Anordnung zur Erzeugung dieser Spannungen stellt einen einfachen Drehstromgenerator dar.

Soll der Drehstromgenerator mit einem Verbraucher verbunden werden, so könnte man für jeden Strang zwei Leitungen vorsehen. Man bekäme auf diese Weise sechs zum Verbraucher führende Leitungen. Es zeigt sich jedoch, dass die drei Stränge untereinander in geeigneter Weise miteinander verbunden werden können, so dass die Anzahl der zum Verbraucher führenden Leitungen kleiner als sechs gehalten werden kann. Man spricht dann von einem verketteten System. Es gibt zwei Arten der Verkettung, die Sternschaltung (Vier- oder Fünf-leitersystem) und die Dreieckschaltung (Dreileitersystem).

Begriffe für den Drehstrom:

- Außenleiter: Leiter, der an einem Außenpunkt angeschlossen ist, z. B. L_1, L_2 und L_3.
- Außenleiterspannung: Spannung zwischen zwei Außenleitern mit zeitlich aufeinander folgenden Phasen, z. B. U_{12}, U_{23} und U_{31}.
- Außenleitermittelspannung: Spannung zwischen Außenleiter und dem Mittelleiter (Mit-telpunkt), z. B. U_{1N}, U_{2N} und U_{3N}.
- Dreieckspannung: Effektiver Nennwert der Außenleiterspannung.
- Dreieckstrom: Andere Bezeichnung für Strangstrom in Dreieckschaltung.
- Mittelleiter: Neutralleiter, der an dem Mittelpunkt angeschlossen ist.
- Mittelpunkt: Sternpunkt oder Anschlusspunkt, von dem in Anordnung und Wirkung gleichwertige Stränge eines Systems ausgehen.
- Mittelpunktspannung: Spannung zwischen Mittelpunkt (Mittelleiter) und einem Punkt mit festgelegtem Potential, z. B. der Bezugserde
- Neutralleiter: Leiter, der an einem Mittel- oder Sternpunkt angeschlossen ist.
- Nullleiter: Unmittelbar geerdeter Leiter, meist der Neutralleiter.
- Phase: Augenblicklicher Spannungszustand eines periodischen Schwingungsvorgangs.
- Phasenfolge: In einem Mehrphasensystem die zeitliche Reihenfolge, in der die gleich-artigen Augenblickswerte der Spannungen in den einzelnen Strombahnen nacheinander auftreten.
- Strang: Die Strombahn in einem Mehrphasensystem, in der Strom einer Phase (in der Bedeutung vom Schwingungszustand) fließt.
- Strangspannung: Spannung zwischen den Enden eines Strangs, egal in welcher Schaltung die Stränge zusammengeschlossen sind.
- Sternspannung: Spannung zwischen einem Außenleiter und dem Sternpunkt.
- Sternstrom: Andere Bezeichnung für den Strangstrom bei Mehrphasensystemen in Stern-schaltung.
- Sternpunktspannung: Spannung zwischen einem Sternpunkt an einem Punkt mit festge-legtem Potential, z. B. der Bezugserde.

Das Arbeiten an elektrischen Anlagen und der Umgang mit elektrischen Betriebsmitteln beinhaltet immer viele Situationen, in denen Menschen, Tiere und Sachwerte gefährdet sein können. Durch die Simulation lassen sich die Funktionen der Schutz- und Überwachungsein-richtungen durchführen. Normalerweise sind diese Messungen und das Erkennen von Fehlern mit realen Messgeräten mehr als kritisch, jedoch nicht in der Simulation. Fließt irrtümlich durch ein Amperemeter ein Strom von 1000 A oder liegt ein Voltmeter an 100 kV, sind die realen Messgeräte sofort defekt und meistens nicht mehr brauchbar.

Mittels der Simulation kommt das Zusammenwirken folgender Einzelelemente zustande: Er-der, Hauptpotentialausgleich, Schutzleiter, Schutzeinrichtungen, z. B. Leitungsschutzschal-ter, Sicherung oder Fehlerstrom-Schutzeinrichtungen. Dies gilt auch für die unterschiedlichen Netzformen (TN-C-, TN-S-, TN-C-S-, TT- und IT-Netz). Neben den Schutzmaßnahmen werden grundlegende Sachverhalte von Widerständen, Kondensatoren und Spulen erklärt. Betreibt man Kondensatoren und Spulen an Wechselspannung oder Drehstrom, kommt man zu den kapazitiven und induktiven Blindwiderständen. In Verbindung mit Widerständen ergibt sich dann die Phasenverschiebung zwischen Spannung und Strom, die sich mittels der

Simulation mit Messgeräten, Wattmeter und Oszilloskop untersuchen lassen. Dies gilt auch für die Schein-, Wirk- und Blindleistung.

Begriffe für die Netzformen:

- TN-C-Netz: T: Direkte Erdung eines Punktes (Betriebserde z. B. des Transformators). N: Gehäuse (Körper direkt mit dem Betriebserder der speisenden Stromquelle verbunden). In Wechselspannungsnetzpunktsystemen ist der geerdete Punkt meist der Sternpunkt des Transformators. C: Neutral- und Schutzleiterfunktion kombiniert in einem Leiter, dem PEN-Leiter (Schutzleiter PE und Neutralleiter N).
- TN-S-Netz: T: Direkte Erdung eines Punktes (Betriebserde z. B. des Transformators). N: Gehäuse (Körper direkt mit dem Betriebserder der speisenden Stromquelle verbunden). In Wechselspannungsnetzpunktsystemen ist der geerdete Punkt meist der Sternpunkt des Transformators. S: Neutral- und Schutzleiterfunktion durch getrennte Leiter.
- TN-C-S-Netz: Kombination von C- und S-Netz.
- TT-Netz: T: Direkte Erdung eines Punktes (Betriebserde z. B. des Transformators). T: Gehäuse (Körper) direkt geerdet (Anlagenerder).
- IT-Netz: I: Isolierung aller aktiven Teile gegen Erde oder Verbindung eines Punktes mit der Erde über eine hochohmige Impedanz. T: Gehäuse (Körper) direkt geerdet (Anlagenerder)

7.1 Wirkungsweise des Drehstromes

Bei der Erzeugung von Drehstrom werden in einem Generator drei Spulen so angeordnet, dass diese gegeneinander um 120° versetzt sind. Damit entsteht in jeder Spule eine Wechselspannung, die zur anderen um jeweils 120° verschoben ist. Die drei Wechselspannungen U_{1-2}, V_{1-2} und W_{1-2} sind entsprechend der Spulenanordnung um 120° gegeneinander phasenverschoben.

Schließt man an die drei Generatorspulen je einen Verbraucher an, fließen die drei Wechselströme I_1, I_2 und I_3. Hat man drei gleiche Widerstände, und addiert man die drei Spannungen oder Ströme jeweils in einem bestimmten Zeitpunkt, so ergibt deren Summe immer Null. Abbildung 7.2 zeigt das Drehstromliniendiagramm.

Wenn man sich das Drehstromliniendiagramm betrachtet, lassen sich beispielsweise folgende Summen bilden:

Augenblick 1, Augenblick 2, usw.

$$
\begin{array}{ll}
I_1 = +5\,A & I_1 = +10\,A \\
I_2 = -10\,A & I_2 = -5\,A \\
I_3 = +5\,A & I_3 = -5\,A \\
\hline
I = 0\,A & I = 0\,A
\end{array}
$$

Aus diesem Grunde lassen sich die drei sogenannten Phasen des Drehstromnetzes einfach zu einer Stern- oder Dreieckschaltung verketten.

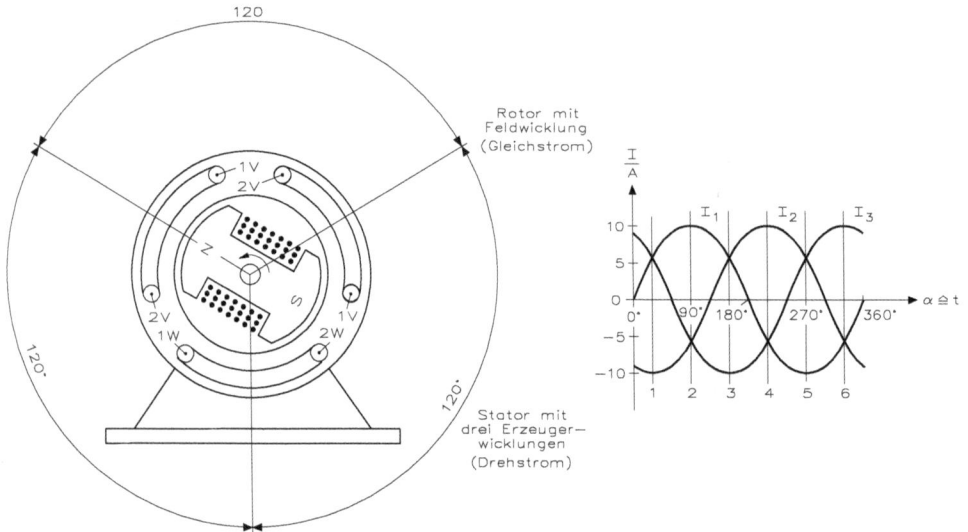

Abb. 7.2: Drehstromliniendiagramm

In Abb. 7.2 sind die Wicklungsanfänge und -enden der einzelnen Wicklungen durch Buchstaben gekennzeichnet. Jeder einzelne Wicklungsteil im Generator bzw. jeder einzelne Teilscheinwiderstand Z im Verbraucher eines Drehstromsystems wird als „Strang" oder „Phase" bezeichnet. Der Anfang des ersten Strangs wird bei elektrischen Maschinen mit U_1, der zweite mit V_1 und der dritte mit W_1 gekennzeichnet und das jeweils zugehörige Ende mit U_2, V_2 und W_2. An die Anfangspunkte eines Strangs schließt man die Außenleiter an, die man mit L_1, L_2 und L_3 bezeichnet.

Dem Drehstromnetz kann man entnehmen:

dreiphasige Sternspannungen U_Y (Leiter gegen N um je 120° versetzt)

dreiphasige Dreieckspannungen U_Δ (Leiter gegen Leiter um je 30° vor U_Y)

7.1.1   Sternschaltung bei symmetrischer Belastung

Normalerweise verwendet man in der Praxis für die Dreieckschaltung das Dreileiternetz mit den Phasen L_1, L_2 und L_3. Der Neutralleiter N ist nicht erforderlich. Für die Simulation sind wieder drei Wechselspannungsquellen notwendig. Jede erzeugt eine Spannung von $U_{St} = 230\,V$ und damit ergibt sich eine Außenleiterspannung von $U = 400\,V$. Die einzelnen Wechselspannungsquellen sind um 120° gegeneinander phasenverschoben und daher hat die linke eine Phasenwinkeleinstellung von 0°, die mittlere von 120° und die rechte von 240°.

Werden die drei Spulen des Drehstromgenerators in Form eines Sterns geschaltet und die einzelnen Phasen miteinander verkettet, so bezeichnet man diese Schaltung als Sternschaltung, wie Abb. 7.3 zeigt.

Da die Summe der drei Ströme nur dann Null ist, wenn die Verbraucher in jedem Stromkreis den gleichen Widerstandswert aufweisen, müssen die Sternpunkte von Verbraucher und Er-

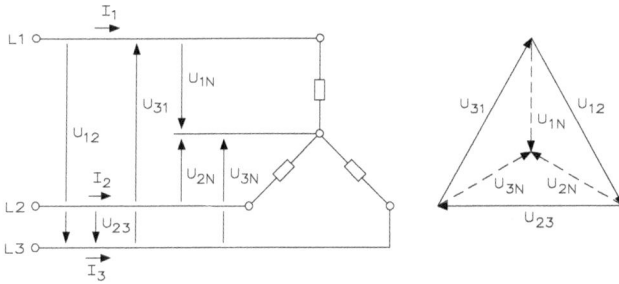

Abb. 7.3: Aufbau und Verschaltung einer Sternschaltung bei symmetrischer Belastung

zeuger durch einen Neutralleiter (N) (früher: Mittelleiter oder Mittelpunktleiter) miteinander verbunden sein. Der Neutralleiter führt bei ungleicher Belastung einen Ausgleichsstrom.

Für den Strom I bzw. Strangstrom I_{St} bei ohmschen Widerständen gilt:

$$I = I_{St} = \frac{U_{St}}{R_{St}}$$

Die Strangleistung P_{St} berechnet sich aus

$$P_{St} = U_{St} \cdot I_{St}$$

Die Gesamtleistung P ermittelt sich aus

$$P = \sqrt{3} \cdot U \cdot I$$

Die Außenleiterspannung U ist

$$U = \sqrt{3} \cdot U_{St}$$

Für die Gesamtleistung gilt

$$P = 3 \cdot P_{St}$$

Man benötigt also nur vier Leitungen (Vierleitersystem) für drei Stromkreise. Ferner ist es möglich, zwei verschiedene Spannungen abzugreifen. In unserem Niederspannungs-Versorgungsnetz sind dies bekanntlich U = 400 V zwischen zwei Strangspannungen oder U = 230 V zwischen einer Strangspannung und dem Neutralleiter. Auf der Verbraucherseite werden die Anschlüsse mit L_1, L_2 und L_3 und der Sternpunkt mit N bezeichnet. Auf der Erzeugerseite hat man dagegen die Anschlussbezeichnungen von U, V und W.

In unserem öffentlichen Niederspannungsnetz erhält man z. B. eine Spannung zwischen den Außenleitern L_1 und L_2 von U_{12} = 400 V (früher 380 V). Die Spannung zwischen einem Außenleiter L_1 und dem Sternpunkt beträgt dagegen U_{1N} = 230 V (früher 220 V). Die beiden Spannungen stehen im Verhältnis von

$$\frac{U_{12}}{U_{1N}} = \frac{400 \text{ V}}{230 \text{ V}} = 1{,}73 = \sqrt{3}$$

d. h. Außenleiterspannung = 1,73· Strangspannung.

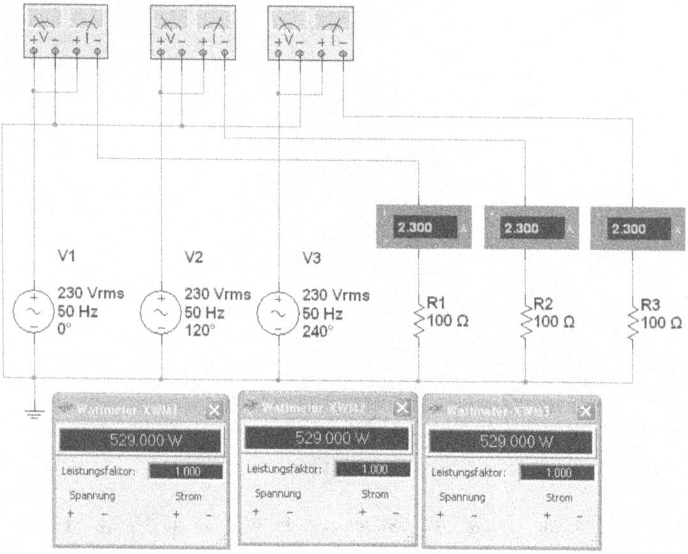

Abb. 7.4: Symmetrische Belastung einer Sternschaltung mit Voltmeter und drei Amperemetern

Beispiel: Drei Widerstände (Abb. 7.4) mit $R_1 = R_2 = R_3 = R = 100\,\Omega$ liegen in einer Sternschaltung an $U = 230\,\text{V}/400\,\text{V}$. Wie groß ist die Gesamtwirkleistung?

$$I_{St} = \frac{U_{St}}{R_{St}} = \frac{230\,\text{V}}{100\,\Omega} = 2,3\,\text{A}$$

$$P_{St} = U_{St} \cdot I_{St} = 230\,\text{V} \cdot 2,3\,\text{A} = 529\,\text{W}$$

$$P = 3 \cdot P_{St} = 3 \cdot 529\,\text{W} = 1,58\,\text{kW}$$

In den drei Widerständen wird eine Gesamtwirkleistung von $P = 1,58$ kW umgesetzt. Der Leistungsfaktor ist $\cos\varphi = 1$, da es sich um ohmsche Widerstände handelt.

In der Schaltung von Abb. 7.5 handelt es sich um eine symmetrische Belastung einer Sternschaltung mit Widerständen und Induktivitäten. Die drei Amperemeter zeigen einen Strom von $I_{Str} = 2,8$ A, die drei Wattmeter von $P_{St} = 433$ W und einen $\cos\varphi = 0,9$ an.   □

Beispiel: Wie groß ist Scheinleistung S, Wirkleistung P und Blindleistung Q in Abb. 7.5?

$$X_L = 2 \cdot \pi \cdot f \cdot L = 2 \cdot 3,14 \cdot 50\,\text{Hz} \cdot 150\,\text{mH} = 47,1\,\Omega$$

$$Z = \sqrt{R^2 + X_L^2} = \sqrt{(100\Omega)^2 + (47,1\Omega)^2} = 110,5\,\Omega$$

$$I = I_{St} = \frac{U_{St}}{Z_{St}} = \frac{230\,\text{V}}{110,5\,\Omega} = 2,08\,\text{A}$$

Die drei Amperemeter zeigen den jeweiligen Strangstrom an. Der Phasenwinkel φ berechnet sich aus

$$\cos\varphi = \frac{R}{Z} = \frac{100\,\Omega}{110,5\,\Omega} = 0,905 \Rightarrow \varphi = 25°$$

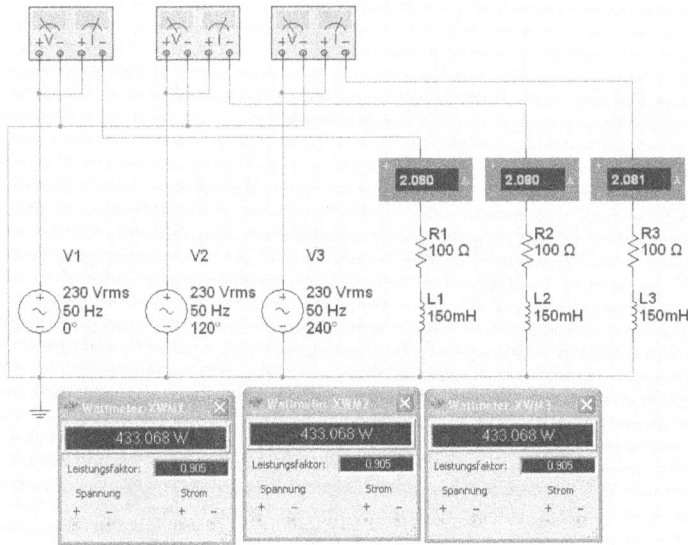

Abb. 7.5: Symmetrische Belastung einer Sternschaltung mit Widerständen und Induktivitäten

Die Scheinleistung für den jeweiligen Strang errechnet sich aus

$$S_{St} = U_{St} \cdot I_{St} = 230 \text{ V} \cdot 2{,}08 \text{ A} = 478{,}4 \text{ VA}$$

Die Wirkleistung für den jeweiligen Strang beträgt

$$P_{St} = S_{St} \cdot \cos \varphi = 478{,}4 \text{ VA} \cdot 0{,}905 = 430{,}6 \text{ W}$$

Dies ergibt dann eine Gesamtwirkleistung von

$$P = 3 \cdot P_{St} = 3 \cdot 430{,}6 \text{ W} = 1{,}29 \text{kW}$$

Amperemeter und Wattmeter zeigen den Strangstrom und die Strangleistung an. Rechenergebnis und Simulation sind weitgehend identisch.

Hat ein Verbraucher drei gleiche, d.h. symmetrische Stränge und verbindet man die Stränge zu einem gemeinsamen Punkt, so bezeichnet man diesen Punkt als Sternpunkt N, bei einem unsymmetrischen Verbraucher als Knotenpunkt K. Den gemeinsamen Sternpunktleiter bezeichnet man als N (neutral) und ist dieser Sternpunktleiter unmittelbar geerdet, definiert man ihn als Nullleiter.   □

7.1.2   Sternschaltung mit angeschlossenem Nullleiter

Werden die drei Wicklungsenden des Verbrauchers in einem gemeinsamen Knotenpunkt miteinander verbunden, so erhält man für den Verbraucher eine Sternschaltung. Eine Sternschaltung mit den drei Außenleitern L_1, L_2, L_3 und dem Sternpunktleiter N bezeichnet man als Vierleitersystem. Wird auf den Sternpunktleiter verzichtet, z.B. bei der symmetrischen Belastung, spricht man von einem Dreileitersystem. Ein Vierleitersystem erhält man nur,

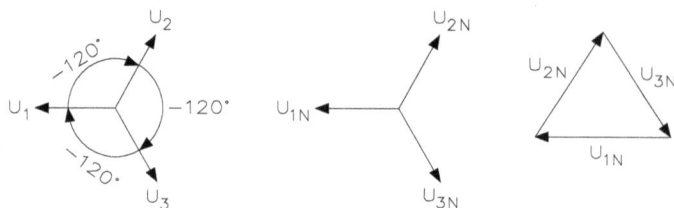

Abb. 7.6: Zeigerdiagramm für eine symmetrische Belastung einer Sternschaltung

wenn der Generator in Sternschaltung ausgeführt ist. Das Zeigerdiagramm von Abb. 7.6 gilt für drei Spannungen der drei Leiterschleifen.

Abbildung 7.6 zeigt ein Zeigerdiagramm für eine symmetrische Belastung einer Sternschaltung. Die Spannung U_2 ist demnach um 120° nacheilend gegenüber der Spannung U_1, d. h. sie erreicht um 120° (bzw. $^{2\pi}/_3$) später ihr Maximum. Die Spannung U_3 eilt um 120° gegenüber U_2 nach bzw. um 240° gegenüber U_2 nach oder eilt U_1 um 120° voraus. Die Summe $U_1 + U_2 + U_3$ ist demnach Null. Dabei dürfen die Spannungen nicht algebraisch, sondern müssen geometrisch addiert werden, da diese unterschiedliche Phasenlagen aufweisen. Zur Kontrolle kann man auch die Summe der Strangspannungen zu Augenblickswerten in Abb. 7.7 addieren, die Summe muss Null ergeben. In einer Sternschaltung ist bei symmetrischer Belastung der Strom am Sternpunktleiter Null.

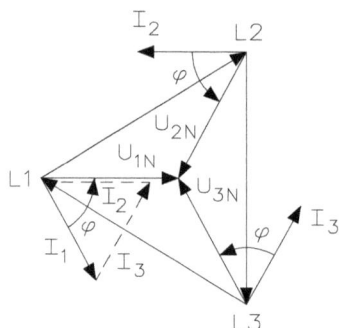

Abb. 7.7: Grafische Bestimmung von Spannungen und Strömen

Beispiel: In allen drei Strängen einer Sternschaltung liegt ein Scheinwiderstand, der aus der Reihenschaltung eines Wirkwiderstandes von R = 23,1 Ω und eines induktiven Blindwiderstandes von X_L = 40 Ω besteht. Für diese Schaltung an einem Drehstromnetz von 400 V/50 Hz ist das Zeigerdiagramm für die Ströme und Spannungen so zu zeichnen und durch Summenbilder der Ströme zu zeigen, dass I_N = 0 ist.

$$L = \frac{X_L}{2 \cdot \pi \cdot f} = \frac{40\,\Omega}{2 \cdot 3{,}14 \cdot 50\,\text{Hz}} = 0{,}127\,\text{H}$$

$$Z = \sqrt{R^2 + X_L^2} = \sqrt{(23{,}1\,\Omega)^2 + (40\,\Omega)^2} = 46{,}2\,\Omega$$

$$I = I_{St} = \frac{U_{St}}{Z_{St}} = \frac{230\,V}{46,2\,\Omega} = 5\,A$$

$$\cos\varphi = \frac{R}{Z} = \frac{23,1\,\Omega}{46,2\,\Omega} = 0,5 \Rightarrow \varphi = 60° \qquad\qquad \square$$

7.1.3 Unsymmetrische Belastungen in einer Sternschaltung

Normalerweise verwendet man in der Praxis das Vierleiternetz mit den drei Phasen L_1, L_2, L_3 und den Neutralleiter N. Für die Simulation sind drei Wechselspannungsquellen erforderlich. Jede erzeugt eine Spannung von $U_{Str} = 230\,V$ und damit ergibt sich eine Außenleiterspannung von $U = 400\,V$. Die einzelnen Wechselspannungsquellen sind um 120° gegeneinander phasenverschoben und daher hat die linke Spannungsquelle eine Einstellung von 0°, die mittlere von 120° und die rechte von 240°.

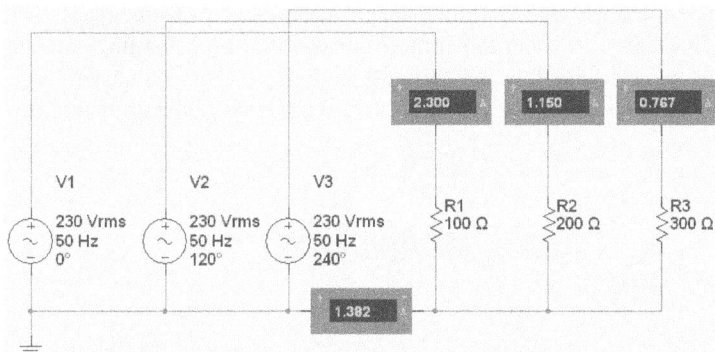

Abb. 7.8: Simulation einer Sternschaltung zur Untersuchung der unsymmetrischen Belastung

Abbildung 7.8 zeigt eine Schaltung zur Simulation einer Sternschaltung für eine unsymmetrische Belastung. Die drei Ströme berechnen sich aus

$$I_1 = I_{St} = \frac{U_{St}}{R_{St}} = \frac{230\,V}{100\,\Omega} = 2,3\,A$$

$$I_2 = I_{St} = \frac{U_{St}}{R_{St}} = \frac{230\,V}{200\,\Omega} = 1,15\,A$$

$$I_3 = I_{St} = \frac{U_{St}}{R_{St}} = \frac{230\,V}{300\,\Omega} = 766\,mA$$

Wenn man diese Ströme in die Abb. 7.7 einträgt, lässt sich der N-Leiter-Strom für die Sternschaltung grafisch ermitteln, vorausgesetzt, es handelt sich um eine gleichartige Belastung, d. h. nur ohmsche oder induktive Verbraucher.

Bei den Strömen I_L in Abb. 7.9 handelt es sich um den jeweiligen Strom im Außenleiter und bei I_N um den Neutralleiterstrom. Wenn man diese grafische Darstellung ordnungsgemäß, also mit dem gleichen Maßstab konstruiert, ergibt sich ein Neutralleiterstrom von $I_N = 1,382\,A$.

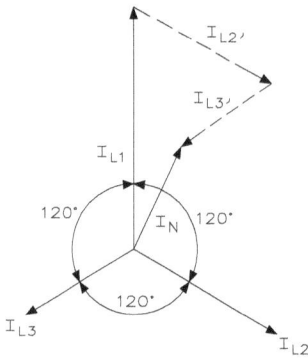

Abb. 7.9: Grafische Darstellung des N-Leiter-Stromes für eine Sternschaltung mit ohmscher Belastung

Bei einer unsymmetrischen Belastung am Vierleiternetz bleiben bei vernachlässigbar kleinem Widerstand des Sternpunktleiters die Strangspannungen weiter symmetrisch. Die Strangströme ergeben sich wieder und in der Regel fließt nun ein Strom I_N, allerdings kann in Sonderfällen auch bei unsymmetrischer Last der Strom I_N zu Null werden. Bei unsymmetrischer Last kann der Sternpunktleiterstrom I_N größer als der größte Außenleiterstrom werden!

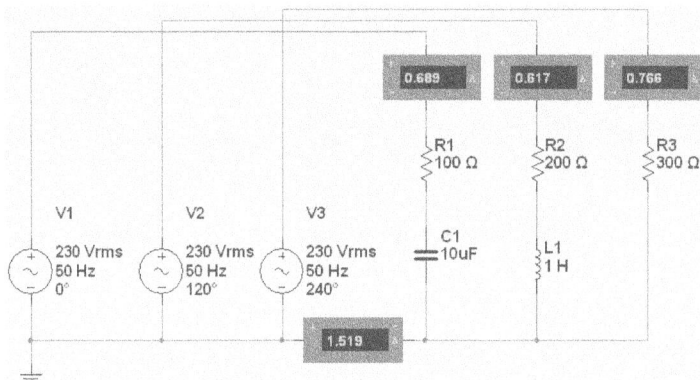

Abb. 7.10: Sternschaltung eines Verbrauchers ohne angeschlossenen Mittelpunktleiter

Abbildung 7.10 zeigt eine Sternschaltung eines Verbrauchers ohne angeschlossenen Mittelpunktleiter und diese Schaltung soll berechnet werden.

$$X_{C1} = \frac{1}{2 \cdot \pi \cdot f \cdot C_1} = \frac{1}{2 \cdot 3{,}14 \cdot 50\,\text{Hz} \cdot 10\,\mu\text{F}} = 318\,\Omega$$

$$Z_1 = \sqrt{R_1^2 + X_{C1}^2} = \sqrt{(100\,\Omega)^2 + (318\,\Omega)^2} = 334\,\Omega$$

$$\tan\varphi = \frac{X_{C1}}{R_1} = \frac{318\,\Omega}{100\,\Omega} = 3{,}18 \Rightarrow \varphi = 72°$$

$$I_1 = \frac{U_{1N}}{Z_1} = \frac{230\,\text{V}}{334\,\Omega} = 0{,}688\,\text{A}$$

Der Strom I_1 eilt der Spannung U_{1N} um 72° voraus.

$$X_{L1} = 2 \cdot \pi \cdot f \cdot L_1 = 2 \cdot 3{,}14 \cdot 50\,\text{Hz} \cdot 1\text{H} = 314\,\Omega$$

$$Z_2 = \sqrt{R_2^2 + X_{L1}^2} = \sqrt{(200\,\Omega)^2 + (314\,\Omega)^2} = 372\,\Omega$$

$$\tan\varphi = \frac{X_{L1}}{R_2} = \frac{314\,\Omega}{200\,\Omega} = 1{,}57 \Rightarrow \varphi = 57{,}5°$$

$$I_2 = \frac{U_{2N}}{Z_2} = \frac{230\,\text{V}}{372\,\Omega} = 618\,\text{mA}$$

Der Strom I_2 eilt der Spannung U_{2N} um 57,5° nach.

$$Z_3 = R_3 = 300\,\Omega$$

$$I_3 = \frac{U_{3N}}{Z_3} = \frac{230\,\text{V}}{300\,\Omega} = 0{,}766\,\text{A}$$

Der Strom I_3 ist mit der Spannung U_{3N} phasengleich.

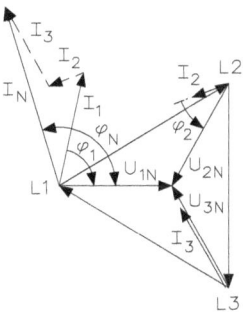

Abb. 7.11: Zeigerdiagramm für die Messung

Zunächst wird das Zeigerdiagramm von Abb. 7.11 für die Spannungen gezeichnet. Dann trägt man die drei Leiterströme I_1, I_2 und I_3 an. I_N soll hier durch geometrische Addition gewonnen werden. Dazu verschiebt man die Leiterströme I_2 und I_3 parallel (gestrichelt gezeichnet) und erhält aus dem Zeigerdiagramm $I_N = I_1 + I_2 + I_3$ mit $I_N = 1{,}8\,\text{A}$ und $\varphi_N = 113°$. Der Nullleiterstrom I_N ist also größer als der größte Leiterstrom.

7.1.4 Dreieckschaltung

Bei der Dreieckschaltung sind die Spulen des Drehstromgenerators bzw. des Verbrauchers so geschaltet, dass diese die Form eines Dreiecks bilden. Bei dieser Schaltung kann kein System-Nullpunkt realisiert werden. Abbildung 7.12 zeigt Aufbau und Verschaltung einer Dreieckschaltung.

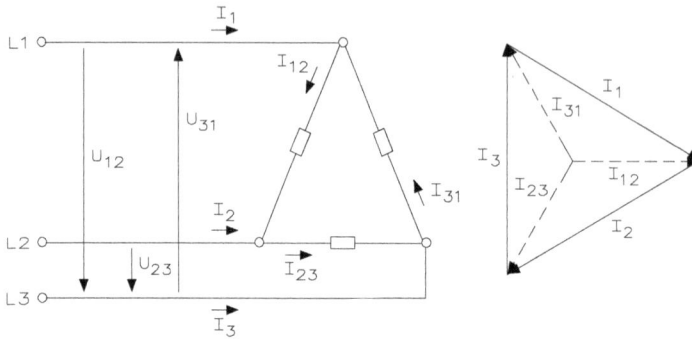

Abb. 7.12: Aufbau einer Dreieckschaltung

Da in dieser Schaltung jeder Verbraucher direkt mit einer Generatorspule verbunden ist, sind Strangspannungen und Außenleiterspannungen gleich. Der Strom in der Zuleitung ist um 1,73 mal größer als der in den Strangleitungen. Für die Außenleiterspannung gilt:

$$U = U_{St}$$

Den Außenleiterstrom erhält man mit

$$I = \sqrt{3} \cdot I_{St}$$

Die Strangleistung P_{St} errechnet sich aus

$$P_{St} = U_{St} \cdot I_{St}$$

Die Gesamtwirkleistung P ist

$$P = 3 \cdot P_{St} \qquad \text{bzw.} \qquad P = \sqrt{3} \cdot U \cdot I$$

Wichtig für die Berechnung ist, dass der Außenleiterstrom immer gleich dem Wert $1{,}73 \cdot I_{St}$ (Strangstrom) ist.

Beispiel: Drei Widerstände mit $R_1 = R_2 = R_3 = R = 100\,\Omega$ liegen in einer Dreieckschaltung (Abb. 7.13) an $U = 400\,V$. Wie groß ist die Leistung, die von den drei Widerständen umgesetzt wird?

$$I_{St} = \frac{U}{R_{St}} = \frac{400\,V}{100\,\Omega} = 4\,A$$

$$P_{St} = U_{St} \cdot I_{St} = 400\,V \cdot 4\,A = 1{,}6\,kW$$

$$P = 3 \cdot P_{St} = 3 \cdot 1{,}6\,kW = 4{,}8\,kW \qquad\qquad\qquad\qquad \square$$

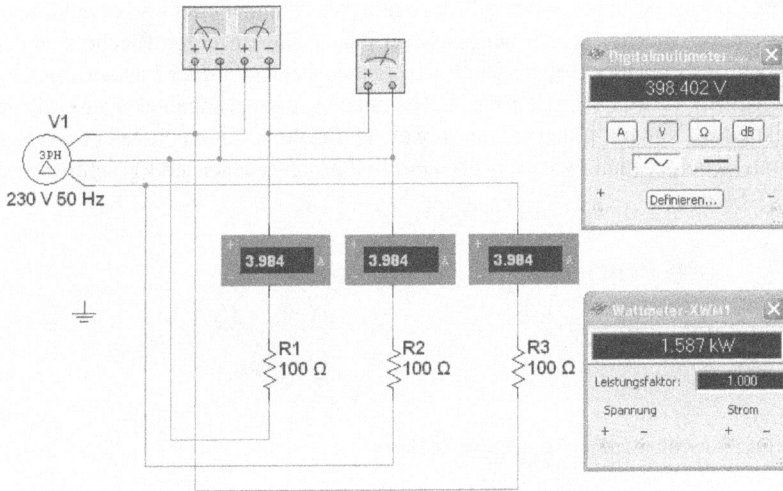

Abb. 7.13: Symmetrische Belastung einer Dreieckschaltung

7.2   Wechselstrom- und Drehstrommotor

Der erste Elektromotor, ein Gleichstrommotor, wurde im Jahre 1833 gebaut. Die Geschwindigkeitsregelung für diesen Motor war einfach und erfüllte bereits damals die Anforderungen in den verschiedensten Anwendungen. 1889 wurde der erste Drehstrommotor konstruiert. Verglichen mit dem Gleichstrommotor ist dieser wesentlich einfacher und robuster aufgebaut. Drehstrommotoren arbeiten mit einer festen Drehzahl und Momentcharakteristik. Daher waren diese Motoren lange Zeit für verschiedene spezielle Anlagen nicht einsetzbar. Drehstrommotoren stellen elektromagnetische Energieumformer dar und diese wandeln elektrische Energie in mechanische Energie (motorisch) bzw. umgekehrt (generatorisch) mittels der elektromagnetischen Induktion um.

Das Magnetfeld wird im Motor im feststehenden Teil (Stator) erzeugt. Die Leiter, die von den elektromagnetischen Kräften beeinflusst werden, befinden sich im rotierenden Teil (Rotor). Die Drehstrommotoren unterteilt man in die beiden Hauptgruppen der „asynchronen" und „synchronen" Familien. Beide Motoren sind in der Wirkungsweise der Statoren im Prinzip identisch. Der Unterschied liegt praktisch nur im Rotoraufbau. Hier entscheidet die Bauweise und wie sich der Rotor im Verhältnis zum Magnetfeld bewegt. Synchron bedeutet „gleichzeitig" oder „gleich", und asynchron „nicht gleichzeitig" oder „nicht gleich". Bei den synchronen Drehstrommotoren kennt man noch den Rotor mit ausgeprägten Polen (Vollpolrotor), bei den asynchronen den Schleifringrotor oder den Kurzschlussrotor.

Die Pole bestehen aus Stahlgussklötzen oder sind aus gestanzten Blechen zusammengesetzt. Es müssen aber keine Bleche sein, denn Wirbelströme können im Magnetpol nicht entstehen, da ein stets gleichbleibendes Magnetfeld vorhanden ist!

Die Wicklungen sind unter Verwendung von Runddraht oder Flachdraht (Band) mit entsprechender Isolation der Drähte gegeneinander und der Wicklungen gegen den Metallkörper aufgebracht.

Die Träger der Wicklungen bestehen, gleichgültig ob dieser als Ständer oder Läufer aufgebaut ist, immer aus einem aus Blechen zusammengesetzten Paket. Die einzelnen Bleche sind der Wirbelströme wegen voneinander isoliert durch Papierzwischenlagen oder Lackierung. Die einzelnen Blechscheiben werden beim Stanzen bereits mit den Aussparungen versehen, die im fertigen Blechpaket die „Nuten" bilden sollen, in welche die Wicklungen eingelegt werden. Bei den Nuten unterscheidet man zwischen offenen, halbgeschlossenen und geschlossenen Nuten, wie Abb. 7.14 zeigt.

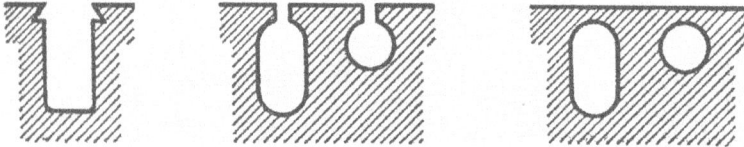

Abb. 7.14: Offene, halbgeschlossene und geschlossene Nuten

Bei den offenen Nuten sowie bei den halboffenen Nuten in rotierenden Läufern muss dafür gesorgt werden, dass die Wicklungen bei der schnellen Umdrehung des Läufers nicht aus den Nuten geschleudert werden. Dies geschieht bei kleineren Maschinen durch Nutenkeile oder Drahtbandagen, bei größeren Maschinen jedoch ausschließlich durch Keile, wie Abb. 7.15 zeigt.

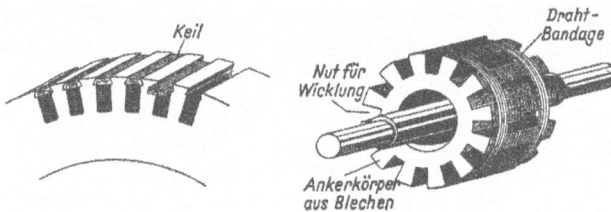

Abb. 7.15: Befestigung der Wicklungen

Die Herstellungsart einer Wicklung ist abhängig von der Art der Nuten. Bei geschlossenen Nuten ist man gezwungen, die Wicklungen durch „Einfädeln" der einzelnen Drähte herzustellen.

Bei den halboffenen Nuten kann man die Drähte durch die Nutenöffnungen einlegen (einträufeln). Bei den ganz offenen Nuten hat man jedoch die Möglichkeit, die Wicklungen in einzelnen fertigen Teilen, sogenannten Spulen, schablonenmäßig herzustellen und als ganze Teile in die Nuten einzulegen. Abbildung 7.16 zeigt derartige Schablonenspulen.

Abb. 7.16: Schablonenspulen

Ein Querschnitt durch die Mitte einer solchen Schablonenspule zeigt die einzelnen Drähte, die Isolation der gegeneinander sowie die Isolation des ganzen Drahtpakets gegen den Eisenkörper des Ankers. Abbildung 7.17 zeigt die Unterbringung der Spulen im Rotor.

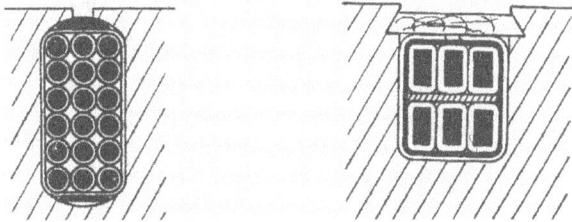

Abb. 7.17: Unterbringung der Spulen im Rotor

Um die Wirkungsweise eines Drehstromgenerators zu finden, geht man von der einfachsten Form eines Wechselstromgenerators aus. Ein Leiter wird innerhalb eines magnetischen Feldes bewegt, die Drehung um eine Achse. An den beiden Enden sind Schleifringe, an denen der Wechselstrom abgenommen werden kann. Bei einem Wechselstromgenerator sind zwei Schleifringe, bei einem Drehstrom normalerweise sechs Schleifringe vorhanden. Die drei Leiter sind in dem Magnetfeld so angeordnet, dass sie genau um ein Drittel des Kreisumfanges gegeneinander versetzt sind. Wechselstromgeneratoren enthalten einen Wicklungsstrang, Drehstromgeneratoren drei Wicklungsstränge. Zwischen der Drehzahl n, der Polpaarzahl p und der Frequenz f besteht folgender Zusammenhang:

$$n = \frac{60 \cdot f}{p}$$

n Drehzahl in min^{-1}
p Polpaare
f Frequenz in Hz

Ein vierpoliger Drehstromgenerator soll an einem Drehstromvierleiternetz mit f = 50 Hz betrieben werden. Mit welcher Drehzahl wird der Drehstromgenerator angetrieben?

$$n = \frac{60 \cdot f}{p} = \frac{60 \cdot 50\,Hz}{2} = 1500\,min^{-1}$$

Schaltet man in der Praxis einen Motor ein, arbeitet dieser kurzzeitig in seiner Sternschaltung. Damit erhalten die einzelnen Spulen eine Spannung von U_{St} = 230 V. Wenn man also den Motor erst in Sternschaltung an das Netz schaltet, wird dieser infolge der verminderten Spannung je Phasenwicklung langsamer und mit einem verringerten Stromstoß anlaufen. Bei der Umschaltung auf Dreieck gibt es zwar nochmals einen Stromstoß. Da der Anker des Drehstrommotors bereits seine Arbeit aufgenommen hat, fällt dieser Stromstoß erheblich geringer aus. Aus diesem Grund sind Drehstrommotoren größerer Leistung immer mit einem Sterndreieckschalter ausgerüstet.

Beispiel: Auf dem Leistungsschild eines Drehstrommotors findet sich folgende Angabe: 3 × 400 V/Y. Für welches Drehstromnetz kann man diesen Motor verwenden?

Das Leistungsschild gibt an, dass bei Sternschaltung die Spannung des Netzes $3 \times 400\,V$ sein kann. Außerdem besteht die Möglichkeit, den Motor in Dreieckschaltung laufen zu lassen. Eine Phase darf aber nur an $400\,V/1{,}73 = 230\,V$ angeschlossen werden, denn bei $400\,V/Y$ hat ja jede Phase nur die Spannung von $230\,V$. Würde man bei der Dreieckschaltung an $3 \times 400\,V$ anschließen, dann hätte man eine Spannung pro Phase von $400\,V$. Damit tritt aber eine entsprechende Überlastung der Phasen auf. □

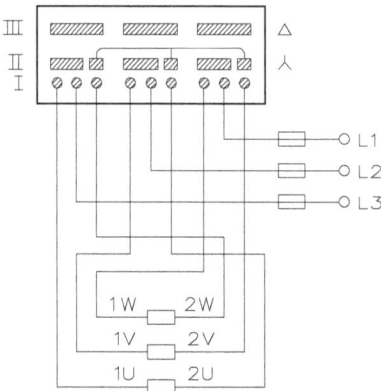

Abb. 7.18: Aufbau eines mechanischen Sterndreieckschalters

Sterndreieckschalter wurden bis 1980 und bei einfachen Geräten als mechanische Walzen- oder Nockenschalter gebaut, wie Abb. 7.18 zeigt. Hierbei sind auf einer mittels Hebel drehbaren Walze geometrische Kontaktstreifen aufgebracht, die bei der Drehung auf feststehenden Anschlusskontakten „schleifen" und auf diese Weise die Kontakte so verbinden, dass in einer Stellung die Sternschaltung und in der zweiten Stellung die Dreieckschaltung der Motorwicklungen erreicht wird. Die Kontaktreihe I steht fest, während die Reihen Y und A, die sich auf der Walze befinden, verschiebbar sind. Im Ruhezustand befinden sich die Reihen Y und A in der Stellung 0. Bewegt man die Kontaktreihe, wird zuerst die Stellung Y erreicht und die drei Enden der Wicklungen sind miteinander verbunden. In der Stellung III sind die Wicklungen so verbunden, dass sich eine Dreieckschaltung A ergibt.

Der Sterndreieckschalter hat zur Folge, dass die aufgenommene Leistung bei Sternschaltung nur etwa einem Drittel der Nennleistung des Motors entspricht. Dementsprechend ist auch der Strom in der Sternschaltung geringer als bei Direkteinschaltung in Dreieck. Wenn man aber den Läufer nicht nur mit kurzgeschlossenen Kupfer- oder Aluminiumstäben, sondern mit Wicklungen ähnlich den Wicklungen des Ständers versieht, ergibt sich eine weitere Möglichkeit eines besseren Anlaufbetriebs. Abbildung 7.19 zeigt einen Stemdreieckschalter mit Relais.

Im Normalzustand ist der Y-A-Schalter so eingestellt, dass sich eine Y-Schaltung ergibt. Die drei Anschlüsse 2U, 2V und 2W werden verbunden. Nach dem Anlauf des Motors mit dem Schalter Q_1 schaltet man mit dem Schalter Q_2 um und dann ergibt sich eine A-Schaltung. Das Umschalten erfolgt entweder von Hand oder über eine Automatik.

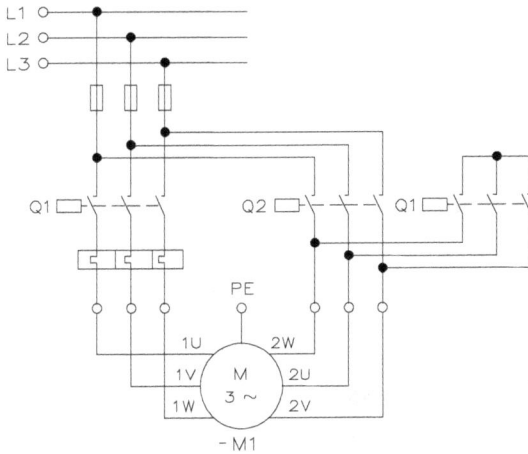

Abb. 7.19: Sterndreieckschalter mit Relais oder Schütze

7.3   Gleichstrommotoren

Alle Elektromotoren beruhen auf dem Grundsatz der gegenseitigen Abstoßung bzw. Anziehung zweier stromdurchflossener Leiter. Träger der magnetischen Felder sind die Eisenmassen (Bleche) in den ruhenden (Ständer) und umlaufenden (Läufer) Teilen der Motoren.

Der Aufbau der Gleichstrommotoren unterscheidet sich nicht von dem der Gleichstromgeneratoren. Vorhanden sind:

a) Anker mit Wicklungen und Kommutator (Stromwender)

b) Feldmagnete mit den „Feldwicklungen" zur Erzeugung des magnetischen Feldes

c) Motorgestell (teilweise als Leiter des magnetischen Feldes von Pol zu Pol benützt), mit Lagern, Bürstenhaltern, Klemmbrett usw.

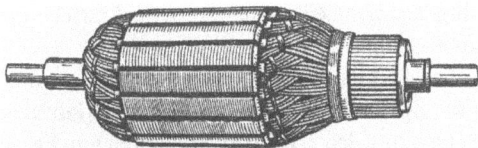

Abb. 7.20: Gleichstrom-Anker

Abbildung 7.20 zeigt einen Gleichstrom-Anker. Man erkennt rechts den Kommutator, den mechanischen Polwender. Der Maschinenbauer entwickelt je nach Spannung, Strom und Drehzahl der Maschine die Wicklung des Ankers. Sowohl die Zahl der Kommutatorlamellen wie auch die Zahl der Nuten, der Ankerleiter und die Art der Wicklungsschaltung ergeben sich aus P, U und n. Die grundlegenden Schaltungsarten für solche Anker sind die Schleifen- und Wellenwicklung.

7.3.1   Nebenschluss-, Reihenschluss- und Doppelschlussmotoren

Anker und Feldwicklungen bieten drei Schaltungsmöglichkeiten (Abb. 7.21).

- Nebenschlussmotor: Feld und Anker sind parallel angeordnet. „Feld" steht für Wicklung zur Erzeugung des Magnetfeldes.
- Reihenschlussmotor: Feld und Anker sind hintereinander (in Reihe) geschaltet.
- Doppelschlussmotor: Nebenschlussfeld am Netz (neben dem Anker), Reihenschlussfeld in Reihe mit dem Anker geschaltet.

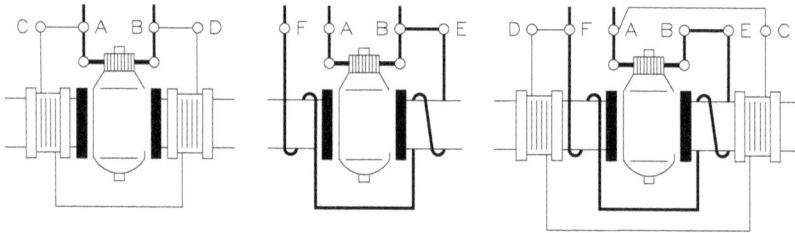

Abb. 7.21: Verschaltung der drei Gleichstrommotoren

Man muss zur Vermeidung hoher Anlaufstromstöße durch entsprechende Anlassgeräte dafür sorgen, dass die Bewegungsschnelligkeit des Ankers vom Zustand der Ruhe aus nicht schnell, sondern verhältnismäßig langsam zunimmt. Die Anlassgeräte für Gleichstrommotoren beruhen darauf, dass man zuerst den Anker und einen Widerstand einschaltet. Der Spannungsfall am Anlasswiderstand bewirkt eine Verminderung der Spannung an den Ankerklemmen. Dadurch werden auch der Strom im Anker und selbstverständlich die motorische Kraft geringer. Ein langsamer Anlauf ist die Folge.

In Abb. 7.22 sind die Klemmen für den Anschluss der Gleichstrommotoren gezeigt.

- Nebenschlussmotor: Die Drehzahl sinkt bei Belastung nur um einen geringen Prozentsatz. Die Drehzahl bleibt fast gleich bei jeder Belastung. Der Motor kann oft leer laufen ohne zu erwärmen. Die Drehzahl darf von der Belastung nicht sehr abhängig sein. Antrieb von Werkzeug-, Säge-, Bäckereimaschinen, landwirtschaftlichen Maschinen usw.
- Reihenschlussmotor: Die Drehzahl steigt im Leerlauf ganz erheblich und der Motor kann dadurch zerstört werden. Bei Überlastung sinkt die Drehzahl sehr stark. Ein Leerlauf des Motors darf nie möglich sein, bei stärkerer Belastung (also z. B. Aufwärtsfahren von Fahrzeugen) soll der Motor langsam drehen, aber starke Zugkraft entwickeln: Antriebsmotoren von Bahntriebwagen, Gebläsen, Elektromobilen, Hebezeugen usw.
- Doppelschlussmotor: Nebenschlussfeld am Netz (neben dem Anker), Reihenschlussfeld in Reihe mit dem Anker geschaltet. Hohe Anzugskraft fast gleichbleibender Drehzahl, z. B. Aufzügen.

Beim Nebenschlussmotor sind Ankerwicklung und Nebenschlusswicklung parallel geschaltet. Der Strom fließt von L+ über den Motor zurück zu L-. Die Nebenschlusswicklung mit dem Anfang E1 ist mit dem Einsteller (Potentiometer), dem „Feldsteller", verbunden und dadurch lässt sich die Erregerspannung einstellen. Damit der Restmagnetismus erhalten bleibt, muss bei Drehrichtungsänderung der Erregerstrom seine Richtung beibehalten. Jede Art von Belastungsänderung hat nur geringe Spannungsänderungen zur Folge, die jedoch bei

Nebenschlussmotor   Reihenschlussmotor   Doppelschlussmotor

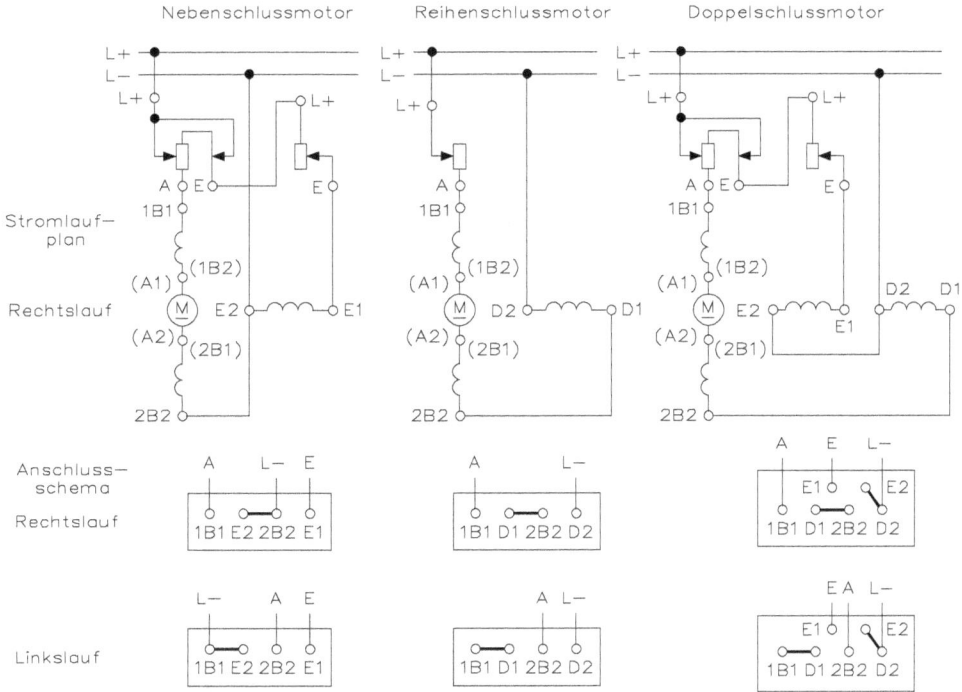

Abb. 7.22: Klemmen für die Gleichstrommotoren

Ankerwicklung A1 – A2	Reihenschlusswicklung D1 – D2
Wendepolwicklung B1 – B2	Nebenschlusswicklung E1 – E2
Kompensationswicklung C1 – C2	fremderregte Wicklung F1 – F2

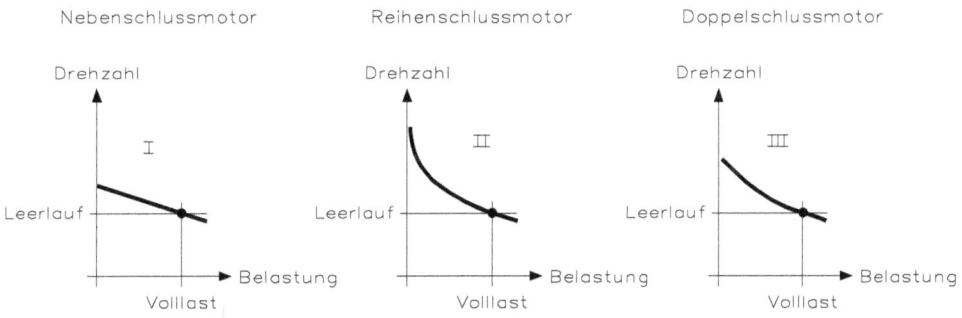

Abb. 7.23: Kennlinien für verschiedene Betriebsarten von Gleichstrommotoren

Selbsterregung höher als bei Fremderregung sind, wie auch die Belastungskennlinien von Abb. 7.23 zeigen.

Die erste wichtige Frage bei einem Nebenschlussmotor lautet: Von welchen Faktoren hängt die Drehzahl des Ankers ab? Die Spannung des Generators ist abhängig von der Drehzahl des Ankers. Eine Erhöhung der Drehzahl bedeutet, dass sich die magnetischen Feldlinien in den Leitungen schneller „schneiden" und damit wird die induzierte Spannung in den Leitern größer. Wenn also bei einem bestimmten magnetischen Feld die Drehzahl erhöht wird, steigt entsprechend die erzeugte Spannung.

Die zweite Frage bei einem Nebenschlussmotor ist, warum sind die Spannungen von der Stärke des Magnetfeldes abhängig? Eine Verstärkung des Magnetfeldes zwischen den beiden Magnetpolen ermöglicht den Leitern des Ankers mehr Feldlinien „zu schneiden" und bewirkt deshalb, dass in den Leitern größere Spannungen induziert werden. Eine Vergrößerung der magnetischen Feldlinien lässt sich nicht unbegrenzt fortsetzen, denn ab einer bestimmten Anzahl von Feldlinien pro Flächeneinheit tritt eine „Sättigung" ein.

Beim Reihenschlussmotor steigt bis zur magnetischen Sättigung des Eisens die Spannung mit dem Strom an. Zur Spannungseinstellung muss parallel zur Feldwicklung ein Stellwiderstand vorhanden sein. Bei Rückstrom polt sich der Motor jedoch um. Der Reihenschlussmotor erzeugt zwar den größten Kurzschlussstrom, seine praktische Bedeutung ist jedoch sehr gering.

Die Wirkung der Reihenschlusswicklung in einem Reihenschlussmotor hängt von dem Belastungsfall ab:

- Leerlauf: Durch den Anker fließt nur ein sehr kleiner Strom, der zur Aufrechterhaltung des Nebenschlussfeldes erforderlich ist. In der Reihenschlusswicklung fließt also nur ein sehr geringer Strom und daher ist die Spannung praktisch nur vom Feld der Nebenschlusswicklung abhängig.
- Belastung: Je größer die Belastung durch externe Verbraucher ist, umso mehr steigt der Strom im Anker und damit auch im Reihenschlussfeld an. Die Reihenschlusswicklungen erzeugen deshalb entsprechend der Belastung ein zusätzliches Feld, welches die magnetischen Feldlinien des Nebenschlussfeldes unterstützen, d. h. eine Vergrößerung der Feldlinien hat eine Erhöhung der Spannung zur Folge. Diese Spannungserhöhung gleicht den Spannungsfall innerhalb des Ankers aus.

Je nachdem ob man die Reihenschlusswicklung mit wenigen oder vielen Windungen versieht, lässt sich erreichen, dass die Klemmenspannung der Maschine bei jeder Belastung konstant bleibt oder sich sogar bei steigender Belastung erhöht. Dies ist deshalb zweckmäßig, da ja auch in den Ableitungen bis zum Stromverbraucher ein Spannungsverlust auftritt, der sich auf diese Weise teilweise ausgleichen lässt.

Der Doppelschlussmotor stellt eine Kombination zwischen Nebenschluss- und Reihenschlussmotor dar. Der Spannungsfall des Nebenschlussmotors infolge Belastung lässt sich durch eine die Nebenschlusswicklung unterstützende Reihenschlusswicklung vermeiden (kompoundierend). Durch Überkompoundierung kann sich auch der Spannungsfall auf den Leitungen ausgleichen. Sind mehrere Motoren parallel geschaltet, wird gegenkompoundiert (Umpolung der Reihenschlussfeldwicklung). Abbildung 7.24 zeigt den Aufbau einer Haupt- und Nebenschlusswicklung.

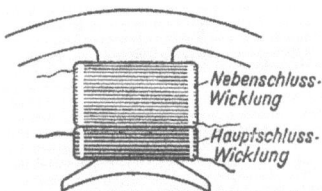

Abb. 7.24: Haupt- und Nebenschlusswicklung

Da sich der Spannungsfall im Motor nicht vermeiden lässt, muss man die Wirkung durch eine Gegenwirkung aufheben, d. h. man muss dafür sorgen, dass bei zunehmender Belastung des Generators das erzeugte Magnetfeld nicht höher wird, als der Spannungsfall in dem Motor bei den betreffenden Belastungen bewirkt. Man erreicht dies durch den Doppelschlussmotor. Auf den Stator, auf dem sich bereits die Wicklung des Nebenschlussfeldes befindet, wird eine Zusatzwicklung aufgebracht, die von dem durch den Anker fließenden Strom durchflossen wird. Während die Wicklungen des Nebenschlussfeldes aus verhältnismäßig dünnen Drähten mit vielen Windungen bestehen, enthalten die Hauptstromwicklungen bei wenig Windungen dicke Drähte, die der Stärke des Ankerstromes entsprechen.

7.4 Netzformen und VDE-Bestimmungen

Der Verband Deutscher Elektrotechniker (VDE) hat eine Reihe von Vorschriften ausgearbeitet, die dem Schutz von Leben und Sachen beim Umgang mit elektrischer Energie dienen. Besonders wichtig sind die in den VDE-Bestimmungen 0100 und 0411 festgelegten Vorschriften.

Wegen des großen Energiebedarfs reicht für viele Anlagen und Geräte der Einphasenwechselstrom nicht mehr aus. Daher ist heute bei der Erzeugung und Verteilung elektrischer Energie das leistungsfähigere Dreiphasenwechselstrom-System üblich. Es wird auch als Drehstromsystem bezeichnet. Dieses hat die drei Außenleiter L1, L2 und L3 sowie einen Neutralleiter N. Zwischen diesen Leitern lassen sich entsprechend Abb. 7.25 sechs Spannungen abnehmen, die in unserem Versorgungssystem die Größen 230 V bzw. 400 V haben.

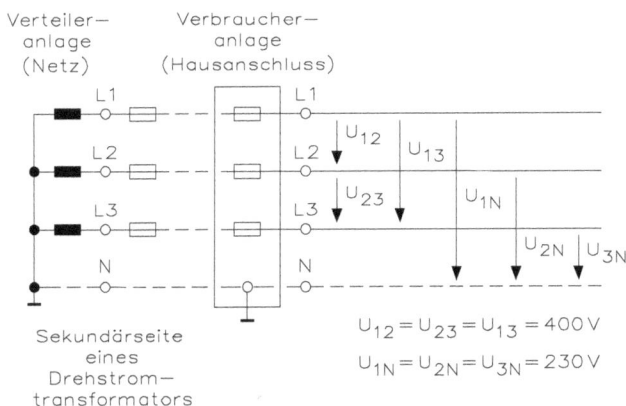

Abb. 7.25: Drehstromanschluss mit Spannungsangaben

Beim Drehstromnetz haben die drei Spannungen zwischen den Außenleitern die gleiche Frequenz von 50 Hz, die gleichen Effektivwerte von 400 V bzw. 230 V und den gleichen sinusförmigen Verlauf.

Die Spannungen U_{1N}, U_{2N} und U_{3N} werden als Strangspannungen oder Sternspannungen bezeichnet, die Spannungen U_{12}, U_{23} und U_{13} dagegen als Außenleiterspannungen oder

Leiterspannungen. Das Verhältnis von Außenleiterspannung zur Sternspannung ist der Verkettungsfaktor des Drehstromsystems.

Wohnhäuser, Wohnungen und Werkstätten werden in der Regel durch einen Vierleiter-Drehstromanschluss mit elektrischer Energie versorgt. Hierfür gibt es verschiedene Netzformen. Daraus ergeben sich drei grundlegend unterschiedliche Netzformen, TN-Netz, TT-Netz und IT-Netz. Die Buchstaben haben dabei nachfolgende Bedeutungen.

7.4.1   Netzformen

Der erste Buchstabe beschreibt das Erdungsverhältnis der Stromquelle (Kraftwerk) oder des Niederspannungsnetzes.

T (Terra) = Betriebserde (direkte Erdung eines Punktes: Sternpunkt, Außenleiter).
I (isoliert) = Isolierung der Spannungsquelle und aller dem Energietransport dienenden Teile
                gegenüber Erde oder Verbindung eines leitfähigen Teiles mit Erde.

Mit dem zweiten Buchstaben werden die Erdungsverhältnisse der Gehäuse der Verbraucher beschrieben.

T = direkte Erdung der Gehäuse.
N = direkte Verbindung der Gehäuse der Verbraucher mit der Betriebserde der Spannungs-
      quelle durch den Schutzleiter.

Bei den überwiegend verwendeten TN-Netzen sind zwei Ausführungsformen von Bedeutung. Sie werden durch weitere, mit einem Bindestrich angehängte Buchstaben gekennzeichnet. Diese liefern Hinweise auf die Anordnung des Schutzleiters.

S = Neutralleiter N und Schutzleiter PE (Protection Earth) werden als zwei separate Leiter
      geführt. Die Farben sind „grüngelb" (PE) und „hellblau" (N).
C = Neutralleiter N und Schutzleiter PE werden kombiniert als Leiter PEN geführt.

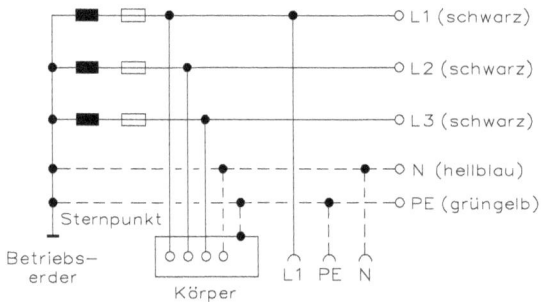

Abb. 7.26: TN-S-Netz mit Anschluss einer Steckdose

Am weitesten verbreitet ist das TN-S-Netz. Abbildung 7.26 zeigt diese Netzform und als zusätzliches Beispiel den Anschluss einer Steckdose bei diesem Netz. Der Sternpunkt der Stromquelle ist hier direkt geerdet (Betriebserder). Von diesem Sternpunkt aus sind der Neutralleiter N und der Schutzleiter PE bis zum Verbraucher getrennt verlegt. Selbstverständlich kann hier zum Anschluss der Steckdose anstelle des Leiters L1 auch der Leiter L2 oder L3 benutzt werden.

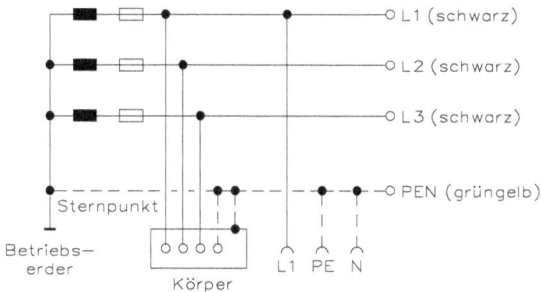

Abb. 7.27: TN-C-Netz mit Anschluss einer Steckdose

Abbildung 7.27 zeigt das TN-C-Netz. Hier werden Neutralleiter N und Schutzleiter PE vom Sternpunkt aus als kombinierte Leitung PEN zum Verbraucher geführt. Als zusätzliches Beispiel ist wieder der Anschluss einer Steckdose bei dieser Netzform eingezeichnet.

Weitere Netzformen TT-Netz und IT-Netz haben in der Praxis eine geringere Bedeutung und werden meistens nur für ganz spezielle Aufgaben eingesetzt.

Die Leitungen des Drehstromsystems werden normalerweise als Kabel zum Hausanschluss geführt. Dort befinden sich die drei Hauptsicherungen. Die Hauptleitungen laufen dann weiter zum Zählerschrank, in dem sich der Elektrizitätszähler und meistens auch der Stromkreis-verteiler befindet. Hier erfolgt für den Verbraucher die Aufteilung in einzelne Stromkreise, z. B. für Küche, Wohnzimmer, Steckdosen, Heizung, größere Elektrogeräte usw. Die Wech-selstromkreise für Wechselstromgeräte werden dreiadrig, die für Drehstromgeräte fünfadrig installiert.

7.4.2 Schutzeinrichtungen und Schutzmaßnahmen

Durch zahlreiche Sicherheitsbestimmungen und Schutzmaßnahmen ist der Sicherheitsstan-dard bei einwandfreien elektrischen Betriebsmitteln und Anlagen recht hoch. Trotzdem können insbesondere bei Arbeiten an elektrischen Anlagen wie Erweiterung, Änderung, Wartung oder Instandsetzung Gefahren auftreten, wenn diese technischen Schutzmaßnahmen außer Funktion gesetzt oder die nach VDE-Bestimmungen oder Unfallverhütungsvorschriften vorgeschriebenen Verhaltenregeln nicht eingehalten werden. Hauptsächliche Ursache von Elektrounfällen und Schäden sind dann das bewusste oder unbewusste Nichteinhalten der anerkannten Regeln der Elektrotechnik. Dadurch können Errichter, Benutzer oder unbeteiligte Personen gefährdet werden und Sachschäden auftreten.

Gegen die Brandgefahr werden hauptsächlich Überstrom-Schutzeinrichtungen eingesetzt. Um gefährliche Körperströme zu verhindern, gibt es zahlreiche Schutzmaßnahmen.

Die Überstrom-Schutzeinrichtungen haben die Aufgabe, sowohl Kabel und Leitungen als auch elektrische Betriebsmittel vor Kurzschluss und Überlast zu schützen. Eingesetzt werden Schmelzsicherungen und Überstrom-Schutzschalter.

Bei den Schmelzsicherungen erfolgt das Abschalten eines Überstromes durch Abschmelzen eines sehr dünnen Drahtes, dem Schmelzleiter in dem Sicherungselement. Je größer der Überstrom, desto schneller schmilzt der Draht und bewirkt damit die sichere Trennung des Stromkreises.

Das D-System (Diazed-Sicherungen) wird in der Haus- und Gewerbeinstallation eingesetzt. Es besteht aus einem Sicherungssockel, dem Passeinsatz, dem Sicherungseinsatz und der Schraubkappe mit einem kleinen Glasfenster. Hat eine Sicherung ausgelöst, so ist dies ohne Ausschrauben durch das Fenster erkennbar, weil sich dann ein kleiner Unterbrechungsmelder löst. Diese Unterbrechungsmelder haben je nach Nennstrom der Sicherung unterschiedliche Kennfarben. Je nach Nennstrom haben auch die Passschrauben und Fußkontakt der Sicherungseinsätze unterschiedliche Durchmesser. Auf diese Weise wird verhindert, dass Sicherungen mit einer für den Stromkreis unzulässig großen Nennstromstärke eingesetzt werden können. Sicherungen nach dem DO-System (Neozed-Sicherungen) sind nach dem gleichen Prinzip wie die D-Sicherungen aufgebaut und sie haben aber kleinere Abmessungen. Schmelzsicherungen gibt es für Nennströme von 2 A bis 100 A.

Um das Auswechseln durchgebrannter Schmelzsicherungen zu vermeiden, sind bei älteren Elektroanlagen noch Sicherungs-Schraubautomaten im Stromverteiler zu finden. Sie sind für die gleichen Nennströme wie die Schmelzsicherungen ausgelegt und lassen sich auch ohne zusätzliche Hilfsmittel anstelle von Schmelzsicherungen einschrauben. Tritt ein Überstrom oder ein Kurzschluss auf, dann springt deutlich hörbar und sichtbar ein kleiner schwarzer Knopf auf der Rückseite heraus. Nach Beseitigung des aufgetretenen Fehlers in der Elektroanlage lässt sich der Automat durch Eindrücken des größeren Knopfes wieder aktivieren.

Bei den G-Sicherungen (Gerätesicherungen, Feinsicherungen) ist der Schmelzdraht in ein kleines Glasröhrchen, das meistens die Maße 5 × 20 mm hat, eingelötet. Diese Glasrohr-Feinsicherungen werden zum Schutz von elektronischen Geräten und Bauelementen verwendet. Ihr Nennstrombereich ist gestuft zwischen 1 mA bis 10 A. In den einzelnen Reihen gibt es dann noch die Typen FF (superflink), F (flink), MT (mittelträge), T (träge) und TT (superträge). Hat eine solche Feinsicherung ausgelöst, so darf sie nur durch einen Typ mit gleicher Auslösecharakteristik und gleichem Nennstrom ersetzt werden. Anderenfalls besteht die Gefahr, dass erheblich teurere elektronische Bauelemente nicht mehr richtig geschützt sind und zerstört werden können.

Die Schmelzeinsätze sind mit Kennblättchen versehen. Aus der Farbe der Kennblättchen ist der Nennstrom der Sicherung zu ersehen und Tab. 7.1 zeigt die einzelnen Farben.

Tab. 7.1: Farben der Schmelzeinsätze mit Kennblättchen.

6 A	10 A	16 A	20 A	25 A	35 A	50 A	63 A	80 A	100 A	125 A	160 A	200 A
grün	rot	grau	blau	gelb	schwarz	weiß	kupfer	silber	rot	gelb	kupfer	blau

Die üblichen flinken Sicherungspatronen schmelzen bei Stromstößen, wie sie z. B. bei Motoranlauf vorkommen, mitunter durch. Es werden deshalb neben diesen „Flinksicherungen" auch sogenannte „Trägsicherungen" hergestellt, die kurze aber hohe Stromstöße ertragen, ohne durchzuschmelzen. Sie sind aber so gebaut, dass sie dennoch die entsprechenden Leitungsquerschnitte gegeg übermäßige Erwärmung einwandfrei schützen.

Um sich ein Urteil über die schnelle oder teilweise recht langsame Abschaltung durch Sicherungen bilden zu können, sind in Tab. 7.2 Angaben von VDE 0635 (Vorschriften für Leitungsschutzsicherungen) zusammengestellt.

Tab. 7.2: Angaben von VDE 0635 (Vorschriften für Leitungsschutzsicherungen)

	Flinksicherung		Trägsicherung	
Nennstrom	$2,5 \cdot I_n$	$4 \cdot I_n$	$2,5 \cdot I_n$	$4 \cdot I_n$
10	0,3/0,85	0,04/0,55	16/120	0,9/3,6
16	0,35/9	0,05/0,55	17/120	1,1/4
20	0,35/10	0,07/0,8	19/130	1,3/4,5
25	0,6/12	0,1/1,1	22/140	1,8/6,1
35	1/16	0,13/1,4	25/150	2,0/6,1
50	1,2/20	0,18/1,8	25/150	3/9
63	1,5/24	0,2/2,0	25/150	3/9

I_n ist hierbei der Nennstrom der Sicherungspatrone. Links vom schrägen Strich steht jeweils die Zeit in Sekunden, innerhalb der die Sicherung bei dem betreffenden Strom (z. B. $2,5 \cdot I_n$) nicht durchschmelzen darf. Rechts vom schrägen Strich steht die Zeit, innerhalb der die Sicherung beim betreffenden Strom unbedingt abschalten muss. Man sieht, dass z. B. eine Trägsicherung 20 A beim Abschaltstrom von $20 \cdot 2,5 = 50$ A nicht innerhalb 19 Sekunden abschmelzen muss, dass diese Abschaltzeit sogar bis 130 s, d. h. über zwei Minuten, betragen darf.

Leitungsschutzschalter sind Selbstschalter, die zum Schutz von Leitungen gegen unzulässige Erwärmung dienen. Die Leitungsschutzschalter haben also ebenso wie die Sicherungen die Stromkreise bei Kurzschlüssen und Überlastungen selbsttätig abzuschalten. Der Selbstschalter bleibt jedoch im Gegensatz zur Schmelzsicherung ohne weiteres verwendbar.

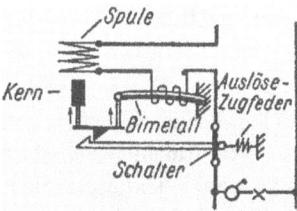

Abb. 7.28: Aufbau eines Leitungsschutzschalters

Die Leitungsschutzschalter von Abb. 7.28 enthalten eine thermische Überstromauslösung mittels Bimetall und eine elektromagnetische Kurzschlussauslösung. Wird der Strom in der Anlage durch Überlastung oder durch Isolationsfehler zu groß, so wird sich das erwärmte Bimetall biegen und die Auslösung des Schalters verursachen. Bei schnellen Stromerhöhungen infolge Kurzschluss spricht dagegen die elektromagnetische Auslösung an. Der Eisenkern oder Anker wird schnell angezogen und dadurch die Auslösung veranlasst, bevor die Anlage Schaden nimmt.

Derartige Selbstschalter sind mit „Freiauslösung" ausgerüstet, d. h. sie sind so eingerichtet, dass man nicht mehr einschalten kann, bevor die Ausschaltursache (z. B. Kurzschluss) beseitigt ist.

Auch die Leitungsschutzschalter arbeiten „verzögert". Die Erwärmung des Bimetallstreifens durch die stromdurchflossene Heizwicklung benötigt eine gewisse Zeit.

Kleinselbstschalter mit der Typenbezeichnung „HLS" (Haushaltautomaten) sind für Haushaltanlagen vorgesehen, in denen eine Schutzmaßnahme gegen zu hohe Berührungsspannung, also Nullung oder Erdung, eingerichtet ist. Der H-Automat schaltet innerhalb 0,1 s beim 2,5fachen Nennstrom ab.

Lichtstromkreise dürfen mit Haushalt-Leitungsschutzschaltern 16 A abgesichert werden, wenn 15-A-Steckdosen verwendet werden und die festverlegten Leitungen einen Mindestquerschnitt von 1,5 mm^2 aus Kupfer sowie Fassungsadern und Leitungen zum Anschluss ortsveränderlicher Stromverbraucher einen Mindestquerschnitt von 0,75 mm^2 aus Kupfer besitzen.

In den Stromkreisverteilern werden anstelle von Schmelzsicherungen heute nur noch Überstrom-Schutzschalter (Leitungsschutzschalter LS) eingesetzt. Sie weisen den großen Vorteil auf, dass sie nach jedem Auslösen wieder eingeschaltet werden können, denn LS-Schalter verwenden zwei unabhängige Auslösemechanismen. Treten bei einem Kurzschluss im abgesicherten Stromkreis zu hohe Ströme auf, so erfolgt das Abschalten durch eine Kurzschluss-Schnellauslösung. Bei geringeren Überströmen erfolgt eine verzögerte Abschaltung durch einen Bimetallschalter. Leitungsschutzschalter sind lieferbar für Nennströme von 6 A bis 63 A und mit verschiedenen Auslösecharakteristiken.

7.4.3 Weitere Schutzeinrichtungen

Für spezielle Aufgaben gibt es noch einige weitere Schutzeinrichtungen wie z. B: Geräteschutzschalter, Motorschutzschalter, Leistungsschalter und FI-Schutzschalter (Fehlerstromschutzschalter).

Geräteschutzschalter werden eingesetzt zum Schutz von Stromkreisen und Betriebsmitteln die erhöhte Einschaltströme haben. Diese können z. B. auftreten beim Einschalten von Schweißgeräten und kleineren Maschinen.

Bei den Motorschutzschaltern handelt es sich um handbetätigte Schalter zum Anschluss von Motoren an das Netz. Größere Elektromotoren haben nämlich so hohe Anlaufströme, dass normale LS-Schalter sofort auslösen würden. Außerdem dürfen sich die Wicklungen nicht unzulässig erwärmen. Daher verwenden die Motorschutzschalter sowohl einen thermischen Überstromauslöser als auch einen magnetischen Kurzschlussauslöser. Aber auch wenn während des Betriebes die Spannung ausfällt oder stark absinkt (Unterspannungsauslösung) muss der Motor automatisch abgeschaltet werden und er darf danach auch auf keinen Fall wieder von selbst anlaufen. Daher sind Motorschutzschalter als Schlossschalter konzipiert, d. h. es handelt sich um Schalter mit Rückstellkraft und einer mechanischen Sperre, deren Schaltglieder sich erst durch eine handbetätigte Freigabe der Sperre wieder in ihre Ausgangsstellung zurückstellen lassen.

Leistungsschalter werden als Schalt- und Schutzgeräte für größere Motoren, Transformatoren usw. eingesetzt. Sie haben ebenfalls eine thermische und magnetische Überstromauslösung und ihr Nennstrombereich reicht von 16 A bis 4000 A.

FI-Schutzschalter werden in immer größerer Zahl in elektrischen Anlagen eingesetzt. Sie überwachen Fehlerströme, die aufgrund von Isolationsfehlern, z. B. einem Körperschluss in einem elektrischen Gerät über den Schutzleiter zum Erder abfließen und schützen daher vor gefährlichen Körperströmen. FI-Schutzschalter lösen aus, wenn der jeweilige Nennfehlerstrom 20 mA überschritten wird.

Der Zweck des FI-Schutzschalters ist kein anderer als der aller anderen Schutzmaßnahmen. Wenn an einem nicht zum Betriebsstromkreis gehörenden leitfähigen Anlageteil eine Spannung von 65 V oder mehr auftritt, so soll die betreffende Anlage abgeschaltet werden.

Die Wirkungsweise dieses Schutzschalters beruht auf der ständigen Kontrolle, ob alle Ströme, die durch die Zuleitung zur Anlage fließen, auch wieder durch die gleiche Leitung zurückfließen. Ist das nämlich nicht der Fall, so kann nur angenommen werden, dass ein Teil des Stromes einen nicht vorgesehenen Weg nimmt, dass also ein Isolationsfehler vorliegt.

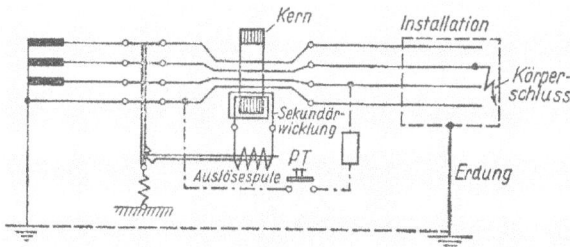

Abb. 7.29: Wirkungsweise eines FI-Schutzschalters

Das Schutzgerät enthält als wichtigsten Teil einen Transformatorkern, durch dessen Fenster alle Adern (einschließlich Sternpunktleiter) der Wechselstrom- bzw. Drehstromleitungen durchgeführt werden (Abb. 7.29). Auf dem Kern ist außerdem eine kleine Sekundärwicklung aufgebracht, von der aus zwei Verbindungen zur Auslösespule des Hauptschalters führen.

Jedes zu schützende Gerät der Anlage wird mit einer Erdung des Gehäuses versehen.

Der Kern mit seiner Wicklung arbeitet ähnlich einem Durchsteckwandler, jedoch mit dem Unterschied, dass nicht die durchfließenden Ströme zum Verbraucher wirksam sind, sondern die Summe dieser Ströme. Ist die Anlage vollkommen in Ordnung, so ist die Summe der Ströme, die durch den „Wandler" fließen, immer Null. Das gilt auch für Drehstromdreileiter, -vierleiter und -fünfleiter. Weist das angeschlossene Gerät einen Körperschluss auf, so fließt über die Erdung ein Fehlerstrom zum Sternpunkt zurück, der also nicht durch den Wandler fließt. Die Summe der Ströme innerhalb des Wandlers ist also nicht Null. Der Erfolg ist, dass ein Magnetfeld entsteht und in der Sekundärwicklung eine Spannung induziert wird, die in der Auslösespule einen Strom verursacht und damit zur Abschaltung der Anlage führt.

Selbstverständlich hätte es keinen Sinn, wenn man die Anlage so einrichten würde, dass bereits bei einem Fehlerstrom von wenigen Milliampere eine Auslösung erfolgt. Jeder kleinste Isolationsfehler würde da zum Abschalten führen! (Man bedenke, dass beispielsweise fünf noch als einwandfrei zu bezeichnende Stromkreise einen Fehler von $5 \cdot 1\,\text{mA} = 5\,\text{mA}$ aufweisen können!) Die im Handel befindlichen FI-Schutzschalter sind daher in der Regel so eingerichtet, dass sie erst bei einem Fehlerstrom von 0,3 A ansprechen.

Wie gut muss nun die Erdung der einzelnen Geräte sein? Bei Schutzschaltern mit einem Auslösestrom I_a errechnet sich der höchste Ausbreitungswiderstand der Erdung zu

$$R_e \leq 65 \cdot I_a,$$

also z. B. für $I_a = 0{,}3\,\text{A} : R_e : 0{,}3\,\text{A} \approx 220\,\Omega$.

Das besagt also, dass bei der Fehlerstromschutzschaltung auch noch mit verhältnismäßig schlechten Erdungen auszukommen ist. Trotzdem wird man immer versuchen, diesen Erdungswiderstand klein zu halten, denn Erdungen werden bekanntlich im Laufe der Zeit nicht besser, sondern schlechter.

Der Fehlerstromschutzschalter kann jedenfalls als eine zuverlässige Schutzmaßnahme angesprochen werden, die in vielen Fällen am Platze ist, wenn andere Schutzmaßnahmen aus irgendwelchen Gründen als nicht sicher genug angesprochen werden können.

7.4.4 Gefährliche Körperströme

Werden spannungsführende Teile einer Elektroanlage von einem Menschen berührt, so fließt ein Strom über den Körper zum Erdpotential. Die Höhe dieses Körperstromes I_K hängt von der Berührungsspannung U_b (Spannungshöhe), dem Körperwiderstand R_K und dem Übergangswiderstand $R_{\ddot{U}}$ (z. B. Schuhsohlen, Fußbodenbelag) ab. Der Körperwiderstand besteht aus dem Hautwiderstand und dem Widerstand des übrigen Körpers. Die äußere Beschaffenheit der Haut oder Feuchtigkeit hat einen starken Einfluss auf den Hautwiderstand, (ca. $10\,\text{k}\Omega$ bei trockener und $100\,\Omega$ bei feuchter Haut). Der Widerstand des übrigen Körpers liegt etwa zwischen $500\,\Omega$ bis $1\,\text{k}\Omega$. Er verändert sich aber stark in Abhängigkeit vom tatsächlich auftretenden Stromweg.

Je nach Größe des Körperstromes treten Verkrampfungen der Muskulatur auf. Sie können dazu führen, dass bei Verkrampfung der Hand oder auch der gesamten Armmuskulatur der Griff um den spannungsführenden Teil nicht mehr gelöst werden kann. Bei zusätzlicher Verkrampfung der Atemmuskulatur kann Ersticken auftreten.

Je nach Größe des Stromes und Dauer des Stromflusses wird der natürliche Herzschlagrhythmus gestört. Es tritt dann das besonders gefährliche Herzkammerflimmern auf. Das Herz kann dabei seine Funktion nicht mehr erfüllen und es entsteht dadurch eine Unterbrechung der Sauerstoffzufuhr zum Gehirn. Dauert diese Unterbrechung länger als drei bis fünf Minuten, so stirbt der Mensch oder es kommt zu bleibenden Gehirnschäden.

Da der menschliche Körper zu etwa 2/3 aus Wasser besteht, tritt bei Stromfluss auch eine Zersetzung des Körpergewebes auf. Die Körperzellen als Grundbestandteile des Organismus sterben ab, weil die Zellflüssigkeit zersetzt wird. Durch die dabei auftretenden giftigen Abbauprodukte tritt der Tod oft erst nach mehreren Tagen ein. Außerdem können die entstandenen Lichtbögen zu schweren äußeren Verbrennungen führen.

Aufgrund der Untersuchung von Unfällen und zahlreicher Versuche erfolgt heute bezüglich der Auswirkungen von Körperströmen eine Einteilung in vier Stromstärkebereiche, wie Abb. 7.30 zeigt.

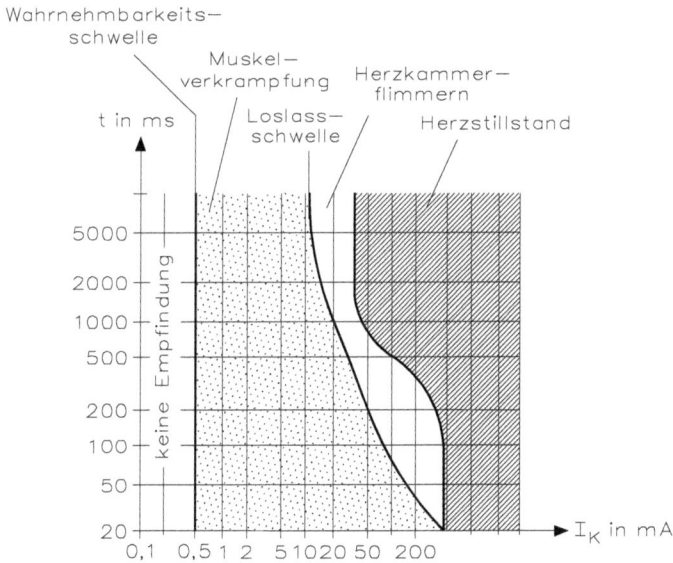

Abb. 7.30: Bereiche für die Stromstärke bei Wechselstrom (f = 50 Hz) für die physiologischen Auswirkungen auf den menschlichen Körper

- Bereich 1 (0 bis 25 mA): Bereits Stromstärken von etwa 2 mA werden von jedem Menschen durch leichtes Kribbeln wahrgenommen. Es kann dabei aber auch zu schreckhaften oder unkontrollierten Muskelbewegungen kommen. Stromstärken oberhalb der sogenannten Loslassgrenze von etwa 10 mA führen zu Muskelverkrampfungen mit möglicher Atemlähmung und Bewusstlosigkeit.
- Bereich 2 (25 mA bis 80 mA). Bei Strömen in der Größenordnung von 25 mA bis 80 mA treten sofort Magen- und Muskelverkrampfungen sowie das gefährliche Herzkammerflimmern auf. Dauert dieses länger als drei Minuten, sterben durch mangelnde Versorgung mit Sauerstoff lebenswichtige Gehirnzellen ab und es treten dadurch dauerhafte Schädigungen auf.
- Bereich 3 (80 mA bis 5 A): In diesem Bereich entsteht das Herzkammerflimmern bereits bei einer Durchgangszeit kleiner 0,3 Sekunden. Der Blutkreislauf kommt zum Erliegen und ohne eine sofortige Herzmassage mit zusätzlicher Beatmung tritt der Tod nach kurzer Zeit ein.
- Bereich 4 (500 A bis 5 A): Hier muss mit einem sofortigen Herzstillstand gerechnet werden oder die sehr starken Verbrennungen führen zum Tod nach Tagen oder Wochen.

8 Messgeräte

In der praktischen Messtechnik (Messgeräte unter 200 €) unterscheidet man zwischen
- analogen Messgeräten
- digitalen Messgeräten

Analoge Messgeräte sind Zeigerinstrumente und bei diesen erfolgt die Anzeige auf einer Skala durch einen Zeiger. Digitale Messgeräte geben das Messergebnis über eine mehrstellige 7-Segment-Anzeige (LED oder LCD) aus. Abbildung 8.1 zeigt den Unterschied zwischen analogen und digitalen Anzeigen.

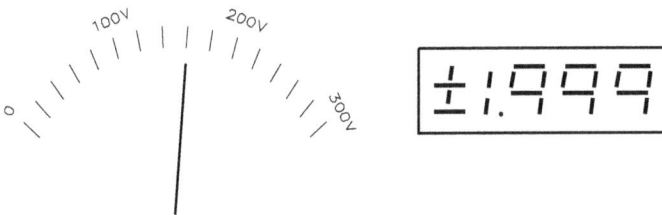

Abb. 8.1: Unterschied zwischen analogen und digitalen Anzeigen

Das analoge Messgerät zeigt Messwerte beispielsweise zwischen 0 V und 300 V an. Bei dem digitalen Messgerät handelt es sich um eine 3½-stellige Anzeige und zeigt einen Messwert von +1.353 an. Während für ein analoges Zeigermessgerät kaum eine Elektronik erforderlich ist, benötigt ein digitales Messgerät eine aufwendige Zusatzelektronik.

8.1 Analoge Messinstrumente

Bei elektrischen Größen wird stets eine Wirkung gemessen, da man die Elektrizität nicht unmittelbar mit unseren Sinnesorganen wahrnehmen kann, wie etwa die Länge beim Messen eines Werkstückes. Die Wirkungen der Elektrizität sind vielfältig und dementsprechend auch die elektrischen Messverfahren. Am häufigsten wird die Wechselwirkung zwischen Elektrizität und Magnetismus ausgewertet. Über 90 % aller praktisch eingesetzten Messzeigergeräte beruhen auf der magnetischen Wirkung.

In der Praxis kann elektrische Energie in jede andere Energieform umgewandelt werden und mit ihrer Wirkung zur Ausführung von Messzeigerinstrumenten dienen:
- Magnetische Wirkung: Jeder Stromfluss ruft ein Magnetfeld hervor und somit wird dieses Verfahren in 90 % der elektrischen Messtechnik verwendet.

- Mechanische Wirkung: Beim elektrostatischen Prinzip stoßen sich gleichnamig elektrisch geladene Körper ab, oder das Piezo-Kristall biegt sich, wenn eine Spannung angelegt wird.
- Wärmewirkung: Bei der direkten Wirkung erwärmt der Strom einen Hitzdraht und damit verändert sich die Längenausdehnung. Verwendet man die indirekte Wirkung, wird der erwärmte Draht mittels eines Thermoelementes gemessen.
- Lichtwirkung: Man unterscheidet zwischen Gasentladung und Glühlampe. Die Art und Länge des Glimmlichtes hängt von der Spannung ab und die Helligkeit des Glühfadens ist von der elektrischen Leistung abhängig.
- Chemische Wirkung: Die Menge der Gasentwicklung ist von der elektrischen Arbeit abhängig.

Alle Zeigermessgeräte dieser Art gehen auf die physikalische Tatsache zurück, dass ein elektrischer Strom ein Magnetfeld hervorruft, welches von der Stromstärke abhängig ist. Schickt man den zu messenden Strom durch eine Spule, dann wird ein Weicheisenstück in Abhängigkeit von der Stromstärke mehr oder weniger tief in die Spule hineingezogen (Abb. 8.2a).

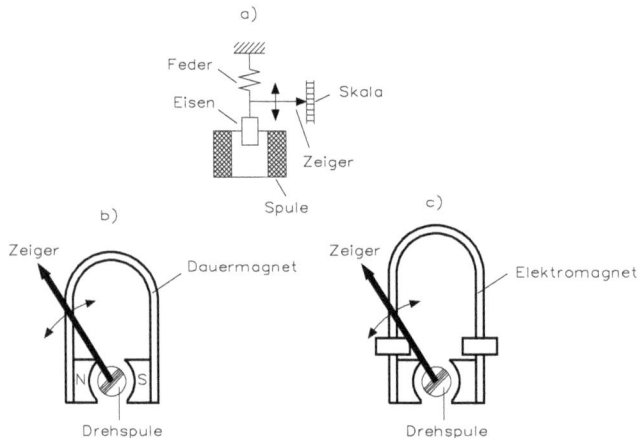

Abb. 8.2: Prinzip der magnetischen Wirkung
a) Beim Dreheisen-Messwerk wird das Weicheisenstück in eine stromdurchflossene Spule hineingezogen
b) Beim Drehspul-Messwerk dreht sich die stromdurchflossene Spule im Feld eines Dauermagneten
c) Beim elektrodynamischen Messwerk dreht sich die stromdurchflossene Spule im Feld eines Elektromagneten

Ist die stromdurchflossene Spule drehbar zwischen den Polen eines Dauermagneten gelagert, dann dreht sie sich gegen eine Spannfeder, je nach der Stromstärke (Abb. 8.2b). Die Abhängigkeit von zwei Strömen kann gemessen werden, wenn die Drehspule sich im Feld eines Elektromagneten bewegt (Abb. 8.2c). Spannungsmessungen werden ebenfalls meistens auf derartige Strommessungen zurückgeführt.

In manchen Fällen erscheint das Messverfahren grundsätzlich umständlich und kompliziert, ist aber in der Praxis oft das einfachste Prinzip. Es ist vergleichbar mit der Energieumwandlung. So wird beispielsweise die chemische Energie der Kohle erst zur Verdampfung von

Wasser verwendet, dann wird die Dampfturbine betrieben und zum Schluss wird mittels eines Generators durch magnetische Felder ein elektrischer Strom erzeugt. Trotzdem ist dies das wirtschaftlichere Verfahren gegenüber der unmittelbaren Umwandlung chemischer Energie in elektrischen Strom in einer Taschenlampenbatterie. Ähnlich verhält sich die Zeigermesstechnik. Das anscheinend einfachste Verfahren der unmittelbaren Umwandlung elektrischer Energie in mechanische Bewegung im Piezokristall wird nur äußerst selten angewendet, dagegen der Umweg über die magnetischen Verfahren am häufigsten. Welche Methode am besten geeignet ist, kann nur von Fall zu Fall entschieden werden. Hohe Forderungen an die Genauigkeit oder geringe zur Verfügung stehende Energie können besondere, außergewöhnliche Messverfahren erforderlich machen.

Ein Messwert muss erkennbar werden, entweder angezeigt auf einer Skala oder aufgezeichnet auf einem Registrierstreifen oder auch unmittelbar in Ziffern ablesbar. Den größten Anteil aller elektrischen Messgeräte nehmen immer noch die Zeigergeräte ein, obwohl die elektronischen Messinstrumente zahlreiche Vorteile aufweisen. Der Anteil ändert sich aber in Richtung elektronischer Messgeräte.

Zur Bewegung eines mechanischen Zeigers benötigt man eine bestimmte Energie, die nicht in allen messtechnischen Fällen zur Verfügung steht. Abb. 8.3 zeigt ein analoges und digitales Messgerät.

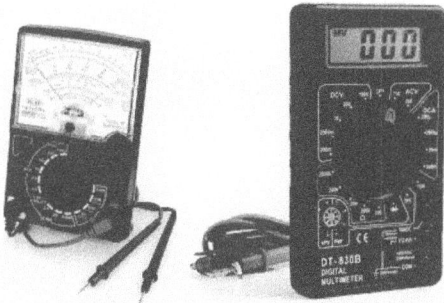

Abb. 8.3: Analoges und digitales Messgerät

Eine fast trägheitslose Anzeige erhält man bei einem Oszilloskop oder bei den elektronischen Messgeräten. In der Elektronenstrahlröhre wird der Strahl magnetisch oder elektrisch abgelenkt. Mechanisch bewegte Teile existieren überhaupt nicht. Hier kann man sehr rasche Bewegungen ausführen lassen und das Messgerät als Schreiber für sehr schnell ablaufende Vorgänge oder Schwingungen benützen. Für einfache Messungen ist das Verfahren zu teuer, aber für Laborzwecke heute üblich.

8.1.1 Messwerk, Messinstrument und Messgerät

Um Verwechslungen und Irrtümer zu vermeiden, sollten nur genormte Bezeichnungen verwendet werden. Die Normen unterscheiden die drei wichtigen Begriffe Messwerk, Messinstrument und Messgerät. Zum Messwerk gehört nur das bewegliche Organ mit dem Zeiger, die Skala und weitere Teile, die für die Funktion ausschlaggebend sind, wie z. B. eine feste

Spule oder der Dauermagnet. Durch eingebaute Vorwiderstände, Umschalter, Gleichrichter und Gehäuse wird das Messwerk zum Messinstrument ergänzt. Das Messwerk allein ist also zwar funktionsfähig aber nicht unmittelbar verwendbar, das Messinstrument dagegen kann in dieser Form schon endgültig benützt werden, z. B. bei Tischgeräten. Kommen noch äußere Zubehörteile hinzu, wie etwa Messleitungen oder getrennte Vor- und Nebenwiderstände, getrennte Gleichrichter und andere, dann ist ein vollständiges Messgerät zusammengestellt. Abbildung 8.4 zeigt Teile und Zubehör elektrischer Messgeräte.

Teile und Zubehör elektrischer Zeigermessgeräte (nach VDE 0410):

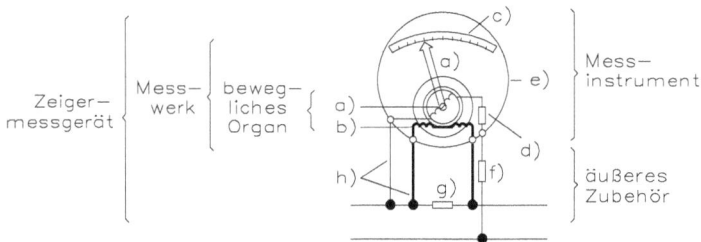

a) bewegliches Organ mit Zeiger (z.B. mit Drehspule im Spannungspfad)
b) feste Spule (im Strompfad)
c) Skala
a + b + c = Messwerk
d) eingebautes Zubehör; z.B. Vorwiderstand im Spannungspfad
e) Gehäuse
a + b + c + d + e = Messinstrument
f) getrennter Vorwiderstand
g) getrennter Nebenwiderstand (Shunt)
h) Messleitungen
f + g + h = äußeres Zubehör
Messinstrument + äußeres Zubehör = a ... h = Zeigermessgerät

Abb. 8.4: Teile und Zubehör elektrischer Messgeräte

8.1.2   Beschriftung der Messgeräte

Für die Beschriftung von elektrischen Messgeräten sind ebenfalls VDE-Normen aufgestellt. Alle in Deutschland für den Inlandsbedarf hergestellten Messgeräte müssen diese Regeln befolgen. Auch bei Auslandslieferungen wird nur auf besondere Anforderung davon abgewichen. Für die Einheiten auf Messinstrumentenskalen sind Beispiele von Kurzzeichen angeführt (Tab. 8.1). Diese umfassen nicht nur die Grundeinheiten, sondern auch die Teile und Vielfache davon, also zum Beispiel nicht nur A für die Einheit des Stromes in Ampere, sondern auch bei Bedarf mA für Milliampere, μA für Mikroampere oder selbst kA für Kiloampere. Bei elektrischer Messung nicht elektrischer Größen können die Anzeigegeräte auch mit diesen Einheiten unmittelbar beschriftet werden, wie zum Beispiel für Temperaturanzeige in °C, Weglängen in mm oder Prozentanteile von Gasmischungen in % CO_2 oder % O_2.

Tab. 8.1: Kurzzeichen für Einheiten auf Messinstrumentenskalen

kA	Kiloampere	MW	Megawatt	MHz	Megahertz	cos φ	Leistungsfaktor
A	Ampere	kW	Kilowatt	kHz	Kilohertz	Ah	Amperestunden
mA	Milliampere	W	Watt	Hz	Hertz	kWh	Kilowattstunden
μA	Mikroampere	mW	Milliwatt	MΩ	Megaohm	Wh	Wattstunden
kV	Kilovolt	kvar	Kilovar	kΩ	Kiloohm	Ws	Wattsekunden
V	Volt	var	var	Ω	Ohm		
mV	Millivolt	(var = Volt-Ampere-reaktiv)					
μV	Mikrovolt						

Zur schnellen Orientierung über die Daten und Eigenschaften eines vorhandenen Messinstrumentes werden Kurzzeichen und Sinnbilder auf den Skalen eingetragen. Diese Sinnbilder dürfen nicht als Schaltbilder in Schaltungen und Stromlaufplänen verwendet werden. Die Sinnbilder sind meistens in einer Gruppe auf der Skala zusammengefasst und müssen beim Umgang mit Messgeräten vertraut und geläufig sein.

Die erste Gruppe gibt die Stromart an, für die das Messgerät verwendbar ist (Abb. 8.5). Unterschieden wird für reinen Gleichstrombetrieb (DC = direct current), für reinen Wechselstrombetrieb (AC = Alternating current) und verwendbar für Gleich- und Wechselstrom (AC/DC). Bei Drehstrom wird durch Fettdruck gekennzeichnet, ob ein, zwei oder drei Messwerke in dem Messgerät eingebaut sind, die dann auf einen einzigen Zeiger mit einer Skala arbeiten.

Die Prüfspannung gibt an, wie der Aufbau, der Klemmenabstand und die Isolation geprüft sind. Meistens beträgt die Prüfspannung 2 kV, bei einfacheren Messgeräten, vor allem auch in der Nachrichtentechnik 500 V. In diesem Falle enthält der Prüfspannungsstern keine Zahlenangabe.

Die vorgeschriebene Gebrauchslage muss unbedingt eingehalten werden, da andernfalls die Anzeigegenauigkeit leidet. Gewöhnlich wird nur angegeben, ob für senkrechten Einbau (in einer Schalttafel) oder waagerechten Gebrauch, bei Tischgeräten, geeignet. In Sonderfällen kann bei Präzisionsinstrumenten auch noch eine Einschränkung über die zulässige Abweichung gegeben werden.

Die Genauigkeitsklasse besteht aus einer Zahlenangabe, die zwischen 0,1 und 5 liegt. In der Regel wird auf den Skalenendwert bezogen. Tabelle 8.2 zeigt die Messgeräteklassen.

Tab. 8.2: Messgeräteklassen

	Feinmessgeräte			Betriebsmessgeräte			
Klasse	0,1	0,2	0,5	1	1,5	2,5	5
Anzeigefehler ±%	0,1	0,2	0,5	1	1,5	2,5	5

Die größte Gruppe der Sinnbilder gibt Daten über die Messgeräte-Arbeitsweise und das Zubehör. Die Sinnbilder sind leicht zu merken, da sie den Aufbau vereinfacht kennzeichnen. Die Hauptgruppen sind weiter unterteilt, als in der Tabelle der Benennung. So gibt es getrennte Sinnbilder für einfache Drehspulmesswerke mit einer Drehspule und Drehspulmesswerke mit gekreuzten Spulen zur Messung von Verhältniswerten (Quotienten).

Skalensinnbilder		
—	für Gleichstrom (DC)	⊓ Drehspulmesswerk
≂	für Gleich– und Wechselstrom	⊅⊦ } als Gleichrichter
∿	für Wechselstrom (AC)	⊹ } Zusatz zu Thermoumformer
≈	für Drehstrom mit einem Messwerk	⊻ ⊓ isolierter Thermoumformer
≈	für Drehstrom mit zwei Messwerken	⊗ Drehspul–Quotientenmesswerk
≈	für Drehstrom mit drei Messwerken	⊶ Drehmagnetmesswerk
1,5	Klassenzeichen, bezogen auf Messbereich–Endwert	✳ Drehmagnet–Quotientenmesswerk
1,5	Klassenzeichen, bezogen auf Skalenlänge bzw. Schreibbreite	⅀ Dreheisenmesswerk
(1,5)	Klassenzeichen, bezogen auf richtigen Wert	⅀⅀ Dreheisen–Quotientenmesswerk
⊥	senkrechte Nennlage	⊹ elektrodynamisches Messwerk (eisenlos)
⊓	waagerechte Nennlage	✕ elektrodynamisches Quotienten– messwerk (eisenlos)
∠60°	schräge Nennlage, (mit Neigungswinkelangabe)	⊕ elektrodynamisches Messwerk (eisengeschlossen)
✩	Prüfspannung	⊛ elektrodynamisches Quotienten– messwerk (eisengeschlossen)
·⊓·	Hinweis auf getrennten Nebenwiderstand	⊙ Induktionsmesswerk
·⊓⊓·	Hinweis auf getrennten Vorwiderstand	⊙ Induktions–Quotientenmesswerk
○	magnetischer Schirm (Eisenschirm)	⋎ Hitzdrahtmesswerk
⊙	elektrostatischer Schirm	∿ Bimetallmesswerk
ast	astatisches Messwerk	⊤ elektrostatisches Messwerk
⚠	Achtung (Gebrauchsanleitung beachten)!	⋎ Vibrationsmesswerk
		⊗ mit eingebautem Verstärker

Bei Messgeräten mit mehreren Messpfaden müssen die einzelnen Mess–
pfade gegeneinander und gegen Erde geprüft werden. Die Größe der
Prüfspannung ist abhängig von der Größe der Nennspannung des Mess–
gerätes.
Nennspannung bis 40 V, Prüfspannung 500V: Stern, ohne Zahl
Nennspannung 40 V bis 650 V, Prüfspannung 2 kV: Stern, Zahl = 2
Nennspannung 650 V bis 1000 V, Prüfspannung 3 kV: Stern, Zahl = 3

Abb. 8.5: Sinnbilder für elektrische Messgeräte

Die Art der Anzeige und der Registrierung und weitere Eigenschaften sind durch Kennzeichen anzugeben, so zum Beispiel auch die Stromart und die Schaltung. Diese Kennzeichen dürfen nur in Verbindung mit Schaltzeichen verwendet werden. Abbildung 8.6 zeigt ein Beispiel für eine Skalenbeschriftung.

Die Angaben über Zubehör umfassen die Messumformer und die getrennten, zum Messgerät gehörenden Vor- und Nebenwiderstände. Elektrostatische oder magnetische Abschirmung wird angegeben, damit man den Einsatz richtig beurteilen kann. In einigen Fällen ist ein Schutzleiteranschluss vorgesehen und besonders gekennzeichnet. Ebenso ist die Nullstellung für die mechanische Einstellung des Zeigers auf die Nullmarke der Skala gekennzeichnet.

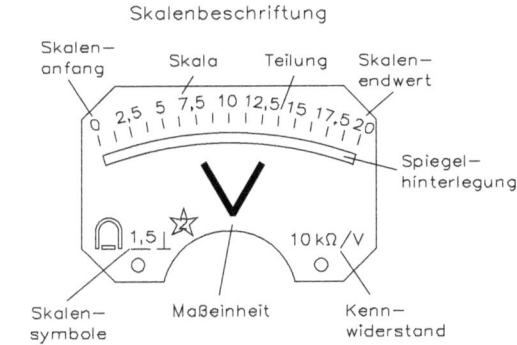

Abb. 8.6: Skalenbeschriftung für ein Zeigermessgerät

8.1.3 Genauigkeitsklassen und Fehler

Keine Messung kann absolut genau sein. Man kann nur versuchen, mit möglichst geringen Abweichungen an den wahren Wert heranzukommen. Wenn der mögliche Fehler bekannt ist, kann der Wert eines Messergebnisses beurteilt werden. Grundsätzlich ist der Aufwand an Messeinrichtungen und der Preis eines Messgerätes umso höher, je geringer der Fehler sein soll. Hierbei muss man nach einer Kompromisslösung suchen. Grob unterscheidet man zwischen Feinmessgeräten und Betriebsmessgeräten.

Als Beispiel für zufällige Fehler soll ein Zeigermessinstrument dienen.

- Schwankende Eigenschaften von Messinstrumenten (Wackelkontakt, kalte Lötstellen, schwankende Übergangswiderstände in den Messzuleitungen) und nicht oder nur schwer erfassbare Einflussgrößen wie z. B. Luftfeuchtigkeit.

  a) geringer Abstand des Zeigers von der Skala = kleiner Parallaxenfehler
  b) großer Abstand des Zeigers von der Skala = großer Parallaxenfehler

- Ablesefehler durch Parallaxe beim Beobachter. Wie man in Abb. 8.7 erkennen kann, wird nur dann der richtige Messwert abgelesen, wenn das Auge des Beobachters genau senkrecht über dem Zeiger steht. Bei seitlicher Blickrichtung treten zufällige Ablesefehler auf. Der Fehler wird umso geringer, je näher der Zeiger über der Skala angebracht ist und je weniger die Blickrichtung von der Senkrechten abweicht.

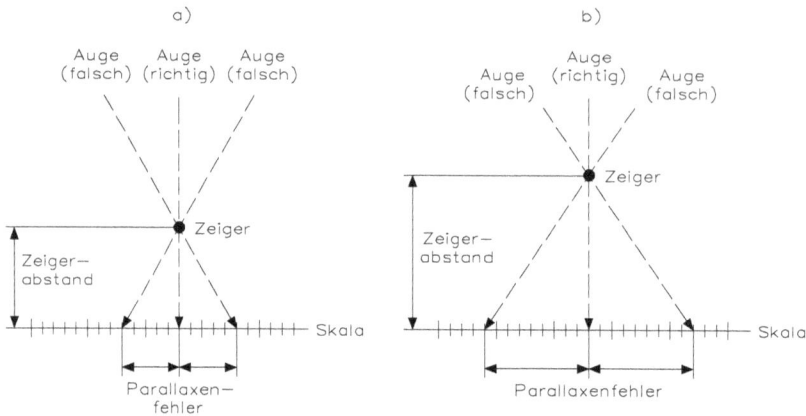

Abb. 8.7: Parallaxenfehler beim Ablesen des Messwertes

8.1.4   Bedienungsregeln und Beurteilung

Für die praktische Messtechnik sind einige wichtige Regeln zu befolgen, damit die Messungen mit Zeigermessgeräten befriedigende und optimale Ergebnisse bringen. Eine dieser Regeln besagt, dass die Messung möglichst im letzten Drittel des Messbereichs erfolgen soll. Das hat folgenden Grund: Der Anzeigefehler eines Messinstrumentes wird auf den Skalenendwert bezogen. Bei beispielsweise einem Skalenbereich von 100 V und Genauigkeitsklasse 1,5 bedeutet das $\pm 1,5$ V Unsicherheit. Bei Anzeige von 100 V kann also der richtige Wert zwischen 98,5 V und 101,5 V liegen.

In der Mitte des Skalenbereichs, bei einem angezeigten Wert von 50 V ist die Möglichkeit für den richtigen Wert zwischen 48,5 und 51,5 V. Bezogen auf den angezeigten Wert sind das $\pm 3\,\%$-Fehler, also halber Betrag des Endwertes gleich doppelter Fehler. Wird bei 1/10 des Endwertes abgelesen, dann ist der Fehler, bezogen auf den angezeigten Wert, bereits zehnfach. Bei 10-V-Anzeige kann der richtige Wert zwischen 8,5 und 11,5 liegen.

Die zehn wichtigsten Bedienungsregeln für Zeigermessgeräte sind:
1. Gebrauchsanweisung beachten
2. Passendes Messgerät wählen
3. Passendes Zubehör verwenden
4. Nullstellung korrigieren
5. Betriebsgrenzen einhalten (Lage, Temperatur usw.)
6. Überlastung vermeiden
7. Mit dem größten Messbereich beginnen
8. Passenden Messbereich wählen
9. Falls vorgesehen, Arretierung benützen
10. Messgerät schonend behandeln

Einige sind selbstverständlich, wie die Beachtung der Bedienungsanweisung und die Auswahl des für diese Messung passenden Messgerätes und Zubehörs. Andere werden häufig vergessen und dadurch vergrößern diese den Fehler unnötig, wie die Korrektur der mechanischen Nullstellung des Zeigers vor Beginn jeder Messung. Die zulässigen Grenzen der Gebrauchslage, der Temperatur usw. dürfen nicht überschritten werden, da sonst der

Fehler größer wird, als der Genauigkeitsklasse entsprechend zu erwarten ist. Überlastung von Messgeräten muss unbedingt vermieden werden. Selbst wenn das Gerät nicht zerstört ist, sind nach einer Überlastung häufig größere Fehler vorhanden, als der Genauigkeitsklasse entspricht. Bei Vielfach-Messinstrumenten soll daher stets bei Beginn der Messung auf den größten Messbereich geschaltet werden. Erst nach dieser Kontrolle schaltet man stufenweise auf kleinere Messbereiche, bis die Anzeige möglichst im letzten Drittel liegt. Hierbei ist allerdings noch der Eigenverbrauch zu berücksichtigen. Man kennzeichnet dafür vielfach Messinstrumente durch ihren Kennwiderstand in Ohm pro Volt, vor allem Drehspulinstrumente zur Spannungsmessung an hochohmigen Widerständen (Tab. 8.3). Der Kennwiderstand ist der Kehrwert des Stromes bei Vollausschlag. Mit dem Kennwiderstand kann man außerdem Spannungsmessbereichserweiterungen leicht berechnen, wie noch behandelt wird.

Tab. 8.3: Stromaufnahme und Kennwiderstand

Strom bei Vollausschlag	Kennwiderstand
I_1 in mA	R_K in Ω/V
10	100
3	333
2	500
1	1000
0,5	2000
0,1	10000
0,05	20000
0,02	50000

Neben dem Kennwiderstand dienen verschiedene andere Zahlenangaben zur Beurteilung eines Messgerätes. Die Empfindlichkeit ist das Verhältnis der Verschiebung des Zeigers zur Messgröße, z. B. in mm/V.

Manche Herstellerfirmen geben den Gütefaktor an, eine Verhältniszahl in Abhängigkeit vom Drehmoment und dem Gewicht des beweglichen Organs. Der Gütefaktor von Betriebsmessgeräten liegt zwischen 1 und 2, der Gütefaktor von Feinmessgeräten bei 0,2.

8.2 Zeigermessgeräte

In der Praxis kennt man zahlreiche Zeigermessgeräte:

- Dreheisen-Messwerk
- Dreheisen-Quotienten-Messwerk
- Eisennadel-Messwerk
- Drehmagnet-Messwerk
- Drehspul-Messwerk
- Zeiger-Galvanometer
- Drehspul-Quotienten-(Kreuzspul-)Messwerk
- Elektrodynamisches Messwerk

- Elektrodynamisches Quotientenmesswerk
- Elektrostatisches Messwerk
- Induktions-Messwerk
- Hitzdraht-Messwerk
- Bimetall-Messwerk
- Vibrations-Messwerk
- Elektrizitätszähler

Für jeden Anwendungsfall gibt es das richtige Messgerät, wobei einige Zeigermessgeräte heute nur noch selten zum Einsatz kommen.

8.2.1 Dreheisen-Messwerk

Eines der ersten elektrischen Messwerke war das Weicheisen-Messwerk. In der ursprünglichen Form bestand es einfach aus einem Weicheisenstück, welches, an einer Feder aufgehängt, bei Stromfluss in die herum angeordnete Spule hineingezogen wurde. Die Skala war neben der Feder angeordnet. Die Stromrichtung spielt keine Rolle, da das Weicheisenstück in jedem Falle angezogen wird, weil es selbst keine magnetische Polung besitzt. In einer verbesserten Form wurde mit einem Winkelhebel der Zeiger über eine Sektorskala bewegt. Das Skalen-Sinnbild deutet heute noch die ursprüngliche Bauweise an.

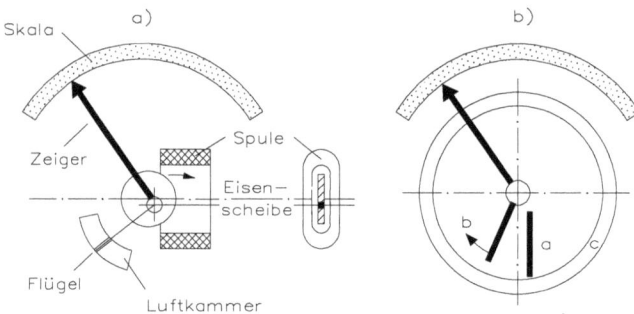

Abb. 8.8: Flachspul-Messwerk mit exzentrisch gelagerter Eisenscheibe und Rundspul-Messwerk (a = festes Eisenstück, b = bewegliches Eisenstück und c = Rundspule) und dem entsprechenden Sinnbild

In der heutigen Bauform des Flachspul-Messwerkes hat sich am Prinzip nichts geändert (8.8a). Das Weicheisenstück ist als exzentrisch gelagerte Scheibe ausgebildet und wird bei Stromfluss in die flach gewickelte Spule hineingezogen. Mit der Weicheisenscheibe ist der Zeiger unmittelbar verbunden.

Bevorzugt wird bei den modernen Dreheisen-Messwerken die Rundspulausführung (8.8b). Hier sind zwei Weicheisenstücke im Innern einer Zylinderspule angebracht. Ein Stück sitzt fest an der Innenseite der Spulenwand, das andere ist eine bewegliche Fahne und mit dem Zeiger verbunden. Bei Stromfluss werden beide Eisenstücke gleichsinnig magnetisiert und sie üben daher abstoßende Kräfte aufeinander aus. Das bewegliche Stück kann ausweichen und dreht den Zeiger um die Achse. Bei einer abgewandelten Form ist nur ein einziges Eisenstück, das bewegliche, vorhanden. Es ist exzentrisch gelagert und wird bei Stromfluss in der Spule zur Innenwand gezogen. Vorwiegend verwendet man heute die Bauart, bei der die beiden Stücke nicht als Fahnen ausgebildet sind, sondern gekrümmt an der Innenwand anliegen.

Dreheisen-Messwerke sind die einfachsten und billigsten Messwerke für Strom- und Spannungsmesser. Sie verwenden keine bewegliche Spule und benötigen daher keine bewegliche Stromzuführung. Sie sind hoch überlastbar und können für direkte Anzeige bis 100 A gebaut werden. Sie sind mit der gleichen Skala für Gleich- und Wechselstrom verwendbar.

Den Vorteilen stehen selbstverständlich verschiedene Nachteile gegenüber. Der Eigenverbrauch ist verhältnismäßig hoch, die Empfindlichkeit gering. Die niedrigsten Bereiche sind etwa 30 mA und 6 V. Gegen Fremdfelder sind Dreheisen-Messwerke empfindlich. Bei Gleichstrommessungen kann beim Hin- und Rückgang ein geringer Hysteresefehler auftreten, da ein geringer Restmagnetismus auch im besten Material nicht zu vermeiden ist. Nebenwiderstände sind unzweckmäßig.

8.2.2   Drehmagnet- und Eisennadel-Messwerk

Bei einem Drehmagnet-Messwerk bewegt sich ein drehbarer Magnet im Feld einer feststehenden Spule. Beim Eisennadel-Messwerk bewegt sich dagegen ein Eisenteil zwischen den Polschuhen eines feststehenden Dauermagneten und im Feld einer feststehenden Spule. Die älteste Form ist das Eisennadel-Galvanometer. Hier ist der feste Dauermagnet durch das Feld des Erdmagnetismus ersetzt. Die Eisennadel ist also eine Kompassnadel, die vom Stromfluss in der umgebenden Spule aus der Nord-Süd-Richtung abgelenkt wird. Bei Drehmagnet-Messwerken (Abb. 8.9) liefert ein kleiner Richtmagnet die Rückstellkraft und bestimmt die Nulllage.

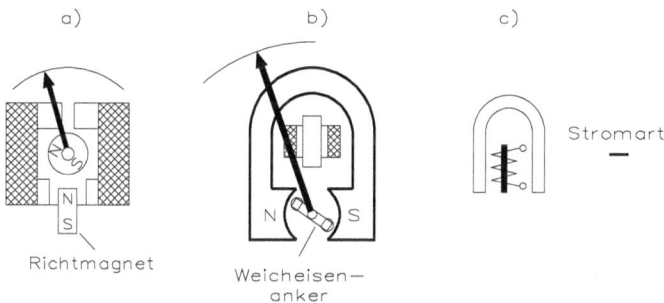

Abb. 8.9: Aufbau des Drehmagneten-Messwerks (links) mit Festspule und beweglicher Magnetscheibe. Aufbau des Eisennadel-Messwerks (Mitte) mit Hufeisenmagnet und Innenspule. Sinnbild (rechts) für Drehmagneten- und Eisennadel-Messwerk

Bei Eisennadel-Messwerken wird die Nulllage und die Rückstellkraft durch das Permanent-Magnetfeld geliefert. Das Feld der Messspule kann entweder unmittelbar einwirken oder ebenfalls durch Polschuhe auf das drehbare Eisenteil konzentriert werden. Die Form der Eisennadel kann verschieden sein. Am häufigsten findet man die Form einer Hantel oder die Nierenform. Die Messspule kann auch innerhalb des Dauermagneten angeordnet sein. Für sehr hohe Ströme sind Eisennadel-Messwerke gebaut worden, bei denen der stromführende

Leiter gerade hindurchgeführt wird. Ein Weicheisenanker mit Polschuhen überträgt das Feld auf die Eisennadel. Der Dauermagnet ist senkrecht dazu angeordnet.

8.2.3 Drehspul-Messwerk

Kennzeichnend für Drehspul-Messwerke sind der feste Dauermagnet und die drehbare Spule. Bedingt durch die Polung des Magneten, ist die Anzeige stromrichtungsabhängig, also nur für Gleichstrom geeignet. Das Drehspul-Messwerk ist das am häufigsten verwendete Zeigermesswerk in der heutigen Elektromesstechnik, da es sehr vielseitig anpassungsfähig ist. Es hat demnach in vielen Konstruktionsversuchen Wandlungen durchlaufen. Die Ursprungsform, die man auch heute noch findet, ist der Hufeisenmagnet mit Polschuhen (Abb. 8.10). Zwischen den Polschuhen und dem festen Weicheisenkern dreht sich die Spule in einem Magnetfeld, das radial-homogen sein soll, d. h., die Feldlinien sollen geradlinig radial vom Polschuh zum Kern laufen.

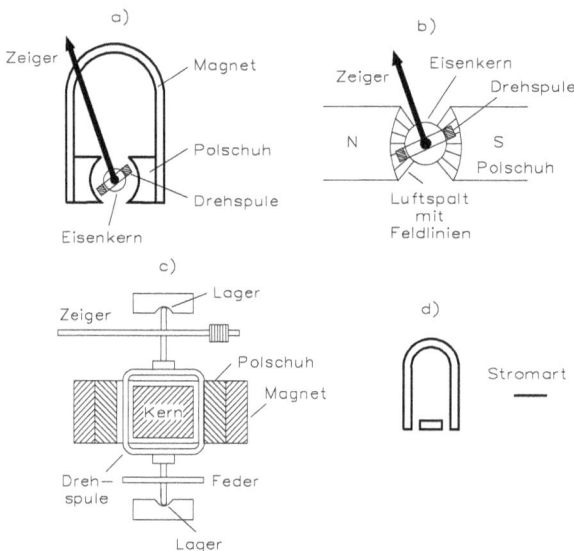

Abb. 8.10: Aufbau und Sinnbild eines Drehspul-Messwerks und Anordnung der Drehspule (Drauf- und Seitenansicht)

Zwei Spiralfedern, einseitig oder symmetrisch oben und unten angeordnet, dienen als Rückstellfedern und gleichzeitig als Stromzuführung für die bewegliche, vom Messstrom durchflossene Spule.

Um die Masse der bewegten Spule und damit das erforderliche Drehmoment gering zu halten, wird der dünne Spulendraht, herunter bis zu 0,02 mm Durchmesser, auf einen leichten Aluminium-Trägerrahmen gewickelt. Der Rahmen erfüllt gleichzeitig noch die Aufgabe der Dämpfung des Einschwingens und bewirkt gleichzeitig eine Wirbelstromdämpfung. Am Rahmen sind die Spitzen für die Lagerung und der Zeiger befestigt, die alle zusammen das bewegliche Organ darstellen.

Auf die Drehspule wirken bei Stromfluss die Kräfte des Spulenfeldes und des Permanentmagnetfeldes ein, die zusammen das Messdrehmoment ergeben. Die Spule bewegt sich solange unter Einfluss des Messdrehmomentes, bis das Rückstellmoment der Federn dem Betrag nach gleichgroß geworden ist. Da sich in der Fertigung Permanentmagnete nie ganz genau gleich herstellen lassen, ist im Allgemeinen zum ersten Abgleich nach dem Zusammenbau ein festschraubbares Eisenstück als magnetischer Nebenschluss zwischen den Polen angeordnet, das auch später bei Nachjustierung unter Umständen nachgestellt werden kann, wenn der Magnet an Kraft verloren haben sollte.

8.2.4 Zeiger-Galvanometer

Besonders hochempfindliche Zeigermessgeräte bezeichnet man als Galvanometer. Sie weisen schon bei niedrigsten Strömen oder Spannungen Vollausschlag auf. Meistens sind sie ungeeicht und dienen als Nullinstrumente zur Anzeige des stromlosen Zustandes, z. B. bei Brücken- und Kompensationsmessungen. In diesem Falle ist die Skala nur mit Teilstrichen ohne Wertangaben versehen, und der Nullpunkt liegt in der Mitte. Zur genaueren Ablesung, auch des geringsten Ausschlages, wird der Bereich um den Nullpunkt oft mit einer Lupe betrachtet (Abb. 8.11). Grundsätzlich können alle Messwerksarten als Galvanometer gebaut werden, doch sind die Drehspul-Galvanometer weitaus am meisten verbreitet.

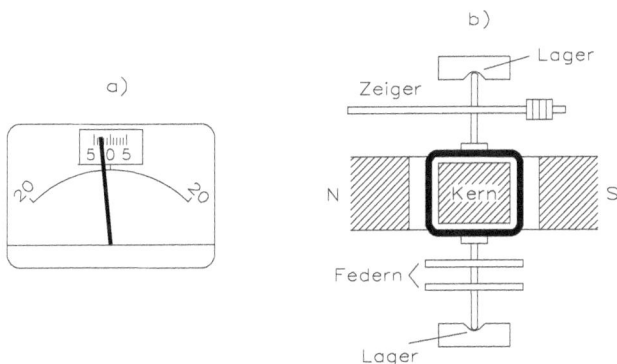

Abb. 8.11: Galvanometerskala mit Lupenablesung (links) und Anordnung des Kerns mit Spitzenlagerung

Die Konstruktion des Galvanometers hängt vom Verwendungszweck ab. Bei Betriebsmessgeräten mit Galvanometer werden Zeigergeräte gewählt, da sie nicht so kritisch in der Behandlung sind. Die Spitzenlagerung muss besonders gut und reibungsarm ausgeführt werden. Mit Zeiger-Galvanometern kommt man selbstverständlich nicht an die Grenzen der Höchstempfindlichkeit heran, da die bewegte Masse des Zeigers und die Spitzenlagerung einen höheren Eigenverbrauch bedingen. Die Spannband-Lagerung mit Spiegel ist noch verhältnismäßig robust und trotzdem empfindlicher als die Spitzenlagerung. Sie steht in der Mitte zwischen der Zeigerausführung und der Bandaufhängung. Die Drehspul-Galvanometer mit Bandaufhängung und Spiegel sind die Messgeräte mit dem geringsten Eigenverbrauch und der höchsten Empfindlichkeit überhaupt. Im Allgemeinen handelt es sich um reine Laborgeräte, da sie mit größter Vorsicht behandelt werden müssen. Schon ein hartes Aufstellen kann das Messwerk zerstören. Vor jeder Messung müssen sie genau horizontal ausgerichtet werden und bei jeder Ortsveränderung muss die, in ihrer Aufhängung frei pendelnde Drehspule, arretiert werden.

8.2.5   Drehspul-Quotientenmesswerk

Sehr häufig müssen in der Elektromesstechnik Größen gemessen werden, die als Quotient (Verhältniswert) von zwei Werten darzustellen sind. Hierzu gehört zum Beispiel die direkte Messung des Widerstandes R als Quotient aus Spannung und Strom:

$$R = \frac{U}{I}$$

Bei der Einzelmessung werden entweder zwei Messgeräte benötigt, wenn die Messungen unbedingt gleichzeitig ausgeführt werden müssen, oder man misst nacheinander. Bei Quotientenmesswerken beeinflussen beide Größen des Quotienten den Zeiger gleichzeitig.

Bei Drehspul-Quotientenmesswerken erreicht man das, indem man zwei gekreuzt zueinander angeordnete Spulen auf den gleichen Körper wickelt und mit dem Zeiger zum beweglichen Organ vereinigt. Daher rührt auch der Name Kreuzspul-Messwerk (Abb. 8.12). Der Luftspalt muss ungleichmäßig verlaufen. Damit kommt jeweils eine der beiden Spulen in den engeren Bereich, wenn die andere in den weiteren kommt. Bei der Spule, die in den engeren Bereich kommt, nimmt das Drehmoment zu, bei der anderen Spule nimmt das Drehmoment ab. Damit ergibt sich eine Stellung, bei der die beiden Drehmomentkurven sich schneiden und daher im Gleichgewicht sind. Diese Stellung nimmt das bewegliche Organ nach dem Einschalten beider Stromkreise ein. Das Sinnbild des Drehspul-Quotientenmesswerkes deutet die gekreuzten Spulen an.

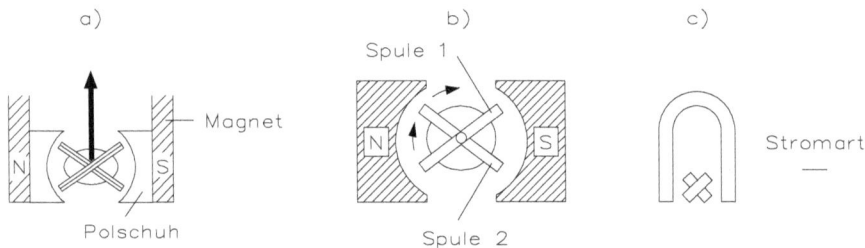

Abb. 8.12: Drehspul-Quotientenmesswerk und Sinnbild mit zwei gekreuzten Spulen in einem ungleichmäßigen Luftspalt (elliptischer Verlauf)

Wenn die Drehmomentkurven für verschiedene Absolutwerte aufgenommen werden, ergibt sich jeweils bei gleichem Verhältnis der beiden Einzelwerte zueinander die gleiche Zeigerstellung, das bedeutet bei einer Widerstandsmessung beispielsweise, dass die Messspannung höher oder niedriger sein kann. Dementsprechend ist auch der Strom höher oder niedriger und das Verhältnis der beiden bleibt gleich.

8.2.6   Elektrodynamisches Messwerk

Kennzeichnend für ein elektrodynamisches Messwerk (Abb. 8.13) ist die eine feststehende und die zweite bewegliche Spule. Im einfachsten Falle sind die beiden Spulen konzentrisch zueinander angeordnet. Gewöhnlich ist die Festspule immer unterteilt. Das Sinnbild deutet die unterteilte Festspule und die Drehspule an. Die beiden Spulenströme wirken gleichsinnig auf den Zeiger und der Ausschlag ist proportional dem Produkt beider Ströme.

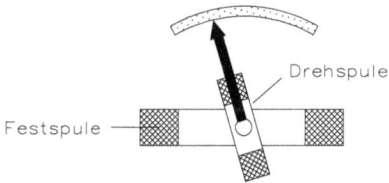

Abb. 8.13: Aufbau des elektrodynamischen Messwerks

Der wesentlichste Nachteil der einfachen Konstruktion ist die starke Abhängigkeit von Fremdfeldern. Bei Drehspul-Messwerken ist die Feldliniendichte im Luftspalt sehr hoch und externe Fremdfelder haben daher prozentual nur einen sehr geringen Einfluss. Bei eisenlosen elektrodynamischen Messgeräten ist dagegen die Messfeldstärke gering und externe Fremdfelder beeinflussen das Messgerät sehr stark. Eine Möglichkeit der Abhilfe ist der Bau eines Doppelsystems, eines sogenannten astatischen Systems (Abb. 8.14). Beim astatischen Messsystem addieren sich die Messkräfte und dadurch heben sich die Fremdkräfte auf. Das astatische Messsystem besteht aus zwei Festspulen (F_1 und F_2) und zwei Drehspulen (D_1 und D_2).

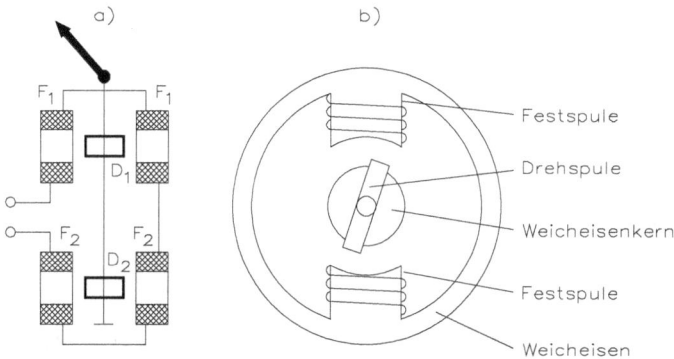

Abb. 8.14: Aufbau des astatischen (links) und einem eisengeschlossenen elektrodynamischen Messwerk (rechts)

Astatische Messwerke sind empfindlich und teuer. Wenn möglich vermeidet man diese, vor allem bei Betriebsmessgeräten. Dort wählt man entweder den Weg der magnetischen Abschirmung oder das eisengeschlossene System. Magnetische Abschirmung hat wiederum den Nachteil, dass die Eisenabschirmung in ausreichendem Abstand vom Messwerk selbst angeordnet sein muss. Besser ist daher die Konstruktion als eisengeschlossenes System. Hierbei verlaufen die magnetischen Feldlinien fast nur in Eisen, geschlossen über den äußeren Ring und den inneren Kern. Fremdfeldeinfluss ist praktisch ausgeschlossen, dafür treten Hysteresefehler auf. Wo diese ausreichend klein gehalten werden können, besonders durch Auswahl geeigneter Eisensorten, ist das eisengeschlossene Messwerk (Abb. 8.15) zu bevorzugen.

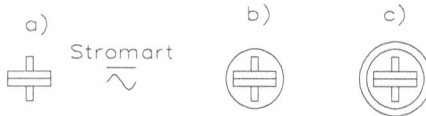

Abb. 8.15: Sinnbild für ein eisenloses (a), magnetisch geschirmtes (b) und eisengeschlossenes elektrodynamisches Messwerk (c)

In den meisten Anwendungen wird beim elektrodynamischen Messwerk ein Pfad als Strompfad der andere als Spannungspfad geschaltet und damit eine Leistungsanzeige erzielt, da die Leistung das Produkt aus Strom und Spannung ist. Die feststehende Spule ist normalerweise der Strompfad, damit man höhere Ströme unmittelbar durch das Messwerk leiten kann. Die bewegliche Drehspule ist der Spannungspfad. In den Schaltungen werden die beiden Spulen nach Abb. 8.16 (links) angedeutet, manchmal auch in vereinfachter Form als Messwerk mit Strom- und Spannungspfad.

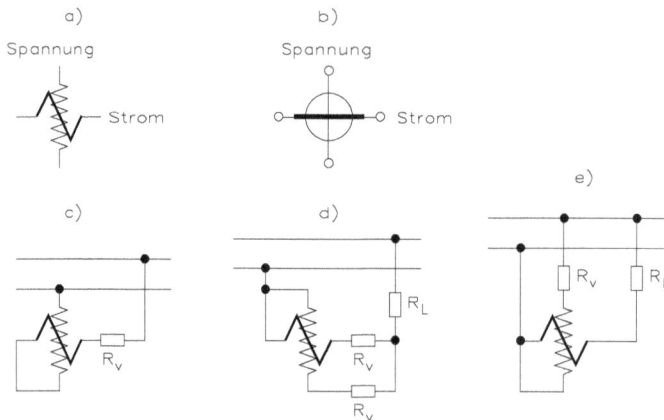

Abb. 8.16: Darstellung von Strom- und Spannungspfad (a und b) des elektrodynamischen Messwerks. Die Schaltungsvarianten des elektrodynamischen Messwerks zeigen einen c) Spannungsmesser ($\alpha \sim U^2$), d) Strommesser ($\alpha \sim I^2$), e) Leistungsmesser ($\alpha \sim U \cdot I$), wobei die Skala des Leistungsmessers linear ist

Wenn die Stromrichtung in einem der beiden Pfade umgekehrt wird, kehrt sich auch der Ausschlag um. Wird dagegen die Stromrichtung gleichzeitig in beiden Pfaden umgekehrt, bleibt der ursprüngliche Ausschlag erhalten, da die Multiplikation zweier negativer Werte ein positives Ergebnis bringt. Das bedeutet, dass ein elektrodynamisches Wattmeter für

Gleichstrom und ebenso für Wechselstrom geeignet ist. Bei Gleichstrom wird das Produkt U · I angezeigt, bei Wechselstrom die Wirkleistung P = U · I · cos φ, da eine zeitliche Verschiebung von Strom und Spannung sich entsprechend auf die Anzeige auswirkt, weil der Zeiger im gleichen Augenblick von beiden Messgrößen beeinflusst wird.

8.2.7 Induktions-Messwerk

Bei Induktions-Messwerken werden in einem Leiter, meist als Trommel- oder Plattenform ausgebildet, Ströme induziert, die den beweglichen Leiter in Drehung versetzen. Induktions-Messwerke sind nur bei Wechselstrom verwendbar. Bei der Trommelform ist die frei drehbare Aluminiumtrommel im Innern des vierpoligen Gehäuses um den Kern herum angeordnet (Abb. 8.17). Je zwei gegenüberliegende Spulen sind zu einem Paar in Reihe geschaltet. An der Trommel sind der Zeiger und die Rückholfeder befestigt. Die auftretenden Kräfte verdrehen die Trommel solange, bis das Federdrehmoment innen das Gleichgewicht hält. Voraussetzung für die Ausbildung eines Drehfeldes, das in der Lage ist, die Trommel mitzunehmen, ist eine Phasenverschiebung zwischen den Strömen in den beiden Wicklungspaaren. Man erreicht dies durch Vorschalten einer Drossel in einem Zweig. Das Sinnbild deutet die Wicklung und die Trommel an. In Schaltungen werden die beiden Spulenpaare häufig in gekreuzter Form dargestellt.

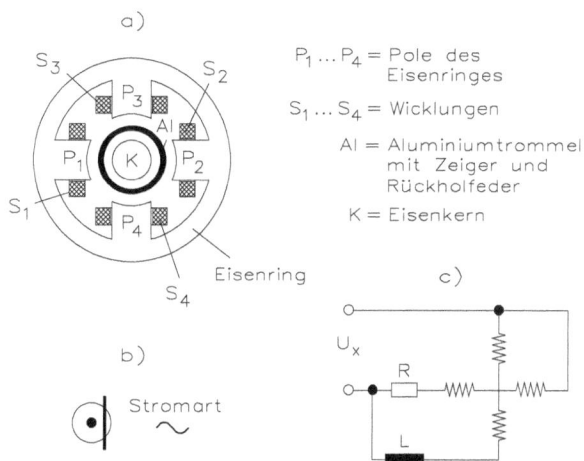

Abb. 8.17: Aufbau des Induktions-Messwerks in Trommelausführung (Drehfeld-Messwert) mit Sinnbild, Anordnung der Wicklungen und Schaltung als Spannungsmesser

Induktions-Messwerke können für verschiedene Messaufgaben eingesetzt werden. Ein Beispiel ist der Spannungsmesser. Beide Wicklungspaare liegen an der gleichen Messspannung. In Reihe mit einem Paar ist ein ohmscher Vorwiderstand geschaltet, in Reihe mit dem anderen eine Spule, die die Phasenverschiebung von 90° bewirkt. Hier sind also beide Wicklungen als Spannungspfade verwendet.

Außer der Trommelform gibt es noch die Scheibenform. Diese Ausführung nennt man Wanderfeld-Messwerk im Gegensatz zum Drehfeld-Messwerk der Trommelform. Der Leiter, in dem die Wirbelströme induziert werden, ist eine Aluminiumscheibe, die drehbar gelagert ist. Entweder wird sie gegen das Rückdrehmoment einer Feder ausgelenkt oder sie kann frei umlaufen und ein Zählwerk betätigen. Über die Scheibe greifen die Pole von Elektromagneten. Auf den zwei Schenkeln des einen Kerns sitzen die beiden Hälften der unterteilten ersten Wicklung. Der zweite Kern steht senkrecht hierzu und trägt die zweite Wicklung. Die Magnete bezeichnet man als Triebwerk. Die zeitliche Verschiebung der Flüsse verursacht das Wanderfeld, von dem die Scheibe mitgenommen wird, da die induzierten Ströme als Wirbelströme ebenfalls Magnetfelder ausbilden.

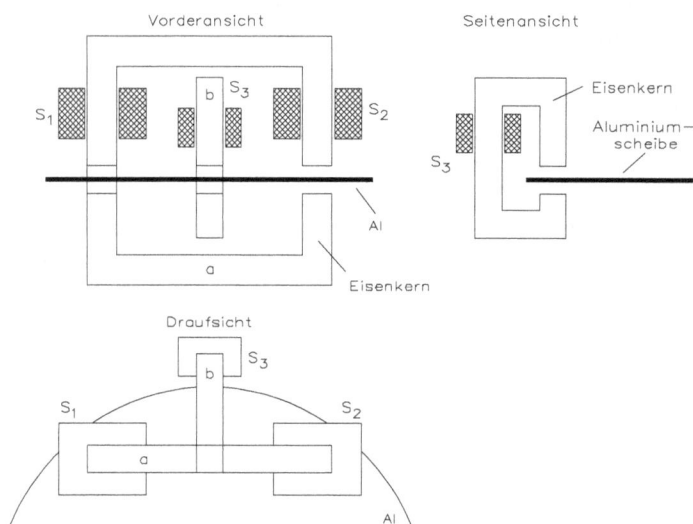

Abb. 8.18: Aufbau des Wanderfeld-Messgerätes. Um Pol 1 liegt je eine Kurzschlusswicklung. Die magnetischen Flüsse in den beiden Teilpolen sind dadurch zeitlich verschoben und liefern ebenfalls ein Wanderfeld

Eine Sonderform ist das Spaltpol-Triebwerk (Abb. 8.18). Hier sind die Magnetpole aufgespalten. Der eine Teil trägt je eine Kurzschlusswicklung. Die Magnetflüsse in den beiden Polen sind dadurch zeitlich gegeneinander verschoben und liefern ein Wanderfeld, welches die dazwischenliegende Aluminiumscheibe in Drehung versetzt.

Wenn ein Wicklungspaar mit wenigen Windungen dicken Drahtes ausgeführt wird, kann es als Strompfad geschaltet werden. In diesem Falle kann man einen Leistungsmesser aufbauen. Der Strompfad liegt in Reihe mit dem Verbraucher. Für den Spannungspfad wird die Phasenverschiebung von 90° durch Vorschaltung einer Spule und Parallelschaltung eines ohmschen Widerstandes erreicht.

Mit Induktions-Messwerken lassen sich Verhältniswertmessgeräte konstruieren. Wenn auf eine gemeinsame Aluminiumscheibe zwei getrennte Triebwerke einwirken, ist das erzeugte Drehmoment vom Quotienten der beiden Ströme abhängig. Das Sinnbild deutet die beiden Wicklungen mit der gemeinsamen Trommel oder Scheibe an. Auch die Induktions-Quotienten-Messwerke sind nur für Wechselstrom verwendbar, da sie ebenfalls auf der Induktion von Wirbelströmen in der drehbaren Scheibe beruhen.

Induktions-Quotienten-Messwerke lassen sich als Zeiger-Frequenzmesser und als Anzeige-geräte bei Fernmessungen verwenden. In diesem Falle arbeitet man bevorzugt mit Verhält-niswertmessung, um von Spannungs- und Frequenzschwankungen unabhängig zu sein. Das Hauptanwendungsgebiet der Wanderfeld-Messgeräte ist der Elektrizitätszähler für Wechsel-strom.

8.2.8   Elektrizitätszähler

Elektrizitätszähler messen die elektrische Arbeit, das Produkt aus Leistung und Zeit, in vereinfachter Form auch nur das Produkt aus Strom und Zeit in Ampere-Stunden (Ah) bei konstanter Netzspannung.

Nur für Gleichstrom verwendbar sind die Elektrolytzähler (um 1900). Es handelt sich um einen Amperestunden-Zähler, der auf dem physikalischen Zusammenhang des Stromdurch-ganges und der abgeschiedenen Gas- oder Metallmenge beruhen. Bei einer Form wird Queck-silber abgeschieden und in einem geeichten Rohr gesammelt. Nach Erreichen des Skalenendes muss der Zähler gekippt und das Quecksilber wieder in die obere Kammer zurückgeführt werden. Beim Sinnbild für zählende Messwerke wird nicht die Messwerksart gekennzeichnet. Die Messeinheit kann in das Sinnbild eingetragen werden, also z. B. Ah, Wh oder kWh für Amperestunden-, Wattstunden- oder Kilowattstunden-Zähler.

Die Magnetmotorzähler (um 1930) weisen einen scheibenförmigen Anker mit Kollektor und zwei Dauermagnete auf. Mit dem Anker ist über einen Schneckentrieb das Zählwerk gekuppelt. Diese Zähler sind ebenfalls nur für Gleichstrom verwendbar und messen die Amperestunden.

Der elektrodynamische Motorzähler (ab 1940) ist ein Wattstundenzähler, verwendbar für Gleich- und Wechselstrom. Der Konstruktion nach handelt es sich um einen Kollektor-motor. Der Anker ist als Trommelanker ausgebildet und liegt über einen Vorwiderstand an der Netzspannung. Die feststehende Wicklung liegt im Strompfad des Verbrauchers. Der elektrodynamische Motorzähler wird vorwiegend in Gleichstromnetzen verwendet, bei Wechselstrom nur unter ungünstigen Betriebsbedingungen, bei stark schwankender Frequenz oder nicht sinusförmiger Kurvenform. Da die Bedeutung der Gleichstromnetze immer weiter zurückgeht, ist der Anteil an Gleichstromzählern ständig geringer geworden.

Dagegen hat sich für Wechselstromnetze der Induktionsmotor-Zähler vollständig durchge-setzt (Abb. 8.17), wird aber seit 2004 von dem elektronischen Zähler abgelöst. Seine Kon-struktion ist einfach und robust. Er hat keine Stromzuführung zu beweglichen Teilen und ist daher weitgehend überlastbar. Im Prinzip handelt es sich um ein Wanderfeld-Messwerk. Zwischen den Polen von Elektromagneten dreht sich eine kreisförmige Aluminiumscheibe. Ein hufeisenförmiger Magnet mit der Stromwicklung greift mit beiden Polen über die Scheibe. Senkrecht dazu ist der Magnet mit der Spannungswicklung, das sogenannte Spannungseisen angeordnet. Gemessen werden die Wattstunden, also die Wirkleistung multipliziert mit der Zeit. Mit einem Permanentmagneten, der ebenfalls über die Scheibe greift, erreicht man ein Bremsmoment. Eine Hemmfahne sorgt dafür, dass die Scheibe spätestens nach einer Umdrehung nach dem Abschalten des Stromes stehenbleibt. Mit der Scheibe ist das Zählwerk über einen Schneckentrieb verbunden. Der Induktionsmotor-Zähler ist mit Springziffern unmittelbar in Kilowattstunden geeicht. Abb. 8.19 zeigt das Schaltschema mit genormten Klemmenbezeichnungen für einen Einphasen-Elektrizitätszähler.

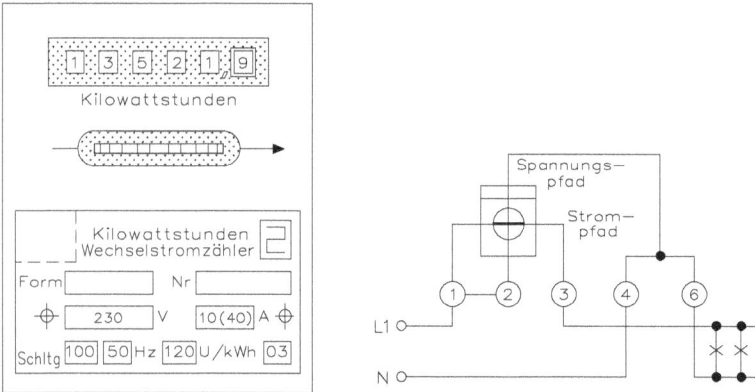

Abb. 8.19: Schaltschema mit genormten Klemmenbezeichnungen für einen Einphasen-Elektrizitäts-zähler

Im Interesse der Verbraucher sind die Vorschriften über Zähler sehr ausführlich und scharf festgelegt. Alle Zähler unterliegen dem Eichzwang durch die Elektrizitätswerke. Die zum Anlauf nötige Leistung beträgt 0,3 % der Nennlast, die Grenzleistung 200 % bis 400 % der Nennlast. Die Bezeichnungen, Schaltungen und Klemmenanschlüsse sind genormt. Bei Einphasenzählern ist Klemme 1 Anschluss des Strompfades netzseitig, Klemme 3 verbraucherseitig. Klemme 2 ist der Anschluss des Spannungspfades netzseitig, Klemme 4 der netzseitige Anschluss für den zweiten Pol des Spannungspfades und Klemme 6 der zweite Pol für die Verbraucherseite.

Die Nennwerte für Zähler sind ebenfalls in Vorschriften festgelegt. Für direkten Anschluss sind die Nennströme je nach Stromart 10 A, 30 A und 50 A. Bei Anschluss über Stromwandler ist der Strompfad einheitlich für 5 A ausgelegt. Ebenso sind die Nennspannungen geformt, bei Wandleranschluss für 100 V, sonst entsprechend den Netzspannungen.

Für die Berechnung gilt

$$P = \frac{n_z}{k}$$

P   in kW
n_z Drehzahl der Zählerscheibe in 1/h oder h^{-1}
k   Zählerkonstante in 1/kWh oder kWh^{-1}

Beispiel: Mit einem Wechselstromzähler lässt sich die Leistungsaufnahme P eines elektrischen Küchenherdes bestimmen. Der Einphasenzähler mit der Zählerkonstanten k = $1200\,kWh^{-1}$ an U = 230 V angeschlossen. An der Zählerscheibe werden in zwei Minuten 78 Umdrehungen gemessen. Wie groß ist die Leistungsaufnahme?

$$n_z = 78\,\text{Umdr.} \frac{60\,\text{min}}{2\,\text{min}} = 2340\,\text{Umdr.}$$

$$P = \frac{n_z}{k} = \frac{2340\,\text{Umdr.}\,(h^{-1})}{1200\,kWh^{-1}} = 1{,}94\,kW \qquad \square$$

8.3   Messungen elektrischer Grundgrößen

Durch Vor- und Nebenwiderstände lassen sich die Zeigermessgeräte erweitern.

8.3.1   Universal-Messinstrumente

Als Universal-Messinstrumente bezeichnet man Instrumente mit mehreren Bereichen, eventuell auch für mehrere Stromarten, die alle Zubehörteile enthalten. Im weiteren Sinne sind
Strom- und Spannungsbereiche und eventuell auch Widerstands-Messbereiche vorgesehen,
doch bezeichnet man auch reine Spannungsmesser mit mehreren Bereichen, die für Gleich-
und Wechselspannung umschaltbar sind, als Universalinstrument. Der Aufbau ist meistens
kompakt und handlich (Abb. 8.20), die Ausführung robust und für den Betrieb geeignet,
vorwiegend mit Güteklasse 1 oder 1,5. In manchen Ausführungen ist der Umschalter ein
Universalschalter, bei anderen Formen werden die Bereiche mit einem und die Stromartum-
schaltung mit einem anderen Schalter geschaltet.

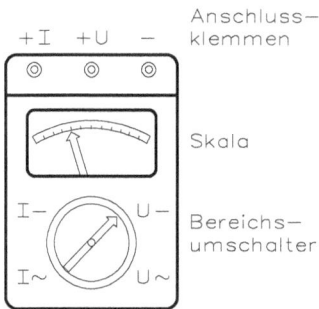

Abb. 8.20: Aufbau eines Universal-Zeigermessgerätes mit drei Messanschlüssen

In weitaus den meisten Fällen sind Drehspul-Messwerke eingebaut, da bei Drehspul-Messwerken die Bereichserweiterung sehr einfach durch Vor- und Nebenwiderstände erfolgen
kann. Bei Messwerken mit 3 mA für Endausschlag und weniger ist der Verlust in den Zu-
satzwiderständen gering. Bis 10 A können auch die Nebenwiderstände in das gemeinsame
Gehäuse eingebaut werden. Je nach Schaltungsart sind zwei, drei oder vier Anschlussklemmen vorgesehen. Es gibt auch Ausführungen, bei denen auf einen Umschalter verzichtet
wird, dafür müssen die Anschlüsse umgeklemmt werden, wenn der Messbereich gewechselt
werden soll. Die Zuverlässigkeit des Umschalters ist weitgehend entscheidend für die Güte
des Messgerätes, da Kontaktwiderstände die Messungen verfälschen können.

Bei der Umschaltung von Strommessung auf Spannungsmessung können die nicht benötigten
Messwiderstände entweder ganz abgetrennt werden (Abb. 8.21) oder sie bleiben eingeschaltet. Die Nebenwiderstände werden nicht einzeln geschaltet, sondern stets liegt bei Strommessung die ganze Kette parallel zum Messwerk. Ein Teil ist parallel geschaltet und der Rest liegt
als Vorwiderstand im Stromkreis. Damit vermeidet man die Gefahr der Überlastung beim
Umschalten, wenn kurzzeitig der Kontakt nicht sicher ist. Bei Spannungsmessern für Gleich-
und Wechselspannung ist der Einbau eines Messwandlers vorteilhaft. Die Gleichrichtung

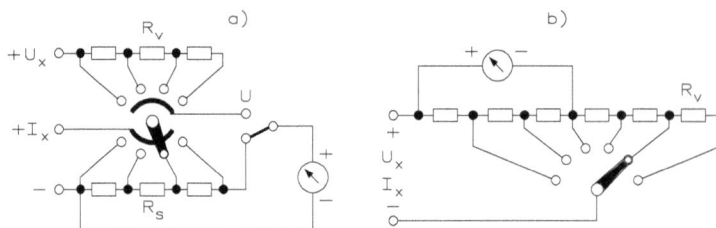

Abb. 8.21: Strom- und Spannungsmesser für Gleichstrom mit drei (links) und mit zwei Anschlussklemmen (die Nebenwiderstände bleiben auch bei der Spannungsmessung eingeschaltet)

erfolgt mit Messgleichrichtern. Als Messgleichrichter werden vielfach Silizium-Gleichrichter mit hoher Lebensdauer und sehr guter Kennlinien-Konstanz verwendet.

8.3.2 Strommessung

Die Grundschaltung für den Gebrauch von Strommessern ist die Reihenschaltung mit der Spannungsquelle und dem Verbraucher. Strommesser sind stets niederohmige Messinstrumente. Bei direktem Anschluss an die Spannungsquelle würden sie fast einen Kurzschluss bilden und dabei zerstört werden. Strommesser sind in den Einheiten Ampere (A), Milliampere (mA), Mikroampere (μA) oder Kiloampere (kA) geeicht. Die Messwerke selbst haben vielfach Vollausschlag bei einigen Milliampere. Durch Nebenwiderstände oder Stromwandler können die Messbereiche erweitert werden. So werden Strommesser mit Drehspulmesswerk für Messbereiche von 1 μA bis etwa 1000 A geliefert. Bei zusätzlich eingebautem Messgleichrichter werden Messinstrumente bis 100 A geliefert und ebenso sind Dreheisenmesswerke bis 100 A lieferbar, beginnend mit Bereichen von 0,1 A.

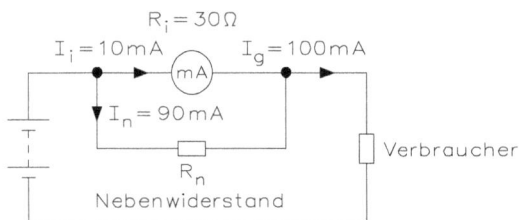

Abb. 8.22: Strommesser sind immer mit dem Verbraucher in Reihe geschaltet

Bei Strommessungen (Abb. 8.22) sind die Kirchhoffschen Regeln zu beachten. In einem verzweigten Stromkreis teilt sich der Gesamtstrom auf. Die Ströme stehen im umgekehrten Verhältnis zueinander, wie die parallelen Widerstände. Durch den größten Widerstand fließt der kleinste Strom. Im unverzweigten Stromkreis fließt an allen Stellen der gleiche Strom. Es ist also gleichgültig, an welcher Stelle der Schaltung der Strommesser eingesetzt wird.

Die Messbereichs-Erweiterung durch Nebenwiderstände beruht ebenfalls auf den Kirchhoffschen Regeln. Wenn ein Messwerk einen höheren Strom messen soll, als es allein verträgt, muss der überschüssige Teil in einem Nebenzweig vorbeigeleitet werden. Zur richtigen Berechnung der Nebenwiderstände zur Messbereichserweiterung. müssen die elektrischen Daten des Messwerks selbst bekannt sein. Hierzu gehört der Strom bei Vollausschlag, der Innenwiderstand und der Spannungsfall bei Vollausschlag. Der Strom I_i und der Innenwiderstand R_i gelten für das reine Messwerk. Die Spannung U_i dagegen trifft sowohl für das Messwerk, als auch für den Nebenwiderstand zu, da beide an den gleichen Punkten im Stromkreis liegen. Mit „n" wird der Vervielfachungsfaktor der Bereichserweiterung bezeichnet. Aus diesen Angaben lassen sich die Daten der Nebenwiderstände für gewünschte Messbereiche eines gegebenen Messwerks errechnen. Mit dem folgenden Beispiel ist der Nebenwiderstand zu berechnen:

Strom bei Vollausschlag: I_i

Innenwiderstand der Drehspule: R_i

Spannungsfall bei Vollausschlag: $U_i = I_i \cdot R_i$

Kennwiderstand in Ohm pro Volt: $r_k = \dfrac{R_i}{U_i} = \dfrac{1}{I_i}$

Für die Messbereichserweiterung:

I_g = gewünschter Messbereich (Gesamtstrom)

I_n = Strom durch Nebenwiderstand $I_n = I_g - I_i$

R_n = Nebenwiderstand $R_n = \dfrac{U_i}{I_n} = \dfrac{R_i}{n-1}$

n :   Vervielfachungsfaktor des gewünschten Messbereichs

Für Abb. 8.22 gilt als Beispiel: n $= 10$

$$R_n = \frac{R_i}{n-1} = \frac{30\,\Omega}{10-1} = 3{,}33\,\Omega \quad \text{oder} \quad U_i = I_i \cdot R_i = 10\,\text{mA} \cdot 30\,\Omega = 300\,\text{mV}$$

$$R_n = \frac{U_i}{I_n} = \frac{300\,\text{mV}}{90\,\text{mA}} = 3{,}33\,\Omega$$

Bei Vielfachinstrumenten werden Nebenwiderstände im Allgemeinen nur bis zu Messbereichen von 10 A fest eingebaut. Für höhere Strombereiche verwendet man getrennte Nebenwiderstände. Derartige Nebenwiderstände haben Stromklemmen und Potentialklemmen.

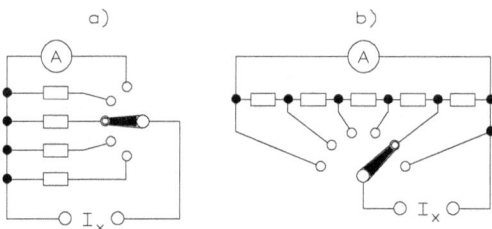

Abb. 8.23: Bei der Schaltung (links) handelt es sich um umschaltbare Strombereiche, jedoch ist dies eine ungünstige Schaltung, da bei schlechter Kontaktgabe das Messwerk überlastet wird. Bei der Schaltung (rechts) besteht keine Gefahr für das Messwerk und der Kontaktwiderstand arbeitet ohne Einfluss

Nebenwiderstände verwendet man in erster Linie bei Drehspul-Messwerken (Abb. 8.23). Hierbei ist es grundsätzlich unerheblich, ob nur Gleichstrombereiche oder, mit zusätzlichem

Messgleichrichter, auch Wechselstrombereiche vorhanden sind. Bei Dreheisen-Messwerken verwendet man zur Bereichsumschaltung angezapfte Wicklungen.

8.3.3   Spannungsmessung

Bei Spannungsmessungen wird grundsätzlich das Messinstrument parallel zum Verbraucher geschaltet. Bei Parallelschaltung zum Verbraucher wird der daran herrschende Spannungsfall bestimmt. Direkte Anschaltung an die Spannungsquelle ist, unter der Voraussetzung des richtigen Messbereichs, möglich, weil Spannungsmesser hochohmige Messinstrumente sind (Abb. 8.24). Spannungsmesser werden in Kilovolt (kV), Volt (V) , Millivolt (mV) und Mikrovolt (μV) geeicht. Mit einem Drehspul-Messwerk werden Spannungsmesser von etwa 1 mV bis 1 kV geliefert. Bei zusätzlich eingebautem Messgleichrichter ist meist der niedrigste Messbereich etwa 30 mV, der höchste wieder 1 kV. Dreheisen-Messwerke werden von 3 V bis 1 kV hergestellt.

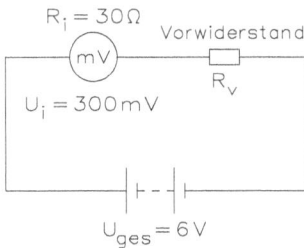

Abb. 8.24: Spannungsmesser sind mit dem Verbraucher parallel geschaltet

Werden mehrere Verbraucher parallel geschaltet, dann liegt an allen die gleiche Spannung. Bei Reihenschaltung teilt sich die Gesamtspannung im Verhältnis der Widerstände auf. Die Teilspannungen stehen im gleichen Verhältnis zueinander, wie die Teilwiderstände. Am höchsten Widerstand herrscht die höchste Spannung.

Zur Messbereichserweiterung eines Messwerks werden Vorwiderstände in den Stromkreis geschaltet, die den überschüssigen Spannungsanteil aufnehmen. Ein Drehspul-Messwerk allein hat bereits bei etwa 50 mV bis 500 mV Vollausschlag. Zur Berechnung der Messbereichserweiterung für höhere Spannungen benötigt man die gleichen Messwerksdaten wie zur Strom-Messbereichserweiterung. Zusätzlich ist die Angabe des Kennwiderstandes r_k sehr nützlich. r_k ist der Kehrwert des Stromes bei Vollausschlag des Messwerks und wird in Ohm pro Volt angegeben. Der Gesamtwiderstand im Messkreis muss gleich dem Produkt aus der gewünschten höchsten Spannung und dem Kennwiderstand sein. Mit dem folgenden Beispiel ist der Reihenwiderstand zu berechnen:

Spannung bei Vollausschlag: U_i

Innenwiderstand der Drehspule: R_i

Strom bei Vollausschlag: $I_i = \dfrac{U_i}{R_i}$

Kennwiderstand in Ohm pro Volt: $r_k = \dfrac{R_i}{U_i} = \dfrac{1}{I_i}$

Für die Messbereichserweiterung:

I_g: Gesamtspannung (gewünschter Messbereich)

U_v: Spannungsfall am Vorwiderstand $U_v = U_g - U_i$

R_v: Vorwiderstand $R_v = \frac{U_v}{I_i} = r_k \cdot U_g - R_i = R_i(n - 1)$

n : Vervielfachungsfaktor des gewünschten Messbereiches

Für Abb. 8.24 gilt als Beispiel: n = 20

$$n = 20 \qquad R_v = R_i(n - 1) = 30\,\Omega(20 - 1) = 570\,\Omega$$

oder

$$r_k = \frac{R_i}{U_i} = \frac{30\,\Omega}{300\,mV} = 100\frac{\Omega}{V} \qquad R_v = r_k \cdot U_g - R_i = 100\frac{\Omega}{V} \cdot 6\,V - 30\,\Omega = 570\,\Omega$$

oder

$$I_i = \frac{U_i}{R_i} = \frac{300\,mV}{30\,\Omega} = 10\,mA \qquad R_v = \frac{U_g - U_i}{I_i} = \frac{6\,V - 0{,}3\,V}{10\,mA} = 570\,\Omega$$

Der Strom im Messkreis darf niemals den Strom für Vollausschlag überschreiten. Die Leistungsaufnahme des Vorwiderstandes ist aus diesem Strom und dem Spannungsfall am Widerstand zu berechnen. Unter Verwendung des Wertes n, des Vervielfachungsfaktors des Messbereichs, ist die Berechnung des Vorwiderstandes für einen gewünschten Messbereich ebenfalls einfach.

8.3.4 Widerstandsmessung mit Ohmmetern

Direkt zeigende Ohmmeter beruhen auf Strommessung bei bekannter, konstant bleibender Spannung. Der Spannungswert wird vor der eigentlichen Messung kontrolliert. In der einfachsten Form wird ein Vorwiderstand in den Stromkreis geschaltet, so dass das Messinstrument bei der gegebenen Spannung Vollausschlag hat. Die Überprüfung erfolgt durch Kurzschluss der Anschlussklemmen für R_x. Wird R_x in den Stromkreis gelegt, geht der Ausschlag zurück. Als Spannungsquelle dient im Allgemeinen bei derartigen Messeinrichtungen eine Batterie von 3 V. Zum Ausgleich der schwankenden Batteriespannung kann der Messwerksausschlag durch einen magnetischen Nebenschluss im Messwerk korrigiert werden. Besser ist der Ausgleich durch einen einstellbaren Vorwiderstand (Abb. 8.25). Mit der Prüftaste werden die R_x-Klemmen überbrückt und das Ohmmeter mit dem Einsteller abgeglichen.

Die Skala eines solchen Ohmmeters ist rückläufig. R_x hat Null Ohm, wenn der Strom seinen Höchstwert hat. Oft wird die Milliampere- oder Volt-Justierung beibehalten und die Ohmskala zusätzlich aufgetragen. Die Ohmwerte drängen sich auf der Skala gegen Ende stark zusammen. Niedrigohmige Widerstände werden daher genauer gemessen. Der ablesbare Bereich endet gewöhnlich etwa bei 50 kΩ, wenn eine 3-V-Batteriespannung verwendet wird, reicht aber, je nach Messwerk, manchmal bis 1 MΩ. Der Endwert „∞Ω" deckt sich mit dem Nullpunkt der Voltskala. Weil die Spannungsquelle, das Messwerk und der Prüfling in Reihe geschaltet sind, bezeichnet man die Schaltung auch „Reihen-Ohmmeter". Gewöhnlich werden Gleichspannungsquellen und Drehspul-Messwerke verwendet. Zur Nulleinstellung

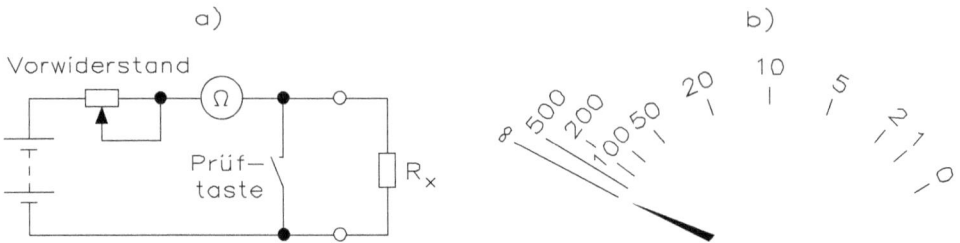

Abb. 8.25: Direkt zeigendes Ohmmeter mit Skala und mit einstellbarem Vorwiderstand zum Ausgleich von Spannungsänderung und Prüftaste

ist auch die Spannungsteilerschaltung möglich, die vor allem dann verwendet wird, wenn verschiedene Spannungsquellen Verwendung finden sollen.

Beim Parallel-Ohmmeter liegen Spannungsquelle, Messwerk und Prüfling parallel. Praktisch wird der Spannungsfall am Prüfling bestimmt. Die Skala der Ohmwerte verläuft gleichsinnig mit der Spannungsskala, da bei $0\,\Omega$ auch $0\,V$ Spannungsfall herrscht. Die volle Spannung ist dann vorhanden, wenn die Klemmen offen sind, also bei unendlich hohem Widerstand. Der Abgleich auf die Sollspannung, für die die Skala vorbereitet ist, wird durch einen parallel zu R_x liegenden Nebenwiderstand R_n vorgenommen. Bei Messwerken mit unterdrücktem Nullpunkt können gleichmäßig geteilte Bereiche erzielt werden.

8.4   2-Kanal-Oszilloskop

Das Zweikanal-Oszilloskop zeigt die Betrags- und Frequenzverläufe elektrischer Signale an. Es kann die Amplitude eines oder zweier Signale zeitabhängig darstellen, und es ermöglicht den Vergleich der beiden Signalkurven miteinander. Abb. 8.26 zeigt die Ansicht eines realen Oszilloskops.

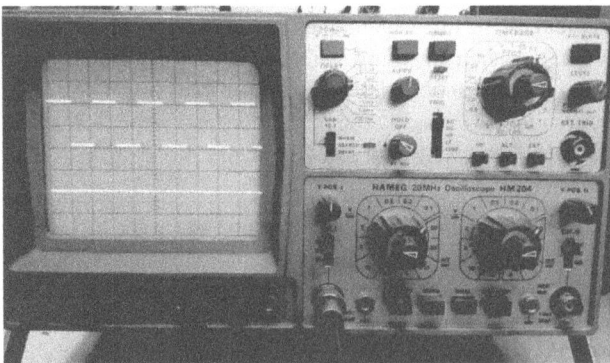

Abb. 8.26: Ansicht eines realen Oszilloskops

Abb. 8.27 zeigt ein Oszilloskop mit Funktionsgenerator zur Spannungsmessung.

Nachdem die Schaltung aktiviert ist und das Schaltungsverhalten simuliert wurde, kann man die Oszilloskopanschlüsse an andere Messpunkte in der Schaltung anschließen. Das Oszilloskop zeigt die Signale an den neuen Messpunkten (nach dem Umklemmen) automatisch an. Man kann sowohl während als auch nach der Simulation eine Feinabstimmung der Oszilloskopeinstellungen vornehmen und in diesem Fall stellt auch das Oszilloskop die Signale automatisch neu dar. Tipp: Wenn man die Oszilloskopeinstellungen so ändert, dass mehr Details angezeigt werden, erscheinen die Kurven möglicherweise unregelmäßig oder zerhackt. In diesem Fall aktiviert man die Schaltung erneut und gleichzeitig erhöht man die Signalgenauigkeit, indem man die Simulationszeitschritte vergrößert.

Zeitbasis (0,10 ns/Div bis 1 s/Div): Mit den Zeitbasiswerten wird die Skalierung der horizontalen X-Achse des Oszilloskops bei der Darstellung des Betrags über die Zeit (Y/T) eingestellt. Um eine sinnvolle Darstellung zu erhalten, stellt man die Zeitbasis umgekehrt proportional zur Frequenz des Funktionsgenerators oder der AC-Quelle in der Schaltung ein, d. h. je höher die Frequenz, desto kleiner (stärker vergrößernd) ist die Zeitbasis einzustellen. Wenn man beispielsweise eine Periode eines 1-kHz-Signals darstellen will, sollte die Zeitbasis ca. 0,10 ms betragen. Für die Darstellung einer 10-kHz-Periode, muss man für die Zeitbasis ca. 0,01 ms einstellen.

X-Position (–5,00 bis 5,00): Dieser Wert legt den Signalstartpunkt auf der X-Achse fest. Bei der X-Position 0 beginnt die Signaldarstellung am linken Bildschirmrand. Ein positiver Wert verschiebt den Startpunkt nach rechts und ein negativer Wert verschiebt den Startpunkt nach links.

Darstellungsmodus (Y/T, A/B, B/A): In der Darstellung kann man zwischen diesen beiden Modi wählen. Darstellung des Betrags über die Zeit (Y/T) und Darstellung eines Kanals über den anderen Kanal (A/B oder B/A). Mit dem letzteren Modus lassen sich Frequenz- und Phasenlage (Lissajous-Figuren) oder Hysterese-Schleifen darstellen. Wenn man das Eingangssignal von Kanal A mit dem von Kanal B vergleicht (A/B), bestimmt die Einstellung von „Volt pro Teilstrich" für Kanal B die Skalierung der X-Achse (und umgekehrt bei B/A). Tipp: Wenn man eine Signalkurve genau untersuchen muss, klickt man im Register „Instrumente" des Dialogfelds „Schaltung/Analyseoptionen" auf „Pause nach jedem Bildschirm" oder wählt man „Analyse/Pause". In beiden Fällen lässt sich die Simulation fortsetzen, indem man „Analyse/Fortsetzen" wählt oder F9 drückt.

Masseanschluss: Der Anschluss des Oszilloskops an Masse ist nicht unbedingt erforderlich, wenn die Schaltung, in der gemessen wird, an Masse angeschlossen ist.

Volt pro Teilstrich (0,01 mV/Div bis 5 kV/Div): Mit dieser Einstellung wird die Skalierung der Y-Achse festgelegt. Im Darstellungsmodus A/B oder B/A bestimmt dieser Wert auch die Skalierung der X-Achse. Passt man die Skalierung an die angenommene Eingangsspannung des Kanals an, ergeben sich sinnvolle Anzeigen. Beispielsweise füllt ein AC-Signal mit einer Spannung von 3 V den Oszilloskop-Bildschirm vertikal aus, wenn die Y-Achse auf 1 V/Div eingestellt ist. Wenn man den Wert für V/Div erhöht, wird die Kurve kleiner dargestellt. Wenn der Wert verringert wird, erscheint die Kurve oben und unten abgeschnitten.

Y-Position (–3.00 bis 3.00): Mit dieser Einstellung wird der Startpunkt des Signals auf der Y-Achse festgelegt. Bei der Y-Position 0,00 beginnt die Signalkurve im Schnittpunkt mit der X-Achse. Wenn die Y-Position auf 1,00 erhöht wird, verschiebt sich der Nullpunkt (Startpunkt) auf den ersten Teilstrich oberhalb der X-Achse. Eine Verringerung der Y-Position auf –1,00 verschiebt den Nullpunkt zum ersten Teilstrich unterhalb der X-Achse.

Der Vergleich der beiden Signale für Kanäle A und B kann erleichtert werden, indem der Wert für die Y-Position geändert wird. Im folgenden Beispiel werden zwei Signale dargestellt, die sich bei gleichem Y-Positionswert für Kanal A und B fast überlagern würden. Nach Erhöhung des Y-Positionswertes für Kanal A und Verringerung für Kanal B sind die beiden Kurven nun deutlich voneinander getrennt.

Eingangskopplung (AC, 0, DC): Bei auf „AC" eingestellter Eingangskopplung wird nur der AC-Anteil eines Signals dargestellt. Durch diese Einstellung wird die gleiche Wirkung erzielt wie ein mit der Masseeingangsleitung in Reihe geschalteter Kondensator.

Die Einstellung der Eingangskopplung auf „DC" bewirkt, dass das vollständige Signal (Summe aus AC- und DC-Anteil) angezeigt wird. Die Einstellung „0" führt zu einer geraden Bezugslinie durch den Startpunkt, der durch den Y-Positionswert vorgegeben ist.

Trigger: Mit dem Trigger legt man fest, wie und wann die Kurvendarstellung auf dem Oszilloskop-Bildschirm ausgelöst wird.

Auslösende Flanke: Damit die Anzeige mit der positiven Flanke bzw. dem ansteigenden Signal beginnt, klickt man auf Symbol „steigende Flanke". Damit die Anzeige mit der negativen Flanke bzw. dem fallenden Signal beginnt, klickt man auf Symbol „fallende Flanke".

Triggerpegel (–3.00 bis 3,00): Der Triggerpegelwert ist der Punkt auf der Y-Achse des Oszilloskops, den das Signal durchlaufen muss, damit die Anzeige ausgelöst wird. Der Pegelwert kann zwischen –3.00 (unterer Bildschirmrand) und +3,00 (oberer Bildschirmrand) eingestellt werden. Tipp: Bei einer steigungslosen bzw. flankenlosen Signalform wird der Triggerpegel nicht durchlaufen. Zur Anzeige eines solchen Signals muss für das Triggersignal AUTO eingestellt werden.

Triggersignal: Die Triggerung kann intern über das Signal an Kanal A oder B erfolgen, oder extern über ein Signal am externen Triggeranschluss. Diesen Anschluss findet man auf dem Oszilloskopsymbol unter dem Masseanschluss. Wenn man ein lineares/flankenloses Signal messen will oder Signale schnellstmöglich dargestellt werden sollen, stellt man das Triggersignal „AUTO" ein.

Wenn man sich das Symbol betrachtet, erkennt man den Anschluss A (Kanal A oder YA) und den Anschluss B (Kanal B oder YB). Der Masseanschluss ist mit Masse (Erde) zu verbinden, was aber nicht unbedingt in der Simulation erforderlich ist. Liegt keine Masse an, ist das Messgerät bereits mit Masse verbunden. An dem T-Eingang wird das externe Triggersignal angeschlossen.

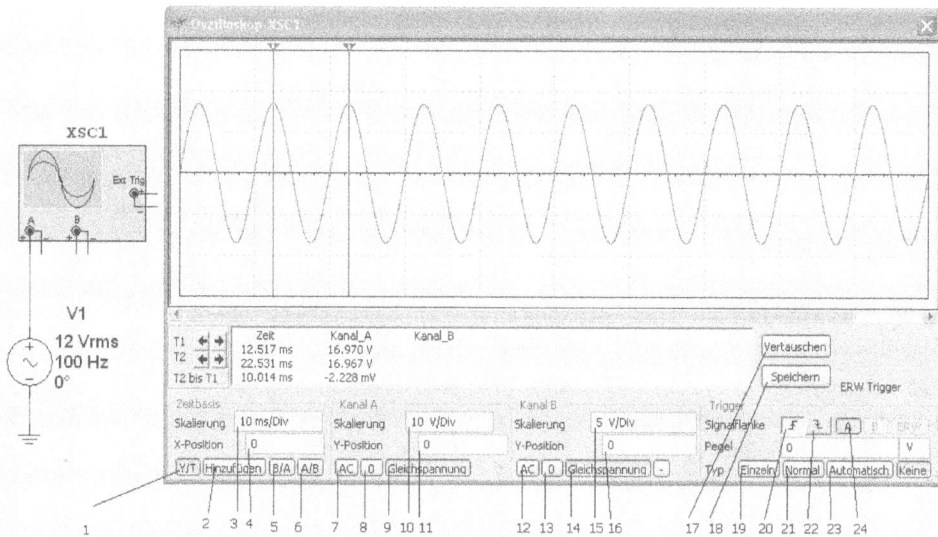

Abb. 8.27: Oszilloskop mit Funktionsgenerator zur Spannungsmessung

1. Achsenbelegung des Oszilloskops (Y/T = Betrag über Zeit)
2. Addition von Kanal A mit Kanal B
3. Zeitbasis zwischen 0,10 ns/Div und 1 s/Div einstellbar
4. X-Position
5. Darstellung eines Kanals über den anderen Kanal (B/A)
6. Darstellung eines Kanals über den anderen Kanal (A/B)
7. AC (Alternating Current)
8. Nulllinienabgleich
9. DC (Direct Current)
10. Y-Skalierung
11. Y-Position
12. AC (Alternating Current)
13. Nulllinienabgleich
14. DC (Direct Current)
15. Y-Skalierung
16. Y-Position
17. Bildschirm schwarz oder weiß
18. Speichern
19. Einzel-Triggerung
20. positive Flanken-Triggerung
21. Normal-Triggerung
22. negative Flanken-Triggerung
23. automatische Triggerung
24. externe Triggerung über Kanal A

Nachdem die Schaltung aktiviert und das Schaltungsverhalten simuliert wurde, kann man die Oszilloskopanschlüsse an andere Messpunkte in der Schaltung anschließen. Das Oszilloskop zeigt die Signale an den neuen Messpunkten automatisch an. Man kann sowohl während als auch nach der Simulation eine Feinabstimmung der Oszilloskopeinstellungen vornehmen; auch in diesem Fall stellt das Oszilloskop die Signale automatisch neu dar. Abbildung 8.27 zeigt Einstellungsmöglichkeiten für das 2-Kanal-Oszilloskop.

Mit den Einstellungen der Zeitbasis (Timebase) wird die Skalierung der horizontalen X-Achse des Oszilloskops bei der Darstellung des Betrags über die Zeit (Y/T) definiert. Um eine sinnvolle Darstellung zu erhalten, stellt man die Zeitbasis umgekehrt proportional zur Frequenz des Funktionsgenerators oder der AC-Quelle in der Schaltung ein, d. h. , je höher die Frequenz, desto kleiner (stärker vergrößernd) ist die Zeitbasis einzustellen. Wenn man beispielsweise eine Periode eines 1-kHz-Signals darstellen muss, sollte die Zeitbasis ca. 0,1 ms betragen. Für die Darstellung einer 10-kHz-Periode muss man die Zeitbasis mit ca. 0,01 ms einstellen.

Die X-Position legt den Signalstartpunkt auf der X-Achse fest. Bei der X-Position 0 beginnt die Signaldarstellung am linken Bildschirmrad. Ein positiver Wert verschiebt den Startpunkt nach rechts, ein negativer Wert verschiebt den Startpunkt nach links.

Bei dem Darstellungsmodus (Y/T, Add, B/A, A/B) kann man zwischen drei Betriebsarten wählen: Darstellung des Betrags über die Zeit Y/T, Addition der beiden Kanäle, und Darstellung eines Kanals über den anderen Kanal (A/B oder B/A). Mit dem letzteren Modus lassen sich Frequenz- oder Phasenlage (Lissajous-Figuren) der Hystereseschleifen darstellen. Wenn man das Eingangssignal von Kanal A mit dem von Kanal B vergleicht (A/B), bestimmt die Einstellung von „Volt pro Teilstrich" für Kanal B die Skalierung der X-Achse (und umgekehrt bei B/A).

Die Einstellung der Kanäle A und B erfolgt mit „Skalierung" und Volt pro Teilstrich von 0,01 mV/Div bis 5 kV/Div und mit dieser Einstellung wird die Skalierung der Y-Achse festgelegt. Im Darstellungsmodus A/B oder B/A bestimmt dieser Wert auch die Skalierung der X-Achse. Die Skalierung soll an die angenommene Eingangsspannung des Kanals angepasst werden, um sinnvolle Anzeigen zu erhalten. Beispielsweise füllt ein Wechselspannungssignal mit einem Wert von $U_{SS} = 3$ V den Oszilloskop-Bildschirm vertikal aus, wenn die Y-Achse auf 1 V/Div eingestellt ist. Wenn man den Wert für V/Div erhöht, wird die Kurve kleiner dargestellt. Wenn man den Wert für V/Div verringert, wird die Kurve größer dargestellt und oben bzw. unten abgeschnitten.

Mit der Y-Position wird der Startpunkt des Signals auf der Y-Achse festgelegt. Bei der Y-Position 0.00 beginnt die Signalkurve im Schnittpunkt mit der X-Achse. Wenn die Y-Position auf 1.00 erhöht wird, verschiebt sich der Nullpunkt (Startpunkt) auf den ersten Teilstrich oberhalb der X-Achse. Eine Verringerung der Y-Position auf 1.00 verschiebt den Nullpunkt zum ersten Teilstrich unterhalb der X-Achse.

8.4.1   Aufbau eines analogen Oszilloskops

Das Elektronenstrahloszilloskop oder Katodenstrahloszilloskop (KO) ist seit 80 Jahren zu einem vertrauten und weitverbreiteten Messgerät in vielen Bereichen der Forschung, Entwicklung, Instandhaltung und im Service geworden. Die Popularität ist durchaus angebracht, denn kein anderes Messgerät bietet eine derartige Vielzahl von Anwendungsmöglichkeiten.

Im Wesentlichen besteht ein analoges Oszilloskop aus folgenden Teilen:

- Elektronenstrahlröhre
- Vertikal- oder Y-Verstärker
- Horizontal- oder X-Verstärker
- Zeitablenkung

- Triggerstufe
- Netzteil

Ein Oszilloskop ist wesentlich komplizierter im Aufbau als andere anzeigende Messgeräte (Abb. 8.28). Zum Betrieb der Katodenstrahlröhre sind eine Reihe von Funktionseinheiten nötig, unter anderem die Spannungsversorgung mit der Heizspannung, mehrere Anodenspannungen und der Hochspannung bis zu 5 kV bei einem Röhrensystem. Die Punkthelligkeit wird durch eine negative Vorspannung gesteuert und die Punktschärfe durch die Höhe der Gleichspannung an der Elektronenoptik. Eine Gleichspannung sorgt für die Möglichkeit zur Punktverschiebung in vertikaler, eine andere für Verschiebung in horizontaler Richtung. Die sägezahnförmige Spannung für die Zeitablenkung wird in einem eigenen Zeitbasisgenerator erzeugt. Außerdem sind je ein Verstärker für die Messspannung in X- und Y-Richtung eingebaut.

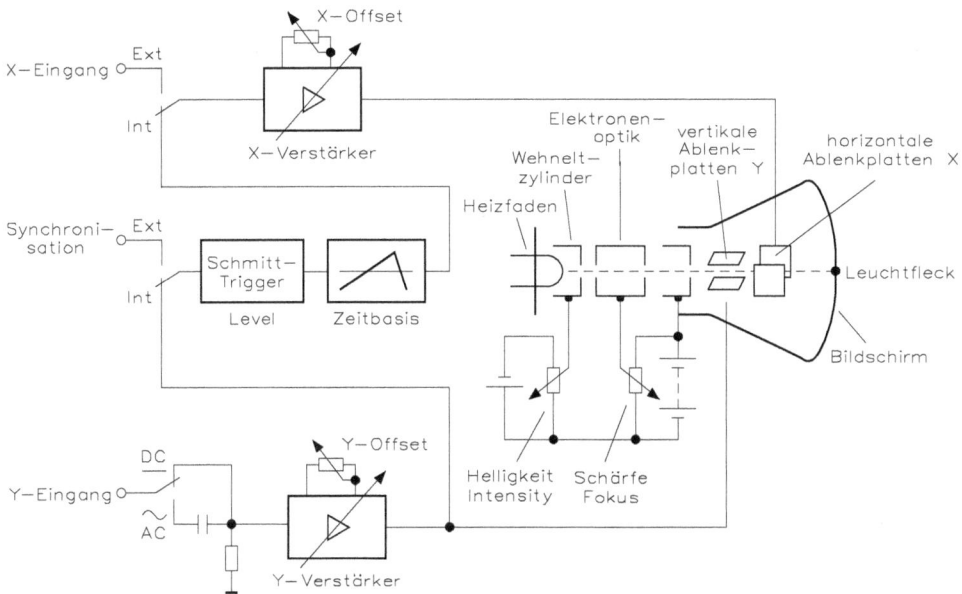

Abb. 8.28: Blockschaltbild eines analogen Einkanal-Oszilloskops

Die Bedienungselemente sind in Tab. 8.4 zusammengefasst.

An die Sägezahnspannung werden hohe Anforderungen gestellt. Sie soll den Strahl gleichmäßig in waagerechter Richtung von links nach rechts über den Bildschirm führen und dann möglichst rasch von rechts nach links zum Startpunkt zurückeilen. Der Spannungsanstieg muss linear verlaufen und der Rücklauf ist sehr kurz. Außerdem ist die Sägezahnspannung in ihrer Frequenz veränderbar.

Tab. 8.4: Bedienungselemente

Beschriftung	Funktion	Beschriftung	Funktion
POWER	Netzschalter, Ein/Aus,	X-MAGN	Dehnung der Zeitablenkung
INTENS	Rasterbeleuchtung	Triggerung:	Zeitablenkung getriggert durch
	Helligkeitseinstellung des	A; B	• Signal von Kanal A (B)
	Oszilloskops	EXT	• externes Signal
FOCUS	Schärfeeinstellung		• Signal von der Netzspannung
INPUT A (B)	Eingangsbuchsen für	Line	Einstellung des Triggersignalpegels
	Kanal A (B)	LEVEL	Endstellung der LEVEL-Ein-
AC-DC-GND	Eingang über Kondensator		stellung.
	(AC), direkt (DC) oder auf	AUTO	Automatische Triggerung der
	Masse (GND) geschaltet		Zeitablenkung beim Spitzenpegel.
CHOP	Strahlumschaltung mit		Ohne Triggersignal ist die
	Festfrequenz von einem		Zeitablenkung frei laufend
	Vertikalkanal zu anderen	+/−	Triggerung auf positiver bzw.
ALT	Strahlumschaltung am Ende des		negativer Flanke des Triggersignals
	Zeitablenkzyklus von einem	TIME/DIV	Zeitmaßstab in μs/DIV oder
	Vertikalkanal zu anderen		ms/DIV
INVERT CH.B	Messsignal auf Kanal B wird	VOLT/DIV	Vertikalabschwächer in mV/DIV
	invertiert		oder V/DIV
ADD	Addition der Signale von A	CAL	Eichpunkt für Maßstabsfaktoren
	und B		
POSITION	Vertikale Strahlverschiebung		
	Horizontale Strahlverschiebung		

8.4.2 Horizontale Zeitablenkung und X-Verstärker

Die beiden X- und Y-Verstärker in einem Oszilloskop bestimmen zusammen mit der Zeitablenkeinheit (Sägezahngenerator) und dem Trigger die wesentlichen Eigenschaften für dieses Messgerät.

Die horizontale oder X-Achse einer Elektronenstrahlröhre ist in Zeiteinheiten unterteilt. Der Teil des Oszilloskops, der zuständig für die Ablenkung in dieser Richtung ist, wird aus diesem Grunde als „Zeitablenkgenerator" oder Zeitablenkung bzw. Zeitbasisgenerator bezeichnet. Außerdem befinden sich vor dem X-Verstärker folgende Funktionseinheiten, die über Schalter auswählbar sind:

• Umschalter für den internen oder externen Eingang
• Umschalter für ein internes oder externes Triggersignal
• Umschalter für die Zeitbasis
• Umschalter für das Triggersignal
• Umschalter für Y/T- oder X/Y-Betrieb

Außerdem lässt sich durch mehrere Potentiometer der X-Offset, der Feinabgleich der Zeitbasis und die Triggerschwelle beeinflussen.

Die X-Ablenkung auf dem Bildschirm kann auf zwei Arten erfolgen: entweder als stabile Funktion der Zeit bei Gebrauch des Zeitbasisgenerators oder als eine Funktion der Spannung, die auf die X-Eingangsbuchse gelegt wird. Bei den meisten Anwendungsfällen in der Praxis wird der Zeitbasisgenerator verwendet.

Bei dem X-Verstärker handelt es sich um einen Spezialverstärker, denn dieser muss mehrere 100 V an seinen Ausgängen erzeugen können. Eine Elektronenstrahlröhre mit dem Ablenkkoeffizient von AR = 20 V/Div benötigt für eine Strahlauslenkung von 10 Div an den betreffenden Ablenkplatten eine Spannung von U = 20 V/Div bzw. 10 Div = 200 V. Da der interne bzw. der externe Eingang des Oszilloskops nur Spannungswerte von 10 V liefert, ist ein entsprechender X-Verstärker erforderlich. Der X-Verstärker muss eine Verstärkung von v = 20 aufweisen und bei einigen Oszilloskopen findet man außerdem ein Potentiometer für die direkte Beeinflussung der Verstärkung im Bereich von v = 1 bis v = 5. Wichtig bei der Messung ist immer die Stellung mit v = 1, damit sich keine Messfehler ergeben. Mittels des Potentiometers „X-Adjust", das sich an der Frontplatte befindet, lässt sich eine Punkt- bzw. Strahlverschiebung in positiver oder negativer Richtung durchführen.

Der Zeitbasisgenerator und seine verschiedenen Steuerkreise werden durch den „TIME/Div" oder „V/Div"-Schalter in den Betriebszustand gebracht. Wie bereits erklärt, ist eine Methode, ein feststehendes Bild eines periodischen Signals zu erhalten, die Triggerung oder das Starten des Zeitbasisgenerators auf einen festen Punkt des zu messenden Signals. Ein Teil dieses Signals steht dafür in Position A und B des Triggerwahlschalters „A/B" oder „extern" zur Verfügung. Bei einem Einstrahloszilloskop hat man nur einen Y-Verstärker, der mit „A" gekennzeichnet ist. Ein Zweistrahloszilloskop hat zwei getrennte Y-Verstärker und mittels eines mechanischen bzw. elektronischen Schalters kann man zwischen den beiden Verstärkern umschalten.

Die Triggerimpulse können zeitgleich entweder mit der Anstiegs- oder Abfallflanke des Eingangssignals erzeugt werden. Dies ist abhängig von der Stellung des ±-Schalters am Eingangsverstärker. Nach einer ausreichenden Verstärkung wird das Triggersignal über einen speziellen Schaltkreis, dessen Funktionen von der Stellung des Schalters NORM/TV/MAINS auf der Frontplatte abhängig sind, weiterverarbeitet. Für diesen Schalter gilt:

- NORM (normal): Der Schaltkreis arbeitet als Spitzendetektor, der die Triggersignale in eine Form umwandelt, die der nachfolgende Schmitt-Trigger weiter verarbeiten kann.
- TV (Television): Hier wird vom anliegenden Video-Signal entweder dessen Zeilen- oder Bild-Synchronisationsimpuls getrennt, je nach Stellung des TIME/DIV-Schalters erhält man Bildimpulse bei niedrigen und Zeilenimpulse bei hohen Wobbelgeschwindigkeiten.
- MAINS (Netz): Das Triggersignal wird aus der Netzfrequenz von der Sekundärspannung des internen Netztransformators erzeugt.

8.4.3 Triggerung

Während des Triggervorgangs (trigger = anstoßen, auslösen) steuert entweder eine interne oder externe Spannung den Schmitt-Trigger (Schwellwert-Schalter) an.

- Interne Triggerung: Liegt am Eingang ein periodisch wiederkehrendes Signal an, so muss über die Zeitablenkung sichergestellt werden, dass in jedem Zyklus der Zeitbasis ein kompletter Strahl geschrieben wird, der Punkt für Punkt deckungsgleich ist mit jedem vorherigen Strahl. Ist dies der Fall, ergibt sich eine stabile Darstellung. Bei dieser Triggerung wird diese Stabilität durch Verwendung des am Y-Eingang liegenden Signals zur Kontrolle des Startpunktes jedes horizontalen Ablenkzyklus erreicht. Man verwendet dazu einen Teil der Signalamplitude des Y-Kanals zur Ansteuerung einer Triggerschaltung, die die Triggerimpulse für den Sägezahngenerator erzeugt. Damit stellt das Oszilloskop sicher, dass die Zeitablenkung nur gleichzeitig mit Erreichen eines Impulses ausgelöst werden kann.

• Externe Triggerung: Ein extern anliegendes Signal, das mit dem zu messenden Signal am Y-Eingang verknüpft ist, lässt sich ebenso zur Erzeugung von Triggerimpulsen verwenden.

Sind keine Triggerimpulse mehr am Eingang des Zeitbasisgenerators vorhanden oder fällt die Amplitude unter einen bestimmten Pegel, wird der Gleichspannungspegel, der durch den Automatikschaltkreis erzeugt wird, abgeschaltet. Damit lässt sich der Zeitbasisgenerator in die Lage versetzen, selbsttätige Ladevorgänge auszulösen. Es kommt also zur Selbsttriggerung oder einem undefinierten Freilauf. Der Ablauf der Zeitbasis ist dann nicht mehr von der Existenz der Triggerimpulse abhängig. Obwohl sich der Freilauf des Zeitbasisgenerators nicht für Messungen verwenden lässt, hat er eine spezielle Funktion. Ohne diese Möglichkeit würde ein am Eingang des Oszilloskops zu stark abgeschwächtes Signal oder eine falsche Stellung des Triggerwahlschalters, keine Anzeige erzeugen. Der Anwender könnte nicht sofort erkennen, ob tatsächlich ein Eingangssignal vorhanden ist oder nicht.

Ein externes Triggersignal wird auf die Buchse mit der Bezeichnung TRIG an der Frontplatte gegeben und der benachbarte Triggerwahlschalter in die Stellung EXT gebracht. Das Signal wird dann in gleicher Weise weiterbehandelt wie das für ein internes Triggersignal der Fall ist.

Die Schwellwerttriggerung kann in positiver und negativer Richtung erfolgen. Damit lässt sich der Zeitbasisgenerator triggern und dieser erzeugt die Sägezahnspannung und die sie begleitenden Impulse für die Rücklaufunterdrückung. Die Sägezahnspannung liegt nach ihrer Verstärkung an den X-Platten der Elektronenstrahlröhre und erzeugt so die Zeitablenkung. Der linear ansteigende Teil der Sägezahnspannung wird durch ein Integrationsverfahren erzeugt. Ein Kondensator lädt sich über einen Widerstand an einer Konstantstromquelle auf. Die Erhöhung der Kondensatorspannung in Abhängigkeit von der Zeit ist nur vom Wert des Kondensators und von der Größe des Ladestromes abhängig. Die Größe des Ladestromes lässt sich durch den Wert des in Reihe geschalteten Widerstandes bestimmen, d. h. beides, der Reihenwiderstand und der Kondensator werden durch die Stellung des TIME/Div-Schalters auf der Frontplatte gewählt. Dreht man den Feineinsteller auf diesem Schalter aus seiner justierten Stellung CAL heraus, wird die Wobbelgeschwindigkeit kontinuierlich kleiner und die Darstellung auf dem Bildschirm erscheint in komprimierter Form, die man nicht für seine Messzwecke verwenden soll.

8.4.4 Y-Eingangskanal mit Verstärker

Ein am Eingang eines Y-Kanals anliegendes Signal wird entweder direkt über den DC-Anschluss oder über einen isolierenden Kondensator (AC) an den internen Stufenabschwächer gekoppelt. Der Kondensator ist erforderlich, wenn man ein sehr kleines Wechselspannungssignal messen muss, das einem großen Gleichspannungssignal überlagert ist.

Der Stufenabschwächer, der über einen Schalter (V/cm oder V/Div) auf der Frontplatte des Gerätes eingestellt wird, bestimmt den Ablenkfaktor. Das abgeschwächte Eingangssignal läuft dann über eine Anpassungsstufe, die die Impedanz des Einganges bestimmt, zu dem eigentlichen Vorverstärker. Die verschiedenen Stufen eines jeden Kanals sind direkt gekoppelt, wie auch die Stufen innerhalb des Vorverstärkers selbst. Diese Kopplungsart ist notwendig, um eine verzerrungsfreie Darstellung auch eines niederfrequenten Signales zu ermöglichen. Im Falle eines Verstärkers mit Wechselspannungskopplung, würde die am Eingang liegende Spannung die verschiedenen Verstärkerstufen über Kondensatoren erreichen und damit werden niedrige Frequenzen mehrfach abgeschwächt.

Der elektrische Aufbau eines internen Spannungsteilers für den Stufenabschwächer besteht aus einem 2-Ebenenschalter und zahlreichen Widerständen. Die Eingangsspannung U_e liegt zuerst an dem mechanischen Schalter S_1 und wird von dort auf die einzelnen Spannungsteiler geschaltet. Die Ausgänge der Spannungsteiler sind über den zweiten Schalter S_2 zusammengefasst und es ergibt sich das entsprechende Ausgangssignal mit optimalen Amplitudenwerten für die nachfolgenden Y-Vorverstärker.

Das Problem bei einem Spannungsteiler sind die Bandbreiten, die durch die Widerstände und kapazitiven Leitungsverbindungen auftreten. Die Bandbreite ist die Differenz zwischen der oberen und unteren Grenzfrequenz, d. h. die Bandbreite ist der Abstand zwischen den beiden Frequenzen, bei denen die Spannung noch 70,7 % der vollen Bildhöhe erzeugt. Die volle, dem Ablenkkoeffizienten entsprechende Bildhöhe wird bei den mittleren Frequenzen erreicht. Seit 1970 basieren die Oszilloskope auf der Gleichspannungsverstärkung mittels Transistoren bzw. Operationsverstärkern und damit gilt für die untere Grenzfrequenz $f_u = 0$ bzw. die Bandbreite ist gleich der oberen Grenzfrequenz. Bei den meisten Elektronenstrahlröhren ab 1980 erreicht man Grenzfrequenzen von 150 MHz bis 2 GHz. Bei den Oszilloskopen wird jedoch die Bandbreite in der Praxis nicht von der Elektronenstrahlröhre, sondern von den einzelnen Verstärkerstufen bestimmt. Da mit steigender Bandbreite der technische Aufwand und die Rauschspannung steigen, wählt man die Bandbreite nur so hoch, wie es der jeweilige Verwendungszweck fordert.

8.4.5   Funktionsgenerator

Mit den nachfolgenden Versuchen kann man praxisnahe Messungen durchführen und damit Ihr theoretisches Grundwissen erheblich erweitern. Im Wesentlichen arbeitet man mit dem Funktionsgenerator und dem Oszilloskop.

Der Funktionsgenerator erzeugt Sinus-, Dreieck- und Rechtecksignale mit Frequenzen zwischen 0,1 Hz und 999 MHz. Die Amplitude lässt sich von 0,01 μV bis 999 kV einstellen. Mit Hilfe des Tastverhältnisses lassen sich die unterschiedlichen Anstiegs- und Abfallzeiten der Sägezahnsignale und die Impulsdauer bzw. die Impulspause für Impulssequenzen erzeugen. Die Offset-Vorgabe ermöglicht das Anheben bzw. Absenken der Nulllinie des Signals, d. h. man verändert die Höhe des Gleichspannungsanteils. Für das Rechtecksignal können außerdem die Flankenzeiten exakt spezifiziert werden.

Mit dem Funktionsgenerator werden die Schaltungen einfach und praxisgerecht mit Signalspannung bzw. Frequenz versorgt. Die Signalform lässt sich ändern und die Frequenz, die Amplitude und das Tastverhältnis einstellen. Der Frequenzbereich des Funktionsgenerators ist so groß, dass nicht nur normale Signalwerte der analogen und digitalen Schaltungstechnik, sondern auch Audio- und Radiofrequenzen erzeugt werden können.

Der Funktionsgenerator besitzt drei Anschlüsse, über die die Signale in die Schaltung eingespeist werden. Der Anschluss „Masse" stellt den Bezugspegel für das Signal bereit. Wenn die Masse den Bezug für ein Signal bilden soll, verbindet man den Anschluss „Masse" mit dem Bauteil „Masse". Der positive Anschluss speist eine bezogen auf den Bezugsanschluss in positiver Richtung verlaufende Kurvenform ein. Der negative Anschluss speist eine entsprechend in negativer Richtung verlaufende Kurvenform ein.

Um eine Kurvenform zu wählen, klickt man auf die entsprechende Sinus-, Dreieck- oder Rechteckschaltfläche. Das Tastverhältnis des Dreieck- und Rechtecksignals kann man zwischen 1 % und 99 % ändern. Mit dieser Option stellt man das Verhältnis aus steigendem zum fallenden Kurventeil (Dreiecksignal) bzw. positivem zum negativen Impulsanteil (Rechtecksignal) ein. Die Tastverhältniseinstellung wirkt sich nicht auf ein Sinussignal aus. Über das Schaltfeld „Frequenz" verändern Sie die Periodenanzahl des vom Funktionsgenerator erzeugten Signals zwischen 0,1 Hz und 999 MHz.

Über das Schaltfeld „Amplitude" bestimmt man den Betrag der Signalspannung vom Nulldurchgang bis zum Spitzenwert. Wenn die Einspeisungspunkte der Schaltung mit dem Anschluss „Masse" und dem positiven oder negativen Anschluss des Funktionsgenerators verbunden sind, beträgt der Spitze-Spitze-Wert das Zweifache der Amplitude. Wenn das Ausgangssignal dagegen über den negativen und positiven Anschluss eingespeist wird, ergibt sich der vierfache Spitze-Spitze-Wert der Amplitude.

Über das Schaltfeld „Offset" lässt sich der Gleichspannungspegel, der den Nulldurchgang für das Signal bildet, verschieben. Bei einem Offset von 0 alterniert (wechselweise) die Signalkurve um die x-Achse des Oszilloskops (vorausgesetzt, dessen Y-Position ist auf 0 eingestellt). Ein positiver Offsetwert verschiebt die Kurve nach oben, ein negativer nach unten. Der Offsetwert besitzt die Einheit, die für die Amplitude eingestellt wurde.

8.4.6   Messen unsymmetrischer Spannungen

Das Oszilloskop besitzt zwei Kanäle mit einem Zeitbereich von 0,1 ns/DIV bis 1 s/DIV und einer Eingangsempfindlichkeit von $10\,\mu$V/DIV bis 5 kV/DIV. Alle Einstellungen entsprechen einem „realen" Oszilloskop: Zeitbasis, Eingangsempfindlichkeit, Triggerfunktionen usw. Zwei Messcursors und eine direkte Messwertanzeige vereinfachen die Auswertung der Messergebnisse.

Nachdem die Schaltung aktiviert und das Schaltungsverhalten simuliert wurde, zeigt das Oszilloskop die Signale an den Messpunkten automatisch an. Man kann sowohl während als auch nach der Simulation eine Feinabstimmung der Oszilloskopeinstellungen vornehmen. Auch in diesem Fall stellt das Oszilloskop die Signale automatisch neu dar.

Durch den Funktionsgenerator lassen sich drei Spannungsformen einstellen, Sinus, Dreieck und Rechteck. Bei Dreieck und Rechteck kann man das Tastverhältnis zusätzlich zwischen 1 % bis 99 % ändern.

Abb. 8.29 zeigt einen Funktionsgenerator, der eine unsymmetrische Rechteckspannung erzeugt, denn das Tastverhältnis wurde auf 75 % eingestellt. Der zweite Funktionsgenerator erzeugt ein Dreiecksignal, wobei die Frequenz gleich ist und das Tastverhältnis auf 25 % eingestellt wurde.

Durch die unterschiedliche Verschiebung der Y-Position bei dem Zweikanal-Oszilloskop wird die unsymmetrische Rechteckspannung um 1.00 in positiver Richtung angehoben und bei der unsymmetrischen Dreieckspannung um −1.00 abgesenkt. Mittels der Zeitbasis lässt sich die Anstiegs- und Abfallzeit der Dreieckspannung berechnen. Dies gilt auch für das Tastverhältnis der Rechteckspannung.

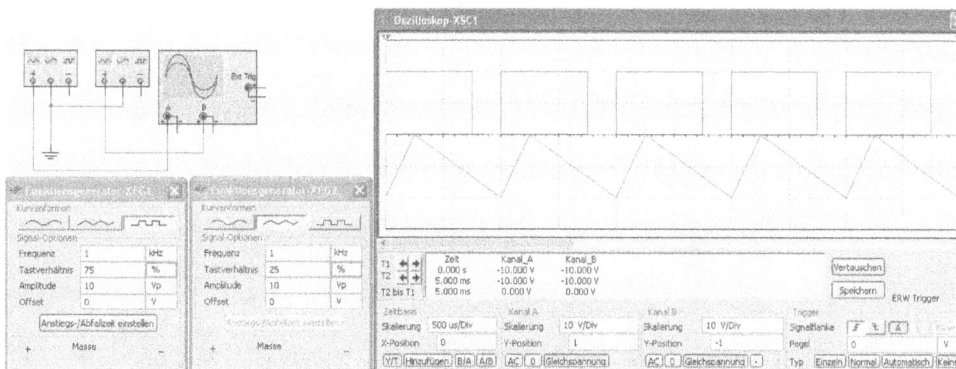

Abb. 8.29: Messungen einer unsymmetrischen Rechteck- und Dreieckspannung

Durch den Funktionsgenerator lässt sich die Impulsdauer t_i und die Impulspause t_p sufenlos im Bereich des Tastverhältnisses von 1 % bis 99 % durch die Programmierung der Werte einstellen. Der Abstand x wird zwischen zwei aufeinanderfolgenden Punkten des Signals z. B. auf der Nulllinie gezählt. Es ergibt sich eine Länge von x = 2 Div und damit für eine Periode:

$$T = x \cdot a = 2\,\text{Div} \cdot 500\,\mu\text{s/Div} = 1\,\text{ms}$$

Daraus ergibt sich eine Frequenz von

$$f = \frac{1}{T} = \frac{1}{1\,\text{ms}} = 1\,\text{kHz}$$

Die Impulsdauer beträgt

$$t_i = \frac{1}{x \cdot a} = \frac{1}{1{,}5\,\text{Div} \cdot 500\,\mu\text{s/Div}} = \frac{1}{750\,\mu\text{s}}$$

und die Impulspause ist

$$t_p = \frac{1}{x \cdot a} = \frac{1}{0{,}5\,\text{Div} \cdot 500\,\mu\text{s/Div}} = \frac{1}{250\,\mu\text{s}}$$

Addiert man die beiden Zeiten, erhält man wieder die Periodendauer mit T = 1 ms.

Für die Dreieckspannung ergibt sich

$$T = x \cdot a = 2\,\text{Div} \cdot 500\,\mu\text{s/Div} = 1\,\text{ms}$$

Daraus ergibt sich eine Frequenz von

$$f = \frac{1}{T} = \frac{1}{1\,\text{ms}} = 1\,\text{kHz}$$

Die Anstiegszeit beträgt

$$t_a = \frac{1}{x \cdot a} = \frac{1}{0{,}5\,\text{Div} \cdot 500\,\mu\text{s/Div}} = \frac{1}{250\,\mu\text{s}}$$

und die Abfallzeit ist

$$t_i = \frac{1}{x \cdot a} = \frac{1}{1{,}5\,\text{Div} \cdot 500\,\mu\text{s/Div}} = \frac{1}{750\,\mu\text{s}}$$

Addiert man die beiden Zeiten, erhält man wieder die Periodendauer mit T = 1 ms.

8.4.7 Messen der Phasenverschiebung

Eine Phasenverschiebung tritt bei einer Reihenschaltung von einem Widerstand und Kondensator auf. Abbildung 8.30 zeigt ein RC-Glied an einer sinusförmigen Wechselspannung.

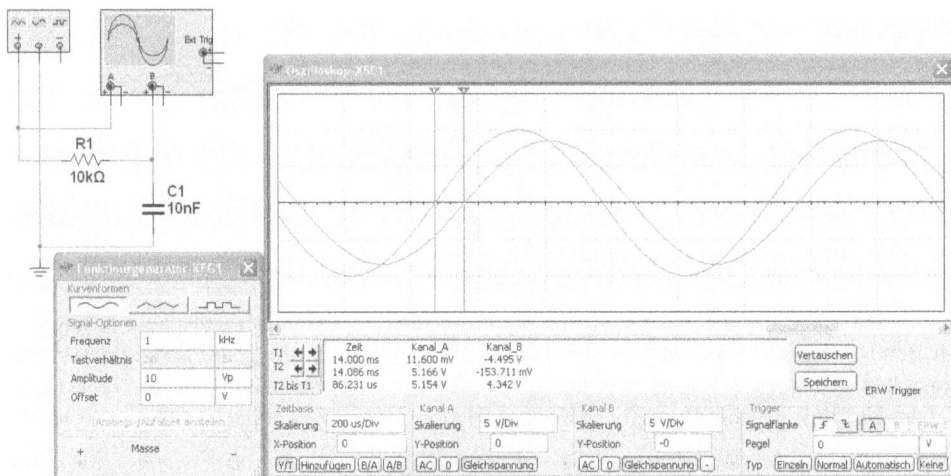

Abb. 8.30: RC-Glied an einer sinusförmigen Wechselspannung

Der kapazitive Blindwiderstand errechnet sich aus

$$X_C = \frac{1}{2 \cdot \pi \cdot f \cdot C} = \frac{1}{2 \cdot 3,14 \cdot 1\,\text{kHz} \cdot 10\,\text{nF}} = 15,9\,\text{k}\Omega$$

und der Scheinwiderstand ist

$$Z = \sqrt{R^2 + X_C^2} = \sqrt{(10\,\text{k}\Omega)^2 + (15,9\,\text{k}\Omega)^2} = 18,8\,\text{k}\Omega$$

Die Phasenverschiebung ist

$$\cos\varphi = \frac{R}{Z} = \frac{10\,\text{k}\Omega}{18,8\,\text{k}\Omega} = 0,53 \Rightarrow \varphi = 57,8°$$

Abbildung 8.30 zeigt eine Phasenverschiebung von

$$\varphi = \frac{X_0 \cdot 360°}{X} = \frac{0,4 \cdot 360°}{2,5} = 57,6°$$

8.4.8 Messen an einem RC-Integrierglied

Betreibt man einen Kondensator an einer Rechteckspannung, unterscheidet man zwischen einem Integrier- und einem Differenzierglied. Beide Schaltungen bestehen aus einem Widerstand und einem Kondensator. Der schaltungstechnische Unterschied liegt nur in der Anordnung der Bauelemente.

Bei Anlegen einer Gleichspannung an eine RC-Kombination lädt sich der Kondensator über den Widerstand nach einer e-Funktion auf. Im Einschaltmoment verhält sich der ungeladene

Kondensator C_1 wie ein Kurzschluss, sodass bei Beginn des Ladevorganges der Ladestrom I_0 fließt, der nur durch den Widerstand R begrenzt wird. Mit zunehmender Ladung sinkt der Strom ab, während die Ladespannung zunimmt. Beide Größen ändern sich nach einer e-Funktion. Tabelle 8.5 zeigt die Zeitabhängigkeit der Ladespannung und des Ladestromes.

Tab. 8.5: Zeitabhängigkeit der Ladespannung U_C und des Ladestromes I_C bei einem RC-Glied.

Ladezeit	U_C in %	I_C in %
0	0	100
1 τ	63	37
2 τ	86,5	13,5
3 τ	95	5
4 τ	98,2	1,8
5 τ	99,3 $\approx$ 100	0,7 $\approx$ 0

Nach einer Zeit von 5 t ist der Vorgang der Ladung abgeschlossen, d. h. am Kondensator ist die volle Spannung erreicht und der Strom reduziert sich auf Null.

Die Ladekurve errechnet sich aus

$$u_C = U_e \cdot \left(1 - e^{-\frac{t}{\tau}}\right)$$

und die Entladekurve nach

$$u_C = U_e \cdot \left(e^{-\frac{t}{\tau}}\right)$$

Die Entladung eines aufgeladenen Kondensators beginnt in dem Moment, wenn die beiden Anschlusspunkte eines RC-Glieds kurzgeschlossen werden. Der Kondensator C kann sich über den Widerstand R nach einer e-Funktion entladen. Tabelle 8.6 zeigt die Zeitabhängigkeit der Entladespannung U_e und des Entladestromes I_E.

Tab. 8.6: Zeitabhängigkeit der Entladespannung U_e und des Entladestromes I_E bei einem RC-Glied

Ladezeit	U_e in %	I_E in %
0	100	100
1 τ	37	37
2 τ	13,5	13,5
3 τ	5	5
4 τ	1,8	1,8
5 τ	0,7	0,7

Alle Lade- und Entladefunktionen beim Kondensator sind zeitabhängig.

Mittels des Simulationsprogramms lässt sich ein RC-Glied einfach untersuchen. Für den Widerstand verwendet man $R = 10\,k\Omega$ und für den Kondensator $C = 10\,nF$. Die Zeitkonstante errechnet sich aus

$$\tau = R \cdot C = 10\,k\Omega \cdot 10\,nF = 100\,\mu s$$

d. h. nach 5 τ hat sich der Kondensator aufgeladen und nach weiteren 5 τ wieder entladen, wenn man das RC-Glied mit einer symmetrischen Rechteckspannung betreiben will.

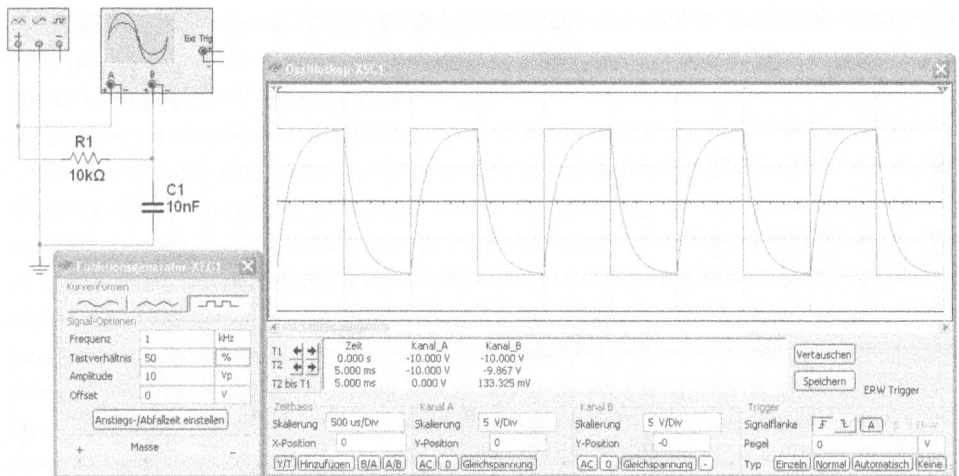

Abb. 8.31: RC-Glied an symmetrischer Rechteckspannung, wenn der Lade- und Entladevorgang komplett abgeschlossen sein soll

Bei der Schaltung von Abb. 8.31 erkennt man im Oszilloskop, dass der Lade- und Entladevorgang komplett abgeschlossen ist, d. h. es ergibt sich eine Gesamtzeit von $10\,\tau$, was einer Frequenz von 1 kHz entspricht. Aus diesem Grunde ist der Frequenzgenerator auf 1 kHz eingestellt. Um eine symmetrische Rechteckspannung zu ermöglichen, wird das Tastverhältnis auf 50 % eingestellt. Als Ausgangsspannung für die Rechteckspannung wurde 10 V gewählt.

Das Oszilloskop arbeitet im Zweikanalbetrieb. Die Eingangsspannung mit 1 kHz liegt am A-Eingang und die Ausgangsspannung, die direkt am Kondensator abgegriffen wird, am B-Eingang. Man erkennt aus dieser Einstellung, dass sich der Kondensator vollständig auf- und entladen kann.

$$\tau = R \cdot C \qquad\qquad I_0 = \frac{U}{R}$$

$$u_C = U_e \cdot \left(1 - e^{-\frac{t}{\tau}}\right) \text{ (Ladung)} \qquad u_C = U_e \cdot \left(e^{-\frac{t}{\tau}}\right) \text{ (Entladung)}$$

τ Zeitkonstante in s

u_C Augenblickswert der Kondensatorspannung

I_0 Strom im Einschaltaugenblick in A

In einem Integrierglied ist der Widerstand $R = 1\,k\Omega$ und der Kondensator $C = 1\,\mu F$. Die Eingangsspannung beträgt $U = 10\,V$. Welchen Wert hat die Spannung am Kondensator u_C bei $t = 2{,}5\,ms$?

Ladung: $\tau = 1\,k\Omega \cdot 1\,\mu F = 1\,ms$

$$u_C = 10\,V \cdot \left(1 - e^{-\frac{2{,}5\,ms}{1\,ms}}\right) = 9{,}18\,V$$

8.4.9   Messen mit der Lissajous-Figur

Mittels der Lissajous-Figur lassen sich sehr genaue oszillografische Frequenz- und Phasenwinkelmessungen durchführen. Hierfür werden die unbekannte und die Normalfrequenz an den beiden Kanälen angeschlossen. Der Elektronenstrahl wird genau entsprechend dem augenblicklichen Spannungswert der beiden Wechselspannungen abgelenkt und zeichnet bei periodischen Vorgängen charakteristische Kurvenbilder auf den Bildschirm. Bei gleicher Amplitude, gleicher Frequenz und gleicher Phasenlage wird beispielsweise ein nach rechts um 45° geneigter Strich gezeichnet. Bei ganzzahligen Vielfachen der Vergleichsfrequenz entstehen verschlungene Kurvenbilder. Die Auswertung kann durch angelegte Tangenten an der Figur erfolgen.

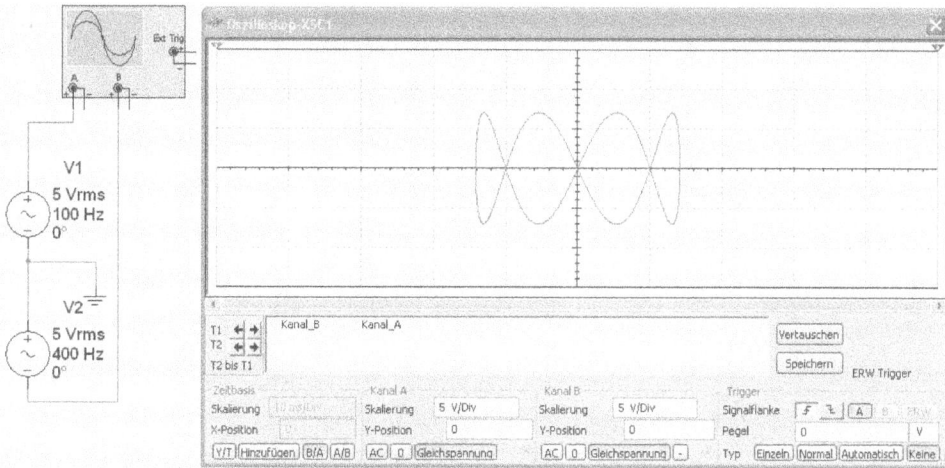

Abb. 8.32: Lissajous-Figur zur Frequenzmessung

Bei der Frequenzmessung ist eine bekannte und eine unbekannte Frequenz vorhanden. Abbildung 8.32 zeigt die Schaltung. Der Bildschirm zeigt die Entstehung eines Bildes im B/A-Betrieb. Es sind hierbei zwei Kurvenzüge aufgetragen mit y(t) und x(t). Die beiden Spannungsquellen sind parallel geschaltet, da beide mit Masse verbunden sind. Eine bekannte Vergleichsfrequenz (f = 100 Hz) wird an ein Plattenpaar gelegt und die unbekannte Frequenz (f = 400 Hz) mit dem anderen Plattenpaar des Oszilloskops verbunden. Bei ganzzahligen Frequenzverhältnissen werden stehende Figuren erzeugt.

Die Berechnung erfolgt mit der nachfolgenden Formel:

$$\frac{f_x}{f_y} = \frac{s}{w}$$

w Anzahl der Berührungspunkte auf der waagerechten Tangente
s Anzahl der Berührungspunkte auf der senkrechten Tangente
f_x Frequenz an den x-Platten
f_y Frequenz an den y-Platten

Die Vergleichsfrequenz hat an der waagerechten Tangente zwei Berührungspunkte und an der senkrechten vier Berührungspunkte.

Es ergibt sich folgende Berechnung für die unbekannte Frequenz:

$$f_y = f_x \cdot \frac{w}{s} = 100\,\text{Hz} \cdot \frac{4}{1} = 400\,\text{Hz}$$

Die unbekannte Frequenz hat einen Wert von $f = 400\,\text{Hz}$.

Bei der Phasenmessung liegen immer zwei identische Signale (Amplitude und Frequenz) am X- und Y-Kanal des Oszilloskops an. Abhängig von deren Phasenverschiebung entsteht dann die charakteristische Lissajous-Figur, wie Abb. 8.33 zeigt.

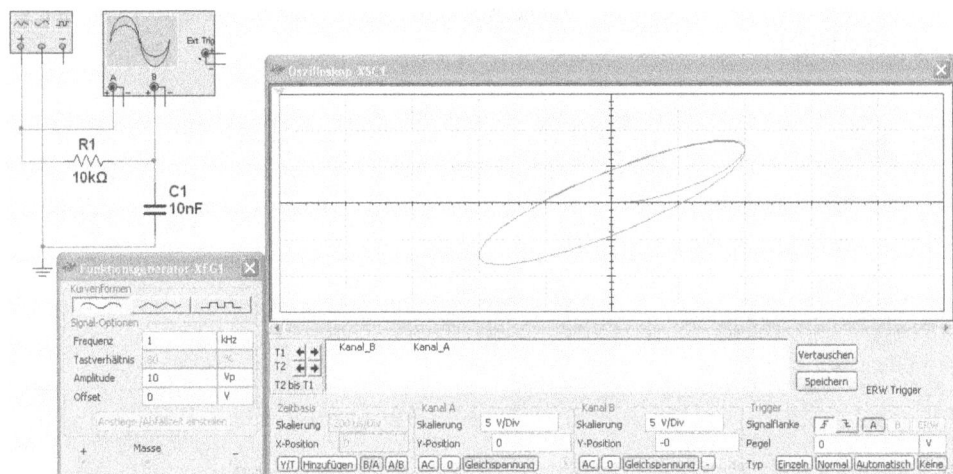

Abb. 8.33: Lissajous-Figur zur Phasenmessung

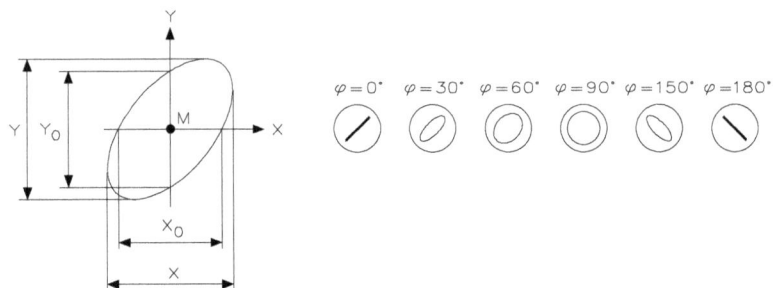

Abb. 8.34: Messverfahren für die Lissajous-Figur

Abbildung 8.34 zeigt das Messverfahren für die Lissajous-Figur. Man verwendet entweder die Y- oder X-Achse. Daraus ergibt sich die Formel

$$\sin \varphi = \frac{X_0}{X} = \frac{Y_0}{Y}$$

Man erhält für Abb. 8.33 eine Phasenverschiebung von

$$\sin \varphi = \frac{X_0}{X} = \frac{2\,\text{Div}}{4\,\text{Div}} = 0{,}5 \Rightarrow \varphi = 30°$$

8.4.10 Messung der kapazitiven Blindleistung

Ein Oszilloskop ist grundsätzlich ein spannungsempfindliches Messgerät, d. h. man kann nur Spannungen messen und keine Ströme bzw. Widerstände. Wenn man Ströme messen muss, so kann dies nicht direkt erfolgen, sondern nur über das Prinzip des Spannungsfalls. Bei der Schaltung von Abb. 8.35 ist die Wechselspannungsquelle nicht mit Masse verbunden, sondern mit dem Kondensator und dem Widerstand. Der Anschluss des Kondensators von der Wechselspannungsquelle ist mit dem B-Eingang des Oszilloskops und der Widerstand mit dem A-Eingang verbunden. Auf der anderen Seite werden Kondensator und Widerstand an Masse angeschlossen. Abbildung 8.35 zeigt die Schaltung zur Messung der kapazitiven Blindleistung.

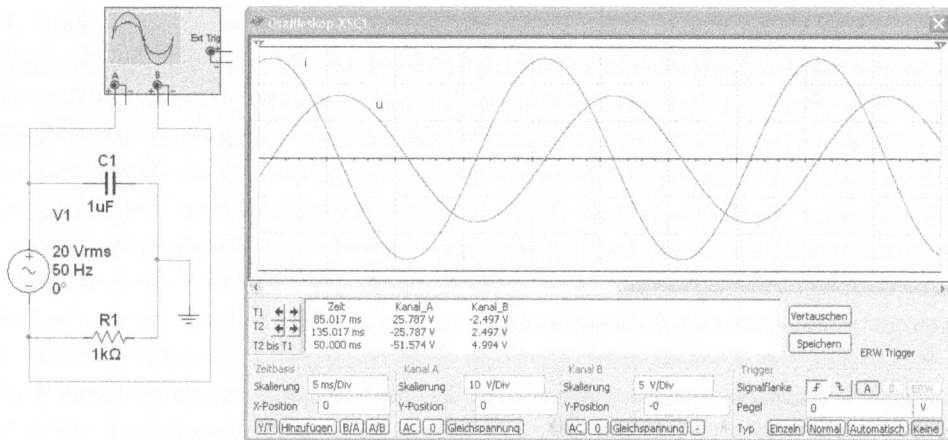

Abb. 8.35: Messung der kapazitiven Blindleistung

Aus dem Diagramm des Oszilloskops erkennt man eine Phasenverschiebung von 90° und der Strom eilt der Spannung um 90° voraus. Der Strom errechnet sich aus

$$I_C = \frac{U}{R} = \frac{5,8\text{Div} \cdot 5\,\text{V/Div}}{1\,\text{k}\Omega} = \frac{29\,\text{V}}{1\,\text{k}\Omega} = 29\,\text{mA}$$

Hierbei handelt es sich nicht um den Effektivwert des Stromes, sondern um seinen Spitzen-Spitzen-Wert I_{SS}, d. h. es ergibt sich ein effektiver Strom von

$$I = \frac{I_{SS}}{2\sqrt{2}} = \frac{29\,\text{mA}}{2\sqrt{2}} = 10,25\,\text{mA}$$

Die Blindleistung erhält man aus

$$Q_C = U \cdot I_C = 20\,\text{V} \cdot 10,25\,\text{mA} = 0,205\,\text{var}$$

8.4.11 Messung der Phasenverschiebung einer RL-Schaltung

Ein Widerstand mit $R = 1\,\text{k}\Omega$ und eine Spule mit $L = 10\,\text{H}$ liegen an einer sinusförmigen Wechselspannung mit $U_S = 10\,\text{V/50\,Hz}$. Der induktive Blindwiderstand ist

$$X_L = 2 \cdot \pi \cdot f \cdot L = 2 \cdot 3,14 \cdot 50\,\text{Hz} \cdot 10\,\text{H} = 3140\,\Omega$$

Der Scheinwiderstand berechnet sich aus

$$Z = \sqrt{R^2 + X_L^2} = \sqrt{(1\,k\Omega)^2 + (3,14\,k\Omega)^2} = 3,29\,k\Omega$$

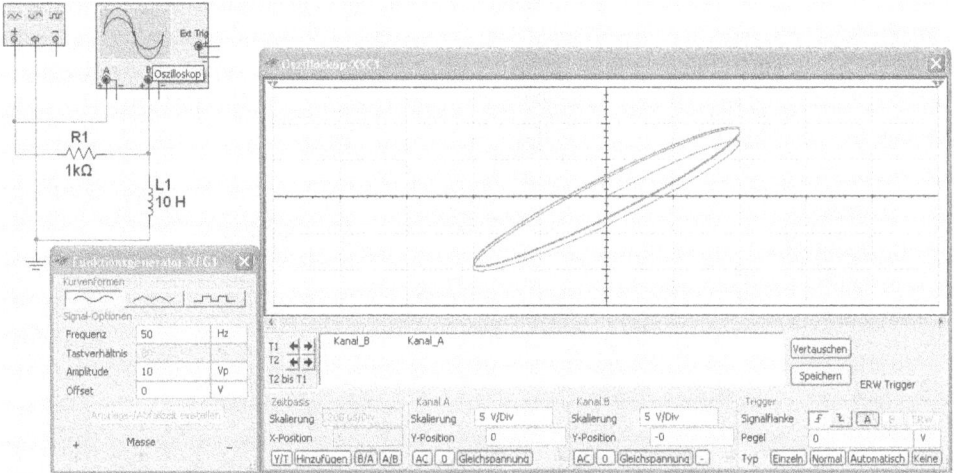

Abb. 8.36: Messung der Phasenverschiebung einer RL-Schaltung

Die Phasenverschiebung lässt sich rechnerisch oder mittels Messung ermitteln, wie Abb. 8.36 zeigt. Für die rechnerische Methode gilt

$$\cos\varphi = \frac{R}{Z} = \frac{U_R}{U} \qquad \sin\varphi = \frac{Z_L}{Z} = \frac{U_L}{U} \qquad \tan\varphi = \frac{X_L}{R} = \frac{U_L}{U_R}$$

Die Phasenverschiebung ist nach rechnerischen Werten

$$\cos\varphi = \frac{R}{Z} = \frac{1\,k\Omega}{3,29\,k\Omega} = 0,3 \Rightarrow \varphi = 72°$$

Die Phasenverschiebung lässt sich entweder direkt messen oder durch die Lissajous-Figur. In Abb. 8.36 wird für die Messung der Phasenverschiebung die Lissajous-Figur eingesetzt mit

$$\cos\varphi = \frac{Y_0}{Y} = \frac{1,4\,Div}{4,8\,Div} = 0,29 \Rightarrow \varphi = 73°$$

Es ergibt sich eine Phasenverschiebung von 73°.

8.4.12   Messung der Phasenverschiebung bei einer RCL-Reihenschaltung

Für die Messung der Phasenverschiebung bei einem Reihenschwingkreis verwendet man die Linienzüge der einzelnen Messpunkte oder die Lissajous-Figur von Abb. 8.37.

Aus den Linienzügen lässt sich eine relativ genaue Messung der Phasenverschiebung erstellen. Erst wenn man die Zeitbasis entsprechend verändert, erhält man einen Wert um die

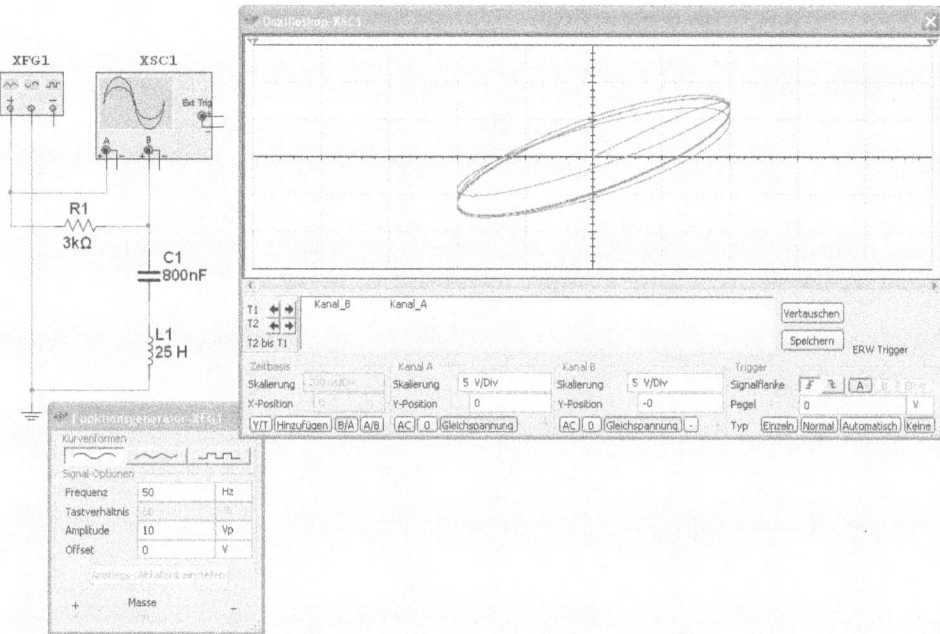

Abb. 8.37: Messung der Phasenverschiebung bei einer RCL-Reihenschaltung

45° Aus diesem Grund arbeitet man immer mit der Lissajous-Figur. Für die Messung der Phasenverschiebung mit der Lissajous-Figur ergibt sich ein Wert von

$$\cos \varphi = \frac{Y_0}{Y} = \frac{2\,\text{Div}}{3,2\,\text{Div}} = 0,625 \Rightarrow \varphi = 51°$$

Bei Änderung der Frequenz der Eingangsspannung einer Reihenschaltung ergibt sich für jede Frequenz ein anderer Scheinwiderstand Z. Bei Gleichspannung ($f = 0$) sperrt der Kondensator ($Z = \infty$, $I = 0$) und bei hohen Frequenzen ($f = \infty$) sperrt die Spule ($Z = \infty$, $I = 0$). Im Resonanzfall (f_r) heben sich die Blindwiderstände von X_C und X_L auf, und es gilt $Z = R$ und $I = I_{max}$.

Zur Kontrolle dient

$$X_C = \frac{1}{2 \cdot \pi \cdot f \cdot C} = \frac{1}{2 \cdot 3,14 \cdot 50\,\text{Hz} \cdot 800\,\text{nF}} = 4\,\text{k}\Omega$$

$$X_L = 2 \cdot \pi \cdot f \cdot L = 2 \cdot 3,14 \cdot 50\,\text{Hz} \cdot 25\,\text{H} = 7,85\,\text{k}\Omega$$

$$X = X_L - X_C = 7,85\,\text{k}\Omega - 4\,\text{k}\Omega = 3,85\,\text{k}\Omega \ (\text{induktiver Fall})$$

$$Z = \sqrt{R^2 + X^2} = \sqrt{(3\,\text{k}\Omega)^2 + (3,85\,\text{k}\Omega)^2} = 4,88\,\text{k}\Omega$$

$$\cos \varphi = \frac{R}{Z} = \frac{3\,\text{k}\Omega}{4,88\,\text{k}\Omega} = 0,61 \Rightarrow \varphi = 52°$$

8.5   Digitale Messgeräte

In der Messtechnik setzen sich immer mehr die digitalen Messgeräte in Labor, Fertigung, Service, Ausbildung (Schüler und Studenten) durch. Hauptgrund sind die vielfältigen Möglichkeiten dieser Messgeräte mit hochintegrierten Schaltkreisen und in Verbindung mit Mikrocontrollern.

8.5.1   4½-stelliges Digital-Voltmeter mit LCD-Anzeige

An einem typischen Digital-Multimeter (Abb. 8.38) sollen zuerst die einzelnen Funktionen erklärt werden.

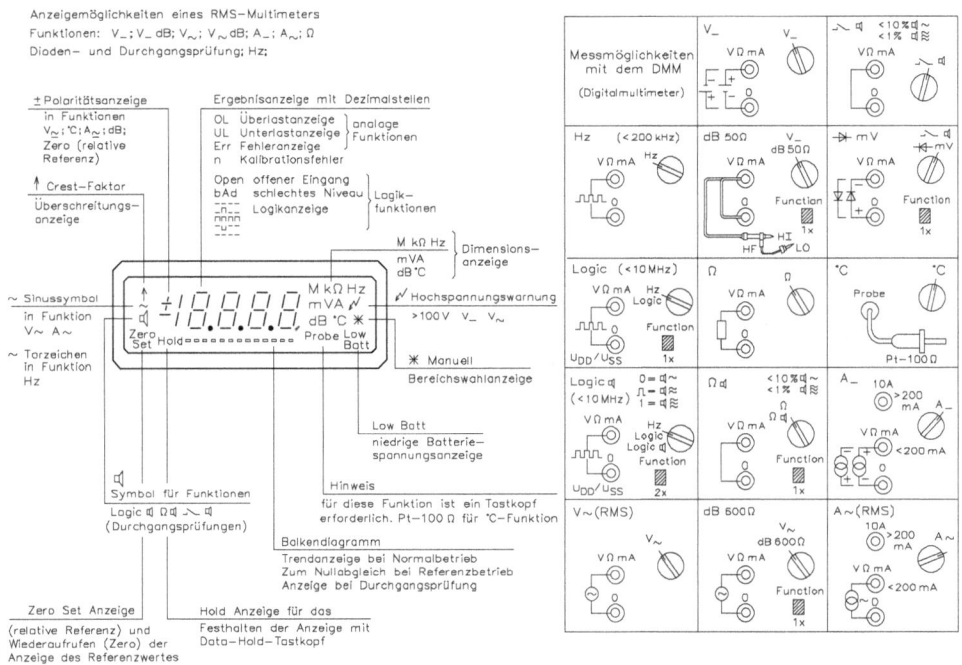

Abb. 8.38: Messmöglichkeiten eines Digital-Multimeters DMM

Für die Ausgabe des Messwertes eines Digital-Multimeters hat man eine 3½-, 4½-, 5½- und 6½-stellige LCD- oder LED-Anzeige. Die LCD-Technik (Flüssigkristallanzeige oder Liquid Crystal Display) sind passive Anzeigen, d. h. sie leuchten nicht und benötigen daher bei ungünstigen Lichtverhältnissen eine Hintergrundbeleuchtung. Der große Vorteil sind aber der geringe Leistungsbedarf (<10 µW bei der Ansteuerung) und dass man selbst aufwendige Symbole (z. B. Ω-Zeichen, Lautsprecher-Symbol, Wechselstrom-Zeichen usw.) darstellen kann. Die LED-Technik (Light Emitting Diodes) sind aktive Anzeigen, d.h. sie leuchten, wenn das einzelne Segment angesteuert wird. Der Nachteil ist der sehr hohe Leistungsbedarf (5 mW bis 100 mW, je nach Anzeigengröße). Transportable Messgeräte mit LEDs sind sehr selten in der Praxis anzutreffen.

Bei den Messmöglichkeiten eines Digital-Multimeters, meistens integrierende Verfahren, hat man die Standardfunktionen zum Messen von Gleich- und Wechselspannung, von Gleich- und Wechselstrom und von Widerständen. Die Genauigkeit hängt von dem A/D-Wandler ab. So bedeutet z. B. für eine 4½-LCD- oder LED-Anzeige die Angabe $\pm 0{,}2\,\% + 1$ Digit, dass der Fehler $\pm 0{,}2\,\%$ vom Messwert und zusätzlich $+1$ der niederwertigsten Anzeigenstelle betragen kann.

Mit dem Digital-Multimeter kann man durch U_{RMS} (Root Mean Square oder Effektivwert) eine sich langsam ändernde Wechselspannung messen. Mit $U\sim_{(RMS)}$ lässt sich also die sinusförmige Wechselspannung bis 500 Hz erfassen. Das gleiche gilt auch für die Strommessungen von I_{RMS} und $I\sim_{(RMS)}$. Wenn man einen unbekannten Widerstand zwischen den Buchsen VΩmA anschließt, wird der ohmsche Wert gemessen und angezeigt. Steht der Schalter auf Hz und eine rechteckförmige Spannung liegt an, erhält man die Frequenz, wobei 200 kHz der maximale Messbereichsendwert ist. Mit einem Tastkopf lässt sich die HF-Spannung messen, wenn der Schalter auf $U_{(RMS)}$ steht und es wird mit einer Impedanz von 50 Ω die HF-Spannungsquelle belastet. Über einen geeigneten Widerstand Pt-100 kann man die Temperatur messen. Mit dem Durchgangsprüfer lässt sich eine Diode oder ein Transistor in Durchlass- und Sperrrichtung auf Durchgang prüfen.

Mit der Polaritätsanzeige kann man die Polarität einer Gleichspannungs- oder Gleichstromquelle anzeigen lassen, ob eine Temperatur im positiven oder negativen Bereich ist, oder das Vorzeichen einer dB-Messung bestimmen.

Bei effektivwertbildenden elektronischen Messgeräten bezeichnet man das Verhältnis des höchsten zulässigen Spitzenwertes eines zeitabhängigen Vorgangs zum Vollausschlags-Effektivwert des gewählten Messbereiches als Crest-Faktor. Überschreitet man versehentlich die so definierte Spitzenwert-Grenze, so kommt es infolge von Übersteuerungserscheinungen zu groben Fehlanzeigen des Effektivwertmessers! Über die Crest-Faktor-Anzeige wird dies als Fehlermeldung ausgegeben.

Mit dem „~"-Symbol wird die Wechselspannung bzw. der Wechselstrom angezeigt. Dies gilt auch für die Tor- oder Gatterzeit in der digitalen Elektronik, wenn man die Frequenz (< 200 kHz) misst.

In der Anzeige erscheint „OL", wenn Überlast (Overrange) auftritt, d. h. das Digital-Multimeter ist auf 2,000 V eingestellt und die Eingangsspannung beträgt z. B. 3 V. In der Anzeige erscheint „UL", wenn eine „Unterspannung" (Underrange) auftritt, d. h. das Digital-Multimeter ist auf 200,0 V eingestellt und die Eingangsspannung beträgt z. B. 3 mV. In der Anzeige erscheint „Err" (Error), wenn z. B. eine Spannung im Ohmbereich gemessen wird. In der Anzeige erscheint „n", wenn das Messgerät kalibriert werden muss. Unter Kalibrieren versteht man das Ermitteln des für eine gegebene Messeinrichtung gültigen Zusammenhangs zwischen dem Messwert oder dem Wert des Ausgangssignals und dem konventionell richtigen Wert der Messgröße.

In der Anzeige erscheint „OPEN", wenn kein Signal an der Eingangsbuchse liegt. Erscheint „bAd" in der Anzeige, hat das Messsignal ein ungünstiges Niveau, d. h. das anstehende Messsignal muss noch zusätzlich mit einem Oszilloskop untersucht werden.

Bei diesem Digital-Multimeter muss man zwischen fünf Logiksignalen unterscheiden:

- kontinuierliches 0-Signal
- kontinuierliches 0-Signal mit wenigen 1-Signalen
- rechteckförmige Eingangsspannung

- kontinuierliches 1-Signal mit wenigen 0-Signalen
- kontinuierliches 1-Signal

Das Lautsprechersymbol kennzeichnet eine Durchgangsprüfung. Die Amplitude der Lautstärker ist kontinuierlich, aber die Signalfrequenz ist unterschiedlich. Ein Symbol mit „~" hat ungefähr 400 Hz, mit zwei Sinuskurven etwas 800 Hz und mit drei Sinuskurven ca. 1,2 kHz. Erscheint in der Anzeige „ZERO SET", ist das Messgerät nicht auf „0" gestellt und eine Justierung des Digital-Multimeters ist erforderlich. Die „HOLD"-Anzeige ist für das Festhalten des Messwertes erforderlich, wenn ein Tastkopf für die Temperaturanzeige verwendet wird.

Das Balkendiagramm dient als

- Trendanzeige bei Normalbetrieb
- zum Nullabgleich bei Referenzbetrieb
- Anzeige bei Durchgangsprüfung

Erscheint in der Anzeige „Probe", ist ein Tastkopf für das Digital-Multimeter erforderlich. Mit „LOW BATT" wird eine zu geringe Batteriespannung angezeigt und ein Batteriewechsel ist unbedingt erforderlich. Erscheint ein Stern in der Anzeige, kann eine manuelle Bereichsauswahl vorgenommen werden. Übersteigt die Spannung an den Messbuchsen einen Wert von 200 V, erscheint eine Hochspannungswarnung.

8.5.2   3½-stelliges Digital-Voltmeter ICL7106 mit LCD-Anzeige

Der Schaltkreis ICL7106 ist ein monolithischer CMOS-A/D-Wandler des integrierenden Typs, bei denen alle notwendigen aktiven Elemente wie BCD-7-Segment-Decodierer, Treiberstufen für das Display, Referenzspannung und komplette Takterzeugung auf dem Chip realisiert sind. Der ICL7106 ist für den Betrieb mit einer Flüssigkristallanzeige ausgelegt.

ICL7106 ist eine gute Kombination von hoher Genauigkeit, universeller Einsatzmöglichkeit und Wirtschaftlichkeit. Die hohe Genauigkeit wird erreicht durch die Verwendung eines automatischen Nullabgleichs bis auf weniger als 10 µV, die Realisierung einer Nullpunktdrift von weniger als 1 µV pro °C, die Reduzierung des Eingangsstromes auf 10 pA und die Begrenzung des „Roll-Over"-Fehlers auf weniger als eine Stelle.

Die Differenzverstärkereingänge und die Referenz als auch der Eingang erlauben die äußerst flexible Realisierung eines Messsystems. Sie geben dem Anwender die Möglichkeit von Brückenmessungen, wie es z. B. bei Verwendung von Dehnungsmessstreifen und ähnlichen Sensorelementen üblich ist. Extern werden nur wenige passive Elemente, die Anzeige und eine Betriebsspannung benötigt, um ein komplettes 3½-stelliges Digitalvoltmeter mit LCD-Anzeige zu realisieren. Abbildung 8.39 zeigt die Schaltung des ICL7106 (LCD-Anzeige) für eine Eingangsspannung von $U_e = \pm 1,999$ V.

Jeder Messzyklus beim ICL7106 ist in drei Phasen aufgeteilt und dies sind:

- Automatischer Nullabgleich
- Signal-Integration
- Referenz-Integration oder Deintegration
- Automatischer Nullabgleich: Die Differenzeingänge des Signaleingangs werden intern von den Anschlüssen durch Analogschalter getrennt und mit „ANALOG COMMON" kurzgeschlossen. Der Referenzkondensator wird auf die Referenzspannung aufgeladen.

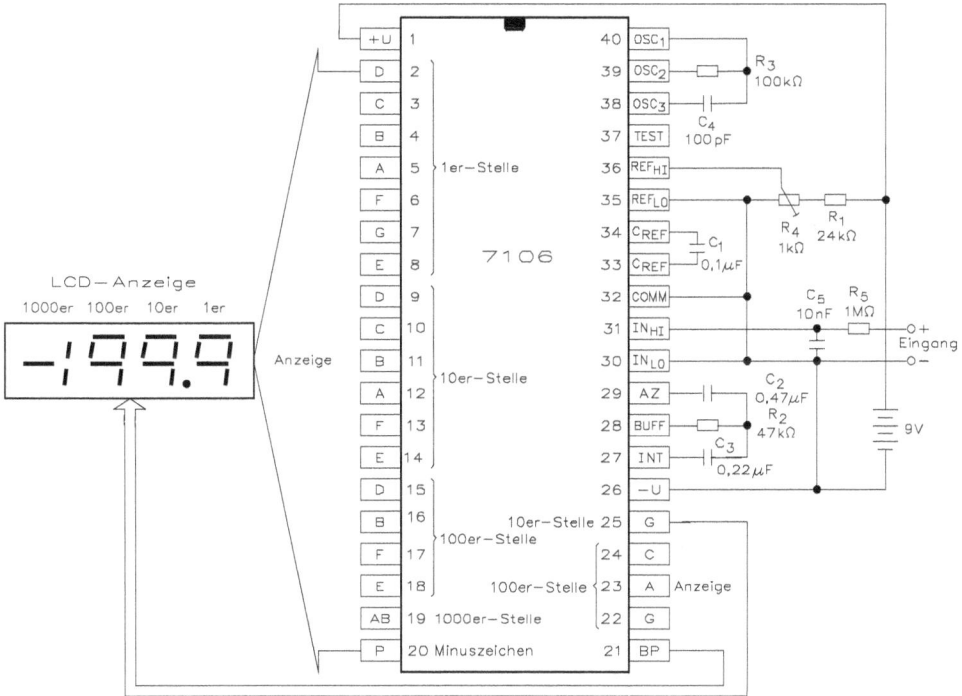

Abb. 8.39: Schaltung des ICL7106 (LCD-Anzeige) für $U_e = \pm 1,999$ V

Eine Rückkopplungsschleife zwischen Komparator-Ausgang und invertierendem Eingang des Integrators wird geschlossen, um den „AUTO-ZERO"-Kondensator C_{AZ} derart aufzuladen, dass die Offsetspannungen vom Eingangsverstärker, Integrator und Komparator kompensiert werden. Da auch der Komparator in dieser Rückkopplungsschleife eingeschlossen ist, ist die Genauigkeit des automatischen Nullabgleichs nur durch das Rauschen des Systems begrenzt. Die auf den Eingang bezogene Offsetspannung liegt in jedem Fall niedriger als $10\,\mu$V.

- Signal-Integration: Während der Signal-Integrationsphase wird die Nullabgleich-Rückkopplung geöffnet, die internen Kurzschlüsse werden aufgehoben und der Eingang wird mit den externen Anschlüssen verbunden. Danach integriert das System die Differenzeingangsspannung zwischen „INPUT HIGH" und „INPUT LOW" für ein festes Zeitinterval. Diese Differenzeingangsspannung kann im gesamten Gleichtaktspannungsbereich des Systems liegen. Wenn andererseits das Eingangssignal keinen Bezug hat relativ zur Spannungsversorgung, kann die Leitung „INPUT LOW" mit „ANALOG COMMON" verbunden werden, um die korrekte Gleichtaktspannung einzustellen. Am Ende der Signalintegrationsphase wird die Polarität des Eingangssignals bestimmt.

- Referenz-Integration oder Deintegration: Die letzte Phase des Messzyklus ist die Referenzintegration oder Deintegration. „INPUT LOW" wird intern durch Analogschalter mit „ANALOG COMMON" verbunden und „INPUT HIGH" wird an den in der „AUTO-ZERO"-Phase aufgeladenen Referenzkondensator C_{ref} angeschlossen. Eine interne Logik sorgt dafür, dass dieser Kondensator mit der korrekten Polarität mit dem Eingang verbunden wird, d.h. es wird durch die Polarität des Eingangssignals bestimmt, um die Deintegration in Richtung „0 V" durchzuführen. Die Zeit, die der Integratorausgang benötigt, um auf „0 V" zurückzugehen, ist proportional der Größe des Eingangssignals. Die digitale Darstellung ist speziell für 1000 (U_{in}/U_{ref}) gewählt worden.

- Differenzeingang: Es können am Eingang Differenzspannungen angelegt werden, die sich irgendwo innerhalb des Gleichtaktspannungsbereichs des Eingangsverstärkers befinden. Die Spannungsbereiche sind aber besser im Bereich zwischen positiver Versorgung von $-0,5$ V bis negative Versorgung von $+1$ V vorhanden. In diesem Bereich besitzt das System eine Gleichtaktspannungsunterdrückung von typisch 86 dB.

8.5.3 Umschaltbares Multimeter mit dem ICL7106

Der Messbereich soll für die Schaltung zwischen 0 V und 1,999 V liegen. Mit der Minusanzeige können wir sehen, ob der Spannungswert positiv oder negativ ist. Der Spannungseingang von Abb. 8.39 kann erweitert werden, wenn man die Zusatzschaltung von Abb. 8.40 verwendet. Durch einen AC-DC-Wandler wird der Messbereich auf Wechselstrom erweitert. Mittels des Ω-Wandlers kann man unbekannte Widerstände messen. Damit ergibt sich ein mechanisches Multimeter.

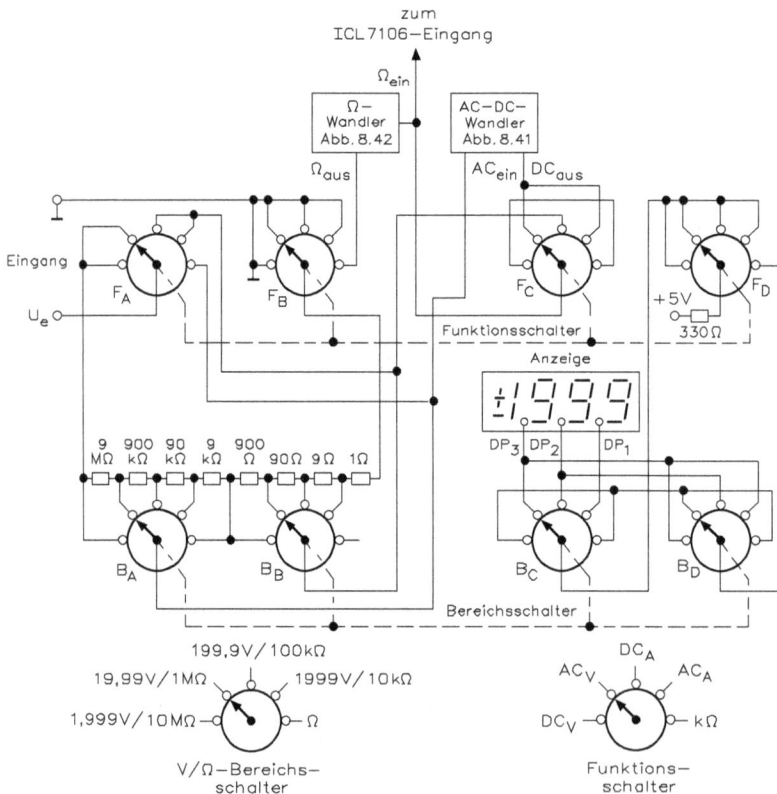

Abb. 8.40: Schaltung des mechanisch umschaltbaren Multimeters

Mit den vier Funktionsschaltern wählt man den betreffenden Funktionsbereich aus:

DC_V Gleichspannungsmessung
AC_V Wechselspannungsmessung
DC_A Gleichstrommessung
AC_A Wechselstrommessung
$k\Omega$ Ohmmessung

Mit den vier Bereichsschaltern stellt man den betreffenden Messbereich ein:

1,999 V/10 MΩ: 1,999 V-Spannungsmessung oder 10 MΩ-Messbereich
19,99 V/1 MΩ: 19,99 V-Spannungsmessung oder 1 MΩ-Messbereich
199,9 V/100 kΩ: 199,9 V-Spannungsmessung oder 100 kΩ-Messbereich
1999 V/10 kΩ: 1999 V-Spannungsmessung oder 10 kΩ-Messbereich

Die Eingangsspannung U_e liegt an dem Mittelpunkt des Funktionsschalters F_A an. Bei der Spannungsmessung im Gleich- oder Wechselstrombereich verwendet man den gleichen Spannungsteiler, der aus einer Hintereinanderschaltung von zahlreichen Präzisionswiderständen (Toleranz mit 1 %) besteht. Die Ansteuerung des Spannungsteilers erfolgt über die beiden Bereichsschalter B_A und B_B.

Der Mittelpunkt des Bereichsschalters B_A ist mit dem AC-DC-Wandler verbunden und der Mittelpunkt des Bereichsschalters B_B mit dem Funktionsschalter F_C. Der AC-DC-Wandler wandelt die Wechselspannung (alternating current) in eine Gleichspannung (direct current) um. Der Mittelpunkt des Funktionsschalters ist mit dem Eingang des Bausteines ICL7106 verbunden.

Mit den beiden Bereichsschaltern B_C und B_D steuert man die Dezimalpunkte der dreistelligen Anzeige an. Damit ergibt sich eine veränderbare Kommastelle und ein sehr einfaches Ablesen der Anzeige. Man muss vor die Dezimalpunkte noch eine elektronische Schaltung (jeweils ein UND- oder NAND-Gatter) einfügen, da die LCD-Anzeige empfindlich gegen Gleichspannung ist.

Mit einem AC-DC-Wandler kann man Wechselstrom in Gleichstrom umwandeln. Dies gilt auch für die Umwandlung von Wechselspannung in Gleichspannung. Hierzu muss man aber erst die einzelnen Umrechnungswerte an einer Sinusspannung betrachten.

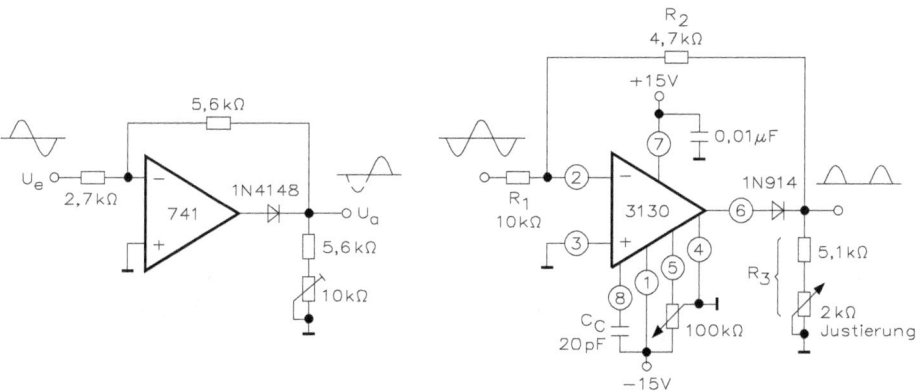

Abb. 8.41: Schaltung eines einfachen (links) und eines verbesserten AC-DC-Wandlers

Abbildung 8.41 (links) stellt die Schaltung für den einfachen Wandler dar. Hierzu benötigt man einen Operationsverstärker, eine Diode (Si-Diode), drei Widerstände und einen Einsteller. Mit einem AC-DC-Wandler kann man Wechselstrom in Gleichstrom umwandeln. Dies gilt auch für die Umwandlung von Wechselspannung in Gleichspannung.

Liegt an dem Eingang eine positive Eingangsspannung an, so erhält man am Ausgang des Operationsverstärkers einen negativen Spannungswert. Die nachgeschaltete Diode lässt diesen Wert nicht passieren und man hat einen Spannungswert von $U_a = 0\,V$. Mit einer negativen Halbwelle am Eingang U_e wird an dem Operationsverstärkerausgang eine positive Halbwelle erzeugt, die dann die Diode passieren kann. Es ergibt sich eine positive Ausgangsspannung U_a. Durch die Verstärkung von $v = 2$ ist die Ausgangsspannung doppelt so groß als die Eingangsspannung, wenn man von der negativen Halbwelle am Eingang ausgeht. Man erhält eine Gleichrichtung nach dem Einweg-Prinzip.

Durch den nachgeschalteten Spannungsteiler kann man die Ausgangsspannung U_a so einstellen, dass man den Effektivwert U_{eff} erhält. Wenn man nach dem Abgleich zwischen AC und DC misst, ergibt sich folgender Faktor:

$$\frac{U_{eff}}{U_{gl}} = 2{,}22$$

In Abb. 8.42 rechts ist eine verbesserte Schaltung gezeigt. Über den Widerstand R_1 liegt eine sinusförmige Wechselspannung an, die durch die Schaltung gleichgerichtet wird. Man erhält eine Präzisionsgleichrichtung nach dem Einwegprinzip. Die Verstärkung v errechnet sich aus

$$v = \frac{R_2}{R_1}$$

Die Höhe der Ausgangsspannung lässt sich durch das Potentiometer am Ausgang einstellen. Die Gleichung für die Verstärkung lässt sich damit neu formulieren und man erhält

$$v = \frac{R_3}{R_1 + R_2 + R_3}$$

Die Größe des Widerstandes R_3, lässt sich berechnen aus Potentiometer und Festwiderstand.

$$R_3 = \frac{v + v^2}{1 - v} \qquad \text{für} \qquad v = 0{,}5 : \frac{4{,}7\,k\Omega}{10\,k\Omega}$$

Als Eingangsspannung erhält man aus dem Netztransformator $U_{ss} = 10\,V$. Durch die Schaltung ergibt sich

$$U_{gl} = \frac{U_{ss}}{2 \cdot \pi} = \frac{10\,V}{2 \cdot 3{,}14} = 1{,}59\,V \approx 1{,}6\,V$$

Diesen Wert zeigt das Digitalmultimeter an, wenn man es auf DC stellt. Bei der Stellung AC ergibt sich ein Wert von

$$U_{eff} = \frac{U_{ss}}{2 \cdot \sqrt{2}} = \frac{10\,V}{2 \cdot 1{,}41} = 3{,}53\,V$$

Die Schaltung von Abb. 8.42 zeigt zwei Ohmwandler. An dem Eingang der linken Schaltung ist ein bekannter Widerstand, der mit R_1 bezeichnet wurde. Die Eingangsspannung der Schaltung ist mit der Referenzspannung U_{ref} verbunden. Daher ist die Ausgangsspannung U_a nur von dem Widerstand R_x, dem unbekannten Wert, abhängig:

$$U_a = \frac{U_{ref}}{R_1} \cdot R_x$$

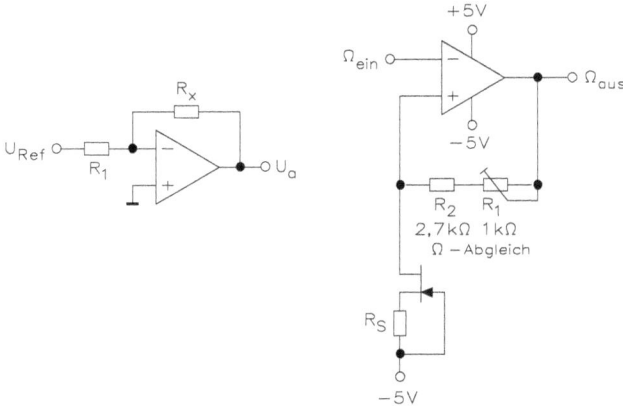

Abb. 8.42: Zwei Schaltungen für einen Ohmwandler

Die Referenzspannung U_{ref} und der Widerstand R_1 bleiben konstant und man erhält eine Konstante. Diese wird mit dem Wert des unbekannten Widerstandes R_x multipliziert und es ergibt sich die Ausgangsspannung der Schaltung von Abb. 8.41. Der Baustein ICL7106 in Verbindung mit der Anzeigeeinheit gibt den Ohmwert an.

Die rechte Schaltung ist als Ω-Wandler für die Schaltung geeignet. An dem nicht invertierenden Eingang des Operationsverstärkers liegt der Eingang des Ω-Wandlers. Der invertierende Eingang ist über einen Feldeffekttransistor mit $U = -5\,V$ verbunden. Mit dem Potentiometer R_1 kann man die Schaltung justieren, wenn man an den Eingang von Abb. 8.42 einen bekannten Widerstandswert anlegt. Den Ausgang des Ω-Wandlers verbindet man mit dem Eingang des Bausteines ICL7106.

Mit dem Funktionsschalter wählt man den Ω-Bereich. Mit dem Bereichsumschalter erhält man den Messbereich. Auf diese Weise lassen sich Werte zwischen $\approx 0{,}001\,\Omega$ und $\approx 10\,G\Omega$ (Giga-Ohm oder $10 \cdot 10^9\,\Omega$) erreichen. Die Genauigkeit des Ohmwertes ist hierbei nur von der Justierung des Widerstandes R_1 abhängig.

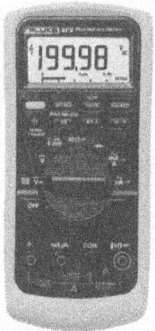

Abb. 8.43: Universalmessgerät

Abbildung 8.43 zeigt ein 4 1/2stelliges Messgerät.

Literaturverzeichnis

Ameling, W.: Grundlagen der Elektrotechnik, Vieweg Verlag, Wiesbaden

Bauckholt, H.: Grundlagen und Bauelemente der Elektrotechnik, Carl Hanser Verlag, München

Bernstein, H.: Handbuch der praktischen Elektronik, Franzis Verlag, München

Bernstein, H.: Grundlagen Elektrotechnik/Elektronik für Maschinenbauer, Springer Verlag, Wiesbaden

Bernstein, H.: Grundlagen der Elektrotechnik und Elektronik, Franzis Verlag, München

Bernstein, H.: Werkbuch der Messtechnik, Franzis Verlag, München

Bernstein, H.: Bauelemente der Elektronik, De Gruyter Verlag, Berlin

Beuth, K u. a.: Grundkenntnisse Elektrotechnik, Verlag Handwerk und Technik, Hamburg

Clausert, H.: Wiesemann, G.: Grundgebiete der Elektrotechnik, Oldenbourg Verlag, München

Dietmeier.: U.: Formelsammlung der Elektrotechnik, Oldenbourg Verlag, München

Friedrich Tabellenbuch: Elektrotechnik/Elektronik, Dümmler Verlag, Bonn

Frohne, H.: Einführung in die Elektrotechnik, G. Teubner, Stuttgart

A.; Heidemann, K; Nerreter W.: Grundgebiete der Elektrotechnik, Carl Hanser Verlag, München

Haase, H., Garbe, H.: Grundlagen der Elektrotechnik, Springer-Verlag, Wiesbaden

Hagmann, G.: Grundlagen der Elektrotechnik, Aula-Verlag, Wiesbaden

Kories, R.: Schmidt-Walter: H.: Taschenbuch der Elektrotechnik, Harri Deutsch Verlag, Frankfurt

Lunze, K.: Einführung in die Elektrotechnik, Verlag Technik, Berlin

Tabellenbuch Elektrotechnik. Hrsg.: Baumann, D.: Beuth, K., Handwerk und Technik, Hamburg

Zastrow, D.: Elektrotechnik, Vieweg Verlag, Wiesbaden

Index

www.ingramcontent.com/pod-product-compliance
Lightning Source LLC
Chambersburg PA
CBHW080911220326
41598CB00034B/5543